脑科学与哲学前沿译丛

自发的大脑

从心身问题到世界-大脑问题

〔加〕格奥尔格·诺瑟夫（Georg Northoff）著
陈向群 徐嘉玮 译

CCTP
中央编译出版社
Central Compilation & Translation Press

图书在版编目（CIP）数据

自发的大脑：从心身问题到世界－大脑问题／（加）格奥尔格·诺瑟夫著；陈向群，徐嘉玮译．—北京：中央编译出版社，2024.7

书名原文：The Spontaneous Brain：From the Mind-Body to the World-Brain Problem

ISBN 978－7－5117－3930－8

Ⅰ．①自… Ⅱ．①格… ②陈… ③徐… Ⅲ．①脑科学 Ⅳ．①Q983

中国国家版本馆 CIP 数据核字（2023）第 036060 号

自发的大脑：从心身问题到世界－大脑问题

责任编辑 郑永杰
责任印制 李　颖
出版发行 中央编译出版社
网　　址 www. cctpcm. com
地　　址 北京市海淀区北四环西路 69 号（100080）
电　　话 （010）55627391（总编室）　（010）55627312（编辑室）
（010）55627320（发行部）　（010）55627377（新技术部）
经　　销 全国新华书店
印　　刷 北京汇林印务有限公司
开　　本 710 毫米×1000 毫米　1/16
字　　数 506 千字
印　　张 30
版　　次 2024 年 7 月第 1 版
印　　次 2024 年 7 月第 1 次印刷
定　　价 128.00 元

新浪微博：@中央编译出版社　　**微　　信：**中央编译出版社(ID: cctphome)
淘宝店铺：中央编译出版社直销店(http://shop108367160.taobao.com)　(010)55627331

本社常年法律顾问：北京市吴栾赵阎律师事务所律师　闫军　梁勤
凡有印装质量问题，本社负责调换，电话：（010）55627320

脑科学与哲学前沿译丛序言

很长一段时间以来，由于脑科学（神经科学）与哲学在学科属性和方法论上的不同，相互之间界限分明，没有任何交集。然而，在20世纪60年代，以奎因为代表的一批美国哲学家强烈呼吁破除科学与哲学之间的严格界限，他们倡导用科学的经验方法来研究传统的哲学问题，哲学逐渐被自然化。如此，脑科学作为一种经验科学，它与哲学之间必定也是相互关联的。这主要表现在，哲学或更确切地说是心灵哲学所研究的对象——心灵等心理现象，今天也是脑科学的研究对象，只不过两者之间的研究方法不尽相同。脑科学以第三人称的观察实验方法将意识等同于大脑神经生物活动，是一种典型的物理主义还原论。哲学以第一人称的概念逻辑方法将心灵理解为与大脑完全不同的精神实体，是一种典型的二元论。但两种方法都存在相应的缺陷。前者无法解答现象或感受意识，即查尔莫斯所说的"意识难问题"；后者则缺乏相应的事实论证。为了克服各自方法论的不足，神经哲学家们倡导将神经科学与哲学相结合，进而得出一种新的综合方法即神经哲学方法，它被认为是解答当前心灵和意识之谜的最佳方法。为此，我们编辑了这套丛书"脑科学与哲学前沿译丛"，来介绍神经哲学家们如何从脑科学与哲学的综合视角探究我们的意识和心灵之谜。通过阅读这套丛书，我们希望读者能够认识到脑科学与哲学之间不是相互分离而是密切关联的。具体来说，哲学的心灵概念可以用来解释脑科学的经验事实，同样地，脑科学的经验事实也可以用来验证哲学的心灵概念。脑科学和哲学之间相互作用进而形成一种相互迭代的关系，即概念—事实的迭代性。本套丛书主要以加拿大渥太华大学心理卫生研究所（Institute of Mental Health Research）心灵、脑影像与神经伦理学研究室（Mind，Brain Imaging and Neuroethics Research Unit）教授格奥尔格·诺瑟夫（Georg Northoff）的相关著作为主，具体包括《大脑哲学：大脑问题》（*Philosophy of the Brain*：*The Brain Problem*，2004）、《留心大脑：通往哲学与神经科学之路》（*Minding the Brain*：*A Guide to Philosophy and Neuroscience*，2014）、《病脑启示：神经哲学与健康心智》（*Neuro-Philosophy and the Healthy Mind*：*Learning from the Unwell Brain*，2016）、《自发的大脑：从心身问题到世界－大脑问题》（*The Spontaneous Brain*：*From the Mind-Body to the World-Brain Problem*，2018）、《神经波：大脑、时间和意识》（*Neurowaves-Brain*，*Time and Consciousness*，2023）等。

陈向群

江西　南昌

2024 年 7 月 10 日

中文版序

我非常欢迎并高兴地看到，我的两位中国学生陈向群博士和徐嘉玮博士将我的哲学著作翻译成中文。这本书尤其引人入胜，因为它可以作为中西哲学思想之间交流的桥梁。

心灵和身体的关系问题，即心脑或心身问题，是西方哲学所关注的核心问题之一。心身关系问题的起源至少可以追溯到17世纪哲学家勒内·笛卡尔和他的心身二元论。自那时起到现在，人们对心身关系问题提出过各种各样的解决方案，从二元论的到一元论的，而一元论本身就在物理主义和泛心论两个极端之间摇摆不定。与此同时，随着神经科学的巨大进步，我们对大脑，包括对神经元功能与心理特征（mental feature）之间关系的认识都有了极大的提升。神经科学是否可能通过破译大脑的经验机制，最终解决历史悠久的心身问题呢？

这就是本书写作所比照的方法论和本体论背景。让我从方法论背景说起。神经科学的经验进展需要在概念上以及最终在本体论意义上得到充实。这就需要一种非还原性的神经哲学方法，而不是目前占主导地位的还原性方法，即不是直接从经验数据推出关于心脑关系的本体论假设。这样的推论要与意涵（implications）相区分，因为在意涵中，本体论和经验层面的区别会被保留，同时两个层面之间是非还原关系。总之，这就是非还原性神经哲学，它不同于神经科学、哲学和还原性神经哲学。这在我其他中译著作中有更进一步的阐释，例如《留心你的大脑：通往哲学与神经科学的殿堂》（台湾大学出版中心，2016）和《病脑启示：神经哲学与健康心智》

（台湾大学出版中心，2019）。

这里所说的非还原性神经哲学方法正好位于哲学的纯概念方法和神经科学的彻底经验方法之间。我讨论和端详了各种经验数据，研究了它们对理论问题的意涵和预设，如大脑模型（第一至第三章）、意识理论（第四至第八章）、心灵和大脑的本体论（第九至第十一章），甚至方法论（第十二至第十四章）。经验数据为我在每章中讨论的概念论证提供了经验合理性。我坚信，这种从神经科学和哲学、经验和概念领域的共同中间立场出发的非还原性神经哲学方法，可以为神经科学和哲学揭开心脑关系的谜团提供新见解。

非还原性神经哲学方法论策略让我认识到（哲学和神经科学）概念和经验方法的相似性而不是差异。大脑和心灵以什么作为它们的“共同货币”（common currency）？（Northoff et al.，2020a，b）。由此，我想到了大脑以及世界本身最基本的特征，即空间和时间。经验数据有力地表明，大脑通过其自发活动构建了自己的“内部时间和空间”：“内部时间和空间”是伊曼努尔·康德提出的关于心灵的概念，这些经验数据是它在大脑中的经验表现。然而，大脑内部时间和空间的构造并不是孤立发生的。相反，它发生在大脑与世界的时间和空间之间持续对齐（alignment）的互动中。从大脑的角度来看，世界的时间和空间被认为是“外部时间和空间”。大脑自发活动的内部时间和空间与世界外部的时间和空间是持续对齐和同步的。大脑自发活动的经验、理论和本体论（见下文）的重要性是我为本书命名的依据。

我们怎样才能说明，大脑内部的时间和空间与世界外部的时间和空间的这种对齐呢？我们可以举一个来自中国的例子。中国哲学的一个关键特征是“与自然和谐”。我们大脑内部的时间和空间不断尝试与环境的外部时间和空间同步和对齐，这可以被视为“与自然和谐”的一个可能基础。就像美丽的中国象牙球，较小的象牙球嵌套在较大的象牙球内，大脑内部时间和空间的较小范围嵌套在世界外部时间和空间的更大范围内。

大脑内部时间和空间与世界外部时间和空间的对齐是意识等心理特征的关键，这在第四至第八章中有说明，并在最近提出的意识的时空理论（TTC）中得到概念化（Northoff & Huang，2017；Northoff and Zilio，2020a，b）。

本书旨在超越经验－理论领域，进入本体论领域，探讨心脑问题。如果大脑内部时间和空间与世界外部时间和空间的对齐是意识等心理特征的关键，那么世界和大脑的关系必定是神经和心理特征（如大脑和心灵）关系的必要条件（第九至第十一章）。

重要的是，世界和大脑的关系在这里是以本体论的方式构想的：世界和大脑时空关系的存在和实在，即世界－大脑关系，对于心理特征来说是不可或缺的，没有前者，后者将是不可能的。这带出了主要的本体论意涵（第九至第十一章）。首先，它意味着，考虑世界－大脑关系的本体论必须基于关系而不是属性：存在和实在的关键以及最基础和根本的特征是关系，而关系有别于通常在西方本体论中占主导地位的属性或实体（substances）。因此，我选择基于关系的本体论，而不是基于属性的本体论，因为只有前者与世界－大脑关系对于意识等心理特征必要的经验数据相兼容。

这种关系的本体论是怎样的？这就引出了第二个意涵，即对时空本体论的需要。关系可以用时间和空间特征来描述，比如不同时间点之间的关系，或者不同空间尺度之间的关系，就像中国象牙球，它以嵌套关系为特征。我假设这样的时空本体论可以解释世界与大脑的关系，包括它作为意识等心理特征的必要条件（后验的而非先验的；第十章）。

这对心身问题意味着什么？我并非通过提供另一种回答来解决心身问题，而是通过将问题转向另一个问题，即世界－大脑关系及其时空特征问题，来解决这个问题。心身问题可以被世界－大脑问题所取代，因此，本书的副标题是："从心身问题到世界－大脑问题"。请注意，我并没有在纯粹的逻辑语境中抛弃心身问题，我们可以视其为理性的逻辑空间即纯粹的逻辑世界中的一个可行逻辑问题。从形而上学角度看，心身问题可能是一个看似合理的问题。我只是质疑，在自然世界的本体论语境中，即自然的逻辑空间中，心身问题并不是一个经验上合理的问题：心身问题是一个错误的问题，因为大脑与世界的关系在经验上和本体论上都比心身关系更合理。

我们如何看待这种从心身问题向世界－大脑问题的转变？这就引出了本书的最后几章（第十二至第十四章）。我们需要用更加生态为中心或世界为中心的方法和视角来看待神经特征和心理特征之间的关系，以替代我们目前以人类为中心的观察视角。这让我们得以观察到大脑是如何嵌入（就像中国的象牙球那样）到世界更大的时空尺度中的，即观察到世界－大脑关系。我的结论是，在神经科学和哲学中需要进行一项哥白尼革命。

虽然在本书中没有谈到，但我在其他地方（Northoff，2021）提出了像庄子这样的早期中国哲学家已经实践了这种哥白尼革命。在他“鼓盆而歌”悼念妻子去世时，他就预设了人是自然世界的一部分。因此，我希望我的书不仅能激励华语世界的神经科学家和心灵哲学家，也能激励那些致力于将西方哲学和中国哲学联系起来的人。

我非常感谢有将这本书翻译成中文的机会。我对中华文化与中国怀有强烈的敬意和深切的情感，因为我多次访问中国并且经常在太平洋两岸（加拿大和中国）与中国学生交流。因此，我很高兴他们中的两位，陈向群博士和徐嘉玮博士，能够有勇气翻译这本长篇著作。另外，我也很感激出版社出版这本书。

格奥尔格·诺瑟夫

加拿大，渥太华

2022 年 3 月 12 日

序

我们应如何解答心理特征的存在与实在问题？在哲学家们提出心灵与身体关系的形而上学问题（即心身问题）以来，他们就一直在争论这个问题。而最近，神经科学家们寻求经验答案时对这个难题做了新的解释和补充。在他们看来，心灵的本质是大脑中的神经机制与意识、自我、自由意志等心理特征的神经关联物。对神经科学家来说，心灵不过是大脑，而不是任何其他什么。尽管哲学和神经科学共同努力，但心理特征的存在和实在问题还没有找到最终的答案。 vii

在此，我的目的并不是要对心身问题提出另一种解答，为心灵如何与身体相关的问题给出另一个建议。相反，我质疑这个问题本身。我认为，关于心灵及其与身体的关系问题，是解决心理特征存在和实在的错误问题。这就是说，心灵及其与身体的关系问题实际上是错误的。因为它在经验、本体论和认识论的方法论的基础上不可信。因此，我认为心身问题是解答心理特征的存在与实在问题的错误路径。

我们如何才能以一种更为合理的方式提出关于心理特征的问题？我认为，最好从大脑与世界的关系，即我所说的世界－大脑关系角度，提出心理特征的存在与实在问题。经验证据表明，大脑的自发活动及其时空结构是大脑对齐和整合于世界之内的核心，即世界－大脑关系的核心，因此它是本书的主标题。此外，我认为，世界－大脑关系也可以解答心理特征的存在和实在问题（如意识问题），它在经验、本体论、概念上都比心身问题更加合理。 viii

这本书中的观点和论证由来已久，我一直探索如何将大脑的相关方面引入哲学而又不使哲学仅仅是经验的。我在这方面的首次尝试是一本德语著作：《大脑：神经哲学的最高水平》（*The Brain*：*A Neurophilosophical State of Art*，1999），随后以英文形式写成《大脑哲学：大脑问题》（*Philosophy of Brain*：*The Brain Problem*，2004）。从那时起，脑成像技术得到了大力发展，这使我能够以经验的方法来探索大脑及其与心理特征（自我和意识）的关系。关于这些课题、从编码和自发活动角度提出的新大脑模型，以及意识的神经现象学解释，可以在我的其他论文中了解到（参考 www.georgnorthoff.com）。当然，也可以在我的两卷著作中读到，即《解锁大脑Ⅰ：编码》（*Unlocking the Brain*，*vol.* 1，*Coding*，2014）和《解锁大脑Ⅱ：意识》（*Unlocking the Brain*，*vol.* 2，*Consciousness*，2014）。

在哲学方面，我重读了康德的《纯粹理性批判》（1781/1998），并把它放在大脑的语境下，以此修改康德称赞休谟的名言："把我从［约束哲学的］心灵及其枷锁的教条主义沉睡中唤醒"。结合经验数据和新大脑模型的提出（《解锁大脑》），我越来越相信，心身问题即使不完全是一个无意义的问题，它也至少是个病态问题。在我另一本著作《留心大脑》（*Minding the Brain*，2014）（即前文提到的《留心你的大脑》。——译者注）中，我曾含蓄地提出过这个问题，特别是在此书的批判性反思部分。

神经哲学的新思维让我开始寻找一种可行的替代方案。而通常情况下，对旧方案的否定只有在能够提供更好的替代方案时才是彻底的。因此，我冒险进入了不同的哲学领域，包括过程哲学、现象哲学、科学哲学和心灵哲学，甚至中国哲学。我找到了一种我称之为世界－大脑问题的新选择，它在我另一本更受欢迎和受众更广的著作《病脑启示：神经哲学与健康心智》（*Neuro-philosophy and the Healthy Mind*：*Learning from the Unwell Brain*，2016）中首次被提出。而现在，本书提出了对世界－大脑问题更为详细的哲学解释，并将其作为一个基本的本体论问题，然后指出它是如何取代形而上学的心身问题作为研究心理特征的存在和实在的新范式的。

ix

我要感谢很多人。Lucas Jurkovics（加拿大渥太华）对我的帮助非常大，他编辑了第一至三章以及第五和第六章的部分内容。Beni Majid（伊朗）值得高度赞扬，他向我介绍了结构实在论（structural realism，SR），并将我关于自我的实证研究推广到哲学语境下。还必须感谢他对第十五章的有益批评。我也非常感谢 Kathinka Evers（瑞典乌普萨拉）对第十三至十五章的出色评论，以及将“无脑视角”替换为“脑外视角”的建议。此外，非常感谢 Takuya Niikawa（日本札幌）以极其友好、建设性和有益的方式阅读和修改了第九至十一章，其中一部分是我们在日本北海道徒步旅行一天中所讨论的。

我非常感谢在我研究小组（加拿大渥太华）里的每个成员（主要包括 Zirui Huang，Pengmin Qin，Niall Duncan，Paola Magioncalda，Matteo Martino，Jianfeng Zhang，Takashi Nakao，Annemarie Wolf，Marcello Costandino，Diana Ghandi，Stefano Damiano，and Fransesca Ferri）和同事（Heinz Boeker，Kai Cheng，Szu-Ting，Tim Lane，Peter Hartwich，Andre Longtin，Hsiu-Hau Lin，and Maia Fraser），对心理特征和精神病学的脑成像研究，他们提供了大脑如何工作，它如何与意识和自我等心理特征相关的精彩数据，并进行了富有启发性的讨论。还感谢渥太华大学精神健康研究所（Institute of Mental Health Research）及其所长 Zul Merali 博士，加拿大首席科学家席位（Canada Research Chair）、迈克尔·史密斯神经科学与精神健康教授席位（Michael Smith Chair for Neuroscience and Mental Health），以及渥太华大学心灵与大脑研究所（Institute of Mind and Brain Research）提供的宝贵资源和时间，让我能够出色地完成这本书的写作。

本书的一些内容在中国杭州浙江大学、瑞典乌普萨拉大学、美国加利福尼亚州克莱蒙特过程研究中心、法国巴黎欧盟人脑计划、法国巴黎法兰西公学院、土耳其伊斯坦布尔大学、中国台北医学大学、日本京都大学、东京大学、札幌北海道大学、中国台北阳明大学、中国台湾清华大学的几次会谈和讨论中曾有过探讨。我非常感谢麻省理工学院出版社（MIT）的菲利普·劳克林（Philip Laughlin）接手本书的出版事宜。我也很感谢耐心而出色的编辑朱迪思·费尔德曼（Judith Feldmann）、艾莉莎·希夫（Elissa Schiff）和雷吉娜·格雷戈里（Regina Gregory）的大力支持，非常感谢你们！最后，我要感谢我的伴侣约翰·萨基森（John Sarkissian），在与声称世界－大脑关系是意识基础的我的关系中，他必须忍受我在哲学和精神层面上从世界退缩。

目　录

导　言

从心灵到世界

什么是心理特征？意识、自我、自由意志和对他者的感觉等心理特征决定了我们与世界的关系，继而决定了我们在世界中的存在和实在。如果我们失去意识，例如，在睡眠或植物人状态下，我们与世界的关系就会中断。由于心理特征是我们生存于世界的核心，我们迫切需要了解它们的起源和机制。因而，要揭示心理特征的存在与实在，就必须了解它们与世界的关系。 xi

神经科学家从经验的角度来研究大脑，并寻找相应的神经元机制来解释包括意识、自我、自由意志等心理特征。他们主要关注大脑及其神经活动，但这忽略了对世界的思考。与神经科学家不同，哲学家把心理特征与心灵联系起来。他们提出了心灵的存在和实在问题，以及它如何与身体的存在相关联，即心身问题。然而，在我们将注意力从大脑转移到心灵时，大脑与世界的关系再次被排除在外。

本书的核心观点是，我们需要从心理特征（意识）的神经科学和哲学研究的双重视角来考虑世界。具体来说，我认为，需要将世界纳入我们对心理特征的神经科学和哲学研究，从而将我们的注意力从大脑和心灵转移到世界－大脑关系，以此作为心理特征特别是意识的必要条件。这样，在探讨心理特征的存在和实在时，我们就无须再面对心身问题。取而代之， xii

我们需要将注意力转移到我所说的“世界－大脑问题”，而这只有在神经科学和哲学内掀起哥白尼革命才能实现。这是本书的中心论点和论证，因此作为标题和副标题。

从心身问题到世界－大脑问题

心身问题是我们这个时代最基本、最紧迫的问题之一。然而，迄今为止，无论是在神经科学还是在哲学领域，我们仍然没有找到一个明确的答案。笛卡尔曾假设，心灵和身体与不同的实体（精神和物质）有关，由此建立了心身二元论。自他之后，人们提出了各种各样的答案，从交互二元论到唯物主义和物理主义，再到泛心论（panpsychism），以解决心灵与身体之间的形而上学问题（Searle，2004）。然而，尽管答案各不相同，但却没有一个被认为是肯定的。

甚至有人质疑说，心身问题根本不是一个形而上学问题。所以，他们对心身问题提出了认识论的（Stoljar，2006）、概念性的（Bennett & Hacker，2003）或经验的（P. S. Churchland，2002；Dennett，1981；Snowdon，2015）答案。更糟糕的是，有些人认为心身问题是神秘的，因此完全是无法解答的（McGinn，1991；Nagel，2000，2012）。总之，我们面临着一个症结。目前对心身问题的回答都不是决定性的。同时，试图转移、消除或声称心身问题不可知的也不能令人信服。因此，在我们对自己和世界的理解中，心身问题仍然是一个顽固抵抗的“结”，而我们迄今尚未解开这个“结”。

我在这里的目的并不是要为心身问题提供另一个答案。相反，我质疑这个问题本身。我认为，这个问题本身，也就是心灵如何与身体和大脑相联系，在不同的基础上是不合理的，例如经验的（第一篇和第二篇）、本体论的（第三篇）和认识方法论的（第四篇）基础。因此，我们必须放弃以心身问题作为“正确”的进路，来回答我们关于心理特征的存在和实在问题。

除了心身问题，我们还有什么别的选择？我认为，在我所描述的“世界－大脑问题”中可以找到另一种。与形而上学的心身问题不同，世界－大脑问题是一个本体论问题（关于我对本体论和形而上学的区分，见第九

xiii

章和第十四章)。因此，世界－大脑问题聚焦于世界和大脑之间的本体论关系，及其与心理特征的相关性。世界如何与大脑相关，这种关系如何解释心理特征（首先是意识）的存在和实在?

世界－大脑问题要求我们从本体论的角度来认识大脑，而不仅仅是从经验的角度。为了建立一个合理的大脑本体论模型，我们可能需要考虑它的一些经验特征，而大脑的自发活动就是其中之一。除了与特定任务或刺激相关的神经活动，即刺激诱发或任务相关活动外，大脑还表现出一种内在活动，即自发活动（详见下一节的讨论)。

我认为自发活动对于大脑的本体论决定，包括它与世界的关系即世界－大脑关系，以及对于心理特征，都是至关重要的。因此，我认为大脑的自发活动是从心身问题向世界－大脑问题转变的核心，这也是本书的标题和副标题。从心身问题到世界－大脑问题的转变是可能的，不过，只有当我们把现在的前哥白尼（pre-Copernican）视角转变为后哥白尼（post-Copernican）视角时，这才是可能的——这相当于神经科学和哲学内的哥白尼革命（见第十二至第十四章的进一步讨论)。

大脑模型Ⅰ：自发的大脑

我们如何在撇开心理特征的情况下来描述大脑本身?大脑在经验上的特征就是神经活动，包括自发或静息状态活动和任务诱发（task-evoked）或刺激诱发（stimulus-induced）活动（Northoff，2014a；Raichle，2015a，b)。尽管神经科学和哲学对大脑的刺激诱发或任务诱发活动，以及相关的感觉和认知功能都给予了极大的关注，但对大脑自发或静息状态活动的中心作用的研究才刚刚起步。

历史上，最先引入脑电图技术（Berger，1929）的汉斯·伯格（Hans Berger）观察到，大脑的自发活动与任何外部任务或刺激无关。该理论之后又由毕肖普（Bishop，1933）和拉什利（Lashley，1951）进一步发展。最近，随着对自发振荡（Buzsáki，2006；Lininas，1988；Yuste et al.，2005)、不同脑区神经活动之间的自发相干性或连接性（Biswal et al.，1995；Greicius et al.，2003）以及默认模式网络（default mode network，DMN）（Greicius et

xiv

al.，2003；Raichle，2015a，b；Raichle et al.，2001）的观察，它又在神经科学内获得了更大的关注。这些观察及其他观察都指出大脑自发活动对其神经活动的中心作用，包括对静息状态和任务诱发或刺激诱发活动（参看 Northoff，2014a，b；Northoff et al.，2010；Huang et al.，2015 作为扩展讨论）。

对大脑自发活动的观察深刻地改变了我们的大脑模型。我们不能把大脑看作一个纯粹的外在驱动装置，对大脑自发活动的观察支持了马库斯·赖希勒（Marcus E. Raichle）所描述的“大脑内在模型”（Raichle，2009，2010）。这让人联想到将康德式的心灵模型应用于大脑，以表明大脑自发活动构造和组织着任务诱发或刺激诱发活动，以及相关的感觉和认知功能（Fazelpour & Thompson，2015；Northoff，2012a，b，2014a，b）。

康德式的大脑观对我们的大脑模型带来重要的影响。传统的大脑模型大多是神经感觉和/或神经认知的，因为它们主要关注大脑的感觉和/或认知功能，而这些功能主要依赖于刺激诱发或任务诱发活动（P. M. Churchland，2012；Northoff，2016a；Thagard，2012a，b）。对自发活动的观察可能会将大脑的神经感觉和神经认知功能置于一个更大的经验背景中，然而确切地说，这需要什么样的大脑模型目前还不清楚（Klein，2014；Northoff，2012a，b）。因此，本书的第一篇研究了不同的大脑模型，以及这些模型是如何整合大脑的自发活动及其与刺激诱发活动的关系。

xv

大脑模型Ⅱ：大脑的自发活动及其时空结构

大脑的自发活动为何以及如何相关？多项研究表明，自发活动与意识、自我等心理特征有关（Huang，Dai，et al.，2014；Huang，Zhang，Wu，et al.，2015，2016；Northoff，2014b；Qin & Northoff，2011；Qin et al.，2015；要了解相关议题及其影响的更深入讨论，请参阅第四至第八章）。重要的是，心理特征似乎与大脑自发活动的时空结构以一种我们尚未清楚的方式特别地联系着。不妨让我们简单描述一下这个时空结构。

大脑的自发活动在空间上可以用各种神经网络来刻画，这些神经网络由在功能上紧密连接的脑区所组成。例如，DMN 主要包括皮质中线结构（Andrews-Hanna et al.，2016；Northoff et al.，2006），它表现出强烈的低频波动（Northoff, 2014a；Raichle, 2009；Raichle et al.，2001）。

其他神经网络，包括感觉运动网络、突显网络、腹侧和背侧注意网络、扣带盖网络和中央执行网络（Menon, 2011）。它们以不断动态变化的组合方式相互关联（de Pasquale et al.，2010, 2012），从而形成空间结构，这种空间结构通过其功能性质取代解剖结构。

除了功能层面的空间结构外，自发活动还具有丰富的时间结构特征。时间结构包括神经活动在不同频带的波动，从慢波（0.0001—0.1 赫兹）到 δ（1—4 赫兹）、θ（5—8 赫兹）、α（8—12 赫兹）和 β（12—30 赫兹）到 γ（30—180 赫兹）。最重要的是，这些不同频带是相互耦合的，例如，较低频带的相位与较高频带的相位或振幅相耦合（Buzsáki, 2006；Buzsáki, Logothetis & Singer, 2013；Northoff, 2014a）。不同频率之间的耦合，即交叉频率耦合，在大脑的内在活动中产生了一个复杂的时间结构，这种结构与空间结构和大脑的各种神经网络以某些尚不清楚的方式联系着（Ganzetti & Mantini, 2013；Northoff, 2014a）。 xvi

意识模型：从世界–大脑关系到意识

为什么自发活动的时空结构与意识和一般心理特征有关？这是因为，自发活动的时空结构并没有止于大脑的边界。相反，它通过延伸至身体和世界而超越了大脑和头骨的边界。例如，最近的研究表明，心脏（Babo Rebelo, Richter et al.，2016；Babo-Rebelo, Wolpert, et al.，2016）和胃（Richter et al.，2017）的身体时间结构与大脑自发活动的时间结构相耦合和联系（Park & Tallon-Baudry, 2014）。大脑的自发活动及其时间结构似乎将自身对齐于身体的时间结构，即大脑与身体的时空对齐（见本书第八章）。

类似的情况还表现在与世界的关系上，大脑的自发活动及其时空结构将自身对齐于世界。这一点在我们听音乐和跳舞时最为明显，我们将大脑神经活动的时间结构（如频率和同步）对齐于音乐的时间结构，更一般地说，对齐于世界的时间结构（时空对齐的详细信息，见第八章；Schroeder & Lakatos, 2008；Schroeder et al.，2008）即所谓的大脑与世界的时空对齐

（第八章；Northoff & Huang，2017）。

重要的是，经验数据表明，大脑与身体和世界的这种时空对齐对意识是关键的（见第八章中关于时空对齐的章节；Lakatos et al.，2013；Park et al.，2014）。我们的大脑越是与身体和世界保持时空对齐，我们就越有可能意识到身体和世界中的内容（见第七章和第八章的讨论）。因此，大脑与身体和世界的时空对齐是意识等心理特征的核心。鉴于此，我主张建立一种时空意识模型（第七章和第八章；另见 Northoff，2014b，2017a，b；Huang & Northoff 出版中）。

xvii 时空意识模型将大脑与世界的关系（以及身体是世界的一部分）（见第八章关于时空对齐的章节），即世界－大脑关系，视为心理特征的核心。大脑及其时空特征必须与世界的时空特征相联系才能使意识成为可能。相反，如果大脑及其自发活动由于某些原因无法构成与世界的时空关系，意识（和一般的心理特征）将会消失。就如某些意识改变状态的案例，如无反应的觉醒、睡眠和麻醉（见第四至第五章的讨论）。

总之，经验数据表明，大脑的自发活动显示出一种复杂的时空结构，它从大脑本身延伸到身体和世界。因此，在我看来，世界－大脑关系是意识等心理特征的核心。

世界－大脑关系Ⅰ——本体结构实在论

如何解释心理特征的存在与实在？笛卡尔把意识等心理特征归结于心灵，认为心灵的本质是精神实体，而身体的本质是物质实体。这种实体为本的形而上学（substance-based metaphysics）后来被属性为本的形而上学（property-based metaphysics）所取代。属性为本的形而上学提出了以特定的属性，即物理和心理属性，确定身体和心灵的存在和实在。属性对于身体和心灵是本质的，因为没有物理和心理属性，身体和心灵就不存在。因此，在属性为本的形而上学中，属性是存在和实在的基本单元（见第九章）。

虽然，属性为本的形而上学主导了心身问题的讨论，但也有人提出了其他方法。例如，麦克道尔（McDowell，1994，2009）就提出能力为本的形而上学（capacity-based metaphysics）。麦克道尔没有假设心理（或物理）

属性，而是以概念能力和现实化能力来刻画心灵，这些能力在思维和认知等心理特征中得以实现（另见 Schechtman，1997 作为一种以能力为本的方法，它更多是在经验上而不是在概念意义上被提出）。

在怀特海等人的过程为本的形而上学（process-based metaphysics）中，我们也许可以找到另一种截然不同的方法（Griffin，1998；Northoff，2016a，b；Rescher，2000；Whitehead，1929/1978）。这种方法以过程作为存在和实在基本单元，以此作为心理特征（意识）的基础（Griffin，1998；Northoff，2016a，b）。而当提出心身问题的解决方案时，这种过程为本的方法通常会与泛心论联系在一起（Griffin，1998；Strawson，2006）。

那么，我们能通过属性、能力或过程来描述大脑的存在和实在吗？我认为，仅从经验证据来看，这些描述都是不合理的。大脑的存在和实在无法在属性、过程或能力中找到。取而代之，基于大脑的自发活动及其时空结构，我们需要通过结构和关系从本体论上确定大脑的存在和实在（第九章）。更具体地说，大脑的结构及其与世界的关系，我称之为世界－大脑关系，决定了大脑的存在和实在（第九章）。因此，从本体论的角度来看，世界－大脑关系取代了所有被认为是居于大脑内的物理或心理属性、能力和过程。需注意的是，我们现在应该从本体论意义而不是经验意义来理解世界－大脑关系。

从本体论来说，这预设了结构实在论（structural realism，SR），更具体地说是本体结构实在论（ontic structural realism，OSR）（Beni，2016；Esfeld & Lam，2010；Isaac，2014；Ladyman，1998；见第十二至第十四章关于世界－大脑关系的 OSR）。OSR 主张结构和关系是存在和实在的最基本的单元。SR 的本体论主张在经验上主要以物理学为基础（Esfeld & Lam，2010）。我把 OSR 扩展到大脑，也就是说，扩展到世界－大脑关系和心理特征（见 Beni，2016；Isaac，2014；本书第十至第十一章关于心理特征的 SR）。

世界－大脑关系Ⅱ——意识的本体论预置

根据 OSR 的定义，世界－大脑关系是如何与心理特征相联系的？我认为，由 OSR 定义的世界－大脑关系是可能意识的必要条件，即它是意识的本体论预置/倾向（ontological predisposition of consciousness，OPC）（第十章和第十一章）。世界－大脑关系通过对大脑的本体论定义，在大脑和意识之间建立了一种必然和后验的（而非先验）联系。这就是说，世界－大脑关系作为OPC，大脑基于其与世界的时空关系，与意识等心理特征之间是必然和后验的（而不是先验的）联系（详情见第十章中关于内格尔的章节；也可参考Nagel，2000，关于大脑和心理特征之间必然和后验的［而不是先验的］联系）。

xix

世界与大脑的关系被定性为OPC，大脑与心理特征之间存在着必然的后验的联系，这使我对一个经典问题（物理的大脑如何具有精神的心灵）有了新的看法。这个经典问题涉及意识等心理特征的存在或实在。这个问题传统上是用心身问题来解决的，具体来说，心理特征被假定为与心灵是必然和先验的关系，继而提出了心灵与身体关系的问题，我们称之为心身问题。

我认为心灵的角色可以用世界－大脑关系来取代。与心灵一样，世界－大脑关系与心理特征也可以建立必然的联系（尽管是后验而不是先验的），心理特征的存在和实在就有可能追溯到世界－大脑关系。最重要的是，我们不再需要假设心灵去解释心理特征与它们潜在的本体论起源之间的必然联系。心灵由此变得多余，它与身体的关系问题（心身问题）也同样如此。如果心灵是多余的，提出心身问题也是荒谬的。心身问题由此变得多余和毫无意义。

如此，与其讨论不同形式的心身关系，不如把重点放在解释世界和大脑在本体论上是如何相互联系，以及这种关系如何解释心理特征的存在和实在的问题上。这在本质上说就是，我所描述的世界－大脑问题可以取代心身问题（第十章和第十一章）。正因如此，我认为，世界－大脑问题提供了一个关于心理特征的存在和实在旧问题的新答案（一个不同于心身问题的答案）。简言之，我认为心身问题可以被世界－大脑问题所取代。

xx

世界－大脑关系Ⅲ——取消式唯物主义还是同一论？

我不想过多地讨论细节，而只想简单地指出当前心灵哲学中，世界－大脑问题与其他方法实质不同的特征。

首先，取代心灵概念而建立世界－大脑关系的主张似乎会让人想起取消式唯物主义（eliminative materialsim，EM）（Churchland，1988，2002）。大致上，EM 声称我们可以消除心灵概念以及意识等心理特征，转而关注大脑及其神经活动。虽然这种心灵的消除主义似乎与本书的方法十分吻合，但这种相似性只是表面的（更多详细讨论见第十三章），我们还需要考虑其他几个重要的差异。

首先，方法论的差异。EM 追求一种还原论策略，即从经验观察中推断出本体论假设，这与本书只主张经验和本体论领域相兼容的方法背道而驰，本书的方法认为任何一种跨领域的推论都是错误的（见第九章第二节）。其次，EM 和我的方法在它们的本体论预设上有所不同。EM 仍然假设属性为本的本体论和物理属性（尽管它否认心理属性），而我的方法支持关系为本的本体论（OSR），它恰恰反对这种预设（参见第九章的第三节）。

最后，EM 得出了一个激进的结论：意识等心理特征不存在，也不真实，因为它们可以被消除并被神经特征所取代。而这与我在这里的观点背道而驰。我认为意识及其现象特征或更一般地说心理特征，不能被消除，而是真实存在的，它就像地球上的水一样真实存在。就如，水是以 H_2O 作为本体论预置/倾向（OPC），而意识和心理特征以世界－大脑关系作为它们的本体论预置/倾向（OPC）。

我的方法是否相当于同一论？它将大脑的物理特征等同于心灵的心理特征。这种相似性充其量只是表面的。我不再把心灵预设为心理特征的潜在本体论基础。但是，这并不意味着我抛弃了意识等心理特征。与当前的心灵哲学相反，我将意识等心理特征从心灵概念中分离或分解出来（第九章）。一旦我们能够将心理特征与世界－大脑关系的必然（和后验而非先验）联系视为一种潜在的本体论预置，我们不再需要心灵概念，心灵就变得多余了。

xxi

在我的方法中，对心灵存在的假设是多余的，这也是与同一论最主要的区别。同一论主张大脑和心理特征之间存在直接的同一性，而这样的必然联系仍然有些模糊（详细讨论参见 Searle，2004）。而我也假设大脑和意识必然的（后验的）联系，然而这种联系不是直接而是间接的，因为它是以世界－大脑关系作为潜在的本体论预置（见第九章第二部分），虽然这种联系不那么直观，但更具有合理的逻辑－概念基础。因此，我所提出的世界－大脑问题的方法与同一论以及相关的方法有着本质的不同。

世界－大脑关系 IV——中立一元论还是泛心论？

人们也可能感觉到某些方面类似于罗素最早所提出的中立一元论（neutral monism，NM）。NM 主张心灵（心理特征）和身体（物理特征）都可以追溯到第三种中立本体论基质的存在和实在上，它既不是物理的也不是心理的，而就如其名称一样是中立的。第三种中立本体论基质的假设似乎与我所描述的作为心理特征本体论预置的世界－大脑关系相似。然而，与 NM 不同的是，我不再预设心灵的概念，不再把心灵追溯到与身体共享的中立本体论基质上。

此外，事实上，我无须找到心灵的本体论基质，从而让我可以用世界－大脑关系与意识和心理特征之间更简单和直接的关系或必然关联，来取代 NM 内中立实体、身体和心灵之间的三角关系。而这种三角本体论关系随后可以被以结构和关系为唯一本体论基质的本体论所取代。这不仅避免了 NM 逻辑－概念的复杂性，而且在经验上也相当合理，因为它完全符合经验数据。

xxii

我的方法还需要与不同形式的泛心论明确区分开来（Strawson，2006）。在我看来，根本没有精神属性或过程，即作为存在和实在基本单元的结构和关系，从它们自身来看不是精神的或心理的。这等于把 OPC，即世界－大脑关系，与它使之可能发生的意识混为一谈（第十章）。将世界－大脑关系描述为 OPC 是否等同于某种结构实在论形式的原泛心论（protopanpsychism）（Chalmers，1996），我们很可能需要在未来进一步讨论。

总之，我所主张的方法必须与各种形式的心身理论区分开来，因为它不认同这些理论的基本预设，即心灵的可能存在和实在以及属性为本的本体论。这不仅适用于这里讨论的，而且适用于所有的心身理论。

世界 – 大脑关系 vs. 心灵——哥白尼革命

心灵观的支持者现在可能会争辩说，即使我们能够在本体论基础上用世界 – 大脑关系取代心身关系，但我们对心灵的“直觉”（Dennett，2013；Nagel，1974；Papineau，2002）仍然不会改变。由于心灵直觉的拉力，我们不得不假设心灵的存在和实在（即使后来我们认为它的存在和实在由身体或大脑构成）。换一种稍微不同的方式来说，即使在经验和本体论上变得不可信，心灵概念仍然是我们直觉的一个选择，或者我称之为心灵直觉（第十二至第十四章）。

如何排除并最终消除心灵直觉？我认为我们需要改变我们之前的观察视角（vantage point）或观察位置（viewpoint）（有关观察视角的概念，见第十二章第一节）。哥白尼把世界的地心观察视角从地球移到了地球之外的日心观察视角，这使他能够认识到，地球（包括我们自己）是宇宙的一部分，它通过绕太阳旋转与宇宙相联系（第十二章）。在物理学和宇宙学内，我们通常称之为“哥白尼革命”。

类似于哥白尼（尽管是弱意义的），我认为我们需要用大脑之外（第十四章）的观察视角来替代当前心灵内部（或大脑内部）（第十三章）的观察视角。它将使我们能够认识到，大脑通过与世界联系而成为世界的一部分，或者说以一种由结构和关系组成的世界 – 大脑关系，作为存在和实在的基本单元（并因此预设 OSR）。最重要的是，这种观察视角的转变使我们能够认识到，世界 – 大脑关系是可能的心理特征的必要条件，进而使意识的本体论预置（OPC）成为可能。 xxiii

综上所述，从心灵或大脑内部到大脑之外观察视角的转移，使得大脑和意识之间的必然（后验而不是先验的）联系变得透明，而这种联系至今对我们来说仍然是不透明的。现在，我们可以认识到，意识是如何必然地与大脑联系起来的，那就是透过世界 – 大脑关系。我们由此不再需要假设心灵，以使意识与其潜在的本体论基质产生必然的联系。因此，心灵的假设和直觉就变得没有必要了，我们关于世界 – 大脑关系与心理特征之间的必然联系的观点极有可能会取代它，这种联系现在已经为我们在上面的新观点所阐明（第十四章）。

正如哥白尼的观察视角发生了戏剧性的变化，而使得地球作为宇宙中心的直觉变得不可能一样，大脑之外的观察视角现在也使得心灵作为心理特征、我们自己和世界的中心的直觉变得不可能（第十四章）。这种巨大的范式转换足以让我们能够用世界－大脑问题取代心身问题，这一观点的转变相当于神经科学和哲学领域内的一场哥白尼革命。

世界－大脑问题Ⅰ——本书的主要论点

本书的主要论点是，当我们谈到心理特征的存在和实在时，世界－大脑问题比心身问题显得更为合理。关于这一论点，本书中以三种不同的方式为读者所呈现，分别是经验的（第一和第二篇）、本体论的（第三篇）和认识方法论的（第四篇）（见图0.1）。

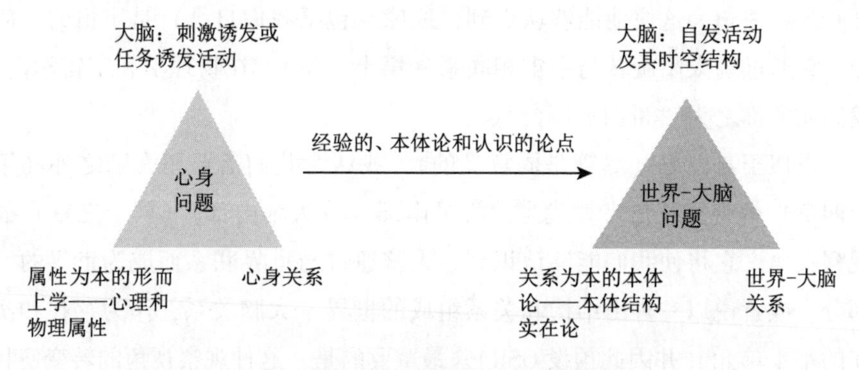

图0.1　从心身问题到世界－大脑问题

注：如无特别说明，本书所有图片均为作者本人所创作。

从经验上来看，该论点是基于大脑的自发活动，更确切地说，是基于其时空结构的。时空结构使大脑有可能从自身延伸到身体和世界，从而构成我所说的世界－大脑关系。世界－大脑关系又是意识等心理特征的核心。

在本体论上，世界－大脑关系和时空结构的核心经验角色意味着大脑和心理特征之间的一种新本体论，即一种基于结构和关系的本体论，这又将我们引向本体结构实在论（OSR）。OSR允许我们透过世界－大脑关系来决定大脑的存在和实在，世界-大脑关系又可以作为意识的本体论预置（OPC）。由于心理特征可以追溯到世界-大脑关系，我于是将其称为世界-大脑问题。鉴于经验和本体论的所有证据，我认为，当我们解决关于心理特征的存在和实在的基本问题时，我们可以用世界-大脑问题取代心身问题。

世界-大脑问题Ⅱ——本书的概述和结构

本书分为四篇：（一）大脑模型；（二）意识模型；（三）世界-大脑问题；（四）哥白尼革命。术语表包含了关键术语的定义。

第一篇讨论了当前神经科学讨论中所隐含的不同的大脑模型。从大脑频谱模型（第一章）到大脑交互模型（第二章）再到大脑预测模型（第三章）。根据现有的经验证据，对这些不同的大脑模型进行了评估。在此，我仍然停留在纯粹的经验领域，更具体地说，是神经元领域来开展研究，而完全不涉及本体论和心理问题。然而，我认为一个适当的大脑模型是解决关于心理特征本体论问题的核心。 xxv

书的第二篇接着第一篇的讨论，从大脑扩展到意识。我开始从经验的角度来考虑意识。具体来说，我用不同的大脑模型，包括频谱模型（第四章）、交互模型（第五章）和预测模型（第六章）和最新数据来解释意识。接着，我阐述了一种意识的时空理论（第七章），它强调了大脑与身体和世界对齐的中心作用（第八章）。需注意的是，这样的意识的时空理论在本书中这一部分仍然是纯粹经验性的，因此，我们在这里需要将其理解为一种神经科学的意识理论。

第三篇着重于大脑（第九章）、心理特征（第十章）和与心理特征有关的世界本身（第十一章）的本体论特征。我提出了一个大脑本体论，在这个本体论中，大脑的存在和实在是由时空关系和结构（以结构实在论为前提）来定义的（第九章）。大脑的本体论为心理特征的本体论提供了基础，并将世界-大脑关系作为意识的本体论预置（第十章）。最后，我提出将世界的时空本体论作为心理特征的中心（第十一章）。我的结论是，世界-大脑关系和世界-大脑问题，可以很好地解释心理特征的存在和实在。

世界－大脑问题因此可以取代心身问题。

本书的第四篇着重于心身问题和世界－大脑问题的认识－方法论预设。具体来说，我认为我们需要采取一个特定的观察视角，以便能够看到世界－大脑关系如何解释心理特征从而取代心身问题。类似于物理学和宇宙学中的哥白尼革命（第十二章），我们需要改变我们的本体论观察视角。不是在心灵和头脑中预先设定一个观察视角（第十三章），而是我们需要将观察视角转移到大脑之外（第十四章）。从而让我们能够认识到世界－大脑关系与心理特征之间的必然联系，这一范式的转变最终使我们能够用世界－大脑问题取代心身问题。因此，我的结论是，在神经科学和哲学领域，我们需要一场21世纪的哥白尼革命。

xxvi

第一篇

大脑模型

第一章　超越主动/被动的二分法：大脑神经活动的频谱模型

导言

总体背景

研究者思考大脑的方法会对神经科学的实证研究以及对其哲学含义的诠释产生深远的影响。在早期英国的神经学家查尔斯·谢灵顿爵士（Sir Charles Sherrington，1857—1952）所提出的大脑模型中，大脑和脊髓主要是反射性的。在这个模型中，反射意味着大脑对感觉刺激（如听觉或视觉刺激）以预先定义的和自动的方式做出反应。来自大脑外部的刺激，即源于身体或环境的刺激，被认为完全和唯一地决定了随后的神经活动。由此所导致的刺激诱发活动（stimulus-induced activity），更广泛地说，大脑中的任何神经活动，都可以追溯到外部刺激，而大脑只是被动地对外部刺激做出反应。或许，你可以将我所描述的称为大脑的被动模型（passive model of brain）。 3

然而，谢灵顿的一个学生，托马斯·格雷厄姆·布朗（Thomas Graham Brown）则提出了另一种看法。与他的老师相反，布朗认为大脑的神经活动，也就是脊髓和脑干内的神经活动，并不是主要由大脑外部刺激所驱动和维持的。相反，布朗认为脊髓和脑干确实表现出自发的活动（spontaneous activity），这种活动起源于大脑内部。很早就引入脑电图（EEG）的汉斯·伯格（Hans Berger）也观察到，大脑内的自发活动独立于外部任务或刺激。

其他的神经科学家，包括毕肖普（Bishop，1933）、拉什利（Lashley，1951）和戈尔茨坦（Goldstein，2000），循着布朗的思路，认为大脑在内部积极地产生自己的活动，也就是说，它产生自发活动或者用其操作定义称为静息状态活动（resting-state activity）（Northoff，2014a；Raichle，2015a，b）。最近，随着神经科学家对自发振荡（spontaneous oscillations）（Buzsáki，2006；Linnás，1998；Yuste MacLean，Smith & Lansner，2005）、不同区域神经活动之间的自发相干性或连通性（Biswal et al.，1995；Greicius，Krasnow，Reiss & Menon，2003），以及默认模式网络（default-model network，DMN）（Greicius et al.，2003；Raichle，2015b；Raichle et al.，2001）的观察，大脑中枢自发地产生活动的观点在神经科学中获得了更多的关注。

这些观察及其他观察指出大脑自发活动对其神经活动的核心作用，包括对静息状态活动和任务诱发（task-evoked）或刺激诱发（stimulus-induced）活动（参考 Huang，Zhang，Longtin et al.，2017；Northoff，2014a，b；Northoff，Qin & Nakao，2010 作为进一步的讨论）。这让我想到大脑的主动模型（active model of brain）。下面的引文很好地说明了这个模型，该引文来自早期德国神经学家库尔特·戈尔茨坦（Kurt Goldstein）1934 年首次出版的著作《机体论》（*The Organism*）（Goldstein，2000）：

> （大脑）系统永远不会静止，而是处于持续的兴奋状态。神经系统通常被认为是一个静止的器官，在这个器官中，兴奋只是作为对刺激的反应而产生的。……这没有认识到，在一定刺激下发生的事件只是神经系统内兴奋变化的一种表现，它们只是兴奋过程的一种特殊模式。静止系统的假设尤其受到只考虑外部刺激事实的支持。人们很少注意到另一个事实，那就是，即使外界刺激明显缺失，有机体仍会持续暴露在内部刺激的影响下，内部刺激的影响对有机体的神经活动可能是最为关键的。例如，布朗就特别指出从血液中发出的刺激的影响（Goldstein，2000，pp. 95－96）。

最近，随着 DMN 的发现，如何建立大脑模型的问题得到了越来越多的关注（Raichle et al.，2001）。DMN 是一个神经网络，它主要覆盖了大脑中部的各个区域，即所谓的皮质中线结构（Northoff & Bermpohl，2004；Northoff et al.，2006）。DMN 在没有任何特定外部刺激的情况下显示出特别高的新陈代谢和神经活动水平，这种情况我们称之为静息状态（Logotitis et al.，2009；Raichle，2015a，b；Raichle et al.，2001；关于在更具哲学意义的背景下所进行的讨论，见 Klein，2014）。

自最初发现以来，DMN 中的高水平静息状态活动或自发活动（为了简单起见，我在这里交替使用这两个术语）显示出与不同的心理特征有关，如自我、意识、心智游移、情景记忆提取、时间前瞻和回顾，以及随机思维等（Christoff，2012；D'Argenbeau et al.，2010a，2010b；Fazelpour & Thompson，2015；Northoff，2012a－c，2014b；Northoff et al，2006；Smallwood & Schooler，2015；Spreng，Mar & Kim，2009）。它明显牵涉到许多不同的功能，因此 DMN 的确切作用目前仍然是不清楚的。 5

然而，显而易见的是，DMN 活动的性质支持大脑的主动模型。在更为哲学的语境下，某些研究者（Churchland，2012；Fazelpour & Thompson，2015；Hohway，2014；Northoff，2012a）将大脑的主动模型与康德提出的心灵模型（1781/1998）作比较。简单来说，康德反对一种被动的心灵模型，在这种模型中，心灵的活动完全由外部刺激决定，这是休谟的观点。相反，康德认为心灵表现出自发性，这意味着他提出一个主动而非被动的心灵模型。由此，休谟和康德关于心灵的被动模型和主动模型的古老争论以理论神经科学中的窘境形式重新出现了。

主要的目标和论证

本章的重点是讨论关于自发活动和刺激诱发活动之间关系的不同模型的经验证据。这有助于建立一个经验上合理的大脑活动模型，即频谱模型（spectrum model）（见第一至第三部分）。我认为大脑的被动（第一部分）和主动（第二部分）模型的分离是错误的。大脑既不是完全被动地由外界刺激驱动而产生神经活动，也不是完全主动地由自发活动驱动而产生神经活动。基于经验证据，我们需要接受一个新的大脑模型，该模型突破被动/主动二分法，并将两者整合在一个频谱中，它根据大脑参与神经活动的程度对不同形式的神经活动进行分类（第三部分）。

需注意的是，这种主张纯粹是神经元层面的。我认为，不同种类的神经活动在不同程度上涉及静息状态活动，有些更为主动，而另一些则相当被动。大脑的频谱模型并不直接与心理特征及其与神经活动频谱的联系有关，尽管一旦对相关的神经元特征有了更深入的了解，这些工作最终可能变得可行。我在这里只关注大脑的神经元特征，特别是大脑的神经活动如何落于纯主动和纯被动模型之间的连续体或频谱上。关于频谱模型与意识等心理特征的关系，这里暂不讨论，详见第四章。

6

概念的定义和澄清

在继续之前，我们需要简要说明一些术语问题。首先，我们需要区分不同形式的神经活动，例如，自发活动（spontaneous activity）、静息状态活动（resting-state activity）和刺激诱发活动（stimulus-induced activity）。自发活动是指大脑自身产生的神经活动，不受大脑外任何外部刺激的影响，包括来自身体的内感受性刺激和来自世界的外感受性刺激（Northoff，2014a；Raichle，2015a，b）。因此，自发活动是指最基本的神经活动，是纯粹神经元意义的。

自发活动与静息状态的概念不同，静息状态描述了一种特殊的行为状态：眼睛闭着或睁开注视着屏幕中的十字准线，没有任何特定的刺激或任务（Northoff，2014a；Raichle，2015a，b）。静息状态通常被认为是测量大脑自发活动的操作条件。为了简单起见，我在这里交替使用"静息状态"和"自发活动"两个术语来表示大脑没有任何外部刺激（包括来自身体的内感受性刺激和来自世界的外感受性刺激）。

此外，我们还需要区分刺激诱发活动和任务诱发活动。在操作上，我们也可以很好地区分静息状态/自发活动和刺激诱发/任务诱发活动：静息状态是在没有特定刺激或任务的情况下眼睛闭着或睁开时测量的，而刺激诱发活动是通过应用特定刺激或任务来检测的。

然而，这两种形式的神经活动的区别在生理学意义上可能没有那么清晰，因为外部刺激可能只是调节持续发生的自发活动。这将使不同活动形式的区分，不是多余的（生理方面），也是相对的（至少在操作方面）（参见 Klein，2014；Northoff，2014b；Raichle，2009，2015a，b；以及下面的详细信息）。本章的主要目的是讨论静息状态/自发活动与刺激诱发/任务诱发活动之间可能存在的不同关系，并根据现有的经验数据评估它们的可行性。 7

最后，我们还需要澄清主动（active）和被动（passive）这两个概念。在当前的语境下，主动和被动的概念关系到大脑对其自身神经活动的贡献程度。频谱的被动端适用于由外部刺激决定的神经活动，而频谱的主动端则适用于大脑本身在外部刺激发生之前且独立于外部刺激而表现出的神经活动。

第一部分：大脑的被动模型

在大脑的被动模型中，神经活动依赖于从身体和环境接收的外部刺激。由此产生的神经活动，即刺激诱发活动，是完全通过外部刺激决定的。大脑本身只是被动地加工外部刺激，并没有主动地参与构成自己的神经活动。大脑的被动模型有两种极端的版本，强的和弱的，以及中等版本，即温和版本。我在这里主要简述两个极端版本。

强被动模型认为大脑对刺激如何引起反应完全没有影响。弱被动模型承认大脑中的自发活动，但只赋予它一种调节（modulatory）作用，而不是因果作用。自发活动对刺激诱发活动的因果影响包括前者引起后者，因此，即使在外部刺激存在的情况下，没有自发活动就不会有刺激诱发活动。在调节性影响的情况下，即使没有自发活动，刺激诱发活动仍然会存在，如果没有自发活动时存在刺激诱发活动的话，那么自发活动只是起到调节刺激诱发活动程度的作用。基于最近的经验证据，我在随后的章节中将论证，无论是弱的还是强的，抑或中间版本的大脑被动模型，都应该被拒斥。 8

大脑的被动模型Ⅰa：强模型——缺乏静息状态活动

强被动模型认为，大脑中的刺激诱发活动完全可以由外部刺激来解释。

此外，强被动模型还会声称，除非有刺激诱发活动，否则大脑根本没有神经活动。然而，经验证据与这些说法相矛盾。因此，强被动模型在经验上是不成立的，而仅仅在逻辑上是可以想象的。然而，讨论为什么它不成立，有助于我们理解其他更合理的观点。

我们应该如何描述大脑的静息状态？我们应该意识到，大脑的内在或静息状态活动或自发活动（我将这三个术语互换使用）是相当异质的概念，它引发了一些问题（见 Cabral，Kringelbach & Deco，2013；Mantini，Corbetta，Romani，Orban & Vanduffel，2013；Morcom & Fletcher，2007a，b；Northoff，2014a）。

我们可以用不同的概念术语来描述静息状态。除静息状态活动外，其他术语包括基线（baseline）、自发活动或内在活动（intrinsic activity）也可以用于描述产生于大脑内部的活动（见 Deco，Jirsa & McIntosh，2013；Mantini et al.，2013；Northoff，2014a）。重要的是，大脑的静息状态活动不受大脑特定区域或网络的约束或限制（Northoff，2014a；Raichle，2009）。相反，它遍及整个大脑。

大脑是一个急需能量的系统，它消耗了全身20%的葡萄糖和氧气，而只占身体重量的2%（Shulman，Hyder & Rothman，2014）。最重要的是，所有这些能量主要投入自发活动本身，而对外界刺激做出反应的神经活动（即刺激诱发活动）只消耗其中的一小部分，相当于大脑能量总预算的5%（Raichle，2015a，b）。大脑的静息状态究竟和这些能量有什么关系？大量的葡萄糖和氧气似乎主要用于神经元信号传递和神经活动，而其中的75%—80%用于后者（Rothman，De Feyter，Graaf，Mason & Behar，2011）。

9

这些数据表明，新陈代谢和神经元活动之间存在紧密的耦合，而在刺激诱发活动中只有轻微的改变（从能量的角度考虑）。代谢活动可以通过葡萄糖或氧的大脑代谢率（CMRglc 或 $CMRo_2$）来测量，而神经元活动可以通过测量谷氨酸（glutamate）和谷氨酰胺（glutamine）之间（如在神经元和神经胶质细胞之间，前者通过谷氨酰胺合成酶转化为后者）以及谷氨酰胺和γ－氨基丁酸之间（后者由前者通过谷氨酸经由 GAD67 酶合成）的循环来解释（见 Hyder et al.，2006；Shulman et al.，2014）。

对动物（大鼠）和人类的研究表明，代谢和神经活动之间存在着密切的耦合。这就是说，大脑中的代谢越高，其神经活动就越活跃，就像在自发或静息状态活动中，而在刺激诱发活动中代谢仅略微增加（如果有的话）（Hyder，Fulbright，Shulman & Rothman，2013；Hyder et al.，2006；Hyder，Rothman & Bennett，2013；Shulman et al.，2014）。

总的来说，强被动模型需要证明大脑内部不存在独立于外部刺激的自发活动。这与反映在大脑新陈代谢及其与神经活动密切耦合中的经验数据完全不相容。重要的是，高代谢及其转化成的神经活动与任何来自大脑外部的刺激无关。这些因素都极大地否定了大脑的强被动模型。

此外，大脑的强被动模型需要预先假定一个截然不同的大脑设计，那就是，大脑没有任何独立于外部刺激的新陈代谢和神经活动。因此，在强被动模型中，新陈代谢及其与静息状态活动的耦合将不存在。这就清楚地表明，强被动模型只是（基于逻辑基础）可以想象，而不是（基于经验基础）可以成立的范式。然而，尽管在经验上是不可行的，强被动模型仍然可以告诉我们，大脑代谢的核心相关性及其与实现大脑运作和功能的神经活动的耦合（即使这种神经－代谢耦合的经验细节仍有待探索）。

10

大脑的被动模型Ⅰb：温和模型——静息状态活动对刺激诱发活动无影响

大脑被动模型的倡导者现在可能想争辩说，在没有抛弃对刺激进行被动加工的基本假设前提下，也可以承认大脑的静息状态活动在感觉皮层（sensory cortices）中的存在。特别是，即使感觉皮层存在静息状态活动，在这些脑区刺激诱发活动仍然可以与外部刺激充分和完全地联系起来。然后，静息状态和刺激诱发活动将以平行和分离的方式运行，它们之间没有相互作用（无论是因果的还是调节的）。在这种情况下，感觉皮层中的静息状态活动对在相同脑区内的刺激诱发活动没有任何影响，这意味着前者对后者根本不必要。这相当于大脑被动模型的一个温和版本，但同样没有得到经验证据的支持。

在一项关注听觉皮层的功能性磁共振成像（fMRI）研究中（Sadaghiani，Hesselmann & Kleinschmidt，2009），研究人员让受试者执行听觉检测任务，并以20—40毫秒的不可预测间隔呈现宽频带噪声刺激。受试者只有在他们认为听到了目标声音时才需要按按钮。研究人员以此比较受试者按按钮前和没有听到目标声音前的神经活动。

有趣的是，与没有检测到目标声音的受试者相比，成功的检测者听觉皮层内显示出更活跃的刺激前神经活动（如静息状态活动）。因此，听觉皮层的静息状态活动水平会影响受试者的知觉程度，例如，受试者是否能听到听觉刺激。

但是，除了听觉，其他感觉通道的静息－刺激（rest-stimulus）交互是怎样的？上述研究人员还研究了视觉通道中的静息－刺激交互（Hesselmann，Kell，Eger & Kleinschmidt，2008）。刺激前梭状回面孔区（fusiform face area）内较高水平的静息状态活动与随后对鲁宾的花瓶人脸图中的人脸而非花瓶的知觉有关。因此，梭状回面孔区内较高的静息状态活动使随后的知觉内容偏向于看到人脸，而不是花瓶。

11

在另一种视觉刺激（如视觉运动）中也观察到类似的现象。颞中皮层（middle temporal cortex）（V5/MT）内视觉运动区的静息状态活动预测了随后对连贯运动的知觉程度（Hesselmann et al.，2008）。赫斯曼（F. Hesselmann）及其同事还将刺激前的静息状态活动和峰值的刺激诱发活动及其行为表现联系起来，并由此得出，刺激前的静息状态活动和峰值刺激诱发活动的关联程度越低，受试者随后的行为表现越好，例如运动知觉。因此，随着刺激诱发活动与刺激前的静息状态活动之间的区别越明显，行为表现也越好。

静息－刺激交互是否也存在于感觉皮层以外的区域？科斯特等人（Coste，Sadaghiani，Friston & Kleinschmidt，2011）进行了一项使用斯特鲁普任务（Stroop task）的研究，他们将颜色与颜色的名称混淆（例如，用“绿色”一词来标记红色）。受试者必须按下按钮来确定颜色与名称一致或不一致。

这项研究再次表明，前扣带回皮层（anterior cingulate cortex，ACC）和背外侧前额叶皮层（dorsolateral prefrontal cortex，DLPFC）等相关区域的刺激前活动预测了随后的行为表现，即反应时间。ACC和DLPFC内的刺激前静息状态活动水平越高，随后对刺激的反应时间也越快。

上述发现与认知区域如ACC和DLPLFC有关，而在涉及颜色和文字加工的感觉区域中却观察到相反的关系，例如，在右侧颜色敏感区和视觉词形区内刺激前静息状态活动越高，随后的反应时间越慢。这些数据清楚地表明，静息－刺激交互是由高阶认知区域和低阶感觉区域以不同方式调节的。这就是说，高水平的刺激前活动会导致认知区域反应时间更短，而在感觉区域则会导致反应时间减少。由于感觉区域和认知区域加工的是同一个刺激，高水平刺激前活动对反应时间的不同影响只能归因于区域本身（例如，认知和感觉）对外部刺激的不同影响。这需要不同形式的静息－刺激交互。

这些发现对我们反对大脑的强被动模型的论证意味着什么？它们表明，感觉皮层和其他区域（如前额叶皮层）内的刺激诱发活动与外部刺激本身（如感觉或认知刺激）并不是完全相关的。相反，刺激前静息状态活动水平似乎影响刺激诱发活动的程度或振幅。这意味着外部刺激本身只是必要的，但它本身不是充分决定着刺激诱发活动。 *12*

因此，来自这些研究和其他研究的经验证据（见 Northoff，2014a；Northoff，Qin & Nakao，2010）都反对刺激诱发活动完全由外界刺激所导致的看法，进而反对大脑的温和被动模型。我们应该意识到，对于刺激诱发活动来说，刺激是必要的但并不是充分的，因此静息活动仍然可以对刺激诱发活动产生调节作用。这就引出了下文将要讨论的大脑的弱被动模型。

大脑的被动模型Ⅱa：弱模型——静息状态活动对刺激诱发活动无因果影响

然而，大脑被动模型的支持者也许仍然没有准备放弃他们认为大脑是被动的观点。他们也许会通过削弱自己的主张来加强自己的论证，声称静息状态活动确实可以调节刺激诱发活动，然而，它不会像外部刺激那样对此类活动产生因果影响。只有外部刺激对刺激诱发活动有因果影响，那就意味着，没有外部刺激就没有刺激诱发活动。

在这种情况下，静息状态充其量只是带来调节性影响。调节性影响是指静息状态并不直接引起刺激诱发活动。即使在没有静息状态的情况下，刺激诱发活动仍会持续。静息状态只能调节或改变刺激诱发活动的程度，而后者的发生与前者无关。当静息状态只起调节作用时，它不是刺激诱发活动的必要条件。这相当于大脑的一个弱被动模型，它与强被动模型一样，与经验数据相冲突。数据表明，静息状态活动的影响不仅是调节的，而且是因果的。

13

我们如何在实验上证明静息状态活动会对刺激诱发活动产生因果影响？可能的策略是改变静息状态活动的整体水平，然后看看在特定任务期间，这如何影响刺激诱发活动。罗伯特·舒尔曼（Robert Shulman）领导的小组在动物身上做了一项相关研究。他测试了脑基线或静息状态的新陈代谢如何影响动物刺激诱发活动（Maandag et al.，2007）。

曼德格等人（Maandag et al.，2007）从药理学角度诱发了大鼠高水平和低水平的静息状态活动，并在刺激前爪时透过 fMRI 测量其神经活动。研究结果表明，高水平的静息活动状态与大脑皮层的广泛活动和前爪运动时感觉运动皮层内相当弱的诱发活动有关。但在低水平静息状态活动下情况是相反的，在这种状态下，感觉运动皮层内的神经活动更强，而在其他皮层区域的神经活动或多或少缺失。这些结果表明，静息状态活动水平会对刺激诱发活动产生因果影响（参见 G. Shulman et al.，2009；R. Shulman，Hyder & Rothman，2009；van Eijsden，Hyder，Rothman & Shulman，2009；在概念层面上的结果讨论，见 Maandag et al.，2007）。

大脑的被动模型Ⅱb：弱模型——静息状态活动对刺激诱发活动的因果影响

经验数据显示了静息状态对动物刺激诱发活动的因果影响。是否有经验证据表明静息状态与刺激诱发活动之间的因果关系同样存在于人类身上？为此，秦鹏民等人（Qin et al.，2013）根据不同基线之间的差异设计了一个精巧的实验。他们在受试者睁眼和闭眼时分别发出相同的听觉刺激。这使得他们能够测试两种不同的静息状态（睁眼和闭眼），对与同一刺激相关的刺激诱发活动的因果影响。

首先，基于 fMRI 中一种特殊的采集技术——稀疏采样（sparse sampling），秦鹏民等人确定扫描仪噪声对听觉皮层的影响，并将其与完全没有扫描仪噪声的情况进行比较。在稀疏采样的实验场景中，先关闭扫描仪噪声几秒钟，再打开扫描仪，而神经活动，即血氧水平依赖（BOLD）信号反应，可以在这段时间内被记录下来（因为 BOLD 反应显示了时间延迟）。正如预期的那样，在有噪声与无噪声的比较中，双侧听觉皮层内产生了强烈的活动变化。这些活动的变化有助于确定和定位听觉皮层的静息状态活动，尽管是间接地。随后，秦鹏民等人以听觉皮层作为关注区域进行了后续的分析。 *14*

第二步，秦鹏民等人（2013）采集了受试者睁眼和闭眼期间的功能性磁共振成像数据，以研究视觉皮层的静息状态活动及其调节变换（透过睁眼这个基础的刺激）。与听觉皮层中的噪声相似，睁开眼睛的情况有助于确定视觉皮层的静息状态活动，随后，该区域被选择为后续分析的脑区。在睁眼和闭眼两种不同的模式下，他们以每 20 秒为一个周期分别采集两种不同的数据，从而使得血氧水平依赖反应（神经活动）产生交替变化，并在 6 分钟内确定了视觉皮层与其他区域（例如听觉皮层）的功能连接。

最后，在第三步中，秦鹏民等人（Qin et al.，2012）通过让受试者在睁开眼睛和闭上眼睛两种情况下听相同的名字，研究了受试者在这两种情况下听名字的知觉。这一策略用于研究反映不同基线的睁眼和闭眼对与同一刺激相关的刺激诱发活动的影响。

在睁眼和闭眼时不同的静息状态是如何调节刺激诱发活动的？在闭上眼睛时，受试者听觉皮层内自己名字所诱发的神经活动比其他人名字所诱发的神经活动的程度要强得多。然而，当睁开眼睛时，这种反应差异就消失了。因为这两种情况下的刺激是相同的，所以在睁眼时，自己的名字和他人名字之间的信号变化差异消失，这很可能是由于睁眼和闭眼之间自发活动本身的差异造成的（尽管不能完全排除来自身体及其内感受刺激的影响）。

当眼睛睁开时，听觉皮层的自发活动一定发生了某些变化，从而明显地改变了它的敏感性，特别是对他人名字刺激的敏感性。尽管我们目前还不知道在从闭眼到睁眼的转换过程中，静息状态本身究竟发生了什么变化，但我们的数据仍然证明了静息状态活动水平对随后听觉皮层内刺激诱发活动的因果影响。 *15*

我们的数据表明，听觉皮层内的静息状态活动和刺激诱发活动之间一定存在某种因果关系。因此，刺激诱发活动的数量或程度不仅取决于刺激本身，而且还取决于静息状态活动的水平。然而，关于静息状态对刺激诱发活动因果影响的确切神经元机制，我们目前仍然不清楚（另见 He，2013；Huang，Ferri，Longtin，Dumont & Northoff，2016；Northoff，2014b；Huang，Zhang，Longtin et al.，2017）。

不同模式的静息－刺激交互都是言之成理的。例如，刺激诱发活动可能只是添加到正在进行的静息状态活动中。或者，刺激可能引发一定程度的刺激诱发活动，其程度强于或弱于静息状态活动与刺激诱发活动之间的单纯相加，这种情况我们称为非加性（nonadditive）交互。究竟哪种模型适用，加性模型还是非加性模型？相关研究正在对之进行调查（详情见第二章）。

大脑的被动模型Ⅱc：静息状态活动对刺激诱发活动的因果作用 vs. 调节作用

综上所述，这些发现表明静息状态对刺激诱发活动有积极的因果影响。静息状态活动与刺激（特别是受试者自己的名字）存在因果交互，由此成为产生刺激诱发活动的必要条件（尽管不充分）。

然而，弱被动模型的支持者可能会倾向于认为，这个例子只显示了静息状态对刺激诱发活动的调节作用，而不是因果影响。在这种情况下，人们会预期静息状态产生如下影响，也就是以同样非特定的方式调节所有三种名字，但是数据并没有显示这一点，因为静息状态活动与这三种名字的交互方式有很大的不同。这些差异支持静息状态对特定刺激的因果影响，而不是对非特定类型的刺激产生非特定的调节作用。

16 然而，我们应该意识到，上述实验所得出的数据留下了许多问题。其中一个就是交互的确切本性问题：即使是微弱的因果交互也必须由特定的神经生理机制来解释。因此，在这一点上，我们还不能完全弄清楚静息－刺激交互的因果本性。秦鹏民等人（Qin et al.，2013）例子中的静息－刺激因果关系，显然是一种较弱的因果关系形式，不如缺乏静息状态活动就完全没有刺激诱发活动的因果关系。因此，我们今后可以研究不同形式的因果关系（例如，亚里士多德区分的四种因果关系）。

此外，这种静息－刺激交互的心理影响我们仍然是不清楚的。秦鹏民等人（2013）的研究仅仅关注两种不同的静息状态条件下（眼睛闭着和眼睛睁开时），与受试者自己（以及熟人和陌生人的）名字相关的刺激诱发活动的神经元差异。然而，受试者在闭眼和睁眼时的静息状态对于自己名字的不同神经元反应是否也影响心理特征（如知觉），秦鹏民等人并没有考虑到。

例如，与睁眼相比，受试者在闭眼时可能更强烈和更专注地听到了自己的名字（因为在睁眼情况下，有额外的视觉注意力分散）。这可以通过受试者对自己名字的反应时间来探测，通常情况下，在闭眼的时候应该比睁眼的时候快。这种心理差异的可能存在将进一步支持因果性静息－刺激交互的假设。

与大脑的被动或主动特征相关的这些数据意味着什么？那就是，大脑似乎通过其静息状态活动水平（可能在不同程度上）给自己的神经活动提供了主动的贡献。这些经验证据对大脑的被动模型提出了反驳，无论是强的、温和的还是弱的。因此，我们现在需要把注意力转移到大脑的主动模型上。

第二部分：大脑的主动模型

大脑的主动模型Ⅰa：静息状态活动的空间结构

在早期，神经影像学研究使用 fRMI 和 EEG 技术，主要侧重于刺激诱发活动的研究，包括大脑对感觉运动、认知、情感或社会性的刺激或任务的反应。最近，神经影像学已经将焦点转移到大脑的自发活动及其时空结构上。最初，人们认为自发活动包含在特定的神经网络（如 DMN）中（另见 Klein，2014）。然而，很快人们就发现自发活动遍布整个大脑，无处不在。

17

自发活动在许多不同的神经网络中都可以观察到，包括中央执行网络（central executive network）、突显网络（salience network）和感觉运动网络

（sensorimotor network）（见 Klein，2014）。即使在诸如感觉皮层这样依赖外部刺激的区域，也存在自发活动。这就是说，持续的遍布整个大脑的神经活动是具有空间结构的。就如在功能连接中所测量的，特定区域协调它们进行中的静息状态活动从而形成神经网络。这就表明，大脑的静息状态活动可以由一个特定的空间结构来描述，从功能性连接角度说就是，这个空间结构描述了两个或多个区域的神经活动是如何跨时间同步和协调的。

大脑的主动模型Ⅰb：静息状态活动的时间结构

除了空间结构外，大脑的内在活动似乎还有一个相当复杂的时间结构，这表现在它不同频率范围的波动上。例如，在 DMN 中，自发波动的主要特征是低频（<0.1 赫兹）。然而，在感觉皮层、运动皮层、岛叶和皮层下区域内（如基底神经节和丘脑），我们可以观察到低频和高频的神经活动波动（参见 Buckner，Andrews-Hanna & Schacter，2008；Freeman，2003；Hunter et al.，2006；G. Shulman et al.，2009；R. Shulman et al.，2009；R. Shulman，Rothman，Behar & Hyder，2004；Wang，Duratti，Samur，Spaelter & Bleuler，2007）。

在大脑的静息状态中，低频和高频波动是如何相互联系的？经验数据表明，它们是相互调节的（参见综述 Canolty & Knight，2010；Fell & Axmacher，2011；Fries，2009；Sauseng & Klimesch，2008）。例如，范哈塔罗等人（Vanhatalo et al.，2004）对处于睡眠状态下的健康和癫痫受试者进行了 EEG 研究，他们用直流 EEG 来记录低频振荡。实验结果表明，所有受试者都表现出超慢（infra slow）频率振荡（0.02—0.2 赫兹），而且睡眠状态下的超慢频率振荡比受试者处于清醒的静息状态甚至刺激诱发活动时表现得更强烈。这些振荡在所有脑电电极上都能检测到，因此在整个大脑中都没有任何特定的和在视觉上明显的空间分布特征。

18

最有趣的是，范哈塔罗等人（2004）观察到慢速振荡（0.02—0.2 赫兹）和快速振荡（1—10 赫兹）振幅之间的相位锁定（phase-locking）或相位同步。在慢速振荡（0.02—0.2 赫兹）处于负相位时，快速频率振荡（1—10 赫兹）的振幅最高。我们将这种快频率振荡振幅对慢速振荡相位的相位锁定称为相位－功率耦合（phase-powering coupling）（见 Canolty & Knight, 2010; Sauseng & Klimesch, 2008）。一般来说，耦合似乎发生在从慢到快频率波动的方向上（见 Buzsáki, 2006; Buzsáki, Logothetis & Singer, 2013）。从慢频率相位到快频率振幅的这种耦合是神经活动中不同振荡模式相互关联的方式之一。这些现象构成了自发活动的时间结构。

大脑的主动模型Ⅰc：静息状态活动的时空结构

这种时间结构是如何与大脑内在活动的空间结构相联系的？在最近的一项研究中，帕斯夸尔等人（de Pasquale et al., 2012）观察到 DMN（尤其是后扣带回皮层）与其他网络在特定的 β 频率范围内相关程度最高。DMN 似乎与其他网络的交互比其他网络自身之间的交互要多得多。其中的具体原因我们尚不清楚，但部分原因可能是 DMN（及其中线结构）位于大脑中央的中心位置。

根据上述事实我们知道，DMN 比其他更边缘位置的网络（例如，执行网络或感觉运动网络；见 Northoff, 2014a）更容易发生跨网络交互。这样的跨网络交互是动态的、短暂的，也是不断变化的。例如，在 DMN 和其他网络之间就存在低同步和高同步的交替周期，这意味着跨网络同步和不同步是齐头并进的。

这些发现表明，空间结构与时间动力学即在不同频率范围（波段）内的振荡是密切相关的（Ganzetti & Mantini, 2013）。具体来说，不同的神经网络可能显示不同频率范围的波动。例如，希普、哈维尔克、科贝塔、辛格和恩格尔（Hipp, Hawellek, Corbetta, Siegel & Engel, 2012）观察到，内侧颞叶（medial temporal lobe）显示的主要是 θ 频带（4—6 赫兹）；侧顶叶区（lateral parietal regions）显示的是 α－β 频带（8—23 赫兹）；感觉运动区则显示出了更高的频率（32—45 赫兹）。这些发现显示了自发活动内时空维度之间的密切联系。

19

经验性的“嵌套振荡”和“嵌套同步”理论恰当地反映了时间和空间结构之间的紧密联系特征，就如蒙托（Monto, 2012）使用脑磁图技术（MEG）在静息状态活动中所观察到的。嵌套振荡（nested oscillations）描述了特定区域内低频和高频波动之间的相位－相位/功率耦合。神经同步性（neural synchrony）则超出了这个范围，因为它指的是一个特定区域内嵌套振荡的区域间协调。就是说，一个区域内低频波动的相位可能调节该区域的高频波动与另一区域的高频波动的耦合。

总之，这些数据显示了静息状态活动中的时空结构。对于这种时空结构的确切机制和特征我们尚不清楚，但我们知道，这种时空结构是高度动态而不是静态的，即它的时空布局会不断变化。

大脑的主动模型Ⅰd：主动而非被动的大脑模型？

大脑静息状态下的动态时空结构的这些发现，究竟告诉了我们关于大脑模型的什么？不妨让我们从静息状态活动的结构和组织开始。基于经验数据，我认为外部刺激必须与静息状态及其时空结构相互作用，或者说外部刺激与静息状态及其时空特征相整合。这使得刺激中时间和空间上的单个离散点与大脑及其自发活动的不同时间尺度相联系和整合。

20 这种静息－刺激整合是如何与心理特征相关，包括与对各个刺激的意识相关，我们仍然不清楚。因此，本章只关注大脑及其神经活动，而不关注其在意识等心理特征中的作用，这有待未来我们在神经科学和哲学领域做进一步阐述。

此时此刻，人们可能会设想一个纯主动的大脑模型，它完全不受外部刺激的影响。在这种情况下，无论是处于静息状态，还是暴露在刺激和任务下，大脑自发活动的空间和时间结构应显示完全相同的神经元特征。这种激进的观点意味着大脑及其神经活动可以“自我证明”（self-evidencing）（Hohwy, 2014）而不是“世界证明”（world-evidencing）的。然而，这与经验数据不符，实验数据清楚地表明，刺激诱发或任务诱发活动与正在进行的自发活动是不同的。

一种更温和的主张认为有刺激诱发或任务诱发活动，但自发活动是不会改变的。基于这种主张，人们会期望神经网络和各种频率波动，比如自发活动的时空结构在静息状态和暴露于刺激和任务时仍保持不变。但事实并非如此。

虽然在睡眠状态、醒着静息状态和醒着有任务状态中，不同的神经网络和频率波动都存在，但它们会改变彼此之间的关系。例如，如上所述，超慢频率波动在睡眠时特别强，在醒着静息状态时不太强，在醒着有任务的时候更弱。这意味着，我们不能用一个纯主动的模型来解释大脑及其自发活动，无论是激进的还是温和的。为此，我现在提出所谓的大脑的频谱模型。

第三部分：大脑的频谱模型

大脑的频谱模型Ⅰa：从被动和主动模型到大脑的频谱模型

这些发现让我们在寻找经验可信的大脑模型中何去何从？这些数据显然不支持大脑的被动模型，也不支持主动模型。因此，我们可能需要选择第三种模型，在这种模型中，大脑既可以是主动的，也可以同时是被动的。我把这种模型称为大脑的“频谱模型”（spectrum model）。

“频谱模型”的概念是什么意思？无论是单独的大脑自发活动，还是外部刺激本身，都不能决定大脑的神经活动。相反，正是它们之间的关系以及它们之间的平衡，即它们如何相互联系，决定了大脑的神经活动。由于在自发活动和外部刺激之间，存在一个涉及不同可能的平衡或关系的频谱或连续体，我称之为大脑的频谱模型。

21

具体地说，这种频谱或连续体假设，大脑中的神经活动可以由内部和外部的活动之间的不同组合和平衡所引起。因此，神经活动是混合的，它既来源于大脑的内部也来源于外部。频谱模型关注的是，大脑的神经活动如何涉及不同程度的静息状态活动，而且同时被外部刺激所塑造。同一神经活动水平可以在不同时间由不同程度的静息状态活动所构成。

如果静息状态活动很强，而外部刺激很弱，例如，很低的声音或很弱的视觉特征，那么神经活动将主要由静息状态活动决定。相反，如果静息状态的活动相当弱，那么外部刺激（即使本身没有那么强烈）会对大脑的神经活动的塑造和构成产生更大的影响。

因此，这里所说的大脑频谱模型，是关于静息状态活动和外部刺激对大脑神经活动的贡献之间的平衡。由于在静息状态和外部刺激之间各种平衡都是可能的，因而大脑的神经活动最好由频谱模型来描述，该模型在上述纯主动和纯被动模型之间留有配置空间。

大脑的频谱模型Ⅰb：频谱中的中间与极端情况

频谱模型对我们是否能准确定义静息状态和刺激诱发活动的概念具有重要的意义。在频谱模型的框架中，两者的区别充其量是相对的（而不是绝对的）。无论是在经验研究中运用的操作化概念，还是试图公正地反映大脑的基本生理事实，都会对人们如何使用这些概念带来影响。

22 在操作上，我们显然需要区分静息状态活动和刺激诱发活动。静息状态活动是在特定的行为状态下测量的，例如，在没有任何特定任务或刺激的情况下闭上或睁开眼睛时。而刺激诱发活动是通过应用特定的任务或刺激来测量的。相反，在生理学语境中，静息状态和刺激诱发活动之间的区别似乎不复存在。大脑中的神经活动可能来自不同来源的不同组合。

根据大脑的频谱模型，大脑的神经活动默认是静息状态和刺激诱发活动的混合。因此，神经活动从来不是完全由静息状态或外部刺激单独决定的，任何极端情况都不可能发生。健康的大脑显然是在静息状态和刺激诱发活动不同组合之间的频谱或连续体的中间范围内运作。而在那些精神病患者那里，我们可以找到极端的情况，即静息状态和刺激诱发活动之间的组合或平衡似乎从频谱的中间向更极端的两端转移。

让我们来看看精神分裂症，尤其是这种疾病经常出现的幻听。一般来说，幻听主要是由于听觉皮层内静息状态活动的水平和功能连接的异常增加所导致的（见 Alderson-Day et al. , 2016；Northoff, 2014c）。相反，诸如听觉刺激之类的外部刺激在这些患者的听觉皮层中几乎不再引起任何活动变化。因此，这些患者听觉皮层的神经活动主要由静息状态活动所决定。即使在外部刺激加工期间，听觉皮层的活动也主要由静息状态而不是外部刺激构成（见 Alderson-Day et al. , 2016；Northoff, 2014c；Northoff & Qin, 2011）。

另一个例子是抑郁症。在抑郁症患者中，前扣带回皮层（ACC）的静息状态活动异常升高。从症状来看，这明显与思维反刍（ruminations）有关，并以牺牲外部心理内容为代价，增加对自我和内部心理内容的关注（见 Northoff & Sibille, 2014a）。此外，研究表明，抑郁症患者由外部刺激引起的活动变化程度显著降低（如果可以观察到的话）。静息状态活动的升高不再是对外界刺激相关变化的反应（见 Grimm, Boesiger, et al., 2009; Grimm, Ernst, et al., 2009; Northoff, Wiebking, Feinberg & Panksepp, 2011）。因此，像在精神分裂症患者的听觉皮层中，以及在抑郁症患者的 ACC 中的神经活动似乎主要由静息状态而不是外部刺激决定。 *23*

另一个极端情况是，神经活动主要由外部刺激决定，而静息状态的影响相对较小。例如，在健康的受试者中，可能存在异常强烈的外部刺激（很大的噪声）。而极强的刺激会压倒静息状态的影响并决定神经活动。这种情况的一个病理学实例可能是与抑郁症相反的躁狂症（mania）。与健康受试者相比，躁狂症患者 ACC 的静息状态活动程度降低（Magioncalda et al., 2014; Martino et al., 2016），他们似乎容易对外界刺激做出异常强烈的反应。

这些案例对频谱模型有何启示？在静息状态活动增强的情况下，大脑本身高度主动，决定着自身的神经活动，即使是回应外部刺激时。当外部刺激非常强烈和/或静息状态相当微弱时，情况正好相反。在这种情况下，外部（或内部或神经元的）刺激在大脑中占主导地位，而大脑本身则相当被动，具有高度的接受性。因此，这些实例是从频谱的中间范围转移到更接近频谱的主动端和被动端的极端情况（见图 1.1）。

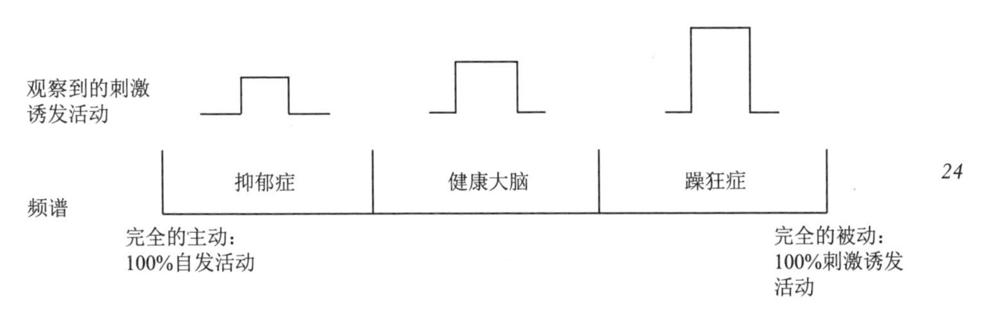

24

图 1.1　神经活动的频谱模型

值得强调的是，这些极端情况并非常态，而是例外，但却可以导致重大的精神和心理变化，如抑郁症和精神分裂症。相比之下，健康大脑的神经活动通常在神经活动的频谱中占据中间范围，它们是由静息状态和外界刺激共同决定的。与在精神疾病中更多地向频谱极端转移的病例中观察到的重大变化相比，正常大脑内静息状态和外部刺激对神经活动的影响程度的波动相对较小。

总而言之，我们大脑的神经活动既不是完全主动的，也不是完全被动的。取而代之，我们可以用频谱模型来解释大脑的神经活动，在其中，神经活动是由静息状态和外部刺激在不同程度和平衡上共同决定的。这样的频谱模型涉及大脑神经活动中不同程度的主动和被动之间的连续体。

结论

在本章中，根据最近神经科学的经验发现和科学哲学的理论证据，我们讨论了大脑的不同模型，分别是被动的、主动的和频谱的。大脑的被动模型认为，一般的神经活动，特别是刺激诱发活动，是由外部刺激本身充分（如果不是完全）解释的。事实上，这样的大脑只会被动地接受和加工外部刺激，而不会真正参与塑造和构成刺激诱发活动。然而，最近的经验证据并不支持大脑的被动模型，因为大脑自身的活动，其静息状态或自发活动，会对刺激诱发活动产生因果影响。

不妨让我们再来看下大脑的主动模型。在这种情况下，大脑自身被先于并独立于外部刺激发生的神经活动，即大脑的自发或静息状态活动所刻画。此外，最近的经验证据表明，大脑的自发或静息状态活动表现出一定的时空结构，例如，不同的神经网络和频率波动。

25

大脑的静息状态或自发活动是否决定了刺激诱发活动？正如我在上面的第三部分所说的，刺激诱发活动似乎是由外部刺激和自发活动即世界和大脑共同决定的。刺激诱发活动可能由自发活动（即大脑）与外部刺激（即世界）之间的不同可能关系或平衡的频谱或连续体决定。

除了经验和理论上的合理性，大脑的频谱模型还具有深远的意义。在纯粹的经验意义上，我们不能再将大脑视为仅是被动的。在理想主义或建构主义意义上，我们也不能将大脑视为完全主动的。大脑的频谱模型将两种观点整合成一个包含主动和被动之间不同关系和平衡的频谱或连续体。这些被动和主动特征之间的关系或平衡，对我们理解大脑如何产生意识是关键的，正如本书第二篇所讨论的。

第二章　自发活动和刺激诱发活动之间的关系：大脑的交互模型

导言

总体背景

27　大脑处于静息状态意味着什么？这是神经科学的核心问题之一，而大脑的自发活动一直是其中激烈争论的议题（参见 Cabral et al.，2013；Northoff，2014a，b；Raichle，2001，2010；Shulman et al.，2014）。与此同时，这个问题也是哲学的议题（参考 Klein，2014）。由于我们对其确切含义、作用和目的还不清楚，大脑的自发活动通常以没有特定外部刺激的纯粹操作术语来定义（见 Logotitis et al.，2009）。大脑的自发活动通常作为基线，尤其是在功能性脑成像（如 fRMI）中（见 Klein，2014；Morcom & Fletcher，2007a，b）。换句话说，大脑的自发活动可以作为确定任务诱发或刺激诱发活动（这些术语在本书中交替使用）的参照。而自发活动作为这样的基线是否可行，也一直是神经科学（Morcom & Fletcher，2007a，b）和哲学（Klein，2014）中争论的焦点。

自发活动作为任务诱发活动参照带来疑问的一个原因是自发活动的动态特征。具体地说，自发活动的变化方式可以追溯到任务诱发活动，这就对以前者作为标准区分后者提出了质疑。刺激或任务可能通过改变自发活动的水平、功能连接程度或变异性来影响自发活动，我们称之为刺激－静息交互（Northoff et al.，2010；Schneider et al.，2008）。另外，与之相反的 *28* 情况，自发活动影响随后的刺激诱发或任务诱发活动，即静息－刺激交互（He，2013；Northoff et al.，2010；Sadaghinai，Hesselmann，et al.，2010）。

自发活动和刺激诱发活动之间的两种交互，使得人们怀疑自发活动能否作为刺激诱发活动绝对和独立的参照。我们显然不可能将自发活动和刺激诱发活动确切地分离开来，而这表明将关注点转移到它们之间的关系上可能更有启发价值。例如，克莱茵（Klein，2014）就指出，这两种神经活动所涉及的时间维度不同：自发活动可以在长时间尺度上运作，跨小时、跨天、跨月甚至跨数年，而刺激诱发活动仅限于加工特定刺激的非常短的时间尺度。这是一个极具前景的假设，但克莱茵没有解释它们之间关系的确切性质，即长时间尺度和短时间尺度是如何相互作用和相互整合的。

我认为自发活动和任务诱发活动相互关联至少有两种可能的方式。它们或许并行运作，或许相互作用。平行主义（parallelism）将自发活动和任务诱发活动看作是绝对独立的神经现象。相反，交互主义（interactionism）则认为，刺激诱发活动要么是单方面依赖于自发活动，要么它们之间是相互依赖的。

重要的是，我们可以区分强和弱的平行主义和交互主义。强平行主义不允许任何类型的关系，如自发活动和刺激或任务诱发活动之间的空间或时间上的重叠性。相比之下，弱平行主义则允许自发活动和任务诱发活动之间存在空间或时间重叠，但后者不会改变前者的活动水平或特征，反之亦然。换言之，弱平行主义认为两种神经活动的水平（和特征）是相互独立的：一方面，无论是否存在任务诱发活动，自发活动保持不变；另一方面，任务诱发活动保持不变，与自发活动水平无关。

也可能存在弱和强的交互主义。弱交互主义可以通过加性（additive）交互等关系来表示，即自发活动和任务诱发活动之间只有叠加而不会相互 *29* 改变。从这个意义上讲，弱交互主义可能在很大程度上与弱平行主义重叠。因此，我将只集中讨论前者（而忽略后者）。相反，强交互主义不仅允许像时空重叠和加性交互那样的叠加，还进一步假设自发活动和任务诱发活动水平的相互依赖和改变。

本章着重讨论平行主义与交互主义，它是对第一章的扩展和说明。我在第一章提出了大脑的频谱模型，即大脑的刺激诱发活动由脑内自发活动和脑外刺激之间的连续体或平衡引起。这就预设了自发活动和刺激之间的直接交互和相互调节。然而，我们还无法确定这种交互的确切性质。阐明自发活动与刺激诱发活动之间交互的特点及其基础机制和原则是本章的首要目标。

主要的目标与论证

本章主要的目标是讨论平行主义和交互主义两种模型，并根据现有的经验数据和科学推理的理论解释，为每种模型提供支持和反对的论证。第一部分着重于强的平行主义，而第二部分则研究弱和强的交互主义。要做到这一点，我必须免除如何准确确定自发活动的忧虑。对于自发活动和任务诱发活动之间的关系来说，最具说服力的经验数据纯粹与神经活动有关。

因此，我需要澄清一些潜在的重要方法以便描述相关现象。关于从代谢、生化、空间、时间或心理方面研究自发活动的可行性的讨论，请参见相关研究（Northoff，2014a）。专注于纯粹的神经元层面，使我能够以空间（即功能连接）和时间（即不同频率范围内的波动）的方法作为指标，确定自发活动和刺激诱发活动之间的关系。

30

除了经验证据外，我还讨论了源于科学哲学的理论证据（本章第三部分：“大脑活动的基本原理——基于差异的编码”）。根据科学哲学家吉尔（R. Giere）及其基本原理概念，我提出了一种特殊的大脑编码策略，即基于差异的编码（difference-based coding），它允许自发活动和刺激之间的交互。因此，我认为，基于差异的编码可以作为吉尔意义上的基本原理（或桥接原理）。

概念定义和澄清

在继续之前，我们有必要做一些澄清。自发活动的概念通常被理解为操作意义上的行为状态，就如神经成像中常用的例子，即闭上眼睛和睁开眼睛并注视十字准线（Logothetis et al.，2009；Northoff，2014a，b；Raichle，

2015a，b）。从心理学上讲，自发活动的特点可能包括心智游移、随机思维或刺激无关的思维（Fox et al.，2015；Smallwood & Schooler，2015）。而我使用自发活动的概念来指称无关任何操作、心理或行为的神经元活动（Raichle，2015a，b）。这种大脑的自发活动，赖希勒（Raichle）称为大脑的“默认模式功能”（default-mode function）（Buckner et al.，2008；Llinás，2001；Northoff，2014a，b；Raichle，2009；Raichle et al.，2001）。这正是我在这里用“自发活动”（the spontaneous activity）这一术语的意义。

同样值得注意的是，人们可能会认为自发活动和刺激诱发活动之间的强交互几乎是微不足道的。测量偏差时所依据的基线状态，无论是真正的神经元静息状态还是特定的认知状态，都会影响刺激或任务的后续加工和行为。这意味着交互主义似乎是微不足道的，这可以解释为大脑的自发活动没有什么特别之处。

然而，我们这里主要关注的不是心理和行为的影响，而是这种交互作用的神经元机制。我只关注行为和心理层面上交互作用的神经元机制，而不关注行为或心理状态。为此，我讨论了自发活动和刺激诱发活动之间交互作用的不同神经模型。 31

考虑到所观察到的行为和心理交互作用，从经验的角度来看，平行主义模型只是个稻草人（非真实的事物）。然而，在纯逻辑背景下，就可想象性而言，平行主义仍然必须被视为一种选择。因此，我的目标是以经验为基础驳斥这种平行主义，并证明这种平行主义完全不符合经验数据。我们有必要了解大脑的构造，强平行主义的大脑构造从经验的角度看不是一个可行的选择。

第一部分：自发活动与刺激诱发活动的平行主义模型

大致上，平行主义是指自发活动和刺激诱发活动在没有任何直接交互的情况下并行运作。为了使有关神经活动的经验证据与这一说法相关，我们需要使之更加精确。其中的一种方法是将平行主义理解为自发活动和任务诱发活动在神经上彼此分离。这种分离可能有两种形式。其一是在空间上分离，在这种情况下它们会在不同的神经元系统中发生。其二是在时间上分离，在这种情况下它们将由不同频率范围内不同振幅波动的神经活动所构成。

平行主义Ⅰa：空间分离与平行加工

默认模式网络（DMN）包括大脑的前扣带回皮层、后扣带回皮层、内侧前额叶皮层和下顶叶皮层等内侧区域。DMN 因其高水平自发活动而得名（Buckner et al.，2008；Raichle，2015a，b；Raichle et al.，2001），并与其他神经区域/网络［如感觉或外侧前额叶皮层及其各自的感觉运动和控制执行网络（SMN，CEN）］形成对比。根据这个标准，DMN 以外的区域与自发活动无关。这种观点将空间分离归于自发活动和刺激诱发活动，因为每一种活动都是在不同的神经区域中发生的。克莱茵（Klein，2014）将此描述为“标准论题”，而我将其重新表述为“标准观点”。

尽管如此，我们仍然有理由质疑支持空间分离主张的数据的意义。在一些早期的关于自发活动的研究中，辛普森、德雷维茨、斯奈德、古斯纳德、赖希勒（Simpson，Drevets，Snyder，Gusnard & Raichle，2001）和古斯纳德、赖希勒（Gusnard，Raichle，2001）就指出，当任务涉及自我参照（个人相关的刺激，如受试者的名字）或认知注意因素时，DMN 在任务诱发活动中负激活（deactivation）。这种负激活表明大脑对刺激的反应并因此可以证实这样的观点，即 DMN 在刺激诱发或任务诱发活动中是运作着的，即使它对正在执行的操作类型没有什么指示。

此外，DMN 内的功能连接（大致上，DMN 不同部分的活动随时间变化的程度可以说是相互关联的）已被证明在暴露于任务或刺激时会发生变化。这种现象被称为“背景功能连接”（Smith et al.，2009），它深刻地表明，DMN 中的自发活动在刺激诱发或任务诱发活动过程中得以保留，同时受到刺激诱发或任务诱发活动的调节。如果两者完全独立，我们可以预估任务诱发活动不会干扰 DMN。除非有人认为，在执行任务期间 DMN 功能连接的变化是巧合，否则这一发现就有理由让人怀疑平行主义，即使接受了“标准观点”的空间分离假设也不例外。

此外，通过反驳空间分离假说也可以削弱静息状态与任务诱发活动的平行观。如果是自发活动发生在DMN之外，那么以自发活动和任务诱发活动的空间分离为基础支持平行主义将不再可行。当前有许多研究已经表明DMN外神经区域存在自发活动。事实上，有研究显示，大脑中被认为专门用于刺激诱发和任务诱发活动的区域（如CEN和SMN），它们本身也涉及自发活动（见Klein 2014；Northoff, 2014a；Shulman et al. , 2014）。 33

需注意的是，到目前为止，我们所考虑的研究发现只是反对空间平行主义，而不是一般的平行主义。在相同脑区或网络内，自发活动和刺激诱发活动之间仍可能并行加工。我们可以想象，这两种形式的活动都发生在不同的脑区/网络中，但它们在每个脑区/网络中彼此完全独立。为了评估这种平行主义的前景，我们需要研究自发活动和任务诱发活动的时间特征。

平行主义Ⅰb：时间分离与平行加工

上述反对空间分离假设的论证并不一定能排除平行主义。如果能证明自发活动和任务诱发活动是由完全不同的频率范围的波动所构成，平行主义可能仍然是正确的。例如，超慢频率波动可能只发生在自发活动中，而高频率波动只发生在刺激诱发活动中，从而为平行主义提供一些证据。

为了检验自发活动和任务诱发活动在时间上分离的假设，我们需简要回顾下神经活动的时间特征。大脑的神经活动可以用不同频率范围的波动来刻画。超慢频率波动范围在0.001—0.1赫兹之间（通过fRMI测量），慢频率波动范围在0.01—4赫兹之间，较快的频率范围则在5—8赫兹（θ）、8—12赫兹（α）、12—30赫兹（β）和30—180赫兹（γ）之间（透过EEG测量）（Buzsáki, 2006；Engel, Gerloff, Hilgetag & Nolte, 2013；Northoff, 2014a）。重要的是，这些不同的频率范围发生在整个大脑的不同区域和网络中，尽管由于网络的空间延展程度不同使得各自有一些差异。不仅如此，由于相位持续时间（phase duration）较长，超慢频率波动在空间上延展性更强，也就是说，比更局部的高频率波动（如γ）分布到更多的脑区（Buzsáki, 2006；Northoff, 2014a）。

DMN中自发活动所显示出的超慢频率波动（0.001—0.1赫兹），比其 34

他神经网络（如 SMN 和 CEN）内的更慢、更强，而且更多变（Lee, Northoff & Wu, 2014）。这让我们有理由怀疑超慢频率波动是自发活动特有的活动，但这一说法经不起实证检验。正如斯密斯等人（Smith et al. 2009）所证明的那样，DMN 中的超慢频率波动在任务诱发活动中被保留和调节，如“背景功能连接”所示。

除了已经讨论过的空间特征外，功能连接还包括一个很强的时间成分，因为它是根据统计的相关性来计算的，也就是说，不同时间点不同区域的信号变化同步（Fingelkurts et al. 2004a—c）。史密斯等人的研究数据表明，超慢频率波动不仅仅发生在自发活动中，而且在刺激诱发活动中也存在。因此，超慢频率波动在自发活动和刺激诱发活动之间重叠，这就削弱了它们的时间分离。

到目前为止，我所展示的经验证据反对自发活动涉及而刺激诱发活动不涉及超慢频率波动的假设。然而，如果能证明 γ 等高频波动没有发生在自发活动中，而只发生在刺激诱发活动中，那么时间分离仍然是可能的。但这又一次没有得到经验证据的支持，即使在自发活动中，我们也可以观察到 γ 等高频波动（详见 Northoff, 2014a）。

当然，不同的脑区和网络在超慢（0.01—0.1 赫兹）、慢（0.1—1 赫兹）和快（1—180 赫兹）频率波动之间的关系中显示出不同的轮廓或模式。视觉皮层等感觉区域可能显示出相当强的高频波动（如 γ），而它们的超慢频率波动可能不是很强（Engel et al, 2013；Lee et al.，2014）。然而，在 DMN 中这种模式是相反的，在 DMN 中，超慢频率波动相当强，而较高频率范围的波动相对较弱（Buzsáki, 2006）。然而，要证明自发活动和刺激诱发活动之间的平行关系需要的不止这些。时间分离假设要求某些形式的波动只存在于自发活动中，而其他形式的波动只存在于刺激诱发活动中，本节回顾的研究结果已经推翻了这种可能性。

尽管如此，对时间分离假说的反驳并没有完全否定平行主义。虽然已有研究表明，我们不能根据自发活动和刺激诱发活动广泛的时空特征推断它们是相互独立的神经活动，但每一种神经活动仍然可能具有某种大脑自主性。不同频率的波动可能发生在多个神经区域，它们平行运作而不相互影响。

然而，对这一假设的论证负担很重。我们很难确切地证明自发活动和刺激诱发活动之间没有相互影响，特别是考虑到这两种神经活动在空间和时间上都是重叠的。因此，要最终驳斥平行主义，我们必须证明其竞争对手交互主义。幸运的是，有大量的经验证据支持交互主义。

第二部分：自发活动与刺激诱发活动的交互模型

在抛弃了时空分离假设之后，我们对自发活动和刺激诱发活动之间关系的研究现在必须探索这样的可能性，即尽管它们在时空上是重叠的，但这两种神经活动是独立的。如果能证明其中一种对另一种的预测，或者其中一种对另一种的调节（见第一章的经验支持），平行主义的命运将会走到尽头，而我们关注的焦点也会转移到它们交互的性质和意义上。

这部分的研究将涉及自发活动和刺激诱发活动是否以加性或非加性（nonadditive）的方式相互关联。简单来说，加性交互意味着刺激诱发活动仅仅被添加到正在进行的自发活动中，且任何一方的变化都无法追溯到另一方。另一方面，如果能证明自发活动的某些特征对刺激诱发活动的某些特征具有解释性，或者刺激诱发活动的某些特征可以解释随后自发活动的变化，则可能存在非加性交互。我们将看到，尽管有一些加性交互的经验证据，但非加性交互的证据更强。 36

交互模型Ⅰa：自发活动和刺激诱发活动之间的加性交互

从前面的章节中，我们可知，要想把平行主义作为自发活动和刺激诱发活动之间关系的模型，唯一可行的方法就是两者之间只存在加性交互。这就要求，即使双方具有相同的神经活动时空特征，但并不直接相互影响或调节。由于自发活动是在大脑中持续进行的，而刺激诱发活动只有在特定的感觉事件的刺激下才会发生。因此，通过研究刺激诱发活动的程度是否完全且仅依赖于刺激，就可以揭示它们之间的交互是否仅仅是加性的。除非可以证明这一点，否则我们必须放弃平行主义而支持交互主义。

神经科学家们对神经活动的细胞（Arieli，Sterkin，Grinvald & Aertsen，1996；Azouz & Gray，1999）和区域特征（Becker，Reinacher，Freyer，Villringer & Ritter，2011；Fox et al.，2006）的研究，为刺激相关信号仅仅叠加在持续的自发活动上提供了证据。例如，福克斯等人（Fox et al.，2006）的研究表明，运动引起的运动皮层的信号变化与同一区域（运动皮层）的持续自发活动无关。更具体地说，刺激开始时运动皮层的活动水平，即自发活动，对随后运动皮层内刺激诱发活动没有任何影响。因此，在这种情况下，刺激诱发活动似乎是增加或叠加在自发活动之上，但独立于自发活动的振幅（参见图 2. 1A 中的左侧部分和图 2. 1B）。

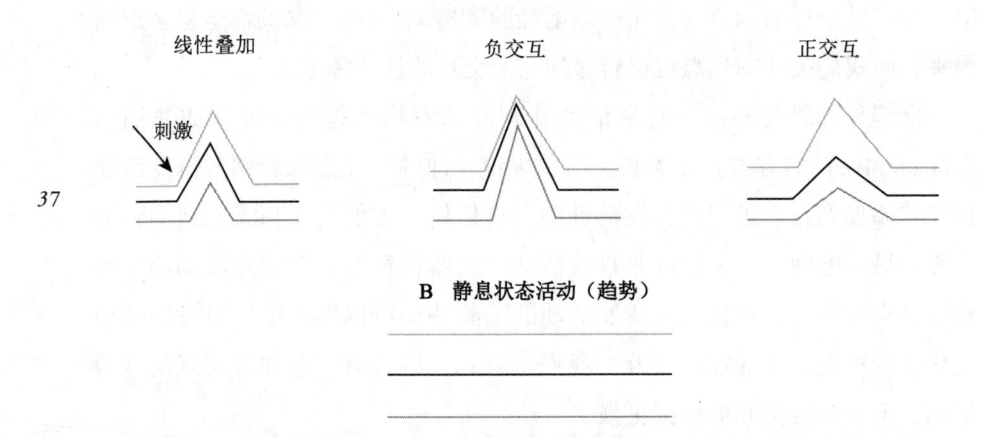

图 2. 1 （A）三种不同水平的静息状态活动的非加性交互；（B）静息状态活动

由于在这些研究中，刺激诱发活动的程度不受刺激开始时自发活动量的差异的干扰，两者之间的交互是加性的。因此，至少在某些情况下，自发活动和刺激诱发活动是独立地进行的。

恩格尔等人（Engel et al.，2013）也证明了刺激诱发活动与自发活动的类似叠加。他们指出，刺激诱发活动可以通过提高 γ 等高频波动的功率与自发活动简单叠加起来。重要的是，在这些研究中，自发的 γ 功率不能预测刺激诱发的 γ 功率。因此，我们有理由相信刺激诱发活动可以平行于自发活动，独立地拥有相似的神经活动空间（区域）和时间（频率波动振幅）特征。

本节回顾的研究为弱交互主义或平行主义模型提供了一些希望，但它们远不是决定性的。如前所述，如果我们发现相互依赖的例子，例如，自发和刺激诱发活动之间的交互，那就足以对平行主义产生怀疑（至少对它的强版本产生怀疑；见本章的导言）。福克斯等人（Fox et al.，2005）和恩格尔等人（Engel et al.，2013）的发现并没有证实这一主张。它们只是表明，有时刺激诱发活动仅叠加在自发活动上。平行主义（至少其强版本）仍然容易受到它们之间的非加性交互证据的影响。下一节将会谈到这一点。

交互模型Ⅰb：自发活动和刺激诱发活动之间的非加性交互

38

通常情况下，我们会以试次间变异性（trial-to-trial variability，TTV）作为测量刺激诱发活动的一种方法，它主要是指不同试次之间的神经活动振幅的差异，这些差异与同一刺激或任务的重复呈现有关（Churchland et al.，2010）。重要的是，TTV 是参照刺激或任务开始时的变异性程度来测量的，它反映了刺激开始时自发活动的变异性。这意味着 TTV 不是一个纯粹刺激相关的测量方法，而是根据静息状态的持续变异性水平来衡量刺激对变异性的试次影响的方法。

我们也不能将 TTV 视为只与技术伪迹相关的噪声，它应该是神经生理性的：自发活动中的神经活动不断改变其水平，以时域方差（tempoal variance）为指标（He，2013）。传入大脑的刺激通过暂时减少其时域方差来影响自发活动，我们在神经活动的细胞和区域水平上将其测量为 TTV（Churchland et al.，2010；He，2013）。

使用 TTV 作为测量刺激诱发活动的一种方法，对自发活动和刺激诱发活动之间的关系具有重要意义。上面回顾的福克斯等人（Fox et al.，2005）和恩格尔等人（Engel et al.，2013）的研究数据仅涉及刺激诱发活动的振幅而不考虑 TTV。当用 TTV 研究刺激诱发活动时，就很难坚持认为刺激诱发活动没有与自发活动交互。

许多关于神经活动的细胞和区域特征的研究表明，与重复刺激或任务相关的神经活动的持续变异程度降低，即 TTV 降低（Churchland et al.，2010；He，2013；White，Abbot & Fiser，2012）。最近，黄梓芮等人（Huang，Zhang，Longtin，et al.，2017）证实，与刺激相关的 TTV 降低的程度取决于刺激开始时的自发活动水平：刺激开始时更高水平的自发活动导致刺激诱发的 TTV 降低更多，而刺激开始时的更低的自发活动水平会导致 TTV 降低更少（参见 Ponce-Alvarez et al.，2015，从计算建模的角度证实）。这有力地证明了 TTV 的程度依赖于静息状态，即反对平行主义支持交互主义。

39

黄梓芮等人（Huang，Zhang，Longtin，et al.，2017）还对饱和效应（saturation effect）进行了研究，所谓的饱和效应是指大脑（在特定区域、网络或整个大脑中）能够产生的最大可能水平的神经活动，而与该活动是自发活动还是刺激诱发活动无关。例如，如果自发活动水平本身已经很高，那么它可能接近饱和水平，因此不会给刺激诱发的神经活动水平的额外增加预留很多的空间。如果自发活动离饱和点更远，刺激就不能再诱发与之相同程度的活动（另见 Ponce-Alvarez et al.，2015，以计算建模为基础支持这种神经元主张）。

因此，大脑所能产生的活动程度的生物物理限制使得自发活动和刺激诱发活动之间建立了联系。由于大脑能进行的神经活动是有限的，因此自发活动的程度会影响刺激诱发活动，它或多或少地留下一些神经活动空间供刺激物来诱发，这就更加支持了交互主义。

饱和效应只是自发活动对随后的刺激诱发活动产生影响的一种方式。另一组研究表明，在饱和效应不作为因素的情况下，不同水平的自发活动仍可以对随后的刺激诱发活动产生相当大的影响（He，2013；Hesselmann，Kell，Eger，et al.，2008，Hesselmann，Kell & Kleinschmidt 2008；Huang，Zhang，Longtin，et al.，2017；Sadaghiani et al.，2009；Sadaghiani，Hesselmann，et al.，2010；see Northoff，Qin，Nakao，2010；and Northoff，Duncan & Hayes，2010）。例如，黑塞尔曼、凯尔、埃格尔等人（Hesselmann，Kell，Eger，et al.，2008）证明，当梭状回面孔区（fusiform face area，FFA）的刺

激前的自发活动水平较低时（FFA 是与处理脸部信息密切相关的区域），随后的刺激诱发活动在该区域的水平就相当高，这甚至还会产生明显的行为后果。自发活动低的受试者更可能将人脸和花瓶的混合图像看成人脸（而不是花瓶）。

类似的结果也出现在与其他感觉通道有关的神经结构中，如听觉皮层（见 Sadaghiani et al.，2009）。萨达吉亚尼（Sadaghiani et al.）等人的研究表明，只有在刺激诱发活动之前，听觉皮层内出现高振幅的刺激前自发活动时，某些声音才能被检测到。较高的刺激前自发活动水平，与随后较高的刺激诱发活动以及受试者更容易察觉声音都有关。另一项研究（Hesselmann et al.，2008）表明，梭状回面孔区的低刺激前活动水平，会导致高水平的刺激后振幅与对脸部的高识别。基于这些发现，研究者们认为，持续的自发活动和刺激诱发活动之间存在非加性的交互（Sadaghiani，Hesselmann et al.，2010）。

40

何碧玉（He，2013）进一步证实了这种非加性交互的可能性，她观察到刺激诱发活动期间的振幅和 TTV 与刺激前自发活动水平成反比。这意味着在暴露于刺激物时，较低水平的刺激前活动预示了较高的振幅和较高的 TTV 降幅。

黄梓芮等人（2017）进一步扩展了这一发现，他们指出，静息和刺激相关神经活动之间的交互，会受到持续的超慢频率波动相位（phase）的影响。研究表明，如果持续的超慢频率波动处于正相位（positive phase，相当于对外界刺激的低兴奋），随后的刺激相关振幅和 TTV 的降幅将很低。相反，如果持续的超慢频率波动处于负相位（negative phase，相当于对外部刺激的高兴奋），随后的刺激相关振幅和 TTV 的降幅将很高。因此，特定区域或网络中的静息与刺激交互程度，直接取决于刺激开始时的刺激前自发活动的相位。

综上所述，这些结果表明，振幅和 TTV 的程度等与刺激相关的现象，直接依赖于刺激开始时或刺激前的自发活动水平。这些数据支持自发的和刺激诱发活动之间的非加性交互，从而构成了强交互主义的正面证据（参见图 2.1A 中的中间和右侧部分）。

41 与之前探讨过的一些研究相反，刺激诱发活动并非仅仅叠加在自发活动上，它们之间至少存在一个方向上的影响。本节回顾的研究发现表明，自发活动对刺激诱发活动有多方面的影响。我们称之为静息-刺激交互（rest-stimulus interaction）（Northoff et al.，2010），尽管它足以证明平行主义是有缺陷的，但仍要更多的证据来支持交互模型。下一节将说明大脑中还存在着相反的关系，即刺激-静息交互。

交互模型Ⅰc：刺激-静息交互

到目前为止，我只探讨了交互主义的一半，自发活动对随后刺激诱发活动的影响，即静息-刺激交互。而另一半，刺激诱发活动对随后自发活动的影响，即刺激-静息交互则仍有待讨论。我们目前所回顾的研究发现与非加性静息-刺激交互，以及加性刺激-静息交互是一致的。这就支持了一种混合模型，其中，交互主义描述了自发活动对刺激诱发活动的影响，而平行主义描述了刺激诱发活动对自发活动的影响。

如果是这样，自发活动就可以被赋予一定程度的神经自主性，因为它的基本特征在整个刺激诱发活动过程中不会改变。这种可能性很重要，因为这意味着尽管自发活动和刺激诱发活动之间存在交互，但自发活动仍然可以作为刺激诱发活动的参照物。这将有助于解决上文提到的关于使用自发活动作为界定任务诱发活动的基线的争议（详见 Klein，2014；Morcom & Fletcher，2007a，b）。

然而，经验证据却与这种设想背道而驰。一些研究表明，刺激或任务诱发活动确实会对随后的自发活动产生影响（见 Northoff，Qin，Nakao，42 2010）。例如，与低自我相关或个人无关的刺激相比，高自我相关或个人相关的刺激在随后的时间段（试次间隔）诱发（与自发活动相关的）中线DMN 区域更高的活动水平（Schneider et al.，2008）。此外，情绪刺激和工作记忆可以改变情绪刺激后杏仁核的自发活动和工作记忆任务后背外侧前额叶皮层的自发活动（详见 Northoff，Duncan，Hayes，2010）。

综上所述，这些发现表明，自发活动对先前的刺激诱发活动同样敏感，就如后者对前者敏感一样。我们由此可以得出，上一节确定的静息－刺激交互与刺激－静息交互相辅相成，两者都是非加性的。尽管其中的许多经验细节仍有待研究，但现有的证据充分表明，自发活动和刺激诱发活动在若干方面是相互依赖的。因此，我们有理由拒绝所有形式的平行主义，而大胆拥抱交互主义。

第三部分：大脑活动的基本原理——基于差异的编码

到目前为止，我们已经描述了不同的大脑模型——平行主义与交互主义，而经验证据更倾向后者。然而，至于这种交互，特别是非加性交互，是如何发生的还有待商榷。这个解释引导我们更深入地探究观察背后的运作机制。具体来说，我们有必要研究大脑的编码策略以及构成和产生其神经活动的基本原理。

基本原理Ⅰa：自然统计编码

自发活动和刺激之间的非加性交互如何可能？自发活动和刺激之间必须有直接的交互，否则二者就不可能不同程度地导致同一神经活动，即刺激诱发活动。此外，二者必须能够相互调节：强烈的自发活动可能会减弱刺激对刺激诱发活动的影响，相反，强烈的刺激则会削弱自发活动对随后的刺激诱发活动的影响。

乍一看，我们可能会认为自发活动和刺激差异太大，无法进行上面描述的那种直接交互。刺激可以描述为特定时空点上的特定事件或特定对象，其时空范围或尺度较小。与此相反，自发活动的时空尺度远大于典型的刺激的时空尺度，从超慢波（0.01—1 赫兹）到超快 γ（180 赫兹）波动。而自发活动和刺激诱发活动在时空范围或尺度上的差异，对解释二者如何直接交互提出了挑战。 43

在自发活动和刺激之间之所以可以产生交互，是因为二者有类似于共同的代码或“共同货币”（common currency）的东西，这是它们差异的基础。构建所需桥梁的一种方法是根据刺激和自发活动跨时间和空间的不同统计频率分布（即时空结构）来编码它们之间的直接关系。自发活动显示出持续的变化，这导致了某种统计频率分布，我称之为“神经元统计数据”（neuronal statistics）（Northoff, 2014a）。刺激本身按照一定的统计频率分布出现，即它们的“自然统计数据”（natural statistics）（Barlow, 2001）。

“自然统计数据”是什么？巴洛认为，大脑编码并表征“刺激块”（chunks of stimuli）及其细节，而不是单独编码每个刺激。他把这个过程的结果称为“聚集的信息”（gathered details）（Barlow, 2001, p. 603）。以一个早餐桌上摆满了各种食物和盘子的复杂场景为例。在这种情况下，我们的目光首先落在中间的大茶壶上，然后转向到面包篮，再到奶酪盘、果酱和其他各种盘子。所有的物品都位于桌子上不同的空间位置，我们不会同时感知到它们，而是通过让我们的视线在桌子和它的各种物品周围来回游荡有顺序地感知它们。

如果我们单独编码每个刺激，就不会把所有的东西联系在一起，认为它们属于同一早餐桌。此外，我们也不会把每种食物归类为与早餐相联系。尽管它们在空间和时间上存在差异，不同的刺激（不同的物品）必须一起编码。而一旦它们在编码过程中被组合在一起，就构成了巴洛所描述的“刺激块”或“聚集的信息”。

44

另一个例子是对旋律的感知。我们通常听到的不是孤立的任何单个音调，而是感知当前音调与前一音调的关系，并经常预测下一个即将出现的音调。而这只有当我们将当前音调与前一音调联系起来进行编码，从而将二者结合为“聚集信息”的“音调块”时才可能（见 Northoff, 2014b, chs. 13—15）。巴洛认为，只有当我们的大脑根据音调（和一般的刺激）在时间和空间上的统计发生率来编码音调时，才可能做到这一点。音调在时间上越接近前一个音调，两个音调就越有可能被一起编码并加工为“音调块”。同样的原理也适用于空间维度，以早餐桌为例，不同的事项在空间上彼此接近，因此很可能被编码为“刺激块”。

我们如何确定产生聚集信息的编码策略？让我们从没有被编码到神经活动中的东西开始，因为这将使我们更容易且更好地理解大脑的实际编码策略。例如，当感知到旋律时，巴洛认为感觉皮层并不单独编码每个音调。大脑似乎对刺激的分布进行编码，而不是编码单个刺激。

例如，在鸟的鸣叫中，鸟的大脑会编码特定音调在物理时间的离散点上的分布。它的大脑也可能编码鸟鸣相对于附近树叶沙沙声的空间位置。这样，编码到神经活动中的就是刺激在物理时空中不同离散点上的统计频率分布。这就是巴洛所描述的刺激编码的“自然统计数据”，即刺激在时间和空间中离散位置的统计频率分布。

基本原理Ⅰb：基于差异的编码与非加性交互

在描述了自然统计数据之后，我们现在有必要澄清“神经元统计数据”的本质。环境中外部生成的事件根据其统计频率分布或自然统计数据编码到大脑的神经活动中，导致了刺激诱发活动。类似地，大脑的自发活动也是如此。大脑内部生成的事件是根据其统计频率分布或神经元统计数据编码的，其结果是导致了自发活动。

45

这一现象具有重要的启示。只有通过与自发活动的神经元统计数据交互，外部刺激的自然统计数据才能编码为神经活动。由此，我们就可以将外部刺激和自发活动之间的交互，描绘成两种不同统计数据（自然和神经元）之间的交互。

让我们更详细地描述刺激和自发活动及其各自统计数据之间的交互。大脑及其自发活动的神经元统计数据，将刺激编码为跨时间和空间中不同点的统计频率分布，由此产生的神经活动就是刺激诱发活动。刺激诱发活动反映了自发活动的神经元统计数据和刺激的自然统计数据之间的统计差异，即所谓的基于差异的编码（difference-based coding）（Northoff, 2014a）。因此，基于统计的差异为自发活动的神经元统计数据和刺激的自然统计数据提供了“共同货币”。我认为，这种共同货币构成了大脑与它们所处的更广阔的世界的关系，这相当于我在第三章中所说的世界－大脑关系（见图2.2A和2.2B）。

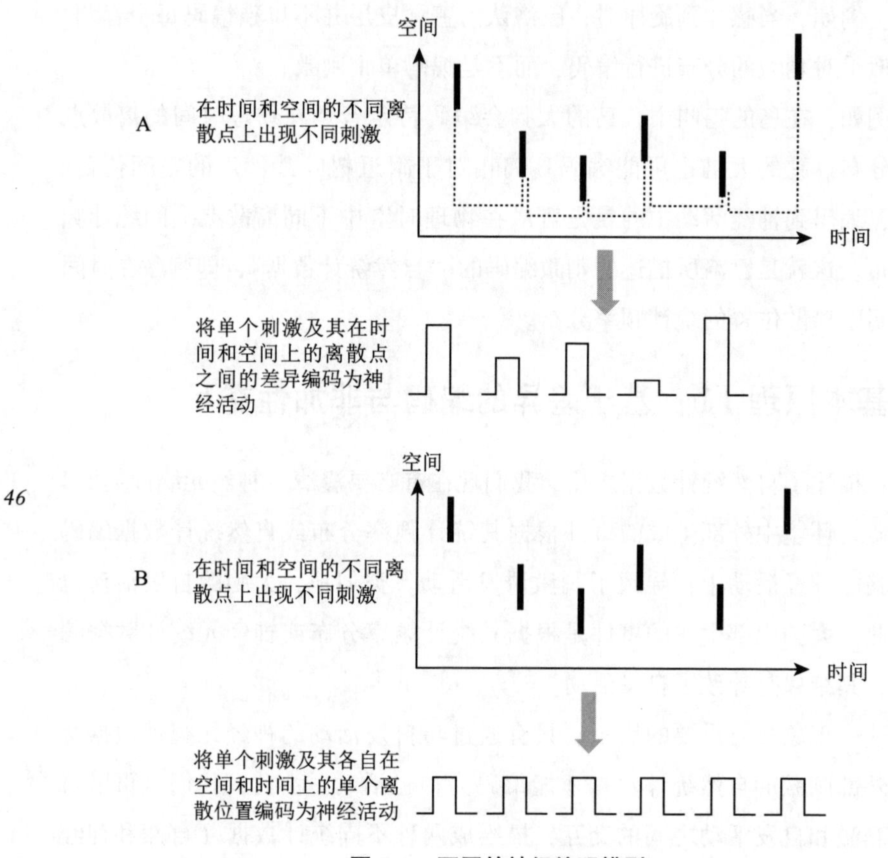

图 2.2　不同的神经编码模型

该图描述了两种不同的神经编码模型，基于差异的编码（A）和基于刺激的编码（B）。每幅图的上半部分用垂直线表示刺激在时间和空间上的发生。每幅图中下半部分的条形代表由刺激引起的动作电位，箭头表示刺激和神经活动之间的联系。（A）在基于差异的编码中，刺激及其各自的时间和空间位置被相互比较、匹配和整合。换句话说，跨空间和时间的不同刺激之间的差异被计算，如虚线所示。不同刺激的空间和时间位置之间的差异程度决定了产生的神经活动。当编码到神经活动中时，不同的刺激相互依存。因此，刺激和神经活动之间不再存在一对一的匹配。（B）基于刺激的编码则不同。这里每个刺激，包括其在空间和时间上各自的离散位置，都编码在大脑的神经活动中。最重要的是，与基于差异的编码不同，每个刺激本身独立于其他刺激进行编码。这导致了刺激和神经活动之间的一对一匹配。

47　现在，我们就可以解释基于差异的编码，是如何使自发活动和刺激诱发活动之间存在非加性交互的。只有当自发活动能直接与刺激交互并影响其在大脑中引起刺激诱发活动的程度时，非加性交互才是可能的。不同程度的非加性交互由统计数据不同程度的匹配所调节，即自发活动的神经元统计数据和刺激的自然统计数据之间的基于统计差异的匹配。这意味着，它们各自的统计数据在统计差异上越匹配，则自发活动的神经元统计数据对刺激及其自然统计数据的影响越大，非加性交互的程度也越高。

让我们设想一个思想实验。假设存在基于刺激的编码（stimulus-based coding）而非基于差异的编码。在这种情况下，刺激只会在时间和空间的离散点上以一种孤立的方式被编码，而不受任何统计上与其他刺激或大脑自发活动的关系的束缚。这将使自发活动和刺激之间无法进行任何直接交互（例如，相互调节）。刺激诱发活动会以一种简单的加性方式叠加于自发活动之上。简言之，基于刺激的编码排除了非加性交互。这表明基于差异的编码可能是非加性交互的基础。

这种基于刺激的编码会如何影响人们对环境中外部事件的感知和认知？在基于刺激的编码中，不同时间的刺激是相互分离的。例如，我们先看某人的眼睛，然后继续看鼻子和嘴巴。而基于差异的编码则是将眼睛、鼻子和嘴巴之间基于统计的时间差异编码为自然统计数据的发生率，从而使得它们之间的整合的关系成为可能，就像我们将它们视为脸的部分时那样。

基本原理Ⅱa：模型和基本原理

48

在上一节中，我主张交互模型需要特定编码策略，即基于差异的编码。关于交互模型和基于差异的编码之间的关系还有待研究。为了澄清这种关系的性质，我们不妨看看科学哲学家吉尔（R. Giere）关于模型和基本原理的观点。

什么是模型？在吉尔看来，模型预设了我们观察到的不同事件或特征之间的特定关系。人类的感觉系统在观察某些事件或特征方面，比它在澄清所感知事物之间的关系方面要好得多。为了理解和捕捉不同观察事件或特征之间的关系，我们构建了模型。然后，我们可以通过实验检验这些模型。

让我们以地球和太阳之间的关系为范例。托勒密的地心说模型以地球作为宇宙的中心，太阳围绕它旋转。哥白尼通过哥白尼革命（参见第十二章），颠倒了这种关系，提出了日心说模型：地球围绕着太阳旋转，太阳是宇宙的中心。何种模型是对的？慢慢地，科学家们想出了更精确的方法检验两个模型的相对经验合理性。众所周知，伽利略和牛顿的卓越科学观察使钟摆转向了哥白尼模型。

让我们将上述方法应用到交互模型。交互模型建立了自发活动和刺激之间的关系，解决了它们如何交互的问题。如上所述，交互模型得到了实证研究的支持。例如，研究人员通过检验哪个模型能更好地预测刺激前振幅和刺激诱发活动的相位依赖性，从而对加性和非加性交互模型进行直接比较（He，2013；Huang，Zhang，Longtin，et al.，2017）。

模型与观察的密切关系，使模型与基本原理区别开来。按照吉尔（Giere，1999，2004，2008a，2008b）的观点，基本原理指的是“抽象实体或对象”，它们为随后构建针对更具体和特定的特征的模型提供了结构和模板。重要的是，与定律不同，原理不是经验普遍化的结果，也不能追溯到（或归入）某种逻辑语言学结构或形式主义（这使它们区别于来自逻辑和数学的命题）。取而代之我们须将原理视为科学家为解释其模型和数据而进行的构造。从这个角度看，原理就是“提出经验主张的工具”（Giere，2004，p. 745）。

49

基本原理是高度抽象的，因为它们与世界本身的任何具体方面或特征都相去甚远（卡特赖特和吉尔还区分了基本原理和桥接原理；见下文）。基本原理的例子包括，例如力学原理（牛顿）、电磁学原理（麦克斯韦）、相对论原理（爱因斯坦）、不确定性原理和量子力学（波尔、海森堡）、热力学原理（普里戈金）、自然选择原理（达尔文）、遗传学原理（孟德尔），等等（Giere，1999，p. 7，2004，pp. 744－745）。这些都是指导我们在物理、化学和生物学中对世界及其性质进行科学研究的基本原理。每一条基本原理都是为了使观察得以理解而提出的，只要原理不同于观察本身，它们就仍然是抽象的。

基本原理Ⅱb：以基于差异的编码为基本原理

如上所述，吉尔（Giere，1999，2004，2008a）将原理刻画为：（1）抽

象的对象或实体；（2）高度抽象，没有直接的物理实现和假设变量的具体值（如“从未建造过的建筑师图纸”）（Giere，2004，p. 745，2008a，p. 5）。基于差异的编码满足这两个条件，它对抽象对象做出了本体论承诺，即基于统计的差异。这是我们感知到的事件或对象的基础，但我们不能直接感知它们。因此，基于统计的差异可以与重力进行比较，虽然我们没有观察到重力，但是重力可以从我们观察到的效应中推断出来。 50

这在基于差异的编码中的情况也是相同的。我们只能观察刺激，在时间和空间上的位置相互分离的单一和孤立的刺激。相反，我们不能直接感知到不同刺激之间的基于统计的差异以及它们的时间和空间差异。在更一般的层面上来说就是，我们无法感知到构成不同刺激之间时空关系的统计差异，即它们的自然统计数据。神经科学家无法通过对神经活动的直接观察将自发活动和刺激诱发活动联系起来，我们的知觉能力与神经科学家的有着经验相似。

我们在此所关注的是第一种无能（inability），即我们无法感知不同刺激之间基于统计的时空差异。我假设这种无能会对如何构思基于差异的编码产生重大影响。我们所能做的最好的就是间接地感知和掌握基于统计的差异，例如使用计算建模（和数学形式化）。因此，基于差异的编码是一种抽象，是比较和匹配自发活动的神经元统计数据和刺激的自然统计数据之间基于差异的统计频率分布的过程。

差异并没有直接的物理实现，它们只是统计关系，这可以与吉尔提到的其他基本原理例子相提并论，如数值关系、几何图形或平方根（Giere，2008a，p. 5）。此外，这种差异是时空性的。所谓的时间差异，指的是自发活动与刺激的动态变化之间在不同时间点的统计差异。此外，空间差异，指的是刺激和自发活动的动态变化之间在不同空间点的统计差异。

因此，基于差异的编码本质上是时空的：它包括检测事件和对象的时空差异，这主要是通过它们对大脑自发活动中时空差异的影响来实现的。由于我们无法直接获取或观察基于统计的时空差异，因此，其中预设的差异概念是高度抽象的，也是基本原理（吉尔意义上）的理想候选者。

基本原理的角色和功能是什么？吉尔认为，基本原理是一个“通用模板”，用于组织和构建模型中的特征或方面，包括它们之间的关系（Giere， 51

2004, p. 745, 2008a, p. 5)。基于差异的编码构造和组织大脑神经活动的模型（例如，交互模型)。因此，基于差异的编码可以让我们洞察自发活动和刺激之间非加性交互的神经元机制。

从本质上讲，这种非加性交互，指的是自发活动的神经元统计数据和刺激的自然统计数据之间基于统计的时空差异的结果。这种分析并不是对经验数据的概括，而是试图推断相关的经验数据如何积累以支持交互模型。正如吉尔所声称的，基于差异的编码产生于将我们的数据模型（交互模型）追溯到一些基本原理上，这些原理可以作为一般总括和“提出经验主张的工具”（Giere, 2004, p. 745)。

尽管我已经介绍过这种情况，但基于差异的编码仍然可能不是大脑神经活动的基本原理。可以肯定的是，我们需要证明包括非加性交互在内的大脑所有神经活动，都是由基于差异的编码构成的。此外，我需要从经验或理论的角度证明，没有基于差异的编码，就不会有任何非加性的交互。事实上，在所有极端的情况下，根本就没有神经活动。只有当所有这些都被证明是真的，那么基于差异的编码才是大脑神经活动的基本原理。

未来的研究可能会证明，基于差异的编码是所有形式的刺激诱发活动和自发活动的基础，从而进一步支持基于差异的编码实际上是神经活动的基础，是大脑神经活动的基本原理（见第四章，尤其是 Northoff, 2014a)。

结论

我已经讨论了大脑自发活动和刺激诱发活动之间关系的不同模型，而且区分了平行主义和交互主义解释，阐述了支持和反对这两种观点的经验证据。在几个方面，证据是明确的。第一，我已经证明了尽管将自发活动完全局限于 DMN 神经活动的慢波动中的标准观点具有一定吸引力，但自发活动和刺激诱发活动在空间上和时间上不是分离的。第二，研究表明，自发的和刺激诱发活动确实相互影响，而且它们是以非加性的方式发生的。

52

第三，进入科学哲学，我选择了基于差异的编码作为解释交互模型的基本原理（或桥接原理）。虽然这足以让我们接受交互主义而拒绝平行主义，但我们还需要更多的实证研究来阐明，这些形式的神经活动交互的方式。而这也是前文几乎没有触及的重要概念问题。

例如，支持交互主义的经验证据对克莱茵的观点有什么意义，目前还不清楚。克莱茵（Klein，2014）声称，自发和刺激诱发活动涉及的时间尺度有极大的不同，具体来说，前者比后者所覆盖的时间尺度要更长。如果克莱茵是对的，我们就能从时间的角度构想自发和刺激诱发活动的交互模型。这就提出了某种可能性，即它们之间的非加性交互可能有助于将包含于短期刺激诱发活动的信息整合到长期的自发活动中。这种可能性在经验上可行的。

我们可以进一步研究，自发和刺激诱发活动之间的非加性交互，是否与长期超慢波动和短期高频波动的耦合即跨频率耦合（cross-frequency coupling）有关。通过耦合不同的频率，自发活动构建了特定的时间结构——一种跨不同时间尺度即不同的耦合频率的神经活动的时间连续性网格。这种时间结构对加工刺激和提供非加性交互的影响起着核心作用。然而，跨频率耦合和静息 - 刺激交互的确切关系，仍待我们去深入探究。

53

我们后续的研究还可能进一步揭示，不同时间尺度的信息整合是否具有行为意义或现象意义。如本章前两节所述，非加性交互可以加强刺激诱发活动，这转而会使我们更有可能探测到刺激。此外，不同时间尺度（即长期和短期）的整合可能与主观意识尤为相关，我们体验到短暂的意识内容，这些内容被觉知到似乎依赖于相对稳定的长期背景。

因此，人们可能会预期，非加性静息 - 刺激交互的程度与相应刺激及其内容相关的意识程度成正比（见 Northoff，2014b）。因此，尽管对平行主义的问题及交互主义的前景的澄清是很重要的，但经验证据支持交互主义这一事实应该被看作是，理解大脑自发和刺激诱发活动如何共同实现人类心灵的早期一小步。

最后，大脑的交互模型提出了涉及基本原理的问题。基于经验证据，我提出了基于差异的编码这种特殊的编码策略可能是一种抽象的基本原理。基于差异的编码是一种经验上合理的基于统计的编码策略，它使在自发活动的神经元统计数据和刺激的自然统计数据之间的直接交互成为可能。

第三章　我们的大脑是开放的还是封闭的系统？大脑的预测模型与世界－大脑关系

导言

总体背景

55　我们怎么能有信心拒绝“笛卡尔恶魔”（Cartesian demon）的可能性，这个恶魔正努力让我们在关于世界中的物体和事件的真实性质方面受到欺骗。如果我们的心灵是一个开放的系统因而与世界紧密相连，那么在这个世界里，物体和事件方面的欺骗是不可能的。反之，如果我们的心灵是一个封闭的或自我证明的系统，并且在推理上与世界隔绝，那么可能存在“笛卡尔恶魔”的怀疑论大门必定是敞开的（参见 Hohwy，2007，2013，2014）。因此，将心灵定性为开放系统还是封闭系统的问题具有重要的认知意义。

和其他许多哲学家一样，我相信心灵及其特征基于大脑和它的神经活动。虽然这一立场并非没有反对意见，但本章并不是来判定心灵和大脑之间关系的形而上学争论。在这里，我主要想探索一个关于大脑如何与世界互动的广泛传播而重要的概念预测编码（predictive coding）的认知意义。考虑到有许多神经科学家正在研究预测编码，以及哲学诉诸神经科学越来越常见，深入探索预测编码的认知意义应该对学术界有用。本章是关于大脑及其神经活动如何与世界相联系的，在概念上这就是我所说的“世界-大脑关系”。

最近神经科学的研究表明，预测编码是大脑主要和首要的信息策略（Friston, 2010）。预测编码认为，我们在大脑中能被观察到的对特定刺激或任务做出反应的神经活动，它们并非仅由刺激或输入导致，而是由实际输入和预测输入之间的差异导致。大脑本身会对刺激输入产生预测或预期，然后与实际输入进行匹配和比较。两者之间的差异被称为预测误差（prediction error），它被认为是大脑中刺激诱发活动的主要决定因素。 *56*

因此，预测编码是关于大脑如何运作和产生刺激诱发或任务诱发活动的经验理论，它预设了大脑的预测模型。然而，预测编码及其大脑预测模型的相关理论已经超出了神经科学的经验范畴，它被普遍认为具有重要的认知意义。当前主要的问题是，对预测编码的经验理论的坚持是否意味着，我们应该将大脑视为一个推理上孤立的系统。

霍威（Jakob Hohwy, 2013, 2014）认为，预测编码需要一个自我证明的大脑，它与世界没有直接联系，并在推理上与世界隔绝。其他哲学家提出了反对的意见。例如，克拉克（Andy Clark, 2012, 2013）认为，预测编码与大脑是开放系统的观点兼容。这就产生了一个棘手的问题，同一个神经元机制（预测编码）与不同并看似矛盾的大脑描绘有关。

本章的目标是论证大脑可以而且应该是一个既开放又封闭的系统。如果重视和关注自发（或静息状态）活动和刺激诱发活动之间的差异，我们就不会认为这是相互矛盾的。我所说的自发活动和静息状态的概念某种程度上是可互换的（详见第一章和第二章）。静息状态是指称一种行为状态的操作术语，即大脑在没有任何特定任务或刺激的情况下的状态。自发活动则强调，这样的静息状态活动不仅独立于外部刺激，而且由大脑自身所产生。

主要的目标和论证 *57*

我们通常都会认为，大脑受刺激诱发活动即对外界事件的神经反应的影响。与此同时，大脑也受到与特定刺激或任务无关，而是在大脑自身内自发产生的神经活动的影响。这一点鲜为人知，在有关神经科学的哲学意涵的讨论中也常常被忽视。我认为后一种形式的神经活动，即静息状态或自发活动，是大脑将自己的活动与外部世界的元素相联系的方式。这为将大脑描述为一个开放的、世界证明的系统提供了基础，其中包括世界－大脑关系和大脑的预测模型。

本章的第二个目标是呈现一些关于极端情况的经验事实，即静息状态与世界的对齐以不正常的方式改变的情况。这个极端的例子是精神分裂症患者的大脑，它是将大脑描述为一个开放系统的明显反例。其中主要的问题是，精神分裂症（schizophrenia）的一些症状（如妄想和幻觉），是否应该被解释为使大脑作为一个具有世界－大脑关系的开放系统的图景复杂化。

在本章的第一部分，我展示了大脑的静息状态以统计方式对齐于世界。尽管我认为这足以证明大脑是一个开放的系统，但它也确实意味着不同的大脑显示出与世界不同程度的对齐，也就是说，存在着不同类型的世界－大脑关系。

在极端的情况下，比如精神分裂症，静息状态与世界基于统计的对齐可能会彻底中断。由此产生的幻觉和妄想可以作为笛卡尔所想象的在霍威和克拉克的争论中出现的“恶魔”所实施的系统性欺骗的临床类比。我认为，由于精神分裂症是一种关于异常大脑的不正常状态，所以我们没有足够的理由将这种认知的担忧扩展到所有类型的大脑。不过我认为精神分裂症（幻觉和妄想）的发生表明了这样一个事实，大脑对世界的开放是一个高度复杂和微妙的现象。

58

第一部分：预测编码与刺激诱发活动

预测编码Ⅰa：实际输入和预测输入以及预测误差

许多早期的神经科学家倾向于认为，大脑主要是在对外界的刺激作出反应。人们因而尤其重视刺激诱发或任务诱发活动（综述另见 Raichle,

2009)。功能成像技术，如脑电图（EEG）、脑磁图（MEG）、正电子发射断层扫描（PET）或功能性磁共振成像（fMRI）等，即便在没有关于神经活动的复杂理论的情况下，它们也能向我们展示大脑对刺激的反应。因此，许多影像学研究试图显示，大脑的神经活动是如何在特定条件下发生变化的，例如，以图片形式呈现视觉刺激的条件下。人们通常认为，这种刺激诱发活动主要是由相关刺激的特征所决定的。赖希勒（Raichle，2009，2015a，b）将这种框架描述为“大脑的外在观”（extrinsic view of the brain）（另见 Northoff，2014a）

对大脑刺激诱发或任务诱发活动的传统观点，预测编码持质疑态度。它认为，特定的刺激或任务不足以解释大脑对刺激的反应的活动变化。取而代之，我们观察到的刺激诱发或任务诱发活动中的活动变化，由大脑对即将到来的输入的预测，与它从世界接收到的实际输入进行比较的过程所导致。

预测输入（预测刺激）可称为经验的先验（empirical prior）。一旦实际刺激到达，大脑就会对其进行设置并与经验先验（预测刺激）进行比较。如果实际刺激与预测刺激相同，前者不会引起任何活动变化。相反，如果实际刺激偏离预测刺激，则前者将引起强烈的活动变化。由此产生的活动变化，即刺激诱发或任务诱发活动，反映了预测误差（prediction error），即实际输入偏离预测输入的程度。

预测编码的一些最明显的例子发生在视觉皮层（见 Alink，Schwiedrzik，Kohler，Singer & Muckli，2010；Egner，Monti & Summerfield，2010；Langner et al.，2011；Rauss，Schwartz & Pourtois，2011；Spratling，2010，2012a，b）。在拉奥和巴拉德（Rao & Ballard，1999）的一项代表性研究中，他们探讨了这样一个问题：在反馈连接（feedback connections）方面，高阶视觉皮层区域是否对低阶的视觉皮层区域有预测功能？其基本思路是，当较低阶视觉区域的神经活动依赖于较高阶区域的神经活动时，我们可以假设后者包含了对前者的预测输入。为了验证这一假设，拉奥和巴拉德使用了一个计算模拟模型，模拟了低阶视觉区域和高阶视觉区域的神经活动。

59

通过这个模型，他们能够检验预测编码的数学描述。在当时，我们还无法利用功能性脑成像和非模拟数据进行比较研究。拉奥和巴拉德（Rao & Ballard，1999）（另见 Doya et al.，2011，关于决策的有趣延伸）证明，从大脑较高阶到较低阶区域的反馈连接包含了视觉输入预测，而视觉输入是由较低阶区域的活动所处理的。较低阶区域（lower regions）是指那些对刺激反应更近的视觉皮层区域，而较高阶区域（higher regions）是指那些对刺激反应更远的视觉皮层区域。

低阶区域包括初级视觉皮层（V1），它的信息来自次皮层区域，如外侧膝状体核（lateral geniculate nucleus）。在这个过程之后，在二级视觉皮层（V2，一个"更高阶的"区域）对相同的视觉刺激进行后续处理。这些较高阶的视觉区域包含的信号似乎旨在预测较低阶区域例如 V1 所处理的视觉输入刺激，在较高阶区域产生的"预期"（anticipation）是前馈连接（feed-forward connection）的一部分，参与处理预测与实际感官输入之间的差异。

这些来自视觉皮层的发现表明，大脑产生预测输入，然后与实际输入进行比较。这应该可以说明预测编码学说所认为的，大脑从环境中获得实际刺激不足以解释刺激诱发或任务诱发活动。实际刺激是一个必要但非充分的条件，它必须由一个预测输入（刺激或任务）来补充，以产生刺激诱发或任务诱发活动。

预测编码Ⅰb：预测输入和静息－刺激交互

上述研究只是调查了视觉皮层。卡尔·弗里斯顿（Karl Friston，2010）

60

提出了更一般的层次结构——在感觉皮层中对实际的感觉输入进行自下而上的处理，并在前额叶皮层中由更多的认知区域对其（实际输入）进行自上而下的处理。除了感觉皮层和前额叶皮层的最下层和最上层区域外，还有许多其他夹在中间的区域，它们之间的相互关系也是我们需要解释的。

弗里斯顿认为，特定区域既可以作为层次结构中相对于其他层次较低的节点，也可以作为相对于其他层次较高的节点。一个区域相对于其他区域可能具有更高的加工水平，可以对其他区域的激活模式做出预测。同时，这个区域相对于其他区域可能具有较低的加工水平，其他区域可以对其运作做出预测。这是因为，同一区域的神经活动既是（更低层次区域的）预测输入，也是（更高层次区域的）实际输入，而较低层次区域和较高层次区域的神经活动之间会发生连续的匹配和比较过程（Friston，2010）。

这些连续的匹配和比较过程发生在整个大脑中，从而使得在每个加工水平都能产生预测误差（Friston，2010）。显然，这导致预测编码成为一个非常复杂的过程。不过，至少有一点是清楚的。预测输入必须在实际输入的加工之前生成，否则它们将无法发挥预测功能。这意味着，在刺激开始之前的活动水平，即刺激前（prestimulus）静息状态活动，必须对预测输入进行编码。因此，我们可以将预测输入和实际输入之间的交互，描述为刺激前静息状态和实际刺激之间的交互，即所谓的静息－刺激交互（Northoff，2014a；Northoff，Qin & Nakao，2010）。虽然，对于静息－刺激交互的背后的确切神经元机制，我们目前还远未能理解（Huang，Zhang，Longtin et al.，2017；Northoft，2014a，初步研究），但这样的交互充分支持了预测编码。

预测编码Ⅱa：静息－刺激交互

我们可以用不同的时空指标来测量静息状态活动。空间测量如 fMRI 以不同的神经网络为对象，可以测量不同网络之内以及之间的功能连接（Cabral，Kringelbach & Deco，2013；Menon，2011；Raichle et al.，2001）。在时间上，静息状态活动可以通过电生理（electrophysiological）或磁活动（脑电图或脑磁图）来测量。这些技术以不同频率范围的神经活动变化，以及跨频率耦合为对象。其中，跨频率耦合指的是不同频率范围内神经活动之间的因果关联（Cabral et al.，2013；Engel，Gerloff，Hilgetag & Nolte，2013；Ganzetti & Mantini，2013）。

61

此外，我们还可以从心理学角度来测量大脑的静息状态活动。研究已证明，大脑（尤其是在默认模式网络，即 DMN 中）的静息状态活动与心智游移（Mason et al.，2007）、随机思维（Doucet et al.，2012）或自发思维（Smallwood & Schooler，2015）有关。从心理学上讲，静息状态活动似乎专门服务于内部产生的心理活动（如思维或想象），而区别于外部产生的心理内容（如知觉）。

最近一项关于听觉皮层的 fRMI 研究（Sadaghiani，Hesselmann & Kleinschmidt，2009）表明，静息状态活动会影响刺激诱发活动，以及对世界中物体和事件的相关知觉。研究者让受试者完成一项听觉检测任务并在随机的 20 至 40 毫秒间隔内呈现宽频带噪声刺激。当受试者认为他们听到目标声音时必须按下按钮，否则不按按钮。由此，研究人员就可以将受试者成功检测到目标声音之前的神经活动与受试者检测目标声音失败之前的神经活动进行比较。

有趣的是，在成功检测到目标声音之前，听觉皮层的刺激前静息活动明显高于没有检测到目标声音的时候。对同一组数据的另一项分析对此进行了补充（Sadaghiani，Poline，Kleinschmidt & D'Esposito，2015），它证明，有些研究证实，在听觉刺激开始之前，某些神经网络（如 DMN）显示出增强的功能连接。

综上所述，相关研究（见 Northoff，2014a；Northoff et al.，2010）表明，静息状态对我们感知的内容产生了强烈的影响。刺激前的静息状态活动水平似乎决定着我们随后所感知到的内容（详见 Hohwy，2013，2014）。

62

萨达吉亚尼等人（Sadaghiani et al.，2010）指出，他们关于刺激前活动的发现与预测编码之间是兼容的。刺激前活动水平越高，产生预测输入的可能性就越大。相反，更低水平的刺激前活动则可能导致模棱两可或模糊不清的预测输入的产生。

由此，刺激诱发活动是通过预测输入（如在刺激前活动水平中反映的）与实际输入（即听觉刺激）之间的交互所导致的。受试者对听觉刺激的预测越好，他们刺激前静息状态活动水平就越高，他们也更可能检测到声音。这就表明，刺激诱发活动（及其相关的行为和现象效应）取决于刺激前静息状态活动水平。这就是静息－刺激交互的典型例子。

预测编码Ⅱb：预测输入——作为一个自我证明系统和封闭系统的大脑

关于刺激诱发活动的传统观点认为，实际刺激越强，刺激诱发活动的程度或振幅就越大。根据这个观点，刺激诱发活动完全由刺激本身决定，因此，我们可以将大脑及其刺激诱发活动视为一个开放系统。作为一个开放的系统，大脑将其刺激诱发活动以实际刺激，更一般地说，以世界或环境为根据进行设定或参照。一旦接受预测编码学说，情况就会改变。

在预测编码中，刺激诱发活动不再仅仅由实际输入决定，也由预测输入决定。预测编码使得刺激诱发活动取决于实际输入和预测输入之间的匹配程度。这就是说，预测输入和实际输入之间的差异越大，所导致的刺激诱发活动就越强。

相反，如果两者（预测输入和实际输入）之间差异不大，那么无论实际输入的程度或强度如何，刺激诱发活动程度都将相当低。在这种情况下，刺激诱发活动不再以实际输入与环境或世界为根据进行设定或作为参照，而是以大脑活动本身作为参照。这样，我们就可以将大脑描述为一个封闭的系统。

63

所以，霍威（Hohwy，2013，2014）关于大脑是一个自我证明（self-evidencing）系统的主张是正确的。大脑对与世界中事件和物体相关的刺激的反应是由大脑本身所激发的。大脑的静息状态活动与感知对象或事件本身对感知同样重要。

因此，如果上述关于静息状态活动构成预测输入的说法可以被接受，那么我们就有理由相信，大脑确实是一个自我证明的系统，在运作上对世界封闭，而在推理上与世界隔绝。如果就到此为止，我们似乎可以公平地说，世界中的物体和事件最多只能间接地影响大脑。

预测编码Ⅱc：预测输入——幻听

把大脑描述为一个封闭的自我证明系统有着重要的认知意义。大脑的预测编码是建立在封闭和推理上与世隔绝的过程之上的，这一事实为怀疑论打开了大门。我们仍然不可能排除这样一种可能性，那就是，我们所感知到的物体或事件可能更多地与预测输入因此也就是与大脑的静息状态（及其时空结构）有关，而不是与物体或事件本身直接相关。这种内在主义的知识模型在预测输入完全压倒了实际输入的影响的极端情况下最为明显。

预测输入覆盖过实际输入的情况，似乎发生在具有妄想和幻觉症状的精神分裂症患者身上。妄想和幻觉中的事件或物体都是在大脑静息状态下以预测输入的形式内在地产生的，这些输入似乎异常强烈，以至于它们会覆盖（并最终抢占）实际输入的潜在影响（Adams, Stephan, Brown, Frith & Friston, 2013；Corlett, Taylor, Wang, Fletcher & Krystal, 2010；Corlett, Honey, Krystal & Fletcher, 2011；Fletcher & Frith, 2009；Fogelson, Litvak, Peled, Fernandez-del-Olmo & Friston, 2014；Ford et al., 2014；Horga, Schatz, Abi-Dargham & Peterson, 2014；Jardri & Denève, 2013；Notredame, Pins, Deneve & Jardri, 2014）。

例如，有确凿的经验证据表明，在幻听的情况下，听觉皮层的静息状态活动增强（Northoff, 2014b；Northoff & Qin, 2011）。这种增强的静息状态活动可能会让异常强的预测输入不再受任何实际输入的影响。内在地产生了很强的预测输入，可以像准实际输入（quasi-actual input）一样运作，结果导致受试者出现了幻听。精神分裂症患者的大脑混淆了预测输入和实际输入，将前者混淆为后者。这些患者不仅不会对外部实际输入做出太大反应，而且对外部声音的关注度较低，但同时对幻觉声音保持高度关注。

64

对一些精神分裂症患者的观察表明，他们大脑内与外部听觉刺激相关的刺激诱发活动程度异常低，这个观察结果从经验上支持了上述理论（Northoff, 2014b；Northoff & Qin, 2011）。在这种情况下，静息状态本身构成了一个很强的预测输入，它不再被外部听觉输入所调节。由此所产生的预测误差，即听觉皮层中的“刺激诱发活动”，主要反映的是预测输入，而外部听觉刺激的贡献很小。因此，受试者感知的是主要由预测输入而不是外部听觉输入所编码的内容。

精神分裂症中这种异常的预测编码意味着大脑的什么特征？精神分裂症患者的大脑可能确实比健康受试者对世界更封闭（在他们的世界-大脑关系中）。这与预测编码对事件和物体的间接推断功能的中断相关。对于精神分裂症患者来说，他们内在产生的预测输入和外部产生的实际输入之间的平衡被打破，异常地转向前者。

作为内部生成的参照物的预测输入，在正常情况下，会与外部生成的事件和对象（实际输入）相匹配和比较，而现在却作为实际输入运行。因此，与健康受试者相比，精神分裂症患者大脑的神经活动对外界的封闭程度更高，而在健康受试者中，实际输入仍然可以调节和影响预测输入。

第二部分：预测模型和自发活动与世界的统计对齐

预测模型Ⅰa：自发活动与世界－大脑关系

65

到目前为止，我已经指出，预测输入与静息状态及其特定的空间（例如网络之间的关系）和时间（例如低频和高频之间的关系）特征存在联系。但是静息状态及其时空结构是如何生成和塑造的？解决这个问题是很重要的，因为预测输入是由静息状态生成的。静息状态的时空结构及其起源应随之浮现于预测输入之中。

静息状态各种各样的空间和时间特征呈现于成人大脑中，而在婴儿大脑中它们还只是作为预置存在。这意味着静息状态的时空结构具有强烈的经验依赖性（experience-dependent）（详见 Duncan et al.，2015；Nakao, Bai, Nashiwa & Northoff, 2013；Sadaghiani & Kleinschmidt, 2013）。经验依赖概念的意思是，静息状态的特征及其时空结构是由主体的经验塑造的。例如，早期发展经历可能会对静息状态的时空结构产生重大影响。

最近的一项研究表明，成年人静息状态的时空结构甚至可以预测受试者是否在童年时遭受过创伤（Duncan et al.，2015；Nakao et al.，2013）。具体而言，成人静息状态下的熵度（即神经活动跨时间的无序程度）可预测童年期创伤的程度：童年期创伤程度越高，成年期静息状态时空结构的熵越高（Duncan et al.，2015）。

这就表明，早期的经验可以被编码到静息状态的时空结构中，并在此后持续相当长的时间。因此，静息状态及其时空结构可以化作我们对世界的经验的一面镜子，所以可以被描述为“经验依赖”。大脑自发活动的这种“经验依赖”只有在它与世界不断联系或耦合，进而与世界相关时才可能发生。这种现象构成了我所说的“世界－大脑关系”。

预测模型Ⅰb：自发活动与世界的统计对齐

为了将生命事件编码到时空结构中，大脑的静息状态活动必须以某种方式与这些事件对齐（alignment）。这种对齐的神经机制是什么？为了讨论这个问题，我将集中讨论斯特范尼斯等人（Stefanics et al.，2010）的一项研究。他们对健康受试者进行了脑电图研究。受试者一听到目标音时，必须快速按下按钮，从而产生反应时间数据。

66

在目标音出现之前，研究者们给受试者呈现了不同的提示刺激（也是声音，尽管频率与目标音不同），它预示了随后目标音出现的可能性。在第一个实验中，有四种不同的提示音，它们提示目标音出现的概率分别为：第一种10%；第二种37%；第三种64%；第四种91%。根据提示音所提示的概率，在一定比例的时间内，要么呈现目标音，要么呈现另一个提示音。

根据斯罗德和拉卡托斯（Schroeder & Lakatos，2009 a，b）先前的数据，研究者重点研究了δ范围内的慢频率振荡及其夹带的更快频率振荡（如γ）。之所以采用这种方法，是因为研究人员认为，慢－快频率夹带与刺激在不同时间发生的统计概率有关。

斯特范尼斯及其同事（Stefanics et al.，2010）的研究结果是什么？正如所预期的那样，他们证明了在提示音与更高概率相关的试次中，反应时间（对目标音做出反应所需的时间）明显更快。提示音提示的概率越高，受试者反应越快。在上述两个实验中都观察到了这种模式。受试者有能力习得目标音出现的概率。

这是否意味着预测编码与预测输入的产生？为了证明这一点，我们需要在某些情况下去掉声音。如果在没有声音的情况下，受试者仍然表现出同样的行为和神经反应，这些反应必定基于预测输入（因为没有实际输入）。下面我们所讨论的数据确实证实了这个假设。首先，我想简单地讨论一下脑电图数据。

脑电图数据显示，δ范围内振荡的相位明显偏移和对齐于，或者像神经科学中所说的被夹带（entrained）到目标音开始时，表现为明显的相位偏好。目标音的开始锁定在负相位（negative phase），即在δ范围内波动持续周期中的负偏转。相位锁定（phase locking）对提示音的响应越高，表明后续目标音呈现的概率更高。

67

这种相位锁定如何可能？那就是，只有当δ振荡的相位主动地将它们的起始位置转移到目标音的预测或预期起始位置时，才有可能发生。这一点确实得到了数据的证实，提示音提示目标音的可预测性越高，会导致 δ 振荡的相位起始时发生相移（phase shifting）的程度也越高。相移和目标音的可预测性的关系表明，相位的起始由目标音的概率而不是它的实际存在所对齐亦即夹带。无论目标音是否发生，目标音的概率越高，发生相移的可能性就越大。

然而，为何相移取决于概率而非声音的存在？这是因为，相移反映的是对实际输入的预测，即预测输入，而不是实际输入本身。通过指示目标音的高概率，提示音使大脑更容易产生正确的预测，即预测输入，这在神经层面表现为观察到的相移（见 van Atteveldt, Murray, Thut & Schroeder, 2014）。

更一般地，我们可以说，δ 振荡的相位起始遵循目标音的预期自然统计数据。目标音发生的概率不同，导致了不同程度的相移。这些结果从经验上支持了这样的说法，即静息状态编码了外界刺激的概率，进而也解释了世界 - 大脑关系。

通过改变诸如 δ 振荡等低频波动的相位起始，静息状态活动可以对不同刺激之间统计上的时间（和空间）差异进行编码（见 van Atteveldt et al.，2014）。如果这是真的，我们会预期即便在没有实际目标音的情况下，一个表示高概率的提示音也会导致与目标音发生的情况下相同的行为和神经反应。斯特范尼斯等人（Stefanics et al.，2010）的第二个实验证明了这一点，下文将对此进行讨论。

预测模型Ⅱa：作为开放和世界证明系统的大脑静息状态——基于随机的世界 - 大脑关系

68

从经验上讲，有人可能认为，δ 相移是刺激诱发活动的例子而不是静息状态活动。每个听觉刺激都会诱发刺激诱发活动，这些活动可以追溯到预测和实际输入之间的静息 - 刺激交互，以及由此产生的预测误差（详见 van Atteveldt et al.，2014）。如果是这样的话，δ 相移不会为关于大脑预测编码活动作为封闭系统的范例的诠释增加任何新的内容。然而，这种相移与静息状态有关，而不是刺激诱发活动。

斯特范尼斯等人（Stefanics et al.，2010）在第一个实验中证明了上述结果，在该实验中，预测亦即预期刺激的起始与目标音的起始落在一起。因此，要把静息状态与目标音之间的影响分开仍然是不可能的。而为了解决这个问题，研究人员进行了第二个实验。

第二个实验呈现了相同的目标音，但现在改变了其与提示音的时间关系，即较早地、紧接提示音之后呈现目标音或较晚才呈现目标音。早和晚的目标呈现之前都有两种不同的提示音，表示目标音出现概率为20%或80%。这使得实验者能够进行晚目标音试次的研究，即早的目标音被期望出现（概率高达80%）但是没有出现的试次。

在这些试次中，暗示高概率（80%）的提示音后接一个晚呈现的目标音，δ振荡被锁相于目标音的预期起始位置，即使它没有被呈现（因为这是一个晚目标音试次）。在提示音（20%或80%）后接一个晚目标音的试次（而非早目标音的试次）下，我们可以观察到这种δ相位夹带。和第一个实验一样，与低概率提示音（20%）相比，高概率提示音（80%）试次中对预期目标音起始的相位锁定概率显著更高。因此，即使没有实际呈现，δ振荡的相位起始（phase onset）也会被转移到预期的目标音起始。

这个实验告诉我们关于预测输入的什么？那就是，通过暴露于在先的提示音，大脑中的静息状态会产生一个预测输入，如果该输入的预测程度足够强，即使在没有实际音的情况下，它也会产生影响。在神经元水平上，在那些目标音实际没有呈现的试次中这是通过δ相移来实现的。

69

最重要的是，相关研究（见 Northoff, 2014b，以及 van Atteveldt et al., 2014）都支持这样一种观点，即静息状态的时空结构（例如，它的δ相位起始）是基于统计的（而不是基于单一的刺激）。尤其是静息状态的δ相位及其时间结构，都是基于环境中跨时间的无数刺激的统计发生，而不是基于某个特定时间点上单一刺激的发生。这相当于一种基于随机的世界－大脑关系。

预测模型Ⅱb：作为开放和世界证明系统的大脑静息状态——经验和概念的混淆？

如上述，δ相移的数据只能通过分析多个刺激来获得，更具体地说，它们跨时间的统计频率（概率）分布。这样较长的时间尺度，它与斯特范尼斯等人（Stefanics et al.，2010）的数据以及上述关于刺激前效应的其他数据中所预设的时间尺度有很大不同。在那些数据中，时间尺度非常短，只涵盖单个刺激，而忽略了跨时间不同刺激对大脑神经元活动的影响。

一般来说，对刺激诱发活动的研究主要集中在与特定时间点上单一刺激有关的神经活动因此忽视了静息状态活动。对静息状态活动的研究需要观察大脑随着时间变化对多种刺激的反应。由于相移依赖于刺激跨时间的统计发生率，因此相移（特别是 δ 相移）与静息状态活动相关（另见 Klein，2014）。

单一刺激的持续时间非常短，通常只有数毫秒或数秒，并在这个相当短的时间内影响神经活动。相反，静息状态活动的时间尺度要长得多。正如我们在上一节中所看到的，静息状态并不局限于在某个特定的时间点上模仿单一声音的短暂刺激。相反，静息状态活动似乎编码了时间尺度更长的信息，这个时间尺度可以延伸到几个声音（参见斯特范尼斯等人 2010 年的实验）甚至几年（如儿童期创伤数据）。这表明，静息状态下的神经活动和刺激诱发活动是在不同的时间尺度上运作的。 70

这对我们描述大脑的一般特征有何意义？静息状态通过“神经元外循环”（extra-neuronal loop）（Clark，2013）对齐于世界中的对象和事件的统计时空结构。因此，大脑并不是封闭的和推理上与世隔绝的，而是根据实际的刺激输入来设定自身的静息状态活动。克拉克（Andy Clark）支持将大脑视为一个开放系统，他强调了大脑神经活动的统计性质，并将其作为自己解释预测编码的依据（Clark，2013，pp. 4－8）。然而，他并没有区分静息状态和刺激诱发活动，这使得他对预测编码的理解与霍威（Hohwy，2013，2014）有着直接的对立和逻辑上的矛盾（见图 3. 1）。

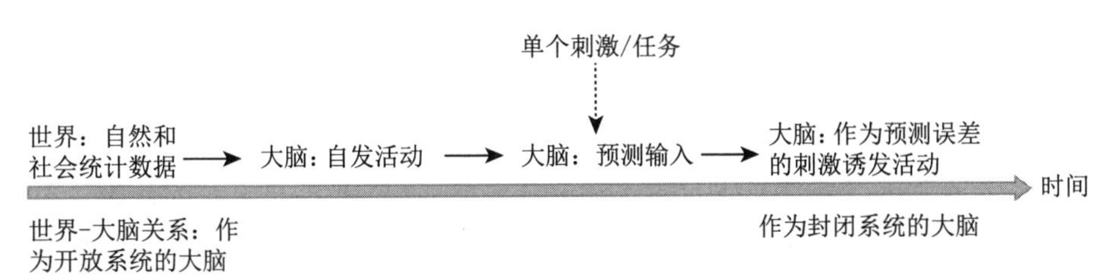

图 3. 1　作为一个开放和封闭系统的大脑

这也许有点奇怪，但对我来说，把大脑描述为对世界既开放又封闭的系统并不矛盾。一旦我们把静息状态和刺激诱发活动区分开来就会觉得这并不矛盾。大脑的刺激诱发或任务诱发活动对特定的刺激或任务的反应确实是封闭的，并在推理上与世界隔绝。它的产生与大脑的预测输入及其刺激前的静息状态活动水平有关，这就是所谓的“神经内循环”（intraneuronal loop）概念。

相反，大脑的静息状态活动并不是这样的，它在统计学和时空基础上对齐于世界，并向世界开放，就如克拉克（Clark，2013）所描述的它是“神经元外循环”（extraneuronal loop）的一部分。通过将自身循环进入外部世界，大脑（以及我在克拉克的理论中加入的静息状态）向世界开放。

预测模型Ⅲa：大脑对世界的开放性——“开放”的经验和认识论意义

71

在解释预测编码这个语境中，为什么静息状态活动对刺激的统计发生率进行编码很重要？预测输入由静息状态产生，更具体地说，是刺激前的静息状态。这就可能导致人们接受这样一种观点，即大脑是一个封闭的、自我证明的系统。然而，如果静息状态本身编码了刺激的统计发生率，我们也许不应该视其为一个封闭系统。相反，我们可以视静息状态为一个开放的系统，它以世界或环境中刺激的统计发生率或概率为参照，来设定自己的活动水平。

然而，对于“开放”的确切意义，我们必须谨慎理解。我们可以从经验或认识论意义上来理解“开放”的概念。如果从纯经验的角度来看，“开放”意味着大脑的静息状态活动本身可以直接触及外部世界，因为它编码了来自世界的外部刺激的统计频率分布。“开放”的经验意义问题是大脑的自发或静息状态活动如何与世界中的刺激相联系？

“开放”的经验意义比它的认识论意义要弱得多。“开放”的认识论意义不仅包括大脑与世界的直接联系（如经验意义上的），而且还包括编码到大脑静息状态活动中的东西反映了真理。认识论意义上的“开放”的问题是大脑的预测输入和世界中的事件之间的统计对齐，应该在多大程度上被用来确证世界－大脑关系的保真性？

在哲学语境中，“开放”的经验意义和认识论意义的区别尤为重要。相信笛卡尔的恶魔的哲学家可能会在“开放”的认识论意义上拒绝大脑的开放性，“开放”的经验意义和认识论意义由此可以相互分离。精神分裂症就是这样的例子，在具有某种程度的经验开放性的同时，似乎伴随着更紧迫的认识论封闭性。大脑尽管在经验上是开放的，但在严重的精神分裂症中却不是世界证明的。虽然精神分裂症患者的大脑在经验上是开放的，但在认识论上可能是封闭的。下面将详细讨论这样的情况。

72

预测模型Ⅲb：精神分裂症中大脑对世界的开放性——排除笛卡尔恶魔？

我已指出，δ相位锁定在大脑自发活动与外界刺激的对齐中起核心作用。然而，如果相位锁定和静息状态的“神经元外循环”不再正常工作的话，情况会怎么样？精神分裂症似乎就是如此（Lakatos，Schroeder，Leitman & Javitt，2013）。采用与斯特范尼斯等人（Stefanics et al.，2010）相同的实验设计，拉卡托斯等人（Lakatos et al.，2013）对精神分裂症患者进行了一项脑电研究，他们向受试者呈现了有规律的听觉刺激（声音）流，也就是，设置规律的刺激间时间间隔（1500 毫秒）。听觉刺激流中包含一些以频率区分的异常刺激（20%）。健康和精神分裂症受试者要被动地听（被动任务），检测出容易检测到的异常刺激（简单任务），或者检测出更难（频率变化）检测到的刺激（困难任务）。

与健康受试者相比，精神分裂症患者对听觉刺激流起始的反应确实表现出较低程度的δ相位锁定。此外，δ相位锁定受损的程度与受试者幻觉和妄想的精神病理症状的严重程度相关。这有力地证明，相位对齐或夹带的程度与我们所感知的对象或事件的类型密切相关。如果静息状态能够与世界中的对象和事件的统计时空结构对齐，那么后者就构成了我们感知的内容。在这种情况下，笛卡尔恶魔的实际出现和怀疑主义所带来的威胁就或多或少地（以统计的方式）被排除。

相反地，如果静息状态由于某种尚不清楚的原因，而不能与世界上的

对象和事件适当地对齐，那么知觉和认知的内容就会与世界中的事件和对
73 象分离开来，从而让我们产生像精神分裂症中一样的错觉和幻觉。在这种情况下，笛卡尔恶魔的危险将再次出现。这意味着，由于静息状态与世界对齐的统计和时空本性，我们仍然无法从根本上排除这样的可能性，即笛卡尔恶魔般的远离世界的对象和事件的可能性。然而，这只是在精神分裂症等极端情况才会发生。在“正常和健康”的情况下，我们大脑的静息状态以统计和时空的方式对齐于世界，这相当于一种基于随机的世界-大脑关系。

重要的是，这意味着，由于“神经元外循环”而导致的大脑的静息状态以及整个大脑对世界的开放性，并不一定排除笛卡尔恶魔式怀疑论的可能性。不过，我们可以以统计为基础考虑怀疑论问题。从统计上讲，我们大脑的自发活动或静息状态使我们与世界对齐，并在大多数情况下保持对世界中的事件和对象开放。因此，从统计的视角来看，我们对世界的认知和认识在大多数情况下都是可以保证的。这可能与未来的认识论讨论有关，而未来的认识论可能以更详细和更复杂的方式来理解怀疑论的概念。

笛卡尔恶魔和怀疑论（无论是哪个认识论版本）的可能性，最终都取决于我们大脑的静息状态活动在统计上与世界对齐并向世界开放的程度。如果静息状态与世界在统计上的对齐程度趋近于零，如精神分裂症（低程度或无 δ 相移），则由静息状态产生的预测输入不再具有预测价值，而是在神经层面被误认为是实际输入。相反，如果我们大脑的自发活动或静息状态使我们与世界保持良好的对齐（例如，高度的 δ 相移），那么由静息状态生成的预测输入就具有较高的保真度，从而最大限度地降低了笛卡尔怀疑论的可能性。

这对我们的知识有何影响？我们关于世界的知识取决于大脑及其与世界的统计关系，如世界-大脑关系。基于这种世界-大脑关系，我们可以得出包括世界-大脑关系在内的世界模型。这些模型（见第二章、第九章和第十章）既基于大脑（大脑模型）也基于世界（世界模型）（见第九章
74 和第十章）。

如果我们的知识仅仅依赖于大脑本身，例如依赖于大脑模型，而独立

于世界－大脑关系和世界模型，那么怀疑论的大门将是敞开的。但事实并非如此。我们大脑的自发活动或静息状态活动与世界的统计频率分布的对齐或世界－大脑关系，意味着对世界模型的依赖（详见第十章）。这样，怀疑论的大门就被关闭了，只让它保持最小限度的开放，或者说在统计意义上的低概率。这在很大程度上取决于本体论和认识论假设之间的关系，而这个问题对于将心身问题重新构建为世界－大脑问题至关重要（见第十二到十五章）。

结论

我介绍了带有预测输入和预测误差的预测编码是当前神经科学中大脑神经活动的主要模型之一。因而在模型层面，我们需要一个大脑的预测模型。大脑的预测模型向我们提出了这样一个问题：大脑的神经活动相对于自身是封闭的因而是自我证明的，还是大脑的神经活动对世界是开放的因而是世界证明的。经验数据支持了大脑作为一个开放的世界证明系统的观点，这些数据表明大脑自发或静息状态活动与世界中事件的统计频率分布以统计方式对齐（世界－大脑关系）。

我们的大脑、世界－大脑关系和预测模型，是否能在我们对世界的认知和认识中，彻底排除笛卡尔恶魔和怀疑主义？从经验中汲取知识的哲学家可能会说，在正常情况下，我们的认知和知识或多或少地以统计方式反映了世界本身。这是由于大脑及其自发活动或静息状态在统计上对齐于世界。然而，传统哲学家可能会说，这并不能排除怀疑论的理论可能性。

因此，为了调和从经验中汲取知识的哲学家和传统哲学家，我们不能从根本上彻底排除笛卡尔恶魔和怀疑论对我们的认知和知识的影响的可能性。然而，这在“正常”情况下极不可能发生，但在极端情况下（如精神分裂症）可能普遍存在。因此，我们不能在绝对意义上彻底排除笛卡尔恶魔和怀疑论。但是在统计意义上，我们可以说，笛卡尔恶魔和怀疑论的概率是相当低的，除非在精神分裂症等极端状态下。 75

第二篇

意识模型

第四章　大脑的频谱模型与意识

导言

大脑的频谱模型（The spectrum model of brain）是指由自发活动和刺激共同作用而产生的刺激诱发活动的混合性质（见第一章）。虽然大脑的频谱模型描述了大脑中的神经活动，包括自发活动和刺激诱发活动之间的关系，但这种关系是否也与意识有关，我们还不是很清楚。这个问题是本章的焦点。 79

意识不是一个同质的实体。相反，它是相当异质的（heterogeneous），因为它包括不同的维度。其中一个维度是意识的内容，比如我们所意识到的计算机（见 Koch & Crick，2003）。另一个维度是指人的觉醒或清醒状态的意识水平（见 Laureys，2005；Northoff，2014b）。对意识水平的研究往往是间接的。对失去意识水平的患者的研究，如在睡眠、麻醉或植物状态（vegetative state，VS）等意识障碍中的患者，可以间接揭示意识水平的神经关联物。在本章中，我将采取这种间接策略来研究大脑频谱模型与意识水平的相关性。

本章主要目标是研究大脑的频谱和交互模型与意识水平的相关性。我的核心观点是，意识障碍的经验证据表明，大脑的频谱模型与意识水平极为有关。具体地说，在我看来，刺激诱发活动的混合性质的消失，会导致意识障碍患者意识水平的丧失；这使得这些患者的刺激诱发活动从“混合

80 中间”转向频谱的被动极。

第一部分：刺激诱发活动与意识水平

经验发现Ⅰa：意识丧失期间刺激诱发活动的保存

阿德里安·欧文等人（Owen et al.，2006）透过功能性磁共振成像（fMRI）扫描了植物状态患者的大脑，并让他执行特定的认知任务。当患者躺在扫描仪中时，他被指示执行运动和视觉想象任务：患者被要求想象打网球的情景。令人惊讶的是，在这些患者中，他们的运动辅助区（supplementary motor area，SMA）产生了神经活动，而这一区域通常与启动物理的或想象的运动有关。在这个任务里，它与人们在打网球时在心理上或物理上想象或执行动作有关。最有趣的是，在健康受试者执行这一任务时，同一区域或多或少以相同的方式被激活。这就表明，植物状态患者能够完成与想象打网球一样复杂的认知任务。类似地，在另一项空间导航任务中，受试者被要求想象在家里几个房间之间来回走动。与运动想象任务一样，空间导航任务同样激活了患者和健康受试者相同的区域，即海马旁回

81 （parahippocampal gyrus）。在上述两个任务中，植物状态患者和健康受试者都激活了相同的区域，这一事实表明，植物状态患者能够与有意识的健康受试者以相同的方式执行任务。因此，我们可以得出这样的结论，植物状态患者是有意识的，否则她就不能执行任务，也不能激活与健康受试者相同的区域。蒙蒂等人最近更大样本量的研究也重复了这个结果（Monti et al.，2010）。在由54名患者组成的小组中，有23名患者被诊断为植物状态，31名患者为微意识状态（minimally conscious state，MCS）（Monti et al.，2010）。他们必须执行同样的任务，想象打网球和想象在自己家里的房间之间来回走动。实验结果表明，其中的5名患者（4名植物状态，1名微意识状态）确实能够在任务期间以适当的方式有意调节他们的神经活动：想象打网球导致所有5名患者的运动辅助区激活。

此外，与对单个患者的研究一样，想象在自己家里行走的空间导航任

务让3名植物状态患者和1名微意识状态患者海马旁回的神经活动发生了变化。这些神经模式与健康受试者相似。此后，对植物状态和微意识状态患者进行的与有意调节的认知任务相关的研究都证明，这些患者相关区域仍然保留一些神经活动（概述见 Laureys & Schiff, 2012 中表3）。

综上所述，这些发现表明，在意识丧失期间，就像处于植物状态或微意识状态时，刺激诱发活动似乎仍然存在（另见 Laureys & Schiff, 2012）。其他研究结果也进一步证实了这个结论。例如，在麻醉情况下，尽管失去意识，但受试者仍然表现出对感官刺激和认知任务做出反应的刺激诱发活动（综述见 MacDonald et al., 2015）。

经验发现Ⅰb：意识丧失期间异常的刺激诱发活动

上述研究主要应用认知任务（和感官刺激），以激发刺激诱发或任务诱发活动。我们也可以应用不同种类的刺激来探测刺激诱发活动，如经颅磁刺激技术（transcranial magnetic stimulation, TMS）所施加的磁刺激。罗萨诺瓦等人（Rosanova et al., 2012）做这样的研究，他们将TMS的磁脉冲与脑电（EEG）的连续电生理记录相结合。

罗萨诺瓦等人结合TMS和EEG对5个植物状态患者、5个微意识状态患者和2个闭锁综合征（locked-in syndrome, LIS）患者（LIS患者，意识清醒但无法与外界交流）进行研究（Rosanova et al., 2012）。对其中5名患者在植物状态、微意识状态和正常意识状态等不同改善阶段（最后阶段只有3名患者）进行了多次研究。他们使用TMS对左右内侧额叶（额上回）和顶叶（顶上回）皮层施加磁脉冲，来探测静息状态下这些区域的神经活动变化。并采用264通道高密度同步脑电测量了磁刺激的神经效应，特别是在时间和空间上的扩展。

植物状态患者的静息状态对TMS脉冲有何反应？植物状态患者表现出一种简单的正－负脑电反应，这种反应表现出局部性，持续时间短，并且没有任何变化。相比之下，TMS脉冲触发了微意识状态患者在空间和时间上更为扩展的更复杂的脑电反应，并且随着时间而改变。微意识状态的模式与两个闭锁综合征患者的模式更为相似。在对5名患者的历时调查中， 82

即在整个意识恢复过程中对他们进行了多次调查也观察到类似的模式。从植物状态恢复到微意识状态再到正常意识状态的三个患者，他们大脑神经活动在时间和空间上变得越来越扩展，神经反应模式也变得越来越复杂。与此相反，在两个仍处于植物状态的患者的大脑中，既没有观察到空间和时间上更广泛的扩展，也没有观察到更复杂的反应模式。

总的来说，研究结果表明，就像在感官刺激和认知刺激或任务的情况下那样，在意识丧失期间，TMS 脉冲仍会引起刺激诱发活动。在麻醉和睡眠中类似的 TMS-EEG 结果进一步证实了这一点（概述见 Northoff, 2014b 的第十五章）。然而，刺激诱发活动对磁脉冲的反应是不正常的，因为它缺乏适当的空间和时间分布，这是说，刺激诱发活动在不同区域和时间上既没有空间扩展，也没有时间扩展。因此，在意识丧失期间，虽然刺激诱发活动本身仍然存在，但它们的时空特征包括其空间扩展的程度（详见第七章）发生了异常的变化，即变成缩小的、局部的，而不是扩展的、全局的。

经验发现Ⅱa：信息整合理论

在讨论上述结果之前，我想简要介绍一下当前神经科学中讨论的两种主流意识理论，即信息整合理论（integrated information theory, IIT）（Tononi et al., 2016）和全局神经元工作空间理论（global neuronal workspace theory, GNWT）（Dahaene & Changeux, 2011; Dahaene et al., 2014）。两者都认为特定的神经元机制，信息整合或神经元活动的全局化对于意识来说是核心的、充分的（概述见 Koch et al., 2016）。

83 埃德尔曼（Edelman, 2003, 2004）和赛斯等人（Seth et al., 2006）认为，循环处理（cyclic processing）和大脑神经组织的循环性是构成意识的核心（另见 Llinás et al., 1998, 2002）。循环处理就是说，神经活动在其他区域循环后，通过所谓的重入式（reentrant）（或反馈）电路又重新进入同一区域。例如，初级视觉皮层（V1）的情况就是如此：V1 中最初的神经活动通过前馈连接转移到更高阶的视觉区域，如下颞皮层（inferotemporal cotex）。在下颞皮层又被传送到丘脑，丘脑又将信息传递回 V1 和其他皮层区域，从而形成了丘脑－皮层的重入连接（Tononi & Koch, 2008; as well as

Lamme, 2006; Lamme & Roelfsema, 2000; van Gaal & Lamme, 2012)。意识及其内容被认为是建立在这种允许循环处理的反馈或重入连接基础上的(Edelman & Tononi, 2000)。

反馈或重入式电路的确切神经元机制是什么？重入式电路整合来自与不同脑区和神经网络中的神经活动相关的、不同来源的信息。托诺尼强调信息整合是产生和构成意识内容的核心神经元机制，进而提出了“信息整合理论”(IIT)(Tononi, 2004; Tononi & Koch, 2008; Tononi et al., 2016)。

IIT 提出了以信息的整合和联系程度为核心的意识机制，这意味着，如果不同区域之间的功能连接中断等原因导致不同信息的整合程度较低，那么意识就会变成不可能的。相关实验也证实了这一点，实验数据确实显示了不同意识障碍中，如植物状态（Rosanova et al., 2012)、非快速眼动睡眠(Qin et al.; Tagliazucchi et al., 2013) 和麻醉（见 Ferrarelli, Massimini et al., 2010) 等，脑区之间功能连接中断。

为了测量大脑不同区域的信息整合程度，托诺尼和其他研究者（Seth et al., 2006, 2008; Seth, Barrett & Barnett, 2011) 制定了具体的可量化指标。在神经生物学上，托诺尼推测，信息的整合与丘脑－皮层的重入连接密切相关。这些重入连接处理来自不同来源和区域的各种刺激，因此对于所选内容是非特异的。

84

这种来自不同来源、不同脑区的不同内容的整合，是为了使意识的内容及其特有的现象性质（感受性）成为可能。与此相反，无意识内容不会通过丘脑和相关信息整合进行这种循环处理。

经验发现Ⅱb：全局神经元工作空间理论

关于意识内容的神经关联物的另一种主张来自巴斯（Baars, 2005; Baars & Franklin, 2007) 和德哈恩等人（Dehaene & Changeux, 2005, 2011; Dehaene, Changeux, Naccache, Sackur & Sergent, 2006)。他们认为，神经活动在多个脑区全局分布即分布于一个所谓的全局工作空间（global work-space) 中，这个全局工作空间是产生意识的中心。如果延伸到神经元层面，我们可能会在大脑的特定回路中找到全局工作空间，比如在前额叶和顶叶皮层中。德哈恩等人（Dehaene et al.，2014）由此提出了全局神经元工作空间理论。

在大脑中处理的信息及其内容必须全局地分布在整个大脑中，才能与意识联系起来。相反，如果信息只在特定区域内局部处理，而不再在整个大脑中全局处理，它就无法再与意识相联系。神经活动的局部分布和全局分布的差异，会导致无意识和有意识的区分。因此，神经活动的全局分布被认为是意识的一个充分条件，也是意识的神经关联物（neural correlate of consciousness，NCC）。

德哈恩和尚热（Dehaene & Changeux，2005，2011）以意识的全局工作空间假设作为出发点，提出他们的全局神经元工作空间理论（GNWT），并对其进行了神经元层面的详细研究。他们推测，前额叶－顶叶皮层（pre-frontal-parietal cortical）网络的神经活动是产生意识的核心。更具体地说，前额叶－顶叶皮层网络必须被单一刺激物所作用，以连接和调动其认知功能，这是意识实例化（instantiating）的核心：刺激的全局分布和处理由此得以可能，而刺激的全局分布又是构成意识内容的核心。

85

我们必须将全局工作空间理论区别于其他意识认知理论。有些理论将注意力和/或工作记忆与意识及其内容紧密联系起来（Lamme，2006；Lamme & Roelfsema，2000；van Gaal & Lamme，2011）。然而，最近的研究对注意力和/或工作记忆与意识内容的选择有关的看法提出了质疑（Graziano & Kastner，2011；van Boxtel et al.，2010a，b）。最近，有研究表明，意识和注意力（以及其他认知功能）是相互独立的（Faivre et al.，2014；Koch et al.，2016；Koch & Tsuchiya，2012；Lamme，2010；Tononi & Koch，2015；Tsuchiya et al.，2015；van Boxtel et al.，2010a，b）。

刺激诱发活动Ⅰa：时空扩展与时空收缩

我们现在着手讨论上述关于刺激诱发活动的结果，以及关于大脑频谱模型的神经科学意识理论。第一个问题是，这些结果告诉我们刺激诱发活动对意识水平的作用是什么？研究结果表明，在失去意识的受试者中，由认知或磁刺激引起的刺激诱发活动仍然存在。这样，我们在关于大脑和心理特征之间关系上就有了两种选择。

其中一种是，刺激诱发活动的存在与意识无关，或者说刺激诱发活动的存在不蕴含意识的存在。如果是这样，刺激诱发活动就不是意识的充分条件，也不是意识的神经关联物。除了刺激诱发活动，人们还需要继续寻找其他超越刺激诱发活动充分构成意识的神经元特征。假设患者确实是无意识的，我们可以推测，这些神经元特征可能在意识障碍中受损。

另一种选择是，我们可以假设，显示出刺激诱发活动的受试者是有意识的而不是无意识的，刺激诱发活动的存在蕴含着意识的存在。那么，我们就可以将刺激诱发活动的存在，特别是对认知任务的反应，如对运动想象或（患者自己的房子的）空间导航的反应，视为意识的神经关联物（NCC）。这就是说，受试者必须理解任务要求，以引发观察到的刺激诱发或任务诱发活动，否则，如果他们是无意识的，就不理解指令，也不可能引起观察到的神经活动变化。

86

患者必须理解任务指令的这一假设具有重要的临床意义。对于那些显示有刺激诱发活动的患者，对他们丧失意识和处于植物状态的临床诊断是错误的，神经元证据将推翻临床观察的结论。这确实是神经科学家如欧文（Adrian Owen）和劳雷斯（Stephen Laureys）这两位植物状态研究领域的主要研究者得出的结论。他们认为，刺激诱发或任务诱发活动对认知刺激的反应的存在是意识存在的神经元标志（Bayne et al.，2016；Laureys & Schiff，2012；Monti et al.，2010；Owen et al.，2006）。

然而，关于经颅磁刺激诱发的刺激诱发活动的数据表明，事情并没有那么明确。刺激诱发活动在这些情况中也存在，我们需要就此推断意识的存在吗？尽管有意识和无意识的受试者中都存在刺激诱发活动，但两者间有一些差异。这些差异主要涉及刺激诱发活动的时空特征。

在无意识的患者中，刺激诱发活动既没有在空间上扩展（到其他区域或网络），也不像在有意识受试者中那样在时间上传播（到更远的时间点）。更一般地说，在无意识的受试者中，刺激诱发活动发生在一个更有限的、更狭窄的时空范围内，即存在时空收缩而不是时空扩展。

刺激诱发活动Ⅰb：时空特征与认知特征

我说的“时空扩展与收缩”是什么意思？粗略地说，“时空扩展”（Spatiotemporal expansion）指的是，刺激诱发或任务诱发活动达到、延伸、扩展的程度，即超出刺激或任务发生并进入大脑的特定时空离散点的程度。

87 假设刺激诱发或任务诱发活动可能会扩展或延伸，从而超出刺激或任务的存在，那么，即使刺激或任务本身消失了，实际的刺激诱发或任务诱发活动也可能仍然存在（时空扩展概念详见第七章）。相反，如果刺激诱发或任务诱发活动的存在受到更大的限制，它局限于与刺激或任务本身的存在相联系，就形成了所谓的“时空收缩”（spatiotemporal constriction）。

时空扩展和收缩的概念对意识意味着什么？上述 TMS-EEG 研究结果表明，构成意识水平的核心是刺激诱发活动的时空特征，而不仅仅是其存在或不存在。刺激诱发活动必须表现出某种尚不清楚程度的时空扩展，以便为刺激分配一定水平的意识。相反，如果刺激诱发活动表现出时空收缩，即使它存在也会导致意识的丧失。这意味着，我们可以在刺激诱发活动的时空扩展程度而非其存在中找到意识的充分条件（即意识的神经关联物）。

视刺激诱发活动为意识神经关联物的倡导者现在可能想争辩说，这样的时空描述忽略了它的认知特征。如果受试者能够激发刺激诱发活动来回应认知任务（见上文），那么受试者就一定理解了认知要求，而这只有在他们有意识的情况下才有可能。这里将刺激诱发活动作为认知功能的指标（Bayne et al.，2016），其运作只有在意识存在的情况下才可能。

然而，从认知功能的存在和运作到意识的存在的推论，如我所说，是一种“认知－现象推理”（cognitive-phenomenal inference），是一种没有经验数据支持的假设。认知功能，即使是复杂的功能，在没有意识的情况下也仍然可能存在，因此它是在无意识而不是有意识的模式下运作的（有力的经验证据见 Faivre et al.，2014；Mudrik et al.，2014）。因此，我们无法从基于认知的刺激诱发活动的存在中推断出意识的存在与否。

88 因此，认知－现象推理可能是一种谬误——认知－现象谬误。如果是这样，那些对表现出基于认知的刺激诱发活动的植物人进行的意识归属，即使不是经验不可能，也是相当不可靠的。所以，我们必须寻找刺激诱发活动的认知特征以外的神经元特征来揭示意识的神经关联物。

刺激诱发活动Ⅱa：全局神经元工作空间和信息整合理论的时空框架

这些数据表明，刺激诱发活动的时空特征是意识的核心。具体来说，刺激诱发活动必须表现出一定程度的时空扩展（区别于时空收缩），才能充当意识的神经关联物。刺激诱发活动的时空扩展从何而来，又是如何产生的？我们不妨回过头来看看不同的神经科学意识理论，如信息整合理论（IIT）以及全局神经元工作空间理论（GNWT）。

当 GNWT 假设在刺激诱发活动期间需要前额叶和顶叶皮层参与其中时，就预设了刺激诱发活动的空间扩展。此外，当它用一个较晚的事件相关电位（如 P300）来预示意识的存在时，就预设了时间传播（Dehaene et al.，2014；Dehaene & Changeux，2011）。由于神经活动的全局化基于时空特征，例如向前额叶、顶叶区域的扩展和较晚的电位如 P300 电位，因此我称之为时空全局化（spatiotemporal globalization）。重要的是，它既是空间的扩展（扩展到其他区域），也是时间的传播（传播到更晚的时间段，比如 P300），这对意识的产生起核心作用，所以我认为潜在的时空特征而非与神经元全局化相关的认知功能才是意识的核心。

在 IIT 中也同样如此。上述磁刺激诱发活动的结果支持了托诺尼的 IIT（Koch et al.，2016；Tononi & Koch，2015）。他认为，在无意识受试者中，时空收缩的刺激诱发活动表明信息的整合度下降。我同样认为，时空扩展的减少，即时空收缩，是意识消失的核心。

托诺尼的 IIT 所描述的信息整合的减少与刺激诱发活动的空间和时间特征扩展的减少有关。因此，我认为信息整合是空间和时间特征的整合，它与刺激诱发活动的时空扩展有关。简言之，信息整合就是时空整合（详见第七章）。

89

总之，GNWT 和 IIT 都与本书提出的作为意识标志的刺激诱发活动的时空特征十分吻合。它们所描述的全局化和信息整合，可以以刺激诱发或任务诱发活动的时空特征来界定。因此，我用时空全局化和时空整合来描述 GNWT 和 IIT 的时空特征。由此，我构想了意识的时空模型（spatiotemporal model of consciousness），我将在本书的第二篇（第七至八章）具体构建该模型。

刺激诱发活动Ⅱb："琐碎论证"

IIT 和 GNWT 的支持者可能会认为，时空框架是相当琐碎的。鉴于任何神经活动都是在时间和空间中进行的，那么信息整合和神经元全局化默认下也同样如此。对全局化和信息整合的时空假设并没有增加任何额外的、新颖的内容，时空全局化和时空整合的概念是琐碎的。这相当于我所说的"琐碎论证"（argument of triviality）。

然而，我反对琐碎论证。时空扩展和时空收缩的概念表明，同一刺激或任务可以通过不同的方式（扩展和收缩）进行处理。我们可以在时空上区分不同的方式：刺激诱发活动可以持续更长或更短的时间，并且在空间上或多或少地分布。这种刺激诱发活动的时空特征，似乎或多或少地独立于刺激或任务本身。相反，它似乎依赖于大脑本身，更确切地说，是大脑本身在处理刺激或任务时所增加和贡献的东西。下面我就详细解释这一点。

90

我认为，大脑自身对刺激或任务的神经处理所增加的东西就在于刺激诱发或任务诱发活动的时空特征。具体来说，大脑的自发活动在自身对刺激或任务的处理中增加了时空维度，然后就可以在时空上对任务以更扩展或更收缩的方式进行处理。

通过增加时空维度，所产生的刺激诱发或任务诱发活动在某种程度上将独立于相应刺激或任务本身的实际存在。这就是说，刺激诱发或任务诱发活动的存在可能与实际刺激或任务本身的缺失很好地兼容。然而，这和意识有什么关系？基于上述发现，我推测，刺激诱发或任务诱发活动超出刺激或任务本身的实际存在的时空扩展程度，与意识水平直接相关，即成正比。

因此，我们可以拒绝琐碎论证。大脑能够以不同的方式处理同一个刺激，这种方式在时空上可以是收缩的，也可以是扩展的。对同一个刺激或任务进行不同时空处理的可能性，使得刺激诱发或任务诱发活动的时空特征不再是琐碎的。此外，不同的时空处理方式为 IIT 所描述的整合（信息层面）和 GNWT 的全局化（认知层面）提供了一种低层级的动态神经元机制。忽视这样一个基础层级，就是忽视了它们的差异，无论是收缩还是扩展，都会导致不同的行为结果（详见第七章的琐碎论证）。

刺激诱发活动Ⅱc：从大脑的“频谱模型”到意识

如果不是在刺激或任务本身中，那么刺激诱发活动的时空扩展又是如何产生的？我认为，大脑的自发活动贡献了时空维度，而这是意识产生的核心。因此，我们可以预期，在有意识和无意识的情况下，大脑的自发活动会有所不同。

我们回想一下大脑的频谱模型（第一章）以一种混合的方式构想了刺激诱发活动。刺激诱发活动与刺激（认知或磁刺激）和自发活动都既不完全也不充分相关。大脑的频模型认为刺激诱发活动是混合的，即自发活动的影响和刺激的影响之间混合。

大脑的频谱模型对意识意味着什么？根据大脑的频谱模型，我们需要研究那些无意识的受试者的自发活动以及它是如何改变的。这些无意识的受试者在认知刺激或磁刺激下，他们的刺激诱发活动表现出时空收缩的特征。这将我们带回大脑的自发活动及其时间结构，以及它们在意识障碍中是如何改变的问题上。

第二部分：自发活动与意识水平

经验发现Ⅰa：自发活动及其时间结构——幂律指数和跨频率耦合

我们已经讨论过，大脑的自发活动具有复杂的时空结构特征（第一章）。我现在将证明，幂律指数（power law exponent，PLE）和跨频率耦合（cross-frequency coupling，CFC）这两个时空特征，它们都与意识有关。

何碧玉等人（He, Zempel, Snyder & Raichle, 2010）分析了皮层脑电图

数据，测量了接受手术的癫痫患者的局部场电位。他们分析了快速眼动（rapid eye movement，REM）睡眠、慢波睡眠（slow-wave sleep，SWS）和清醒状态下的数据。首先，他们分析了功率谱（绘制在对数坐标中）以显示PLE，即较慢和较快频率波动之间的功率关系。结果显示，PLE遵循典型的分布，频率越慢，功率越高；频率越快，功率越低。她还观察到SWS（0.8赫兹，12赫兹）和清醒状态下（α，β，θ）的不同功率峰值。

其次，在低（<0.1赫兹）和高（>1—100赫兹）频率范围内，何碧玉等人对5名不同受试者在三种不同状态下（清醒、REM、SWS）的PLE进行了估算。有趣的是，三种状态下PLE没有显著差异。

92

接下来，何碧玉等人（He et al.，2010）研究了慢频率和快频率之间的相位－振幅耦合（phase-amplitude coupling），这种跨频率耦合的强度通过调制指数（modulation index，MI）确定。他们以1赫兹的频率步长计算所有电极所有可能频率对的MI。研究结果表明，在整个频率范围内，所有三种状态（清醒、REM、SWS）的MI也就是频率嵌套（跨频率耦合、相位－振幅耦合）均获得显著值。

后来，何碧玉等人证明，与较高频率振幅耦合的较低频率的首选相位（preferred phase）聚集在相位的波峰和波谷周围。波峰和波谷反映了相位或周期中最正和最负的部分，这两个部分分别显示出最高和最低程度的神经兴奋性（excitability）。

综上所述，这些数据表明，大脑的自发活动并不是随机的，而是高度结构化的，表现为从慢到快频率波动的多重相位－振幅耦合的强CFC。因此，何碧玉等人（He et al.，2010）认为，这种时间结构是在背景中运作的，神经活动的任何后续变化（例如，外部刺激或任务带来的）都是在这种背景下发生，并在这种背景下被测量。此外，在意识丧失期间（例如，睡眠中），以PLE和CFC为指标的自发活动的时间结构似乎或多或少被保留下来。

经验发现Ⅰb：睡眠和麻醉中的PLE和CFC

在失去意识期间，以PLE和CFC为指标的自发活动的时间结构是否真的保留下来？塔利亚祖基等人（Tagliazucchi et al.，2013）对63名受试者在非快速眼动（none rapid eye movement，NREM）睡眠的不同阶段，进行了fRMI研究。从清醒状态到NREM睡眠的不同阶段（N1 - N3，后者是最深度的睡眠），使用Hurst指数（基于体素的分析）测量了显示不同频率之间关系的功率谱（power spectrum）。

有趣的是，他们观察到，整个大脑的整体Hurst指数从清醒状态（最高点）到NREM睡眠的最深阶段（从N1和N2到N3）显著下降。这意味着，在NREM睡眠的不同阶段，功率谱和无标度活动（scale-free activity）的程度（通过PLE/DFA测量）显著而渐进地降低。使用fMRI对处于麻醉状态下大脑的观察中，也观察到了类似的情况（Zhang et al.，2017）。张剑锋等人观察发现，与清醒状态相比，相同受试者整个大脑在麻醉状态下PLE会整体降低，同时还伴随着整个大脑神经元变异性的减少。这就是说，自发活动在麻醉状态下不再表现出如此多的自发变化。

在意识丧失期间，功率谱的时空特征如何变化？让我们从空间维度开始。塔利亚祖基等人（Tagliazucchi et al.，2013）在研究的第二步测试了更具区域特异性的效应。透过对四个阶段（清醒，N1 - N3）的体素比较显示，与清醒（和N1）相比，N2和N3期间额叶和顶叶区域（这些区域与DMN和注意网络等神经网络相关）的Hurst指数存在显著的区域差异。在最深度睡眠阶段N3，额叶和顶叶区域以及枕叶皮层和视觉网络的Hurst指数呈现整体的下降。相反，N1阶段的Hurst指数与清醒状态对比没有明显的差异。

此外，他们还关注时间维度，更具体地说不同频率范围。他们使用fM-RI测量0.01至0.1赫兹范围内的超慢频率波动，并使用EEG记录δ（1—4赫兹）至γ（30—180赫兹）频率范围内频率更快的波动。之后，塔利亚祖基等人（Tagliazucchi et al.，2013）将fMRI记录的超慢频率（0.01—0.1赫兹）的Hurst指数与同步EEG记录的δ频率（1—4赫兹）的功率相关联。结果表明，与DMN和注意网络相关的额顶区Hurst指数（来自fMRI）与δ功率呈负相关（来自EEG的所有通道的平均值）：超慢频率（0.01—0.1赫兹）的Hurst指数越低，δ频率（1—4赫兹）功率越高。

这些发现表明了超慢频率波动（0.01—0.1赫兹）对意识水平的特殊意义（参见Northoff，2017a）。功率谱的降低（用Hurst测量）表示在非常慢的频率内（0.01—0.027赫兹），这个频段被称为慢-5（slow-5）频段功率的降低。在失去意识的时候，慢-5频段的功率是不是明显下降了？张剑锋等人（Zhang et al.，2017）在麻醉中确实观察到了这一点，他们发现，在麻醉状态下，慢-5频段（而不是慢-4，即0.027—0.073赫兹）变异性的功率显著降低。

总之，这些对睡眠和麻醉的研究显示，在意识丧失期间，全脑的功率谱和特定功率在0.01到0.1赫兹的超慢频段内显著降低。然而，研究结果表明，在从清醒状态到深度无意识状态的过程中，在空间和时间维度上，神经元有一些从局部到全局的分级变化。最值得注意的是，研究结果表明，周期长（长达100秒）的超慢频率波动对意识水平有特殊的意义（见Northoff，2017a）。

自发活动Ⅰa：时间关系与整合

自发活动及其时空结构对于意识水平意味着什么？自发活动的时空结构本身可以被时空关系和整合所刻画。下面我们将探讨这些发现的确切性质。

自发活动呈现出复杂的时间结构。我们可以通过PLE对其进行测量，PLE可以表示超慢、慢和较快频率之间功率的时间关系。在超慢频率范围内，我们可以观察到最强的功率，而慢和较快频率范围显示出较低的功率。总之，这显示了被称为无标度活动的典型功率谱（He，2011，2014）。

这种超慢、慢和较快频率之间的时间关系随意识状态的改变而改变。上述发现表明，超慢频率波动的功率特别是最慢频率范围内（如慢-5，0.01—0.027赫兹）在无意识状态（麻醉或深度睡眠）会降低。这导致了PLE的降低：超慢频率功率的降低削弱了与较快频率神经活动相联系所依赖的“时间基础”（temporal basement）。数据表明，这种时间基础是意识的核心。

综上所述，这些发现表明，自发活动超慢、慢和较快频率之间的时间功率关系与意识水平有关。也许有人会争辩说，这些发现只显示了时间关系的相关性，而不是时间整合的相关性。不同频率之间的功率关系发生改变，但是这还不能说明时间整合的情况，即不同频率是如何相互联系和整合的。

为此，我们需要研究不同的频率是如何相互耦合和联系的，就像在跨频率耦合（CFC）中一样。上述数据表明，有意识的大脑中确实存在着支持时间整合（超越简单的时间关系）的 CFC。然而，以 CFC 为指标的这种时间整合是否也与意识水平有关？据报道，在麻醉过程中，在 1 赫兹至 60 赫兹的较快频率范围内，出现了诸如 CFC 程度下降的异常现象（见 Lewis et al.，2012；Mukamel et al.，2011，2014；Purdon et al.，2013，2015）。然而，超慢和慢/快频率范围之间的 CFC 仍有待研究。在多个针对有意识受试者的同步 fRMI-EEG 研究中对这方面进行了检验。结果表明，在有意识的受试者中，存在超慢频率（如 fRMI 中记录的）与 δ 和 α 频率（如 EEG 中记录的）之间的关系（见 Sadaghiani，Scherringa，et al.，2010）。

如上所述，睡眠中无意识的受试者表现出一种反向即负向的超慢频率功率与 δ 功率之间的关系（见上面的讨论）。然而，超慢频率功率波动和 δ 之间的功率关系是否由 CFC 测量中超慢频率波动相位和 δ 振幅的关系所引起，目前尚不清楚。如果是这样的话，在无意识受试者中不仅时间关系异常，而且时间整合能力下降。时间整合能力的下降可能会限制自发活动在不同频率范围内的时间连续性。这就是我所说的时间收缩。正如上述研究者所言，自发活动时间连续性的时间收缩对意识的丧失起着关键作用（Tagliazucchi et al.，2013）。

自发活动Ⅰb：空间关系与整合

那么空间关系和整合又是如何？空间关系通常以脑区之间的功能连接为指标，而脑区之间的功能连接是基于静息状态下两个（或多个）区域时间序列之间的统计相关性。许多研究显示，在睡眠、麻醉和植物状态等意识障碍患者的大脑内，功能连接降低（Huang et al.，2014a，b，2016；Vanhaudenhuyse et al.，2011）。这表明，在无意识状态下自发活动的空间关系是减少的。

96

此外，上述在睡眠和麻醉中的发现清楚地证明了，在完全无意识状态下，PLE/Hurst 下降具有全局性，它发生在所有脑区和网络中。这表明，在无意识状态下自发活动的空间关系和整合的减少。睡眠中的研究结果表明，空间整合的这些变化是分级发生的，在 N2 中是更局部的减少，在 N3 中是更强的更全局的减少（见前面章节的讨论）。

总体而言，在睡眠、麻醉和植物状态等意识障碍中，自发活动表现出时空整合的减少。这表明自发活动的时空关系和整合与意识水平有关。

自发活动Ⅰc：自发活动中刺激诱发活动的时空整合

自发活动的时空关系和整合是如何与刺激诱发活动的时空扩展（或收缩）相关的？遗憾的是，学者很少同时研究无意识患者的自发活动和刺激诱发活动。

97

黄梓芮等人（Huang et al.，2014a）的研究是个值得关注的例外。他们观察到，前皮层中线区域（前扣带回皮层）和后皮层中线区域（后扣带回皮层）之间功能连接的显著降低，与对应于自我相关刺激的刺激诱发活动的降低相关（详见第四章）。这表明，前后皮层中线区域之间相互作用的减少会导致自发活动及其时空结构中刺激诱发活动的相互作用减少因而时空整合减少。

其他的数据进一步支持了自发活动的时空关系和整合的损伤与刺激诱发活动的变化有着直接关系。这些数据表明，意识障碍患者的非加性静息－刺激交互的减少（[Huang et al.，2017] 详见第二章非加性交互）。尽管这些数据只是初步的，但它表明，自发活动的时空关系和整合的变化会影响刺激诱发活动，包括其时空扩展（或收缩）。

有人可能会提出这样的假设：自发活动的时空关系和整合程度越低，刺激诱发活动的时空扩展程度就越低（其时空收缩程度就越高）。因此，我认为，无意识受试者的磁刺激诱发活动（TMS-EEG 期间）的低程度空间扩展和时间传播，可能与他们自发活动的时空关系和整合的变化有关。

我们该如何研究这个假设？例如，我们可以研究静息状态和刺激前期间（例如，在磁脉冲/刺激之前）EEG 的 PLE/Hurst 和 CFC，然后将它们与磁刺激诱发活动的空间扩展和时间传播的程度联系起来。自发活动和刺激前活动的 PLE 和 CFC 值越低，则后续磁刺激诱发活动的空间扩展和时间传播程度就越低。然而，这仍有待后续研究证实。

总之，我认为自发活动和刺激诱发活动在时空基础上是紧密联系和相互整合的。因此，我所说的自发活动和刺激诱发活动之间的时空整合，最终是基于自发活动本身的时空关系和整合。最重要的是，这些数据表明，自发活动和刺激诱发活动之间的时空整合与意识水平有关，进一步说，是与意识水平成比例。

自发活动Ⅱa：大脑的频谱模型和意识的被动模型

自发活动和刺激诱发活动之间的时空整合，对于大脑频谱模型与意识水平的相关性意味着什么？大脑频谱模型认为，刺激诱发活动是混合性的，而这种混合性被认为是自发活动和刺激共同作用的结果。数据表明，刺激诱发活动的混合性质似乎是构成意识水平的核心。下面我们将具体说明这一点。

98

在没有意识的情况下，刺激诱发活动仍然存在。相反，在意识丧失时，刺激诱发活动的时空扩展不存在。这样的时空扩展似乎建立在自发活动及其时空关系和整合的基础上。如果自发活动的时空关系和整合发生改变，情况就会变得像处于意识障碍中一样，刺激诱发活动在时空上不能扩展。显然，这使得将意识分配给各个刺激（如认知刺激、磁刺激或其他）变得不可能。

意识障碍中自发活动的改变意味着其时空结构不再影响随后的刺激诱发活动。意识丧失期间自发活动的时空整合越少，刺激诱发活动的混合也越少。这就是说，刺激诱发活动不是由自发活动和刺激共同决定的，而是由刺激本身单独决定的：自发活动和刺激之间的混合平衡向刺激一端转移，会使得刺激诱发活动的混合性和时空扩展减少。

这和大脑的频谱模型有什么关系？大脑的频谱模型假设，刺激诱发活动由刺激和大脑自发活动贡献的不同成分所组成。因此，基于刺激的编码在默认情况下是混合的。然而，刺激和自发活动这两种成分之间的平衡可能是多样的。如果来自刺激的贡献占主导地位，那么由此产生的刺激诱发活动会更多地向频谱的被动极转移。相反，如果自发活动的贡献占主导地位，刺激诱发活动会更靠近频谱的主动极。

我区分了关于刺激诱发活动被动端的不同模型：（1）弱被动模型假设
99
自发活动对刺激诱发活动有调节作用，但没有因果影响；（2）温和被动模型认为自发活动没有对刺激诱发活动产生影响；（3）强被动模型认为根本没有自发活动（见第一章的讨论）。

我现在推测，刺激诱发活动的不同被动模型与微意识状态、植物状态和昏迷患者意识丧失期间不同程度的时空扩展（如 TMS-EEG 研究中发现的）数据相符。上述 TMS-EEG 结果表明，在微意识状态受试者中，磁刺激诱发活动时空扩展程度较高，而在植物状态受试者中则较低。因此，微意识状态受试者的刺激诱发活动可能与弱被动模型相对应。

相较之下，植物状态受试者的刺激诱发活动可能更倾向于温和被动模型。最后，更极端的昏迷病例，尤其是脑死亡病例显示，刺激诱发活动不再具有时空扩展性，从而导致时空收缩或刺激诱发活动的完全丧失，因此它们可能接近强被动模型。

这对我们了解健康人的意识水平有何启示？那就是，刺激诱发活动的混合性质以及大脑的频谱模型与意识水平有关。由自发活动和刺激之间相互作用和时空整合导致的刺激诱发活动混合程度越高，意识水平就越高（见图 4.1）。

100

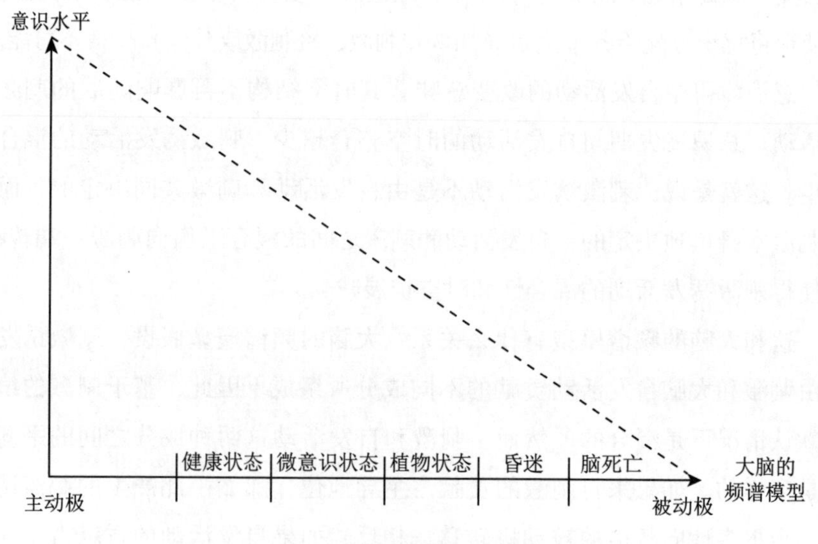

图 4.1　大脑的频谱模型和意识水平

自发活动Ⅱb：大脑的频谱模型和意识主动模型

然而，有人现在可能想争辩说，刺激诱发活动的混合性质假设忽略了相反的极端，即频谱模型的主动极。在这种情况下，刺激诱发活动完全由自发活动本身决定，而不受刺激的任何影响。这样就到了相反的极端，忽略了我认为对意识起核心作用的中间地带。

与被动极类似，我也区分了频谱主动极的不同阶段或程度。在弱主动模型中，自发活动不再受到刺激诱发活动的因果影响。然而，前者仍然可以被后者调节。而在温和主动模型中，调节消失了：自发活动不再被刺激诱发活动调节，即使是以非因果的方式。最后，在强主动模中，没有任何刺激诱发活动，自发活动完全取代了它的角色（见图4.2）。

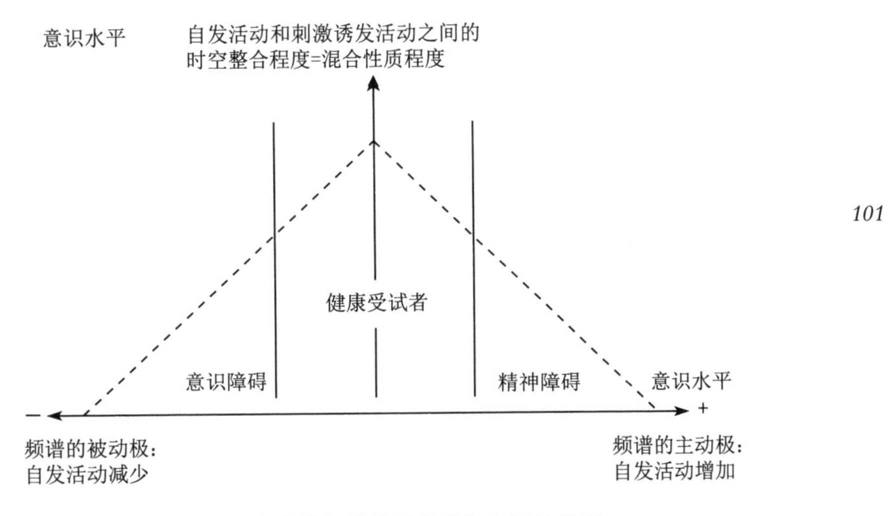

图4.2　大脑的频谱模型及其与意识的关系

我们如何将不同的主动模型与特定的意识障碍联系起来？我们已经看到，意识障碍蕴含一个被动模型，在这个模型中，自发活动对随后的刺激诱发活动的影响减少和丧失，这与意识丧失的程度成正比。另一端的主动模型又是怎么样？在我看来，精神障碍就是一个典型的例子。

抑郁症的特点是自发活动增加，尤其是在中线区域和 DMN（综述见 Northoff，2015a，2016a，b）。但是这些区域的刺激诱发活动却减少了，可以推测它们可能不再对这些区域的自发活动有因果影响。因此，我们可以假设抑郁症蕴含一个弱主动模型。刺激诱发活动对自发活动缺乏因果影响，可能会表现出这样的症状：这些患者在行为上不再对外部刺激做出适当反应，并不断地反刍自己的想法（即便直面外部刺激时）。

双相情感障碍（bipolar disorder）可以被表现出相反运动行为的躁狂症和抑郁症所刻画，抑郁症表现为精神运动性迟缓，躁狂症表现为精神运动性激越。躁狂症患者到处跑，而抑郁症患者安静地坐在角落里。这似乎与感觉运动网络中的神经元变异性有关：躁狂症患者在这个网络中表现出静息状态神经元的变异性增加，而抑郁症患者的这种变异性降低（Martino et al.，2016；Northoff et al.，2017）。重要的是，在抑郁症中，患者的精神运动行为不能被任何外部刺激调节。从神经元层面来看，这可能与抑郁症患者感觉运动网络中的自发活动不再受到外部刺激的因果或非因果调节有关。因此，抑郁症患者自发的感觉运动皮层神经元变异性，可能与刺激诱发活动的温和主动模型相对应。

102

另一个例子是精神分裂症。精神分裂症患者体验到与静息状态活动增加有关的幻听（Alderson-Day et al.，2016；Northoff & Duncan，2016）。尽管没有任何刺激诱发活动，病人仍然会体验到外部世界的声音。而在健康受试者中，这种声音通常与刺激诱发活动有关。因此，精神分裂症患者的自发活动取代了刺激诱发活动的角色。这与刺激诱发活动的强主动模型相对应，在该模型中，自发活动完全取代了刺激诱发活动。

现在有人也许会说，精神病学的案例很好地符合大脑频谱模型的主动极。然而，它们与意识无关，意识是频谱被动极所显示的情况。然而，这样的看法忽视了精神障碍所表现出的意识变化。例如，抑郁症患者表现出对自己内心想法和信念的增强意识，精神分裂症患者的幻听也是如此。

由此，人们可能会初步认为，这些患者的意识水平提高了（而不是降低了）。因此，精神障碍并没有反驳大脑频谱模型与意识的相关性，而是通过显示意识水平的相反极来支持该模型（Northoff，2013，2014b）。

结论

大脑的频谱模型与意识水平有关吗？我已经证明，在意识丧失期间，刺激诱发活动表现出时空扩展的减少。可以认为，这与自发活动的变化及其时空关系和整合程度密切相关。因此，在意识障碍患者那里，自发活动不再像在健康受试者中那样影响刺激诱发活动。

由此产生的刺激诱发活动会向频谱的被动极倾斜：它更强烈地受刺激而不受大脑自发活动的支配。因此，关于频谱被动极的（弱、温和、强）不同刺激诱发活动模型可能对应不同程度的意识丧失，如微意识状态、植物状态和昏迷。因此，大脑的频谱模型与意识丧失时的数据很好地吻合，我们可以认为它与意识有关。 *103*

最后，数据和大脑频谱模型对它们的解释表明，刺激诱发活动和自发活动对意识有不同的作用。刺激诱发活动及其底层的非加性静息－刺激交互，可能为实际意识提供一个充分的神经机制，也就是说，作为意识的神经关联物。相反，自发活动可能为可能意识提供了必要条件，即作为意识的神经预置（Northoff，2013，2014b；Northoff & Heiss，2015，Northoff & Huang，2017）。然而，意识的神经预置需要更详细的解释。为此，我们现在将注意力转移到另一种大脑模型上，即交互模型及其与意识的关系。

第五章　大脑的交互模型与意识

导言

105　在第二章的第二部分，我介绍了大脑的交互模型，该模型关注自发活动与刺激之间的非加性交互本性，而不仅仅是加性或平行性的。交互模型描述了大脑中的神经活动，包括自发活动和刺激诱发活动之间的关系。但我没有说明交互模型是否也与意识相关，这是本章将要说明的重点。

本章的总体目标是研究大脑的交互模型与意识的相关性。而结论是大脑的交互模型确实与意识有关。

我们的第一个具体目标是讨论大脑模型的交互，特别是在意识障碍最新发现的背景下，讨论非加性静息 - 刺激交互。基于经验证据，我认为自发活动和刺激诱发活动之间的非加性交互程度，直接关系到刺激诱发活动的时空扩展，包括其与意识的关联。更有力的是，经验数据表明，非加性交互的程度可以被视为神经印记（neural signature），从而成为意识的神经关联物（NCC）。

本章的第二个具体目标是呈现自发活动在非加性静息 - 刺激交互中的中心作用及其与意识的关系。我认为自发活动是可能意识的必要条件，因此也是意识的神经预置（NPC）。从概念上讲，卡特赖特（Nancy Cart-
106　wright）提出的能力（capacities）概念进一步解释了 NPC。因此，我主张对大脑及其与意识的关系采用基于能力的方法（而不是基于定律的方法）。

第一部分：交互模型与意识

经验发现Ⅰa：刺激分化和意识水平

基于秦鹏民等人（Qin et al.，2010）最近的一项研究，黄梓芮等人（Huang et al.，2014，2017a，b）研究了自我和非自我相关刺激期间植物状态（VS）（即无反应性清醒状态［unresponsive wakefulness，URWS］）中的刺激诱发活动。与秦鹏民等人的实验让受试者听自己（和其他人）的名字不同（Qin et al.，2010），在黄梓芮等人的实验中受试者必须执行一项主动的自我参照任务，在其中他们每个人都必须指称自我。

研究者透过音频提出两类问题，分别是自传性问题和常识性问题。自传性问题问的是受试者的生活事实，就像从他们亲属那里打听一样。这就要求受试者主动将问题与自己联系起来，这就是一项自我参照任务。控制条件包括常识性问题，例如一分钟是否等于60秒。研究者要求受试者（在心理上而非行为上）回答"是"或"否"，而不是通过点击按钮给出真实的回答（因为这对这些患者来说是不可能的）。

黄梓芮等人首先比较了健康受试者对自传性和常识性问题的回答。情况就如基于先前关于中线区域参与自我相关加工的研究结果所预期的那样（Northoff，2016c，d，2017a，b；Northoff et al.，2006）。那就是，在中线区域的信号产生了显著的变化，包括前部区域，如从前扣带回皮层（perigenual anterior cingulate cortex，PACC）延伸到腹内侧前额叶皮层（ventromedial prefrontal cortex），以及后部区域，如后扣带回皮层（posterior cingulate cortex，PCC）。与非自我相关条件相比，自我相关条件下的活动变化显著更强。

植物状态患者的大脑在同样的区域显示了什么？与健康受试者相比，研究者发现他们这些区域的信号变化有所减少。更具体地说，自我和非自我相关条件之间的神经分化程度要低得多。

107

这些信号变化与意识有什么关系？正如秦鹏民等人（Qin et al.，2010）

的发现一样，研究者在前中线区域观察到了显著的相关性。中线区域的活动包括 PACC、背侧前扣带回皮层（dorsal anterior cingulate cortex，DACC）和 PCC 的活动与意识程度相关（根据修订版昏迷恢复量表测量）。研究表明，在自我和非自我参照条件下，这些区域的神经元分化的信号变化越多，患者表现出的意识水平就越高。这样，我们就在前后中线区域中观察到了神经元自我－非自我分化的程度与意识水平之间的直接关系。

经验发现Ⅰb：从自发活动到刺激诱发活动

同一患者的静息状态活动情况又是如何？对此，我们需要弄清楚对自我特异性刺激（self-specific stimuli）的反应减弱是否与相关中线区域静息状态的变化有关。为此，黄梓芮等人（Huang et al.，2014）还研究了中线区域的静息状态，例如其功能连接和低频波动，中线区域正是在自我参照任务中显示出（刺激诱发活动）信号分化减弱的区域。

与先前的研究一样，在静息状态下，植物状态患者在 PACC 与 PCC 之间的功能连接显著减少。此外，与健康受试者相比，植物状态中 PACC 和 PCC 在最慢频率范围内（从 0.01 到 0.027 赫兹的慢－5 频带）振幅的神经元变异性显著降低。

我们研究了相同区域的静息状态活动和任务诱发活动，结果表明，这些区域静息状态的异常在某种程度上与先前描述的自我参照任务中的变化有关。相关性分析进一步证实了这个结论，即 PACC 和 PCC 中慢频率范围（即慢－5）内的神经元变异性越高，在刺激诱发活动期间，同一区域内自我相关和非自我相关条件下的神经元信号分化程度就越高。

综上所述，这些发现表明，刺激诱发活动是由自发活动所介导（mediated）的，因此，在意识丧失期间受到自发活动变化的影响。然而，对于在意识丧失时静息－刺激之间的确切交互，我们尚不清楚。在交互模型中，我们讨论了自发活动和刺激可能以非加性方式交互。如果这种非加性交互是意识的核心，人们会预期它发生改变，也就是说，在意识丧失期间非加性交互减少并最终成为加性的。事实确实如此，下一节所讨论的实验数据支持了这一点。

交互模型Ⅰa：刺激诱发活动和静息－刺激交互

这些发现告诉我们关于刺激诱发活动及其与意识水平的相关性的什么？让我们从神经方面开始。黄梓芮等人（Huang，Dai，et al.，2014）的研究结果表明：(1) 在不能正确区分自我和非自我相关刺激的植物状态受试者中，刺激诱发活动发生了变化，特别是在中线区域，如PACC和PCC；(2) 植物状态受试者静息状态空间结构改变，这反映在PACC-PCC功能连接的减少上；(3) 植物状态患者静息状态时间结构改变，如PACC和PCC神经元变异性降低；(4) 静息状态下神经元变异性降低与在刺激诱发活动期间神经元自我－非自我分化的减少相关；(5) 神经元自我－非自我分化的减少与意识水平相关。

综上所述，这些发现表明，自发活动中神经元变异性的异常减少与刺激诱发活动期间神经元自我－非自我分化的减少有关。这表明自发活动与自我和非自我相关刺激之间存在异常的交互。转而，这似乎使刺激诱发活动与意识的联系变得不可能。黄梓芮等人（Huang，Dai et al.，2014）观察到的自我相关活动与意识水平之间的相关性也支持了这一点。

然而，到目前为止，我关于异常交互对意识丧失影响的论述仅仅依赖于相关性证据。相关性本身并不能证明交互，更不用说自发活动和刺激诱发活动之间的因果关系（如大脑的频谱模型和交互模型所要求的）。异常因果交互的论证因此建立在相当可疑的经验基础上。所以，我们无法真正假设植物状态中自发活动和刺激诱发活动之间存在异常交互。

为了支持异常交互的假设，我们需要直接指示自发活动和刺激诱发活动之间交互的神经元指标。这样的神经元指标是试次间变异性（trial-to-trial variability，TTV）。TTV测量的是在刺激诱发活动中持续的神经元变异性的变化程度与刺激开始时（或刺激前）变异性程度的关系。通过测量神经元变异性的相对变化，TTV解释了刺激（和刺激诱发活动）如何在因果上影响和改变自发活动的持续变异性。因此，TTV可以被认为是静息状态与刺激之间因果交互的间接指标。

109

现在让我们考察一下自我－非自我分化数据中的TTV。黄梓芮等人（Huang et al.，2017a）首先调查了一个健康样本，与调查植物状态患者用的是相同的自我和非自我刺激的范式。结果发现与非自我相关刺激相比，在自我相关刺激中TTV降低更为强烈，尤其是在PACC和PCC中。在使用相同范式的第二组健康受试者数据中证实了同样的发现。这表明自我-非自我的分化在变异性方面例如在TTV方面与自发活动和刺激诱发活动之间的交互是直接相关的。这是下一节的重点议题。

交互模型Ⅰb：非加性静息-刺激交互与意识

TTV作为静息-刺激交互的指标与意识水平有何关系？黄梓芮等人(Huang, Dai et al., 2014) 的数据表明，基于神经元自我-非自我分化减少的刺激诱发活动与意识水平显示出相关性（见上一节）。然而，TTV以及静息-刺激交互在意识中的作用仍然是一个未知数。

黄梓芮等人在随后的植物状态和麻醉受试者研究中对这种交互进行了测试（Huang et al., 2017b）。他们将同样的自我-非自我范式应用于植物状态患者，结果证明，植物状态患者PACC和PCC的TTV的显著降低，与他们的意识水平相关。植物状态患者基本上没有表现出任何刺激引起的持续变异性的变化，刺激开始后TTV没有降低，但这种降低在健康受试者中是典型的。一个不同的麻醉受试者样本进一步证实了这一点，这些受试者与植物状态患者相似，TTV没有任何降低（见 Huang et al., 2017b；另见 Schurger et al., 2015，作为植物状态中脑磁图（MEG）缺乏全局性TTV降低的额外支持证明）。

110

综上所述，这些发现表明，TTV所显示的自发活动和刺激诱发活动之间的直接交互，不仅与自我-非自我分化有关，更重要的是，还与意识水平有关。然而，我们需要更加精确。我们已经区分了自发活动和刺激诱发活动之间的加性和非加性交互（见第二篇第二章）。

加性交互是指刺激诱发活动仅仅添加在正在进行的自发活动上，而没有表现出任何直接的因果交互。在这种情况下，刺激诱发活动只是加在正在进行的静息状态活动之上，后者不影响前者。相反，非加性交互是指后者对前者的直接因果交互（见第二篇第二章）。在这里，刺激诱发活动并不是简单地加到正在进行的自发活动上，因此，非加性交互的振幅高于或低于自发活动和刺激相关效应的总和（见第二篇第二章）。

正如黄梓芮等人（Huang，Zhang，Longtin，et al.，2017）在另一项单独研究中所证明的，非加性交互的程度可以用 TTV 降低的程度来衡量：TTV 降低越多，非加性交互的程度越高。如果相反，TTV 没有减少，交互则是加性的而不是非加性的（见第二章第二部分）。这正如在植物状态和麻醉中意识丧失时的情况：两者在 PACC 和 PCC 以及整个大脑中都没有显示 TTV 减少（Huang，Zhang，Longtin，et al.，2017；另见 Schurger et al.，2015，作为来自 MEG 的额外支持）。

因此，我认为，自发活动和刺激诱发活动之间的非加性交互程度（如 TTV 测量的）可以为意识水平提供神经印记。所以，非加性交互可以被认为是意识的充分神经条件，即意识的神经关联物（Koch et al.，2016）。从数据中可以看出，意识丧失可能与加性而不是非加性的静息－刺激交互有关。在失去意识的患者中，自发活动和刺激诱发活动以平行方式运行。这样，非加性交互被平行主义所取代，就像昏迷时一样。然而，这一结论仍有待于后续的检验（见图 5.1）。

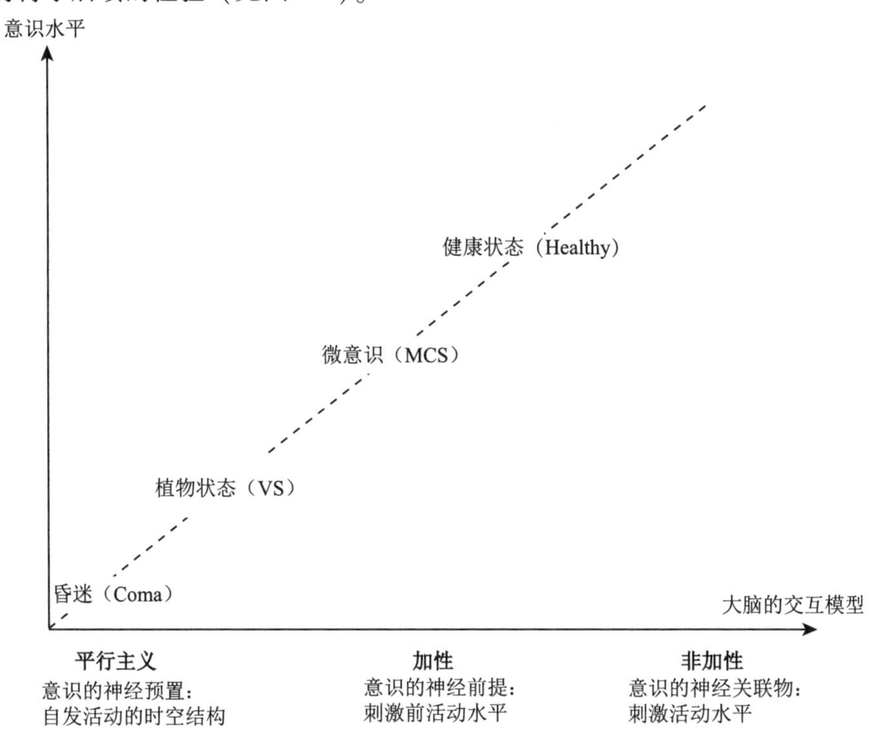

图 5.1　大脑交互模型与意识水平：MCS 表示微意识状态；VS 表示植物状态

TTV对不同程度意识水平的敏感度如何？黄梓芮等人（Huang et al.，2017b）在麻醉中明确检验了这一点，他们比较了清醒、镇静（麻醉剂剂量的50%）和麻醉（麻醉剂剂量的100%）状态下的三种不同意识水平。他们再次应用了一种自我－非自我范式，这种范式引发了强烈的TTV变化，即TTV降低，尤其是在自我相关刺激期间清醒状态下的PCC中（在非自我相关刺激期间，这种变化不太强烈）。

镇静和麻醉状态下的TTV是怎么样的？有趣的是，研究者在镇静状态下没有观察到PCC中TTV的降低，并且在麻醉状态下没有进一步恶化：与清醒状态相比，观察到镇静状态下PCC的TTV程度存在差异。相反，在镇静状态和麻醉状态的对比中，PCC中的TTV没有显示出任何差异。这表明TTV是非加性静息－刺激交互的一个指标，它似乎也与意识水平有关。

112

交互模型Ⅱa：意识水平的神经关联物 vs. 神经预置

非加性静息－刺激交互及其与意识的相关性如何与自发活动关联？对健康受试者的研究结果表明，自发活动的时间结构与非加性交互的程度有直接关系（见第二篇第二章，以及Huang，Zhang，Longtin，et al.，2017）。这和意识水平有什么关系？如第一篇第四章所述，在意识丧失期间自发活动的时间结构（如PLE和神经元变异性所示）受损，或者说降低。

黄梓芮等人（Huang et al.，2017b）研究了清醒、镇静、麻醉三个阶段的PLE和功能连接性（FC）（即不同区域神经活动之间的连接或同步程度），他们还测量了TTV。与TTV中不同，镇静状态与清醒状态相比，自发活动的PLE和FC没有明显差异。相反，研究结果显示，镇静状态与麻醉状态相比，自发活动的全局PLE和FC存在重大差异（详见Qin et al.，in revision；Zhang et al.，2017）。

综上所述，这些发现表明，一方面，静息－刺激交互和TTV，另一方面，自发活动的PLE和FC，它们之间存在神经元分离。在镇静状态和意识水平轻微受损的情况下，静息－刺激交互和TTV明显降低，而自发活动的时间结构（如PLE和FC）仍然保留。而后者只有当受试者在麻醉状态下变得完全无意识时才会改变。因此，静息－刺激交互/TTV和自发活动/PLE-

FC 似乎在意识中扮演着不同的角色。以 TTV 为指标的静息 - 刺激交互似乎是一种敏感而细致的标记，它在镇静状态下降低。相比之下，自发活动的时间结构似乎更加稳健和免疫于这样的变化，它只有在深度无意识状态下才会改变，如在麻醉或植物状态中，但在镇静状态下仍然保持不变。

总之，这些发现表明了静息 - 刺激交互和自发活动对意识的不同作用（尽管只是暂时性的）。以 TTV 为指标的静息 - 刺激交互可能是意识水平的一个充分神经条件，也即意识的神经关联物/NCC（Koch, 2004; Koch et al., 2016）。因此，静息 - 刺激交互可能是实现实际意识的核心和充分条件。

相反，自发活动的时空结构（PLE、神经元变异性和 FC）可以被视为近来所说的意识的神经预置/NPC（Northoff, 2013, 2014b; Northoff & Heiss, 2015）。NPC 概念指那些使意识成为可能或倾向，而实际上并没有实现意识的神经条件（NCC 则是实际实现意识的神经条件）。我现在提出，自发活动本身的时空结构就是意识的神经预置（NPC），它使得意识成为可能。如果这样的时空结构被改变，意识就变得不可能了。正如经验数据所示，这就是意识障碍的情况（见图 5.1）。

第二部分：能力和意识

基于能力的方法 Ⅰa：能力和因果结构

NPC 中的预置（predisposition）概念究竟是什么意思？为此，我将转而从概念上谈一谈卡特赖特所提出并理解的能力（capacities）概念（Cartwright, 1989, 1997, 2007, 2009）。她对比了能力和定律（law），以下段落将对此进行简要介绍（在此不对哲学细节进行过多讨论）。

传统的定律观通常侧重理论对现象的可推导性。从这个可推导性标准来看，观察规律对于定律的建立至关重要。一个事件的规律可以帮助科学家形成假说来解释现象的原因。因此，能够描述实际发生的情况的定律被经验主义者认为是最基本的。然而，卡特赖特声称，一个实体的能力比定律更基本。能力不是描述实际事件，而是表示实体的属性在没有干扰下可

114 以完全实例化。由于环境的复杂性，这些能力在自然界中可能无法直接观察到。因此，它们在某种意义上是抽象的和假定的。

尽管规律论者和因果结构主义者都是通过观察提出他们的假说，但他们赋予了定律不同的地位。规律论者认为定律支配着现象：没有定律，现象就不会存在。但因果结构主义者认为定律是稳定因果结构的最终产物，是解释的终点。定律只是试图在分析意义上描述事件，而不是理解世界的本质。

尽管在观察过程中，能力不像定律那样直观，但它们不是纯粹的逻辑术语，而是真正的因果力，因而具有本体论（而不仅仅是逻辑）特征。卡特赖特提出，这些因果力是用来分析现象的最小单元。它们是最小模型的主题，通常用其他条件相同（Ceteris Paribus）从句来表示。

当一种能力被置于环境中时，它与其他能力共同作用形成一种现象，这种现象是因果力的净效应。不同能力的组合构成一个复合模型。在它里面，因果力形成了因果结构。通过操纵因果结构中的每一种能力，无论是将其移除还是添加到模型中，我们都可以更好地了解它的因果力及其与其他能力的关系。

因果结构又是怎样的？因果结构不仅是事件发生的基础，也是产生定律的律则机器（nomological machine）。律则机器的概念把定律看作是结构性的和次要的。这与规律论者认为定律是规律性的、根本性的观点相矛盾。尽管有人可能会说，在现实世界中存在规律，但它们是由一个稳定的因果结构产生的，而不是由它们本身作为普遍定律产生的。这些不同的定律观也影响了他们对干扰的看法。

在大多数情况下，我们不能完全避免实验中的干扰因素。对于规律论者来说，干扰是他们的敌人，导致定律无法产生。而在因果结构中，干扰不是模型中的因素。相反，它们是环境背景的一部分，有自己的能力。它们能够帮助研究人员建立一个更完整的因果结构，从而更好地解释一个特定的现象。

115 基于能力的方法Ⅰb：自然的三层次模型

在卡特赖特的研究中，她提出了一个自然的三层次模型。首先是能力或因果力。它们是刻画自然的最小、最基本的单元，我们无法在自然中对其进行更深入的挖掘。能力是自然界中最基本的存在和实在。除了能力，自然界中没有任何东西是真实存在的。这表明，能力是一个本体论概念，意味着自然即世界中的存在和实在的性质。

这种能力的本体论决定意味着，在我们对自然的方法论研究中，能力显得相当抽象。我们没有直接的方法来观察或测量它们，而只有通过由此产生的因果结构和目标现象的间接机制。因此，能力是自然最基础和最基本的单元，一旦人们把自然世界的所有结果（如因果结构和目标现象所表现的）剥离或减去（或抽象出来），它就会显示出来。

这反映在以下经济学引文对能力的描述中："在方法论上，'能力'一词用来标示一个经济因素的抽象事实：如果不受阻碍，这个因素的影响会是什么。"（Cartwright，2007，p. 45）类似地，如果将其应用于大脑，能力将标示出一个最基础和最基本的因素，随后直接观察到的神经活动都是依赖和基于这个因素的。随着研究和讨论的深入，我们发现，大脑的自发活动具有某些能力，它能够以某种方式塑造和影响随后的刺激诱发活动。

能力及其因果力构成一种特定的因果结构，该结构是不同因果力（或能力）相互作用的结果。这意味着由于能力的原因，不同成分以特定的方式排列，从而形成一个因果结构："因果结构是一个（足够）固定的成分的排列，具有（足够）稳定的能力，它能够产生我们在科学定律中所描述的规律行为。"（Cartwright，1989，p. 349；另见 Cartwright，1997）重要的是，如果没有这些潜在能力，这样的因果结构根本不存在（或者至少在原则上是不同的）。

116

最后，还有第三个层次涉及目标现象，例如可以在经验实验研究中直接观察到的规律行为。正如上面关于因果结构的引文所暗示的，目标现象（如意识），直接源于以能力为基础的因果结构。那么，我们如何测量和检验目标现象是否源于因果结构呢？我们可以使用外界扰动，例如引发事件，来揭开因果结构，并检验它是否产生目标现象（如意识）（参见图 5.2）。

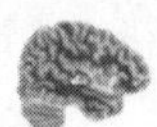

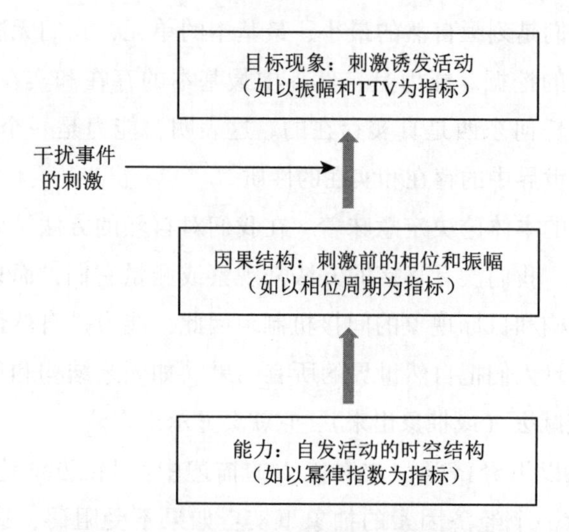

图 5.2　基于能力的非加性静息-刺激交互模型
（TTV 表示试次间变异性）

这种三层次模型将卡特赖特的基于能力的模型区分于定律驱动的模型。定律驱动的模型认为，我们没有必要假设作为中介因素的因果结构，而是在因果力（卡特赖特将因果力归属于能力）与目标现象之间，存在直接的定律驱动关系。因果力本身不再仅仅反映能力，而是反映原因，即直接（而不是像能力中的因果力间接）导致目标现象的有效原因。因此，定律驱动模型假定，原因和目标现象之间存在直接关系，而没有任何中介因果结构（参见图 5.3）。

117

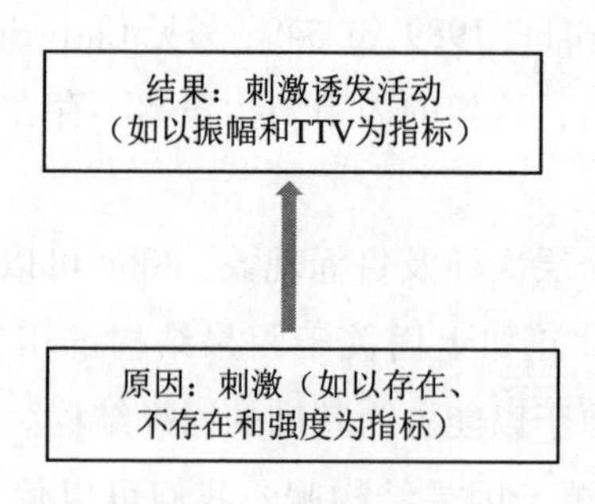

图 5.3　非加性静息-刺激交互的定律驱动模型
（TTV 表示试次间变异性）

为了理解基于能力的自然模型以及它如何区别于定律驱动的模型，我们需要理解能力（或因果力）如何构成因果结构，进而导致所讨论的目标现象。重要的是，我们需要弄清楚，如果没有这种中介因果结构，所讨论的目标现象仍然是不可能的。我们现在已经准备好，将这种基于能力的模型应用于大脑和意识，这个主题构成了本章其余部分讨论的重点。

基于能力的方法Ⅱa：非加性静息－刺激交互——因果结构与意识

非加性静息－刺激交互与能力的三层次模型有什么关系？何碧玉（He，2013），特别是黄梓芮等人（Huang，Zhang，Longtin，et al.，2017）的数据表明，刺激诱发的振幅和 TTV 的程度，以非加性方式依赖于刺激前静息状态活动的水平。较低水平的刺激前活动导致较高的刺激后相关振幅和较低的 TTV。最重要的是，如黄梓芮等人（Huang，Zhang，Longtin，et al.，2017）所示，这取决于刺激起始时静息状态的持续相位循环：与正相即波峰相比，负相即波谷能导致较高的振幅和较低的 TTV。

相位及其在正负相（波峰和波谷）之间的循环，是持续静息状态影响随后刺激诱发活动的手段或工具。如果刺激出现的时间恰好落在正相，随后的振幅将很低，TTV 的降低将相当高，而当刺激出现的时间落在负相时，则会出现相反的模式。最后，相位及其循环包括非加性交互及其在刺激诱发活动和 TTV 方面的测量，依赖于或者说与自发活动的时间结构相关（由幂律测量，表示较低和较高频率的波动和它们跨时间功率之间的关系）（Huang，Zhang，Longtin，et al.，2017）。 118

我们如何将这些发现与能力的三层次模型联系起来？不妨让我们从顶层开始，即目标现象。目标现象在此由观察到的刺激诱发活动组成：这是我们直接观察到的对刺激反应的神经元活动，我们用振幅和 TTV 来测量。因此，刺激诱发活动的幅度及其 TTV 共同构成了目标现象。

目标现象源于以能力为基础的潜在因果结构。让我们从因果结构本身开始。因果结构由刺激前活动的水平组成。刺激起始的振幅可以高也可以低，这直接影响目标现象即刺激诱发活动的振幅和 TTV。更重要的是，在刺激起始有一个较慢的持续振荡的特定相位（波谷或波峰），当它是波谷时，与起始相位是波峰时相比，刺激诱发活动的振幅更大且 TTV 的减幅也更强。因此，刺激前的振幅和相位及其在刺激起始的表现，解释了目标现象背后的因果结构。

我们证明了，刺激前相位和刺激诱发振幅解释的因果结构会的因果结构产生了目标现象，即由振幅和 TTV 测量的刺激诱发活动。相反，我们并没有讨论干扰事件，它冲击因果结构并与之交互，从而以一种非加性的方式产生刺激诱发活动。这涉及外部刺激与静息状态活动的相位的时间关系，这说明了静息－刺激交互作用的非加性性质。相反，如果没有这种具有不同相位周期的因果结构，静息－刺激交互将不再是非加性的，而仅仅是加性的。

119 想象一下，如果没有相位周期，就没有低兴奋性与高兴奋性分别是正相和负相。在这种情况下，刺激前交互的因果结构将不再产生非加性静息－刺激交互，而仅仅是加性交互：刺激诱发活动的振幅只会加在持续的静息状态活动上，更重要的是，后者持续的变异性（如用 TTV 测量）可能不会减少。这表明，潜在的因果结构、刺激前的振幅和相位周期，确实对目标现象有直接的因果影响，即静息－刺激交互在本质上是非加性的。如果没有因果结构、刺激前振幅和相位周期，干扰事件（刺激）只能产生加性，而不能产生非加性的静息－刺激交互。正如我们所证明的，这将导致意识的缺失。因此，作为第二层次的因果结构是联系刺激诱发活动与意识的核心。

基于能力的方法Ⅱb：非加性静息－刺激交互——能力和意识

第三个层次，因果结构背后的能力又是什么样？这种能力由自发活动本身，更具体地说由它的时间结构组成。黄梓芮等人（Huang，Zhang，Longtin，et al.，2017）观察到自发活动的时间结构预测了刺激前振幅和相位周期，以及随后的非加性交互程度，包括刺激诱发活动的振幅和 TTV。

我们如何从能力的角度来解释这些发现？我们可以假设自发活动的时间结构，特别是它的嵌套/无标度性（通过 PLE 测量），为非加性静息－刺激交互提供了一种能力。具体来说，自发活动的时间结构预置了静息－刺激交互的非加性性质。这意味着，如果没有这样的时间结构，例如 PLE 中所测量的低频和高频波动的彼此相关，静息－刺激交互可能不再是非加性的，而仅仅是加性的。 120

这就如意识障碍的情况，即缺乏非加性交互后出现戏剧性的后果：失去意识。因此，意识不仅与非加性静息－刺激交互本身有关，而且与自发活动的时空结构相关的能力有关。如果我们只考虑非加性静息－刺激交互，我们会忽略一半的神经元机制。

更一般地说，我在这里提出一种基于能力的意识进路。这有助于我们更好地理解 NCC 和 NPC 的区别。NCC 反映了一种特定的尚未完全清楚的因果结构，它允许非加性静息－刺激交互，从而产生目标现象，即刺激诱发活动与意识的关联。

相反，NPC 关涉能力，也就是自发活动的因果力，它首先是使非加性静息－刺激交互变得可能（以及使随后的刺激诱发活动与意识的关联成为可能）。我们看到这样的能力，自发活动及其时空结构的 NPC，在意识障碍中丧失了。

这具有临床意义。NPC 中的变化使得意识变得不可能，因此临床康复并恢复意识的可能性很小，例如在完全昏迷的情况下。NPC 的变化必须与 NCC 的单独变化相区分。NCC 的单独变化仍然可能恢复意识，因为潜在的 NPC 仍然被保留了下来。例如，NCC 的这种单独变化（NPC 同时保存）的例子可能包括微意识状态（MCS）和随后醒来的植物状态患者中的情况（Northoff & Heiss，2015）。

基于能力的方法Ⅲa：非加性的定律驱动模型

静息－刺激交互——作为原因的刺激

大脑的定律驱动模型的支持者现在可能想争辩说，非加性静息－刺激交互可以用直接因果关系来解释。这就是说，深层原因可以直接和充分地解释目标现象本身，而不必假设因果结构的中介作用。这种直接和充分的原因在三种不同的情景展现出来，作为对基于能力的非加性静息－刺激交 121

互模型的可能反驳。

第一种情况是，我归因于静息状态的一切都可能与刺激有关，大脑中只有刺激诱发活动，而没有任何自发活动；第二种情况是承认自发活动，但不认为它与静息－刺激交互有任何因果关系；第三种情况是非加性静息－刺激交互的原因与静息状态本身（即自发活动）直接相关。

让我们从第一个情况开始。也许有人会认为，大脑本身只有刺激诱发活动，而根本没有自发活动。所有的自发活动都被认为是由刺激引起的，是刺激诱发活动的实例，而不是反映不同形式的神经活动如自发活动（例如，参见 Morcom & Fletcher，2007a，b）。虽然这看起来很奇怪，但人们确实可以接受这样的事实，因为自发活动本身是受外部刺激塑造的，具有经验依赖性，例如自发活动与儿童早期创伤的关系就反映了这一点（参见 Duncan et al.，2015）。然而，人们仍然可以通过其不同的时空范围和尺度来区分自发活动和刺激诱发活动（参见 Klein，2014，以及下述）。然而，为了论证方便，我们不妨假设刺激诱发活动和自发活动之间没有任何区别，因此，大脑的神经活动只能以刺激诱发活动为特征。

在这种情况下，静息－刺激交互就不存在了。我们所观察到的非加性效应只能归因于刺激本身。不同的刺激可能引起不同程度的振幅和基于试次的变异性，例如刺激诱发活动中的 TTV。然而，由于没有刺激前的振幅和相位周期作为潜在的因果结构，一个相同的刺激应该总是引起相同的振幅和 TTV。

122 然而，在我们的数据中情况并非如此，一个相同的刺激引起不同程度的振幅和 TTV，它取决于刺激前的振幅和相位周期。定律驱动模型假设刺激诱发活动（而非静息－刺激交互）的非加性性质与刺激本身的直接因果影响直接因果相关，这一假设在经验上是不可信的，这就否证了刺激本身以定律驱动方式产生的直接和充分的因果影响。

此外我认为，即使刺激诱发活动的非加性性质得以保留，也会存在刺激诱发活动如何与意识相联系的问题。为了使非加性交互与意识相联系，刺激必须与自发活动及其时空结构交互。为何？这是因为，通过与自发活动的非加性交互，刺激进入后者更大的时空尺度，而这对时空扩展和意识极为重要（参见 Northoff & Huang，2017，以及第二篇第七章）。

承认自发活动但否认其因果力的第二种情况是怎样的？在这种情况下，存在静息状态，但其刺激前的振幅和相位周期不会对刺激的后续处理产生影响。不同的相位周期将不再反映对刺激的不同兴奋度，这将使得静息－刺激交互的非加性性质变得不可能。因此，刺激诱发活动只是添加到正在进行的静息状态活动中，静息－刺激交互是加性的，而不是非加性的。这就不可能把意识与刺激诱发活动联系起来。

如果刺激是刺激诱发活动唯一和充分的原因，那么刺激诱发活动的振幅和 TTV 就表示刺激和刺激诱发活动之间存在定律驱动的直接和充分因果关系。然而，鉴于数据显示了刺激前振幅和相位对随后刺激诱发活动的明显影响及其对意识的核心作用，这在经验上是不可行的。因此，定律驱动支持的第二种情况在经验上也是不可信的。

基于能力的方法Ⅲb：非加性的定律驱动模型

123

静息－刺激交互——“时空能力”

静息状态被认为是非加性静息－刺激交互的唯一、直接和充分原因的第三种情况又是什么样的？在这种情况下，人们会预期在不同的刺激下，非加性的程度始终保持不变，从而显示出类似的振幅和 TTV 程度。例如，自我和非自我相关的刺激（受试者自己的名字和其他人的名字，或用句子陈述自传和他人传记）应该在相同的区域诱发相同程度的刺激相关振幅和 TTV。

然而，黄梓芮等人（Huang et al.，2016）的后续研究表明，情况并非如此。他们的研究显示，自我和非自我相关的刺激会引起不同程度的非加性静息－刺激交互，随后会产生不同程度的振幅和 TTV，特别是在皮质中线区域（如内侧前额叶皮层和后扣带回皮层），即使刺激前静息状态的正负相、波峰或波谷、刺激起始的相位周期（在自我和非自我相关刺激条件下）是相同的。这些数据表明，非加性交互的程度不仅取决于静息状态本身，即它的能力（反映在它的时间结构上，可以用 PLE 和刺激起始的持续相位周期来测量），也取决于刺激物本身的内容（自我与非自我相关的，例如自己的名字和其他人的名字，以及它们相对于持续相位周期的时机)。静息状态的时间结构并不像定律驱动模型倡导者所提倡那样，以定律驱动的方式就足够了，对于非加性静息－刺激交互来说，它只是必要的，但不是充分的。

因此，我提出静息状态活动和刺激在非加性静息－刺激交互中发挥着不同作用。静息状态特别是其时间结构，提供了产生特定因果结构的能力，即其刺激前振幅和相位周期。静息状态的因果结构具有与不同类型干扰事件即不同的刺激交互的能力。然而，它们实际交互的程度，或者说观察到的非加性程度，不仅取决于静息状态本身，还取决于刺激本身的内容和时机。静息状态和刺激，更具体地说，它们的非加性交互共同产生目标现象，例如刺激诱发活动的振幅和 TTV。

124

刺激的作用是什么？刺激的内容和时机为静息状态活动及其能力提供了语境，这相当于卡特赖特所说的"语境调节或依赖"。这种通过刺激对静息状态的能力进行语境调节的假设因此与定律的概念是对立的。在定律驱动模型中，我们需要假定一个定律，专门指静息状态与刺激的非加性交互的程度。该定律将描述静息状态本身如何调节不同程度的非加性交互（而不像在基于能力的模型中那样，描述静息状态对一定范围内不同程度的非加性交互的能力)。具体来说，不同程度的静息状态时间结构会一对一地"转化"成不同程度的非加性静息－刺激交互。更哲学地说，静息状态本身会对静息－刺激交互产生直接的因果影响，因为静息状态本身就是充分(而不是必要非充分）条件。

重要的是，这样的定律描述了静息状态对刺激诱发活动的直接因果影响，这将排除刺激本身对非加性静息－刺激交互程度的语境调节。静息状态的非加性静息－刺激交互的语境依赖只能由能力来解释，而不能由定律来解释。因此，尽管在逻辑上是可以想象的，但通过基于定律的模型而非基于能力的模型对非加性静息－刺激交互的描述必须以非加性静息－刺激交互的语境、刺激相关依赖有关经验依据予以反驳。总而言之，经验数据支持基于能力的大脑模型而非基于定律的大脑模型，作为非加性静息－刺激交互倾向的基础。

最重要的是，这种基于能力的大脑方法是意识的核心。我们已经看到，把刺激诱发活动作为意识的神经关联物（NCC），忽略了一些关键的东西，即作为意识神经预置（NPC）的自发活动。除了 NCC，我们还需要考虑 NPC，这促使我们在解释大脑和意识之间的关系时，从基于定律的方法转向基于能力的方法。只有当我们考虑到 NPC 中所描述的能力时，我们才能理解大脑的神经系统活动为何以及如何与意识相联系。经验数据表明，这些能力（即 NPC）存在于自发活动的时空结构中。因此，我们可以在大脑和意识的语境中将能力的概念具体化为“时空能力”。

125

结论

我在这里证明了交互模型不仅与大脑有关（第二章），而且与意识有关。自发活动和刺激之间必须存在非加性的，而不仅仅是加性的交互，以将刺激诱发活动与意识联系起来。从概念上说，自发活动的核心作用是“意识的神经预置”（NPC）。NPC 关涉可能意识的必要条件，它与实际意识的充分条件（NCC）是相区分的。

自发活动的 NPC 角色通过能力概念得到进一步阐述，这意味着一种基于能力的方法。根据卡特赖特（Cartwright，1989，1997，2007，2009）的观念，我将这种基于能力的方法归因于大脑及其与意识的关系。具体地说，我认为自发活动具有诱发意识的能力。这些能力似乎存在于自发活动的时空结构中。因此，我们可以将大脑的能力称为“时空能力”。我认为，大脑的时空能力是意识的核心，在第七章和第八章，我将进一步发展和解释这种意识的时空模型。

第六章 大脑的预测模型与意识

导言

126 我们已经讨论了基于预测编码的大脑预测模型（详见第一篇第三章；亦可见 Friston，2010；Hohwy，2013，2014）。具体来说，预测模型假设，刺激诱发活动是由预测（或预期）输入和实际输入之间的交互所构成的预测误差引起的。重要的是，假设预测误差决定着与刺激诱发活动相关的内容，那么根据预测误差程度的不同，相关内容可能更接近由预测输入所编码的内容，或者更接近与传入刺激相关的内容，即实际输入。

预测编码将原来基于实际输入的刺激诱发活动的感觉模型扩展为一个包括预测输入的更为认知的模型。由此提出了关于意识的两个问题：(1) 刺激诱发活动的认知模型及其内容能否解释意识内容的选择？(2) 预测编码本身是否足以把任何给定的内容与意识联系起来？如果大脑的预测模型能同时解决这两个问题，我们就可以把预测编码中刺激诱发活动的认知模型扩展为意识的认知模型。

本章的主要和总体目标是研究大脑预测模型，更具体地说预测编码与意识内容和意识本身的相关性。基于对随后意识内容的刺激前预测的经验研究结果，我认为大脑的预测模型可以很好地解释意识内容的选择，从而 128 解决第一个问题（见本章开头第一部分）。相反，预测编码仍然不足以回答第二个问题，即任何给定的内容如何与意识相关联（见本章第二部分）。

因此，我们不能将刺激诱发活动及其内容的认知模型扩展为意识内容的认知模型。我由此得出结论，意识不同于它的内容，并且超越了它的内容。意识不是伴随着内容本身而来，而是与内容相联系，我们因此需要一种神经元机制，它与内容选择的机制是分离的。

第一部分：预测模型与内容——意识内容的选择

经验发现Ⅰa：刺激前活动与双稳态知觉——感觉皮层

我们怎样才能研究意识的内容？安德烈亚斯·克莱因施密特（Andreas Kleinschmidt）（Hesselmann，Kell，Eger，et al.，2008）的小组研究了在鲁宾人脸/花瓶错觉中受试者的功能性磁共振成像（fMRI）。虽然受试者被呈现同一种刺激，但他们感知到两种不同的内容：花瓶或者脸。即受试者感知到两种不同的知觉内容，但刺激的内容是相同的。这种描述意识内容变化的现象称为双稳态或多稳态知觉（bistable or multistable perception）。

赫塞尔曼等人（Hesselmann，Kell，Eger，et. al.，2008）首先分析了刺激相关的活动并分析了刺激呈现的那些时间分段（epochs）；这些分段是根据受试者是否感知到脸或花瓶来区分的。众所周知，由于梭状回面孔区（fusiform face area，FFA）是与脸部处理有关的区域，因此这里的重点是感知脸部和花瓶过程中的FFA。

赫塞尔曼和他的同事得到了什么结果？FFA显示，与受试者感知到花瓶的试次相比，刺激诱发的信号变化在那些受试者感知到脸部的试次中更强。接着，研究者进行了进一步研究，对刺激开始前FFA中的信号变化进行了采样，这些信号变化定义了刺激前的基线（或静息状态）的相位。有趣的是，在那些受试者感知到一张脸的试次中，右侧FFA中产生了显著更大的刺激前信号变化。

129

相反，当受试者感知到的是花瓶而不是脸部时，这种刺激前信号变化在同一区域（即右侧FFA）中没有被观察到。在双稳态实验中，除了这种知觉特异性外，还表现出区域特异性。即我们仅仅在右侧FFA中观察到刺激前静息状态信号的变化，而在其他区域（如视觉皮层或前额叶皮层）中没有观察到。我们称之为空间特异性（spatial specificity）。

除了知觉和区域空间特异性外，赫塞尔曼等人（Hesselmann，Kell，Eger，et. al.，2008）也研究了时间特异性（temporal specificity）。他们对时间点（FFA 中刺激前静息状态的早期和后期信号变化）和知觉（花瓶、脸部）之间的交互进行了方差分析（analysis of variance，ANOVA）。这揭示了时间点和知觉之间统计上显著的交互。刺激前静息状态的后期信号变化比刺激前静息状态的早期信号变化更能预测随后知觉到脸部还是花瓶。因此，紧接着刺激之前时间点的刺激前静息状态神经活动，似乎包含了关于随后的知觉及潜在的刺激诱发活动的大部分信息，这就是我所说的时间特异性。

这种时间特异性意味着什么？研究者们指出，紧接的刺激前静息状态 FFA 信号变化包含的关于随后知觉内容的信息与 FFA 中的刺激诱发活动一样多（Hesselmann，Kell，Eger，et al.，2008）。因此，我们所观察到的时空特异性告诉我们哪些内容被选择，并在随后的知觉中占主导地位，也就是现象内容的知觉特异性。

现在有人可能会说，在刺激诱发活动中所观察到的两种知觉之间的 FFA 差异，可能源于刺激前静息状态的差异，而不是源于刺激本身。如果是这样的话，人们会预期，先前的静息状态和刺激诱发的神经活动之间仅仅存在加性和线性的交互。然而，这与实验数据并不相符，下面的讨论清楚地表明了这一点。

130

数据显示，一旦刺激开始，信号（即刺激诱发活动）中的刺激前静息状态差异几乎完全消失。这与简单的延滞效应相悖，在这种情况下，人们会预期在随后的刺激开始期间，先前静息状态活动的差异会持续存在。相反，结果表明，刺激前静息状态和刺激之间的交互是非线性的因此是非加性的（而不是加性的）交互（参见 He，2013；Huang，Zhang，Longtin，et al.，2017；详见第二章静息－刺激非加性交互）。

经验发现Ib：刺激前活动和双稳态知觉——前额叶皮层

对于刺激前静息状态信号在刺激特异性区域的变化，以及非加性静息－刺激交互的增加，我们也可以在视觉和听觉感官通道的其他双稳态或多稳态知觉任务中观察到（参见 Sadaghiani，Hesselmann，et al.，2010）。显示刺激前静息状态活动变化的任务，包括一个模棱两可的听觉感知任务，在其中可以观察到听觉皮层中刺激前静息状态变化的增加。听觉皮层中刺激前静息状态活动的增加，可以预测接近听觉阈值的听觉检测任务中命中（vs. 未命中）的情况（Sadaghiani et al.，2009；Sadaghiani，Hesselmann et al.，2010；Sterzer，Kleinschmidt & Rees，2009）。

类似地，在运动决策任务中，融贯知觉也可以通过枕颞皮层（occipito-temporal cortex）运动敏感区（hMT＋）刺激前静息状态活动的增加来预测。除了 hMT＋刺激前静息状态活动增加的预测效应外，刺激前和刺激诱发活动之间的非加性交互，我们也可以用前面描述的方法观察到。这些发现反对简单地将刺激前静息状态的差异导入随后的刺激诱发活动中。它们让研究者们提出复杂的即非加性的静息状态和刺激诱发活动之间的交互。

131

因此，多稳态知觉能被早期感觉区域的刺激前状态变化和非线性静息－激交互所充分解释吗？不能，除了这些低层次的感觉区域，更高层次的认知区域如前额叶皮层，也显示了先前静息状态活动的差异预测了随后的知觉。斯特泽尔等人（Sterzer et al.，2009）以及斯特泽尔和克莱因施密特等人（Sterzer & Kleinschmidt，2007）的研究都证明了这一点。他们应用了一个模棱两可的运动刺激，结果显示在刺激开始之前，右下前额叶皮层的静息状态信号变化增加。

最重要的是，功能性磁共振成像数据的计时分析（即不同时间点的信号幅度）显示，这种右下前额叶皮层刺激前活动的增加，发生在运动敏感的纹状体外视觉皮层的神经活动差异出现之前。在对奈克方块（Necker cube）视觉呈现期间的脑电图（EEG）的研究中，研究者也发现了类似的情况（Britz，Landis & Michel，2009）。在这里，右下顶叶皮层显示，在预测随后知觉的知觉内容逆转前 50 毫秒，刺激前静息状态活动增加。

总的来说，这些数据表明，刺激前静息状态活动在更高阶的脑区，如前额叶或顶叶皮层，对预测随后知觉中的内容（意识的现象内容）可能是至关重要的。

由于较高阶的区域调节较低阶感觉区域的静息状态活动，这是可能的

（详见 Sterzer et al.，2009，Lamme，2006；Lamme & Roelfsma，2000；Summerfield et al.，2008；van Gaal & Lamme，2011）。因此，刺激前静息状态的活动变化在低阶感觉区域和高阶认知区域都是关键的，对随后知觉中的内容（如双稳态知觉中）具有决定和选择功能。

预测模型与内容Ⅰa：预测编码与刺激诱发活动

关于内容及其在意识中的作用，双稳态知觉的例子告诉了我们什么？那就是，输入的内容与知觉中的内容（即意识的内容）之间没有直接的关系。而同一输入及其相关内容可以与感知中的不同内容相关联。这是如何可能的？实验数据表明，低阶感觉区域、FFA 和前额叶皮层的刺激前活动改变，会对意识中被感知内容产生影响：刺激前静息状态的活动水平附加了一些东西并操纵了实际输入（及其内容），使得感知的内容与实际输入的内容之间不一致。

132

刺激前静息状态所产生的这种附加效应究竟是由什么组成的？这个问题可以分为两个不同的方面，其一是刺激诱发活动本身，其二是它的相关内容。刺激前静息活动水平似乎影响和操纵刺激诱发活动及其各自的内容，使后者与意识相联系。不妨让我们从第一个方面开始，即对刺激诱发活动本身的操纵。大脑的预测模型声称，预测（预测输入）正如预测编码中所假设的那样会带来影响（Clark，2012，2013；Friston，2010；Hohwy，2013；Northoff，2014a）。总之，预测编码意味着，在对特定刺激或任务的回应中观察到的神经活动（称为刺激诱发或任务诱发活动），不完全是由刺激（实际输入）导致的，而是由实际输入和预测输入之间的平衡或比较导致的（Clark，2013；Friston，2008，2010；Hohwy，2013，2014；Northoff，2014a，第7—9章）。

具体地说，我们将实际输入和预测输入之间的匹配程度称为预测误差（prediction error），预测误差表示预期输入或预测输入与实际输入相比的误差。较低的预测误差表明，预期输入很好地预测了实际输入，这导致随后刺激诱发活动的低振幅。相反，一个较高的预测误差意味着，预测输入与实际输入之间存在很大的差异或误差，这导致随后刺激或任务诱发活动的高振幅。

综上所述，大脑的预测模型假设，刺激前静息状态的活动水平影响和调节随后的刺激诱发活动的振幅。这与刺激诱发活动本身有关，但是，预测输入对刺激诱发活动相关的内容的影响是怎样的？这将是我们下节讨论的重点。

预测模型与内容Ⅰb：预测编码与意识内容

133

这样的大脑预测模型与上述刺激前发现有什么关系？克莱因施密特的研究小组（Sadaghiani，Hesselmann，et al.，2010）用预测编码的方式解释了上述关于双稳态知觉中意识内容的发现。如果刺激前的活动水平很高，预测输入很强而不被实际输入所覆盖，这就会导致较低的预测误差。

然后，知觉的内容主要由预测输入而不是实际输入本身决定。例如，FFA中的较高的刺激前活动水平，会使得在双稳态知觉任务期间与随后的刺激诱发活动相关的内容向脸部倾斜。然后，我们感知到我们所期望或预期的内容，而不是在实际输入或刺激中实际呈现的内容。

相反，如果刺激前活动水平较低，预测输入就没有那么强，这使得实际输入对随后刺激诱发活动产生更强的影响，从而导致更大的预测误差。在那些FFA中刺激前活动水平较低的试次中就是这样。然后，人们基于感官输入而不是预测输入相关的内容即预期内容，知觉到与实际刺激本身相关的内容。因此，预测编码似乎可以很好地解释与FFA中高和低刺激前活动水平相关的不同内容。

总的来说，刺激前活动水平和实际输入之间的平衡决定了后续知觉过程中的内容。较高的刺激前活动水平表示较强的预测输入，在随后的知觉过程中，预测输入相关内容可能会覆盖实际输入的内容。相反，较弱的刺激前活动水平可能导致实际输入的内容在随后的知觉中占主导地位。在神经元层面上，这种刺激前活动和实际输入之间的平衡，可能通过非加性交互进行调节。因此，就意识内容而言，大脑的预测模型（见第三章第一和第二部分）与大脑的交互模型（第二章第二部分）是一致的（另见第五章第二部分）。

预测模型与内容Ⅱa：意识内容的选择vs. 内容与意识的关联

134

我们已经看到，预测编码可以很好地解释意识的内容，例如，我们在双稳态知觉过程中知觉到一张脸还是一个花瓶。这与内容本身有关。然而，对于如何以及为何一个特定的内容（如一个花瓶或一张脸）与意识而不是无意识相联系的问题，预测编码却没有做回答。的确，FFA显示出高的刺激前活动水平。但是，重要的是，这并不意味着FFA中的高水平刺激前活动本身会编码特定的内容，而仅意味着可以影响特定刺激的后续处理，并将知觉内容向某个方向倾斜或移动，例如，向脸部或花瓶倾斜。最重要的是，FFA中的高水平刺激前活动并没有告诉我们，这些内容是否会与意识相关联。这就是说，高FFA活动水平还不能解释为什么这样的内容（脸或花瓶）会与意识而不是无意识相关联。

因此，我们需要区分两个不同的问题。首先是关于意识的具体内容的问题，即意识内容是a还是b：在意识中的具体内容是什么？它是如何被选择的？因此，我称之为意识内容的选择（selection of contents in consciousness）。克莱因施密特研究小组一直在预测编码的语境中研究和讨论这个议题（Sadaghiani，Hesselmann et al.，2010）。

其次，这是一个双重问题，即任何给定的内容，无论是内容a还是内容b，为何以及如何与意识联系起来。将内容与意识联系起来的问题一点也不琐碎，因为任何内容（如内容a或b）在与意识从未有关联的情况下，也可以以无意识的方式处理。因此，这个问题可以用下面的方式来表述：为什么给定的内容能与意识相联系，而不是停留在无意识中？这里，我说的是内容与意识的关联（association of contents with consciousness），以区别于意识内容的选择。

第二个问题的答案更为根本，因为从简单的感官内容到复杂的认知内容，基本上所有的内容都可以在无意识的方式下处理，而非有意识的方式

135

（经验证据参见Faivre et al.，2014；Koch et al.，2016；Lamme，2010；Northoff，2014b；Northoff et al.，2017；Tsuchiya et al.，2015；Tsuchiya & Koch，2012）。这提出了这样一个问题：意识真的伴随着选定的内容本身而

来，还是如第二个问题中所假设的那样，意识与内容相关联。因此，第二个问题成为我们接下来讨论的焦点。

如果预测编码也能回答第二个问题，那么大脑的预测模型确实与意识相关。相反，如果大脑的预测模型不能提供合适的答案，我们就需要寻找一种不同的神经元机制来解释独立于其内容的意识本身。因此，预测模型起作用的本质和重要性，成为我们感兴趣的下一个焦点。

预测模型与内容Ⅱb：预测编码与意识内容的选择

预测编码是关于内容的。有足够的经验证据表明，预测编码发生在整个大脑中，涉及所有内容的处理。我们可以在不同的水平（区域和细胞水平）、不同的功能（动作、知觉、注意、动机、记忆等）和不同区域（皮层和皮层下）观察到相关的预测过程（见 den Ouden, Friston, Daw, McIntosh & Stephan, 2012；Mossbridge et al., 2014）。鉴于预测编码在神经活动中的核心地位，我们应该将其视为神经处理的一个最基本的计算特征，它使大脑能够处理任何类型的内容（Hohwy, 2014）。

更具体地说，预测编码旨在解释各种内容的处理过程，包括感觉的、运动的、情感的、认知的、社会的（Kilner et al., 2007）、知觉的（Alink et al., 2010；Hohwy, 2013；Doya et al., 2011；Rao & Ballard, 1999；Seth, 2015；Summerfield et al., 2006）、注意的（Clark, 2013；den Ouden, Kok & de Lange, 2012）、内感受和情绪的（Seth, 2013；Seth, Suzuki & Critchley, 2012）内容。最近，预测编码也被用来解释包括自我（Apps & Tsakiris, 2013, 2014；Limanowski & Blankenburg, 2013；Seth, 2013, 2015；Seth, Suzuki & Critchley, 2012）、主体间性（Friston & Frith, 2015）、梦（Hobson & Friston, 2012, 2014）和意识（Hohwy, 2013, 2017）的心理内容。

136

由于预测编码普遍参与任何内容的处理，它非常适合解决我们提出的第一个问题，即意识内容的选择问题（见上一节）：什么内容被选择并构成意识？正如我们讨论过的，这里的答案是指预测和实际输入之间的平衡，即预测误差，它是选择各自相关内容的核心。如果预测误差较高，所选内容将与实际输入的内容相符合。相反，如果预测误差低，则所选择的内容将与预测输入内容更相关。因此，我认为预测编码是意识内容选择的一个充分条件。

这就留下了一个悬而未决的问题，即预测编码是否也能充分解释第二个问题：任何给定内容为何以及如何与意识而不是无意识相关联？更具体地说，有人可能提出这样一个问题：在随后的刺激诱发活动中，是不是预测输入本身决定了给定内容（与预测输入或实际输入相关）与意识相关联。重要的是，该关联独立于所选内容与预测还是实际输入相关。因此，内容与意识的关联问题独立于意识内容的选择问题。

第二部分：预测模型与意识——内容与意识的关联

经验发现Ⅰa：预测输入——无意识或有意识？

预测编码能解释内容与意识的关联吗？刺激诱发活动的传统模型（如神经感觉模型；见第一章第一部分和第三章第一部分）认为，实际输入即刺激本身，不足以合理地解释意识。因而意识并不是伴随着刺激本身（实际输入）而来的，它在纯粹的感官刺激诱发活动中是找不到的。

137

然而，预测编码预设了不同的刺激诱发活动模型。刺激诱发活动不是由实际输入，具体来说不是由感官输入充分决定的，而是由刺激前活动水平的预测输入共同决定的。因此，刺激诱发活动的神经感觉模型被神经认知模型所取代（见第五章第二部分）。

刺激诱发活动的神经认知模型能否解释任何给定内容与意识的关联？如果是这样的话，认知成分本身即预测输入，应该能将内容与意识关联起来。预测输入及其内容，应该与意识而不是无意识相关联。大脑的预测模型及其刺激诱发活动的神经认知模型将由此扩展到意识，从而产生意识的认知模型（参见Hohwy，2013；Mossbridge et al.，2014；Palmer，Seth & Hohwy，2015；Seth，Suzuki & Critchley，2012；Yoshimi & Vinson，2015）。

相反，如果预测输入和意识之间的分离是可能的，那么经验证据将不支持预测输入把内容和意识关联起来。即使大脑对内容的神经处理是正确的，大脑的预测模型及其刺激诱发活动的认知模型也不能再扩展到意识。因此，关键的问题是，预测输入及其内容是否默认地（自动地）与意识相关联，这将使得无意识的处理变得不可能。如果预测输入及其内容也能以无意识的方式进行处理，那么意识就不会与内容自动关联。

经验发现Ⅰb：预测输入——无意识加工

维特尔等人（Vetter et al.，2014）进行了一项行为研究，他们将视觉运动范式中的预测知觉与实际呈现的刺激以及随后的知觉内容或知觉区分开。研究者发现，对明显运动的有意识知觉随着运动频率（我们感知刺激物运动或移动的频率）的变化而变化，每个受试者都偏好一个特定的频率。各个受试者的偏好运动频率必定反映了预测输入，即预测运动知觉（predicted motion percept）。 *138*

为了预测一个特定的实际输入，预测输入必须及时与频率同步。如果预测输入与相应的频率不一致或超时，则不能作为预测输入。维特尔（Vetter，Sanders & Muckli，2014）的研究区分了与随后实际输入同步的预测知觉，和与随后实际输入不同步的不可预测知觉。

研究者向受试者呈现了三种不同的实际输入，分别是中、高、低运动频率的。他们观察到，及时的预测输入能够很好预测中等运动频率的实际输入，这也与有意识地觉知预测输入本身相关。相比之下，低运动频率既不承担预测输入的角色，也没有与意识关联。

然而，在高运动频率中情况是不同的。在其中，及时的预测输入仍然起着预测的作用，但不再与有意识的运动幻觉相联系（尽管它很好地预测了随后的实际输入）。这就是说，高频预测输入与意识是分离的，尽管它们承担着预测输入的角色，但与意识没有关联。

维特尔等人（Vetter et al.，2014）提出了三种不同的情况：（1）有意识的预测输入（如在中等运动频率中）；（2）无意识的预测输入（如在高运动频率中）；（3）完全没有预测输入（如在低运动频率中）。总之，维特尔等人的研究数据表明，预测编码与意识没有必然的联系，预测编码与意识的不在场相兼容。

预测输入的无意识处理假设也得到了其他研究的支持（参见 den Ouden et al.，2009；Kok，Brouwer，van Gerven & de Lange，2013；Wacongne et al.，139 2011）。因此，我们可以推断，经验证据并不支持这样的说法，即预测输入与意识有关因而对意识是充分的。需注意的是，我并不反对预测输入中存在无意识因素，而是认为预测输入可以完全以无意识的方式处理，这否定了预测输入是意识的一个充分神经条件。

然而，预测输入是否是一种必要的（但非充分的）意识神经条件，目前还未有定论。在这两种情况下，我们都需要寻找一种不同的神经元机制，它能够将意识与预测或实际输入相关的内容关联起来。我们如何更详细地描述这种额外的神经元机制的要求？在下面的章节中我们将详细考虑这个问题。

经验发现Ⅱa：从预测输入到意识

额外神经元机制的要求如何与意识的认知模型相关？基于预测输入及其对实际输入的调节的刺激诱发活动的神经认知模型，不能充分解释给定内容与意识的关联。预测输入本身可以是无意识的，即没有与意识关联起来。

如果不是来自预测输入本身，那么意识是如何和从何而来的呢？不妨现在让我们转向实际输入。然而，就如前一节所述，意识并不伴随着实际输入即感官刺激而来。因此，对于意识在哪里以及如何与任何给定的内容（独立于它来源于预测输入还是实际输入）相关联，我们尚未弄清楚。

这让我们何去何从？从神经感觉模型扩展到刺激诱发活动的神经认知模型，就像在预测编码中，只涉及意识内容的选择。由预测编码预设的神经认知模型本身仍然不足以解答内容与意识的关联问题。因此，大脑的预测模型及其刺激诱发活动的神经认知模型不能简单地扩展为意识的认知模140 型。取而代之，我们需要一个意识模型，而不是像大脑预测模型那样主要基于刺激诱发活动的神经认知模型。

换言之，我们需要一个刺激诱发活动的非认知模型，并将其最终扩展为意识的非认知模型（详见 Lamme，2010；Northoff & Huang，in press；Tsuchiya et al.，2015，在神经科学的框架下朝着这个方向迈出的第一步），以此解释我们的第二个问题：意识为何以及如何与内容相关联？在本书的第二篇（第七至八章）中我提出了这样的模型，意识的时空模型。然而，在考虑这种时空模型之前，我们应该讨论预测编码倡导者的一些反驳。

预测编码的倡导者现在可能想争辩说，预测输入只是故事的一半，还有另一半是预测误差。即使预测输入本身可能保持无意识，然而预测误差本身，更具体地说，其程度（无论高或低）能够将内容与意识关联起来。例如高度的预测误差，即预测输入和实际输入之间差异很大，则很可能有利于将各自的内容与意识关联起来。相反，如果预测误差较低，内容可能没有与意识关联。预测误差和意识之间的这种关联是否有经验依据？下一节我们将进一步研究这个问题。

经验发现Ⅱb：内感受的敏感度vs. 内感受的准确度和觉知

预测编码模型主要与外感受（exteroceptive）刺激处理有关：对来自环境的神经活动输入的处理。然而，最近赛斯等人（Seth，2013，2014；Seth，Suzuki & Critchley，2012）提出，将预测编码的模型从外感受刺激处理扩展到内感受刺激处理，以将其应用于身体自身所产生的刺激。与外感受刺激处理一样，赛斯认为，由内感受刺激引起的刺激诱发活动，是由预测与实际内感受（interoceptive）输入之间的比较导致的。

赛斯和克里奇利（Seth & Critchley，2013）（另见 Hohwy，2013）认为，预测输入与所谓的“施动性”（agency）密切相关，即内外感受输入之间的多通道整合。在神经元方面，施动性与大脑中的高阶区域（如外侧前额叶皮层）有关，在那里可以建立基于实际输入的可能原因统计模型。

赛斯观察到，预测的内感受输入和实际的内感受输入之间的比较发生在大脑外侧表面的一个区域，脑岛（insula）。前脑岛可能是这里的核心，因为它是内外部感受通路交汇的地方，内外感受刺激由此可以相互联系和整合（参见 Craig，2003，2009，2011）。这种内外感受的整合会让脑岛产生内外感受的预测，例如疼痛、内在奖赏和情绪（见 Seth，Suzuki & Critchley，2012；Seth & Critchley，2013；Hohwy，2013）。

内感受－外感受预测输入的处理是否与意识有关？为了检验这一点，研究对心跳的有意识觉知是其中一种方法。我们确实需要区分内感受的准确度（accuracy）和觉知（awareness），因为它们可能是相互分离的。例如，人们可能对自己的心率的感受不准确，但对自己的心跳有很强的觉知（Garfinkel et al.，2015），例如焦虑症就是这种情况。让我们从内感受的准确度开始。我们可能准确，也可能不那么准确地感受到自己的心跳（Garfinkel et al.，2015）。而对心跳感受的不准确引出了内感受准确度的概念（类似地，它也适用于外感受刺激，或者外感受准确度）。

内感受准确度（或者内感受不准确度）的概念，描述了对心跳次数的主观知觉偏离客观心跳次数的程度（例如用脑电测量），或者更一般地说"检测身体内部感觉的客观准确度"（Garfinkel et al.，2015）。主观和客观心跳数字之间的偏差越小，内感受的准确度就越高。相反，主观和客观心跳数字之间的偏差越大，内感受的准确度就越低。

142 内感受的准确度必须与内感受的觉知相区别。内感受的觉知指的是我们对自己心跳的意识或觉知。我们很可能意识到自己的心跳，即便不准确。换言之，内感受觉知和内感受准确度可能是相互分离的。最近，加芬克尔等人（Garfinkel et al.，2015）也区分了内感受的敏感度和觉知。根据加芬克尔等人（Garfinkel et al.，2015）的观点，内感受敏感度关乎"自我知觉倾向于内部自我关注和内感受认知"（使用主观内感受的自我评估）。

从这个意义上说，内感受敏感度包括心跳的主观报告（无论是准确的或不准确的），其中包含意识，这意味着，我们可以视内感受敏感度为意识的一个指标（在操作意义上，由主观判断测量）。内感受敏感度必须与内感受觉知区分开来，后者涉及对心跳的内感受准确或不准确的元认知觉知（metacognitive awareness）。

更简单地说，我们可以将内感受敏感度描述为对心跳的意识，而内感受觉知是指对自己敏感度的认知反思，因此包含了一种元意识：觉知。因此，我们可以将对来自心脏的内感受刺激的意识问题归结为内感受敏感度（区别于内感受准确度和觉知）的问题。基于这个原因，我在下面集中讨论作为意识范例的内感受敏感度。

预测模型与意识Ⅰa：内容——准确vs.不准确

内感受度的例子清楚地表明，我们一方面需要区分内容与意识，另一方面也需要区分内容检测和觉知的准确与不准确。换言之，我们需要将检测/觉知意识内容的认知过程区分为准确或不准确，并将其与这些内容的现象或意识体验过程区分开来。

意识（consciousness）和觉知（awareness）之间的区别不仅适用于来自身体的内感受刺激，如心跳，也适用于来自环境的外感受刺激。我们对外界刺激的判断可能是准确的，也可能是不准确的，就如当我们把一张脸误认为花瓶的时候。此外，我们可能没有觉知到我们的判断不准确，而这可能会指导我们的后续行为。因此，外感受的准确/不准确和意识都需要与外感受的敏感度区分开来，后者指的是外感受内容与意识的关联，与是否检测到完全相同的内容无关。此外，外感受内容与意识关联，与主体觉知自身准确或不准确无关。 143

首先，也是最重要的，前面的反思最终导致了对两个不同内容概念作区分：准确和不准确。准确内容的概念，是指准确地记录和处理身体和/或大脑内的事件或对象。以准确的方式构思，内容应该反映对象和事件如其所是的样子（这蕴涵着实在论）。

相反，不准确内容的概念，则指对身体和/或大脑中的事件或对象的不正确或不准确的记录和处理。如果内容只是以一种准确的方式存在，那么内和外感受的不准确应该是不可能的。然而，这并没有得到经验事实的支持，正如我们所看到的，我们可以不准确地知觉自己的心跳，而且我们常错误知觉环境中的因素。

预测编码的优点在于，它能更好地解释内容中的不准确，而不是将大脑视为输入的被动接受者和复制者。预测编码通过将预测输入/输出与实际输入/输出相结合，从而解释我们在内感受、知觉、注意等方面对不准确内容的选择。简言之，预测编码是关于内容的，其优势在于它能解释准确和不准确以及内部和外部产生的内容。

总之，预测编码可以很好地解释内容的选择，以及我们对这些内容的 144

准确或不准确的觉知。相较之下，预测编码在解释那些内容如何与意识相关联时，则仍然不够充分。

预测模型与意识Ⅰb：内容与意识

预测编码是否也能将准确和不准确的内容与意识相关联？在关于内感受刺激的例子中，赛斯认为，预测编码解释了内感受敏感度，即内感受刺激与意识的关联。更具体地说，赛斯（Seth，2013；Seth，Suzuki & Critchley，2012）根据脑岛内的预测输入和预测误差，从内感受刺激的预测编码的存在推理出心跳意识的存在，他称之为“有意识的存在（concious presence）”（Seth，Suzuki & Critchley，2012）。

赛斯从预测编码的存在推断出有意识的存在，我们称之为预测推理（prediction inference）。预测推理的概念是指从根据预测和实际输入对内容的神经处理，推断出意识的实际存在。这个预测推理是正确的吗？我认为，这种推理针对内容的话是合理的，包括准确和不准确内容之间的区分：我们可以从预测和实际输入的神经处理中，推断出准确和不准确的内容，我称之为预测推理。

相反，当涉及意识时，这样的推理是不合理的：我们不能从预测和实际输入的神经处理中推断出内容（包括准确和不准确的内容）与意识的关联，我称这种推断为预测谬误（prediction fallacy）。因此，我认为赛斯只有在犯下这种预测谬误的情况下，才会做出意识存在的假设。我们将在下一节详细分析这个谬论。

预测模型与意识Ⅱa：预测推理 vs. 预测谬误

预测编码在内感受刺激处理中起作用，塞斯基于这一事实推断出以内感受敏感度形式出现的意识。具体地说，他根据内感受预测输入（如在脑岛中产生的）推断出有意识的内感受内容，例如基于预测误差的后续刺激诱发活动中的心跳。然而，这种推论忽略了这样一个事实，那就是：内感受内容仍然可以保留在无意识的范畴内。刺激诱发活动中的内感受预测输入及其预测误差，可以解释内感受内容的存在，例如我们自己的心跳，包

145

括我们随后对这些内感受内容（准确或不准确）的判断。

相反，内感受内容本身并不意味着内容与意识关联，它们可以保持无意识（就如日常生活中最常见的情况），而不管它们是（被判断和检测从而被觉知到）准确还是不准确的。一方面是内容与意识的区别，另一方面是准确/不准确内容的区别，这一点得到了实证依据的支持。数据显示，内感受的准确度可以与内感受的敏感度即意识（也与内感受觉知）分离，因此内容可以保持无意识（而不是有意识的）（见 Garfinkel et al.，2015）。

这同样适用于起源于外部世界而非内在身体的外感受内容。这些外感受内容对于世界上的实际事件可能是准确或不准确的，这与它们是否与意识关联无关（详见 Faivre et al.，2014；Koch et al.，2016；Lamme，2010；Northoff，2014b；Northoff et al.，2017；Tsuchiya et al.，2015；Koch & Tsuchiya，2012）。因此，内容意识和内容本身之间的概念区别，包括它们是否准确都有经验的支持，无论是内感受内容还是外感受内容，即来自身体和世界的内容。

内容意识和内容本身之间的区分，对我们从内容的存在到意识的存在的推理有着深远的影响。赛斯的预测推理很好地解释了内感受内容及其准确性或不准确性。但是，同样的预测推理无法回答这样一个问题：基于预测输入和预测误差的内感受内容为何和如何与意识相关联，而不是停留在无意识中。

146

因此，为了解释内感受内容与意识的关联，赛斯（Seth，2013）需要一个额外的步骤，即从无意识的内感受内容（包括准确和不准确）到有意识的内感受内容（无论这些内容被检测/判断为准确还是不准确）。然而，当他从内容的预测编码（基于预测输入和预测误差的）直接推断它们与意识的联系时候，这个附加步骤就被忽略了。

这对预测推理意味着什么？预测推理可以很好地解释内感受的准确/不准确，因此，更一般地，可以解释内容的选择。预测编码让我们能够区分不准确和准确的内/外感受内容。因此，当涉及内容本身（包括其准确或不准确）时，预测推断不是谬误。然而，这与内/外感受的敏感度（或意识）形成了对比。预测推理无法解释包括准确和不准确内容在内的内/外感受内容与意识的关联。因此，当涉及意识，预测推理就被认为是谬误，成为我

所说的预测谬误。(参见图 6.1A 和图 6.1B)

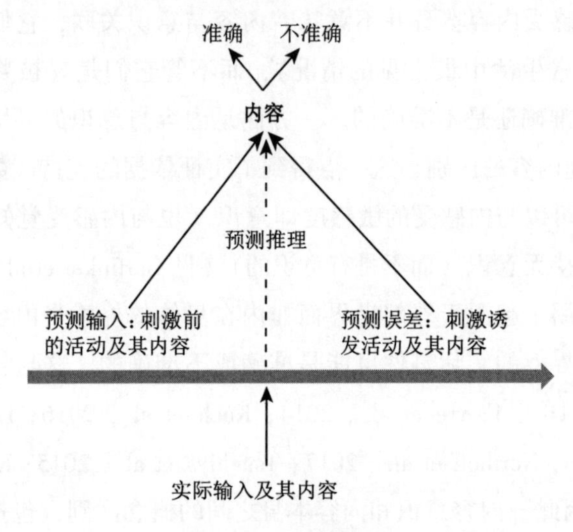

图 6.1A　预测推理

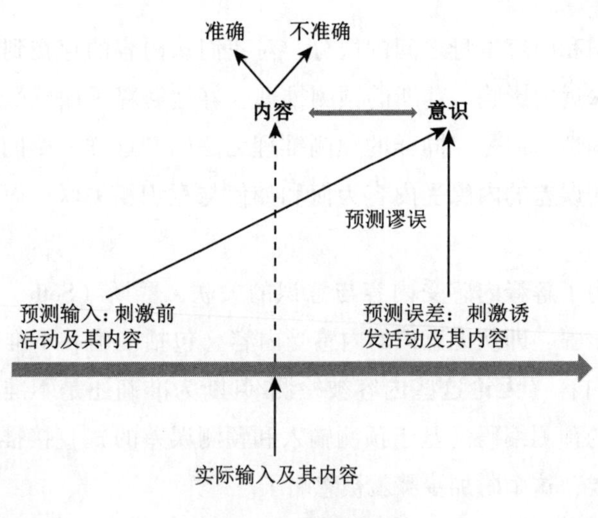

图 6.1B　预测谬误

147

预测模型与意识Ⅱb：意识超越内容和认知

这次讨论给我们带来了什么启示？那就是，预测输入和预测误差本身并不意味着它们各自的内容与意识有任何关联。经验数据表明，预测输入和预测误差都可以保持无意识。在我们的知觉和认知中，有一些来自环境的内容是无意识的。例如，我们以一种无意识的方式计划并执行我们的许多行动。在预测编码的框架下，行动的规划基于预测输入的生成，而行动的执行与预测误差有关。由于行动的计划和执行都可以保持无意识，所以预测输入和预测输出都与意识没有关联。因此，行动的例子支持这样一种观点，即预测编码并不涉及任何关于内容是否与意识相关联的东西。

让我们考虑下面的例子。当我们开车沿着熟悉的路线行驶时，我们对路线包括沿途的风景的大部分知觉，是无意识的。一旦遇到一些障碍，如因事故造成的街道封锁，情况就会发生变化。在这种情况下，我们可能会突然以有意识的方式知觉到沿途的房子，例如一些美丽的大厦。类似于沿着熟悉的路线开车，在大多数时候，我们身体的内容，比如心跳，都是无意识的实体。

148

预测谬误只是忽略了与预测输入和预测误差相关的内容可以保持无意识。预测谬误在于内容的选择（可能是准确的或不准确的）和内容意识之间的混淆。预测编码和大脑的预测模型可以很好地或充分地解释内容准确和不准确之间的区别。相较之下，它们却无法充分解释为何以及如何所选内容（准确和不准确的）与意识相关联，而不是作为无意识内容。总而言之，预测推理对于所选内容（准确或不准确）并非谬误，而当涉及内容与意识的关联时，它就变成谬误了。

预测谬误对意识的认知模型意味着什么？意识的认知模型首先基于内容，其次基于根据预测编码（预测输入和预测误差）对所选内容的处理。认知模型从内容的选择（准确或不准确）到这些内容与意识的关联，默认预设了一个隐藏的推理。

然而，在预测编码的基础上，所选内容的准确与否并不意味着它们与意识的关联。因此，从预测到意识的推论是谬误的，我们可以称之为预测谬误。经验数据表明，任何选定的内容（准确或不准确，以及预测输入或预测误差）都可以保持无意识，因此不涉及与意识的关联。

总之，刺激诱发活动的认知模型和大脑预测模型中仅基于内容的大脑仍不足以解释意识。因此，我们需要寻找一个超越内容和预测的额外维度来决定意识。简单地说，意识超越了内容和我们对它们的认知。

结论

我在这里讨论了大脑预测模型与意识的相关性。大脑的预测模型侧
149 重于内容和刺激诱发活动的认知模型。我们看到，预测模型可以很好地解释意识内容，包括选择准确或不准确的内容。我们确实可以从根据预测和实际输入的内容的神经处理，推断出内容的选择准确与否。正如我所说的那样，这种预测推理很好地解决了第一个问题，意识内容的选择问题。

相反，第二个问题，内容与意识的关联问题仍然没有解决。在大脑预测模型的基础上，解答这个问题的唯一方法就是犯预测谬误，人们错误地从根据预测和实际输入的内容处理推断出它们与意识的实际关联。然而，没有经验证据支持，与预测输入或预测误差（预测编码）相关的内容与意识相关联。

如果不犯预测谬误，就不能从内容的处理直接推断出它们与意识的关联。更普遍地说，预测谬误表明，以大脑预测模型为基础的刺激诱发活动的认知模型不能扩展到意识。因此，意识的认知模型在经验和概念层面上都是不充分的。

意识认知模型的预测谬误和不充分，对意识的刻画意味着什么？那就是，意识不能仅仅由内容来充分决定。意识不仅仅是内容，任何意识模式都必须超越内容和认知。因此，意识不能完全由诸如预期或预测（如在预测编码中）之类的认知功能来决定，或者由包括注意、工作记忆、执行功能和附加功能在内的其他功能来决定。认知功能背后的神经机制并不能充分解释认知功能及其内容与意识的关联，经验证据也支持了这个观点（见 Faivre et al.，2014；Koch et al.，2016；Lamme，2010；Northoff，2014b；Northoff et al.，2017；Tsuchiya et al.，2015；Tsuchiya & Koch，2012）。

150 简单地说，意识并不是伴随内容而来，而是超越了内容和我们对内容的认知。因此，必须有一个额外的因素，允许内容与意识相关联，而不是让它们留在无意识中。这就要求我们探寻一种意识模型，一种非认知模型，比如瑟鲁罗等人（Cerullo et al.，2015）提出的“非认知意识”，它引入了

一个额外的维度，从而超越了认知模型。我认为，这种额外的维度可以在时空特征中找到。我因此提出了一个意识的时空模型。我们在接下来的几章中将详细阐述。

第七章 意识的时空模型Ⅰ：神经特异性与神经元－现象对应

导言

总体背景

151 意识是一个包含不同维度的复杂现象。意识的水平或状态（Bachmann & Hudetz, 2014；Koch et al. , 2016；Laureys, 2005）补充了通过内容来描述意识的特征（Crick & Koch, 2003；Koch, 2004）。最近，有人建议增加新的维度。其中一个就是意识的现象/体验和认知方面的区别（Cerullo, Metzinger & Mangun, 2015；Northoff, 2014b）。意识的形式（或结构）引入了另一个维度（Northoff, 2013, 2014b）。意识的形式涉及不同内容的分组和组织，在神经元上，被认为与自发活动及其时空结构有关。意识的不同维度，例如水平/状态、内容/形式、现象/体验、认知/报告背后的确切神经元机制，包括它们之间的关系，仍然是一个有待解决的问题。

在对许多健康受试者研究中，研究者试图将意识与刺激诱发或任务诱发的大脑活动联系起来。具体而言，刺激诱发或任务诱发活动指的是与意识内容相关并充分决定意识内容的神经活动变化（Koch et al. , 2016）。因此，我们称之为意识的内容－神经关联物（NCC）。在时间上，内容 NCC 与事件相关电位有关，如 N100、P300（Bachmann & Hudetz, 2014；Dehaene &

Changeux, 2011; Koch et al. , 2016)。在空间上，高阶脑区，如前额叶皮层、后部皮层“热区”(hot zones) 内的刺激诱发或任务诱发活动，可能是调节意识内容的 NCC (Dehaene et al. , 2014; Dehaene & Changeux, 2011; Koch et al. , 2016)。 152

最近，研究者们已经确定了刺激诱发活动的不同成分，包括早期和晚期刺激诱发活动的区别，以及刺激前后活动之间的交互。早期刺激诱发活动，如在“无报告”范式中所检测的，可能与意识的现象特征（例如体验）有关，而晚期刺激诱发活动则被认为与其认知成分更相关（例如对内容的报告和觉知）(Koch et al. , 2016; Lamme, 2010a, b; Northoff, 2014b; Tononi et al. , 2016; Tsuchiya et al. , 2015)。另一方面，一些研究表明，在刺激开始之前自发活动的水平会影响刺激诱发活动和相应的意识内容 (Boly et al. , 2007; Hesselmann, Kell & Kleinschmidt, 2008; Mathewson et al. , 2009; Ploner et al. , 2010; Qin et al. , 2016; Sadaghiani, Hesselmann, Friston & Kleinschmidt, 2010, Sadaghiani et al. , 2015; Schölvinck et al. , 2012; van Dijk et al. , 2008; Yu et al. , 2015)。刺激前活动水平的相关性表明，大脑的自发活动对意识起着核心作用。对意识状态改变的受试者的研究也支持了这个观点，如无反应清醒状态（UWRS）、睡眠和麻醉，这些受试者大脑的自发活动发生了重大变化（Bayne, Hohwy & Owen, 2016）。

这些不同形式的神经活动（自发活动，刺激前的活动、早期和晚期的刺激诱发活动）为何以及如何与意识及其不同维度相关？到目前为止，我们尚未知道。我在此指出，这些不同形式的神经活动反映了大脑构建其内部时间和空间，即大脑的内在时间和空间（参见如下章节“时间和空间的定义”）的不同方式。这个假设包含了我所说的意识时空理论 (spatiotemporal theory of consciousness, STC)。

时间和空间

时间和空间是大自然最核心和最基本的组成部分。时间和空间可以用不同的方式构建。尽管在物理学领域里，人们已经广泛研究了时间和空间的不同构造方式，但关于它们与大脑神经活动，特别是意识之间的关联， 153

在很大程度上我们仍然是未知的。当前，神经科学的研究主要聚焦在信息、行为、情感或大脑的认知特征和意识方面，如信息整合理论（IIT）（Tononi et al.，2016）、全局神经元工作空间理论（GNWT）（Dehaene et al.，2014；Dehaene & Changeux，2011）以及预测编码（参见第三章和第六章，以及Friston，2010；Hohwy，2013；Seth，2014）。尽管这些理论预设并内隐地触及大脑的时间和空间，但它们并没有以明确的方式将时间和空间本身视为大脑神经活动的核心维度，也就是说，它们没有考虑大脑本身如何在自己的神经活动中构建时间和空间。

鉴于一方面，时间和空间是自然界最基本的特征，另一方面，大脑本身是自然界的一部分，因此，我们在此明确地从时间和空间的角度来考虑大脑及其神经活动。换言之，我们认为，大脑不同形式的神经活动（自发的、刺激前的、早期和晚期刺激诱发活动）主要是时空的，而不是信息的、行为的、认知的或情感的。在我看来，大脑神经活动的时空观是理解大脑如何产生意识及其不同维度的核心。从这个意义上说，我们可以将意识理解为大脑神经活动的时空现象。

主要目标和概述

本章的主要和总体目标是提出一个统一的假设，从而将不同形式的神经活动与意识不同维度结合起来。这样整合的、融贯的框架被认为是由大脑神经活动的时间和空间特征（跨所有形式的神经活动）所组成，这构成了我所说的意识的时空理论（spatiotemporal theory of consciousness，STC）（另见 Northoff & Huang，2017）。基于各种各样的经验证据，我在这里指出，意识的四个维度（水平/状态、内容/形式、现象/体验、认知/报告）是被四种相应的时空神经元机制所调节的：（1）时空嵌套（spatiotemporal nestedness）的神经元机制解释了意识的水平或状态；（2）时空对齐（spatiotemporal alignment）的神经元机制解释了意识内容的选择和结构的构成，或者如我所说的意识的形式（Northoff，2013，2014b）；（3）时空扩展的神经元机制解释了意识的现象维度，例如，体验与感受性；（4）时空全局化（spatiotemporal globalization）的神经元机制解释了意识的认知维度，即对意

154

识内容的解释（参见表7.1的概述）。STC主要是一种大脑和意识的神经科学理论，它蕴含着一种新意识观因此具有重大哲学意义（参考Northoff, 2014b, 2016a－d, 2017a，b）。最重要的是，意识的时空观意味着从心身问题到世界－大脑问题的范式转变，本书的第九章到第十一章将解释这个观点（表7.1）。

155

表7.1 不同时空机制和不同意识维度的概述

意识维度	水平/状态	内容	现象/体验	认知处理/报告
实验测试	无任务/静息状态范式	刺激前范式	刺激后无报告范式	刺激后报告范式
大脑神经活动的类型	自发活动	刺激前活动	早期刺激诱发活动	晚期刺激诱发活动
时空特征	超慢频率 时间关联 跨频率耦合 小世界 动态组织	刺激前活动和刺激后诱发活动之间的非线性交互相位偏好	P50和N100 后部皮层热区 感觉区域 皮层中线区域	γ活动 P3b波 前额顶叶 循环回路
神经元机制	时空嵌套	时空对齐	时空扩展	时空全局化
专业术语	意识的神经预置（NPC）	意识的神经前提（preNPC）	意识的神经关联物（NCC）	意识的神经结果（NCCcon）

本章将着重讨论其中的三种机制（1、3和4），而第二种机制时空对齐将在本卷的下一章（第八章）做详细分析。概念上，我在本章的第三部分讨论了两个可能反对意识的时空模型的论证。首先，非特异性论证（the argument of nonspecificity）认为，我提出的时空机制对于意识来说仍然是非特异的。而我将证明，意识基于大脑神经活动的特定时空机制来驳斥这个论证。因此，我用时空特异性来描述意识，这将在本章的第一部分讨论。

其次，琐碎论证（the argument of triviality）指出，大脑和意识在时空方面的特征是琐碎的，因为时间和空间是世界的基本组成部分。我将通过神经元和现象特征之间关于时空特征的非琐碎对应，即神经元－现象对应，来反对这个论证，这将在本章的第二部分讨论。

时间和空间的定义

时间和空间是什么？有人会说，大脑的神经活动默认是时间和空间的。如果是这样，任何从时空角度对意识及其不同维度的解释都是不证自明的。然而，我们确实需要厘清 STC 中时间和空间概念的确切含义。

156 STC 指的是大脑的时间和空间，也就是说，大脑如何在其神经活动中构造自己的时间和空间。因此，我们可以讨论大脑的时间和空间，或其神经活动的"内在"时间和空间。大脑本身及其神经活动内在时间和空间的构造，需要与我们对时间和空间的知觉和认知（包括它们的神经关联）相区别，后者以前者为前提。本章的重点不在于我们对时间和空间的知觉和认知的神经关联物，而在于大脑本身如何构成自己的时间和空间，即内在的时间和空间（参见 Northoff, 2014b 附录 2）。

大脑的内在时间与特定频率范围内神经元活动的持续时间有关。这些频率范围与更高的频率范围如超声波（Nagel, 1974）或地震波等其他自然现象的更低频率范围（He et al.，2010）不同。至于大脑的内在空间，我们所说的是神经活动在大脑不同区域和网络中的扩展。简言之，大脑内在的时间和空间或其"运作的时间和空间"（Fingelkurts, Fingelkurts & Neves, 2013）可以通过其神经活动的时间持续和空间扩展来刻画。而这两个术语描述了大脑如何构成它本身，它是通过大脑解剖结构的空间和时间中的"内在"神经活动来构造自身的。

为了让读者更能理解大脑神经活动的时间持续和空间扩展概念，不妨让我们用更多的经验细节来描述它们。首先，时间持续与神经振荡或波动的时间范围或周期持续时间有关。这些不同频率范围包括超慢（0.0001— 0.1 赫兹）、过慢（0.1—1 赫兹）、δ（1—4 赫兹）和 θ（5—8 赫兹），到更快的 α（8—12 赫兹）、β（13—30 赫兹）和 γ（30—240 赫兹）（Buzsáki, 2006；Buzsáki et al.，2013；Buzsáki & Draguhn, 2004）。这些不同的频率显示出不同的功能，而且与不同的潜在神经生理机制极有可能相关，这些机制产生了广泛的行为和功能机会（Buzsáki, 2006）。

其次，大脑神经活动的时间持续也可以通过从毫秒到秒，再到分钟范围内的内在时间自相关来刻画。这些时间尺度可以通过“自相关窗口”(autocorrelation window)(Honey et al., 2012)和无标度(scale-free)或分形特性(如幂律指数或Hurst指数)进行测量(He, 2014; He et al., 2010)。以不同时间尺度的时间持续来描述大脑的神经活动，这表明大脑的内在时间(即其内部持续时间)是高度结构化和组织化的。我们将在下面进一步看到，大脑神经活动中的这种时间结构和组织对于意识起着核心作用。 *157*

最后，频率范围和大脑神经活动的内在时间组织对外界刺激的处理有着强烈的影响。不同的频率及其各自的持续时间周期提供了机会窗口(Hasson, Chen & Honey, 2015)，即获取和编码外部刺激及其时间序列的“时间接受窗口”(temporal receptive windows)(Lakatos et al., 2008, 2013; Schroeder & Lakatos, 2009a, b)。因此，似乎存在内在的“时间接受窗口”，它与层级时间尺度中外在刺激的物理特征相匹配(Chen, Hasson & Honey, 2015; Hasson et al., 2015; Honey et al., 2012; Murray et al., 2014)。

现在，我们来讨论大脑神经活动的内在空间，更具体说是空间扩展。大脑显示出广泛的结构连接，连接着不同神经元、脑区和神经网络。这种结构连接为神经元之间的功能连接提供了基础。尽管功能连接对结构连接有很强的依赖性(Honey et al., 2009)，但两种连接形式之间的差异与意识有关，而结构连接和功能连接之间的差异丧失就是意识丧失的标志(Tagliazucchi et al., 2016)。最后，应该提到的是，大脑的内在空间也与它的小世界组织(在空间上无标度的组织)有关，这个组织具有各种特征，包括模块性和中心性(Bassett & Sporns, 2017; Sporns & Betzel, 2016)。

到目前为止，我们已经描述了大脑神经活动的时间持续和空间扩展，以及它们如何共同构成大脑内在的时间和空间。我们还需要认识到，大脑及其内在的时间和空间是位于外在的时间和空间(包括身体和世界)之中的(Park, Correia, Ducorps & Tallon-Baudry, 2014; Park & Tallon-Baudry, 2014)。经验数据表明，大脑内在的时间和空间将自身对齐于外在的时间和空间，以建立世界－大脑关系(关于这种时空对齐的细节，见下一节)。这 *158*

样的世界－大脑关系能让我们体验自己，包括我们的身体和我们的自我作为时空更为扩展的世界的一部分。

我认为，大脑以一种最特定的方式构成了其自身神经活动的时空特征，我将其称为时空机制。最重要的是，我认为这些时空机制及其对大脑时间持续和空间扩展的构建，是构成意识的不同维度（水平/状态、内容和形式）的核心。简言之，意识的时空模型以时空来构想大脑和意识。因此，我认为，通过大脑的神经活动来构成时间和空间的特定方式，是将神经活动转化为现象活动（意识）的核心。

意识的时空模型Ⅰ：时空嵌套——意识的神经预置与时空特异性

经验发现Ⅰa：自发活动——时间嵌套

大脑的自发活动表现出一定的时间结构。自发活动在不同频率内的运作就反映这一点，即从超慢（0.01—0.1 赫兹）到慢（0.01—1 赫兹），再到快速（1—180 赫兹）范围（Buzsáki，2006；Buzsáki et al.，2013）。重要的是，不同频率的神经活动呈现出分形结构，慢频率范围的功率高于快频率范围的功率，我们称之为无标度活动（He，2014；He et al.，2010；Linkenkaer-Hansen et al.，2001；Palva et al.，2013；Palva & Palva，2012；Zhigalov et al.，2015）。

无标度活动被广泛分布于皮层区域的长程时间自相关（LRTC）进一步刻画（Bullmore et al.，2001；He 2011；He et al.，2010；Linkenkaer-Hansen，Nikouline，Palva & Ilmoniemi，2001；Palva et al.，2013）。作为波动，超慢频率通常被认为仅仅是噪声。然而，1/f 类噪声信号由神经活动本身（而不是测量方法所导致的噪声相关活动）组成。如下数据所示，结构化的 1/f 类噪声信号是意识水平/状态的核心。

159

除了具有 LRTC 的无标度分形特征外，跨频率耦合（CFC）测量得出，超慢、慢和快频率也是相互耦合的（Aru et al.，2015；Bonnefond et al.，

2017；He，Zempel，Snyder & Raichle，2010；Hyafil et al.，2015）。CFC 允许连接不同的频率，通常更高频率的振幅会被耦合并整合于低频率的相位内。这在慢/快频率（Aru et al.，2015；Buzsáki & Draguhn，2004；Buzsáki et al.，2013；Hyafil，Giraud，Fontolan & Gutkin，2015）和超慢频率范围（Huang et al.，2016）内都有体现。

总之，大脑的自发活动表现为一个复杂的时间组织，而且不同的时间范围或尺度是相互联系和整合的。这表现在具有 LRTC 和分形特征的无标度活动以及 CFC 中，这样的组织就是大脑自发活动的时间嵌套。

经验发现Ⅰb：自发活动——空间嵌套

我们现在来讨论大脑自发活动的空间组织。较快的频率在大脑中相对地受空间限制和具有时间规律（Buszáki，2006）。相比之下，超慢频率在整个大脑中的空间广泛分布，时间上也更不规律（Buzsáki，2006；He，2014；He et al.，2010）。此外，在空间上，我们可以观察到具有小世界特性的模块化，这在空间层面上也遵循无标度分形组织模式（Sporns & Betzel，2016）。这使得整个大脑的信息整合和分离具有了层次模块化特征（hierarchical modularity）（Deco et al.，2015）。

此外，在不同的脑区或网络内，时间尺度也是不同的。例如，在感觉区域/网络内，时间尺度相对较短，而在默认模式网络（DMN）中，时间尺度似乎最长，因此在超慢频率范围内，功率最强（Hasson et al.，2015；Lee et al.，2014；He，2011；Huang，Zhang，Longtin，et al，2017）。因此，类似于时间方面，我们可以称之为具有时间尺度的层次空间嵌套（Murray et al.，2014）。

总之，具有 LRTC、CFC（以及其他时间特征，包括变异性、复杂度或跨阈值交错）特征的无标度活动和具有层次模块性的小世界（small-worldness），在大脑整体或全局神经活动中建立了特定的时间和空间结构（Huang et al.，2014，2016；Hudetz et al.，2015，Mitra et al.，2015；Palva et al.，2013；Palva & Palva，2012；另见 He et al.，2010）。 *160*

由于这种时空结构中不同频率/区域的嵌套，我们用“时空嵌套”一词来描述它。我们可以将时空嵌套理解为“时间和空间尺度的综合层次结构”（Murray et al.，2014；另见 Bonnefond et al.，2017；Florin & Baillet，2015）。在下一节中我们将看到，大脑神经活动的时间和空间尺度的综合层次结构是意识水平/状态的核心。

经验发现Ⅱa：时空嵌套和意识水平/状态

我们也必须考虑意识丧失期间的 LRTC、CFC 和小世界。无标度活动（用幂律指数或去趋势波动分析测量）在超慢频率范围内从 N1 到 N3 的睡眠阶段过程中逐渐减少（Mitra et al.，2015；Tagliazucchi et al.，2013；Tagliazucchi & Laufs，2014；Zhigalov et al.，2015）。这些研究观察到全局以及特定网络如 DMN（包括中线区域）和注意网络（包括额顶外侧区域）中的超慢无标度活动的逐渐减少。

fMRI 测量的是超慢频率范围（＜0.1 赫兹），而 EEG 通常针对更高的频率范围（1—180 赫兹）。有趣的是，低频和高频之间的不平衡，例如，功率较强的 δ 频率（1—4 赫兹）和较弱的 β 频率和 γ 频率（20—60 赫兹），存在于无反应清醒状态（UWS）和麻醉状态中（Lewis et al.，2012；Purdon et al.，2013；Sarà et al.，2011；Sitt et al.，2014）。对麻醉的研究还显示，在意识丧失期间，慢频率（0.01—1 赫兹）的持续相位与尖峰率（Lewis et al.，2012）或更快的 α 频率（Mukamel et al.，2014）之间存在异常耦合。

值得注意的是，珀登等人（Purdon et al.，2013）所进行的一项脑电研究还表明，在麻醉的无意识期间，α 波振幅在低频尖峰处最大，而在有意识到无意识过渡期，这种关系发生逆转。此外，相位－振幅耦合和 CFC 预测了意识的恢复（Purdon et al.，2013）。综上所述，研究结果表明，大脑自发活动的时间和空间组织，具有 LRTC、CFC、无标度和小世界特征，它是意识水平/状态的核心。因此，神经活动的时间嵌套不仅组织和构造了我们大脑的自发活动，也导致了意识的水平/状态（参考图 7.1A）。

161

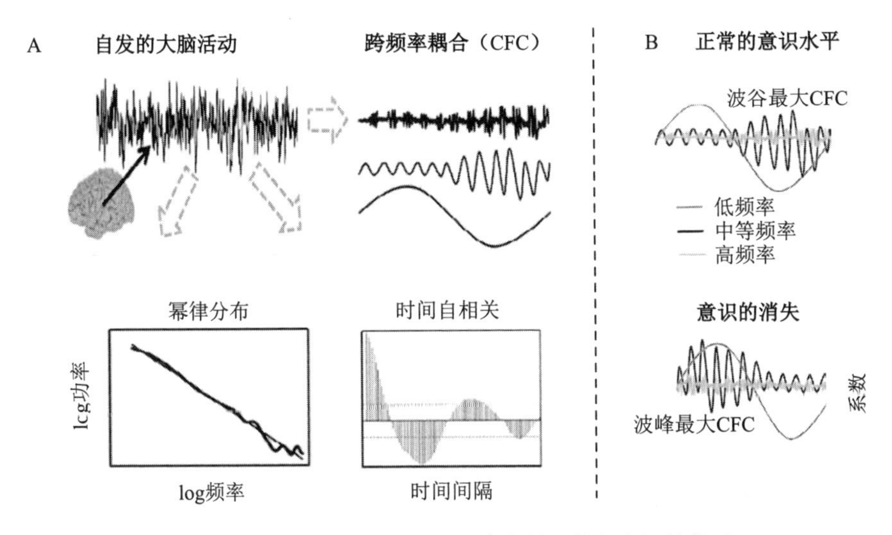

图 7.1 大脑自发活动的时间嵌套性及其与意识的关系

（A）测量大脑自发活动的时间结构；（B）意识消失时跨频率耦合的变化。

现在我们来讨论神经活动的空间嵌套。巴特菲尔德等人（Barttfeld et al.，2015）的研究显示，猴子在麻醉状态下小世界组织会减少。在人类受试者中也观察到类似的现象（Uehara et al.，2014）。研究表明，在人类麻醉中，与结构连接相似，动态功能连接减少，而在清醒状态下，结构连接和功能连接在特定的感觉区域存在短暂的分离（Tagliazucchi et al.，2016）。刘晓林等人（Liu et al.，2014）观察到，在麻醉和无反应清醒状态（UWS）下的功能连接降低。然而，无标度特性只有在 UWS 中表现出降低，而在麻醉中保持不变。

经验发现Ⅱb：时空嵌套——意识水平/状态的神经预置

神经活动的时空嵌套如何解释意识水平/状态？时空嵌套是神经活动的一个全局特征，它跨越不同的时间尺度、频率和区域或者神经网络。在时间上，它指的是超慢、慢和快频率的整合或耦合，而在空间上，它指的是不同的区域/网络根据小世界特征进行整合和组织。因此，不同时间和空间尺度的时空整合得以构成我们所说的神经活动的时空嵌套。

类似地，意识水平或状态也可以视为一个全局特征，它整合和操作不同的内在时空尺度。例如，意识的水平/状态在短时间和长时间间隔内保持连续，在近端和远端空间环境内也同样如此。在心理上，意识的水平/状态可能包括相互嵌套的不同时间和空间尺度，并且可能以无标度方式运作。162 这样，意识的水平/状态就对应于大脑时空维度的时空整合。因此，我认为，不同时空尺度的整合是构成意识水平/状态中时空嵌套的一个核心机制。

换言之，我指出了大脑自发活动与意识水平/状态之间的时空尺度对应关系，即不同时间和空间尺度/范围的整合程度与意识水平/状态的时间和空间连续性的程度是相对应的。因此，我们可以认为，大脑神经活动的时空嵌套程度的波动可能与我们的意识水平/状态在时间和空间上的类似波动是相对应的。鉴于此，我指出，神经活动和意识水平/状态之间存在时空对应的关系。

此外，应该注意的是，意识的水平/状态与具体内容无关，而是与整体意识体验有关（Koch et al.，2016）。我认为，时空嵌套表征了大脑的神经活动整体，而与具体的内容无关。因此，大脑自发活动的时空嵌套是可能意识的必要条件，即意识的神经预置（NPC）（Northoff & Heiss，2015）。

请注意，我们这里所说的是大脑自发活动的全局时空组织或结构，而不是全局活动或全局代谢本身（Schölvinck et al.，2010；Shulman et al.，2009）或特定的神经网络，如 DMN。在没有特定时空结构的情况下，全局活动或代谢很可能仍然存在。我们认为，构成大脑自发活动的分形和无标度组织特征的时空结构，而非大脑整体活动或代谢本身，对于意识水平或状态是核心的。然而，需要注意的是，足够的代谢水平和能量供应，可能是构成大脑神经活动内复杂时空结构（时空嵌套）的必要条件。这也许可以解释，特别是在 UWRS 中，葡萄糖代谢程度被认为是这些患者意识水平/状态的最佳预测指标（Stender et al.，2014）。

163 总而言之，上述研究揭示了 LRTC、CFC 和小世界组织在意识水平/状态上的中心规律，即 LRTC、CFC 和小世界组织是构成自发活动时空嵌套结构的时空机制。因此，意识的水平/状态是一种时空现象，可以追溯到大脑自发活动的时空嵌套。

不妨让我们重新表述神经活动和意识水平/状态之间的关系。我认为，大脑整体神经活动的时空嵌套与意识的时空嵌套相对应。因此，意识是无标度的，是跨频率耦合的，是小世界组织的，就像大脑神经活动的时空嵌套一样。如果是这样的话，在麻醉、睡眠和无反应清醒状态下，患者的意识就会消失（因为它的时空嵌套消失了）。因此，我认为大脑神经活动的时空嵌套是意识水平/状态的一种明显的神经预置（NPC）（图7.1）。 *164*

经验发现Ⅱc：时空碎裂和隔离——意识水平/状态的消失

我们如何能更详细地证明，神经活动的时空嵌套预先为意识的水平/状态做了布置？在一项具有里程碑意义的研究中，刘易斯（Lewis et al.，2012）同时研究了三名癫痫患者在意识丧失期间（异丙酚麻醉时）的单个神经元尖峰电位和局部场电位（local field potentials，LFP）（Mukamel et al.，2014；Mukamel et al.，2011；Purdon et al.，2013；Purdon，Sampson，Pavone，& Brown，2015）。

在增加异丙酚剂量的过程中，受试者接受听觉任务的刺激，受试者在听到自己的名字（每4秒一次）后要立即按按钮。我们将意识丧失（LOC）定义为，从第一次错过刺激前1秒到第二次错过刺激之间的时间段，相当于5秒（1秒+4秒为刺激间间隔）。刘易斯等人（Lewis et al.，2012）借此能够比较意识消失前的时间段（pre-LOC）和意识消失后的时间段（post-LOC）。

让我们从尖峰率[①]开始，与LOC（意识消失）前相比，LOC后0—30秒放电率从下降81%至下降92%。然而，在进入LOC后约4分钟，与LOC前相比，尖峰率恢复甚至增加30%：尖峰率在短时间内以高密度的方式出现，直至被相当长时间的沉默或抑制所打断。因此，即使意识消失，尖峰率仍然存在。然而，放电模式的时间结构却发生了变化，它表现出长时间的沉寂。

---

① 尖峰率（spike rate）指的是在单位时间内神经元尖峰放电的比率。科学家在单个神经元附近（靠近神经元细胞膜内或膜外）放置电极，可以记录到一个个呈尖峰电压状的电位。如果在神经元群中放置电极，就可以记录到局部场电位（LFP）。——译者注

这告诉我们关于LFP的什么？数据显示，慢振荡（0.1—1赫兹）的功率，即LOC后的慢皮层电位（SCP）明显地增加，但与尖峰率不同，它在意识消失的整个周期（5分钟）内都保持稳定。其他频率也发生了相应的变化，如δ增加、θ减少、α增加和γ增加，但它们在意识消失的整个过程（5分钟）内并不保持稳定。由此我们得出结论，低频功率（即SCP）的增加表明意识开始消失。相反，更高频率的功率与意识消失没有直接的关系（因为在意识消失的期间它们是不稳定的）。

165 LFP尤其是SCP与尖峰率的关系是怎样的？刘易斯等人（Lewis et al.，2012）观察到，LOC后，尖峰率与SCP的相位显著地耦合：所有记录单元46.9%的尖峰率出现在慢振荡（0.1—1赫兹）相位的波谷附近。最有趣的是，这种相位-尖峰耦合（phase-spiking coupling）在LOC开始的几秒钟内出现，因而可以被视为LOC的一个指标。

在LOC期间，相位-尖峰耦合的增加意味着，放电被浓缩到某些时期（波谷），而其余时期则是慢振荡频率的下降、上升和峰值部分的持续循环，不再显示任何放电。刘易斯等人（Lewis et al.，2012）因此称之为放电率中的“开-关状态”，以及LOC期间的“时间碎裂”。相较之下，当意识存在时，SCP相位的尖峰效应就没有那么强烈了：神经元在SCP的所有相位都放电，包括波峰和波谷以及相位上升和下降。

刘易斯等人（Lewis et al.，2012）还研究了不同通道之间的关系，以及时间动力学转化为空间分布的方式。为此，刘易斯等人计算了近通道和远通道中两个振荡之间的相位锁定因子（phase-locking factor，PLF）。而近通道的PLF在LOC前和LOC后是相同的，它随距离成比例下降：通道越远，各通道的相位偏移变化越大。相位尖峰率也同样如此：LOC后较远的尖峰率不再与持续相位的特定部分密切相关（例如，局部放电的波谷）。局部时空动力学由此得以保留，而较远或全局的时空动力学则被破坏或碎裂，这表明远区域之间的交流受损，造成了空间碎裂与空间隔离。

总之，这些数据表明，慢频率的相位与快频率的振幅之间的长距离耦合（即CFC）被破坏，这意味着神经活动的“空间碎裂”（spatial fragmentation）。考虑到这些数据的意义，我们可以说，无意识状态下时空碎裂伴随着时空嵌套的消失而出现，或被神经活动的时空隔离所取代。时空隔离

导致神经活动的时间连续性丧失，从而造成了“主观连续性感觉”的消失 166
（Tagliazzuchi et al.，2016，p. 10），即意识水平/状态的崩溃。

我们如何理解时间连续性的重要性？神经活动和意识水平/状态的时间连续性的消失，就如某人从一组相互嵌套的俄罗斯套娃中，拿走两到三个后导致连续性的消失一样。从外表看，所有东西都是一样的（因为最大的玩偶被保留了下来），而一旦取下其中两到三个较小的俄罗斯套娃，它们内部结构的嵌套程度就会改变。在俄罗斯套娃的嵌套中，内部空间的连续性不再被保留，同样，神经元层面上时间连续性的消失会导致时间碎裂，进而导致意识水平/状态的崩溃。

时空模型Ⅰa：时空整合vs. 基于内容的整合

时空整合如何解释意识的水平/状态？刘易斯（Lewis et al.，2012）的研究表明，远距离（跨区域）时间整合的中断，即时间碎裂，会导致意识消失。由于神经活动的时间碎裂伴随着它的空间碎裂，我称之为时空碎裂。时空碎裂是意识丧失的特征，这一事实表明时空整合对意识起着核心作用。我们如何更详细地确定时空整合，并将其与其他形式的整合区分开来？

首先，我们必须理解“整合”（integration）的确切含义。人们可以描述不同形式的整合，如多感官整合、知觉整合、语义整合、认知整合和数学整合（参见Mudrik，Faivre & Koch，2014）。这些不同形式的整合牵涉到不同刺激（或内容）的神经处理以及它们是如何联系在一起的，就如在多感官整合、知觉整合、语义整合和认知整合中。此外，还有一种纯粹形式的整合，即数学整合（Mudrik et al.，2014）。

这些不同形式的整合有什么共同点？它们都或多或少地涉及各个方面 167
和通道的内容。不同的内容是相互整合的，如感官的、认知的、情感的、社会的等。因此，我们称之为基于内容的整合。请注意，这里所说的“内容”的概念是纯经验的（而不是概念意义上的）。从这个意义上说，基于内容的整合涉及我们能观察到的内容，包括感官、情感、运动、认知、社会和其他内容。因此，我对内容的经验观念不局限于认知内容（第六章第二部分）。

这种基于内容的整合与时空整合中整合概念有何关系？时空整合不是整合内容，而是通过耦合大脑神经活动中不同时空尺度或范围来实现空间和时间的联系。例如，自发活动的时间特征（如不同频率的波动）被整合导致 CFC 和无标度活动。类似地，大脑神经活动的空间特征如不同区域的整合导致了跨区域 CFC、功能连通和小世界等属性。

综上所述，时空整合是指不同时空尺度或范围的整合，而不是不同内容的整合。因此，我认为，时空整合在这个意义上刻画了大脑的神经活动，我们可以通过时空嵌套来对其进行描述，并可通过 LRTC、CFC 和小世界属性（以及其他）对其进行测量。

最重要的是，我认为，大脑神经活动中不同时间和空间尺度的时空整合对于意识是核心的：时空整合使时空嵌套成为可能，这可以被认为是意识水平/状态的神经预置。因此，意识水平/状态是基于时空特征（如整合和嵌套），而不是特定内容。这种时空观与科赫等人（Koch et al.，2016）所说的“意识体验的整体性，与其具体内容无关”非常吻合。

168 时空模型Ⅰb：缺乏内容整合的时空整合

内容整合的支持者现在也许会争辩说，内容与不同的时空特征是相关联的。在他们看来，时空整合和内容整合之间的区分最终会消失，在涉及意识方面将不再有任何不同。如果是这样，时空整合是内容整合，而意识最终基于内容及其整合。我反对这个观点，因为它忽略了时空整合和内容整合之间的差异和可能的分离。

时空整合和内容整合是如何相互关联的？内容整合的倡导者认为，内容整合即便不是时空整合的充分条件，它也是一个必要条件：没有内容整合，时空整合以及由此产生的意识仍然是不可能的。我的主张是相反的。具体来说，我认为，首先，在没有内容整合的情况下时空整合仍然可以发生；其次，内容整合是以时空整合为前提的。这就是说，时空整合是内容整合的必要条件，而不是相反。

在缺乏内容整合的情况下，时空整合会发生吗？在这种情况下，人们会预期，神经活动的时空整合能够在没有特定刺激的情况下发生，因此独立于任何特定刺激。例如，在静息状态下，没有特定的刺激或任务被用来探测大脑的活动。上述对 LRTC、CFC 和小世界属性的测量，确实是在没有刺激或任务的静息状态下获得的。从这个意义上说，神经活动的时空整合发生在静息状态下，与刺激及其特定内容无关。在没有内容整合的情况下，时空整合仍然可以发生。

然而，内容整合的倡导者现在也许会争辩说，即使在静息状态下，也存在大量的刺激。你可以想象，我们时刻都有自发的思想，有持续的内感受输入，因此，不存在无刺激状态。如果是这样，时空整合就不能与内容整合分开，从而使得前者与后者相分离的论证变为徒劳。内容整合的倡导者是对的。即便在静息状态下，我们发现确实有持续的刺激输入，进而有内容整合。

169

然而，在一些极端情况下，时空整合和内容整合之间的平衡以牺牲后者为代价而转向前者。例如，冥想中的情形就是这样。在这种情况下，我们将大脑的神经活动从连续的刺激输入及其内容中分离出来，也就是说，从自己的认知中分离出来，在极端情况下，从自己身体的输入中分离出来（Tang & Northoff, 2017; Tang, Holzel & Posner, 2015）。这些表明，大脑自发活动的时空整合在没有内容整合的冥想中不仅存在，而且可能更强（Tang, Holzel & Posner, 2015; Tang & Northoff, 2017）。因此，尽管在此没有详细说明，但冥想可以被视为缺乏或只有最低限度内容整合，但时空整合持续的一个经验例子。

另一个没有内容整合但存在时空整合的例子是精神障碍。双相情感障碍的抑郁或躁狂患者，他们常表现出异常缓慢（抑郁）或快速（躁狂）的时间整合，但没有相应的内容。这就是说，在没有任何相关内容的情况下，他们体验到内时间意识的变化（Northoff et al., 2017）。基于冥想和精神障碍的例子，我认为内容整合不是时空整合的必要条件。我由此反对这样的观点，即时空整合是基于内容整合，或者说不能与内容分离的。

时空模型Ⅰc：时空整合作为内容整合的必要条件

我们能否将时空整合视为内容整合的必要条件？事实确实如此，我们可以用多感官整合（multisensory integration）（见 Northoff，2014a 第十章；具体也可参见 Ferri et al.，2015；Stein et al.，2009）和时间编码的例子来说明。多感官整合描述了不同感官刺激之间的整合，即跨通道刺激（cross-modal stimuli）之间的整合。这种整合遵循一定的机制或原则。其中一种机制是两种感官刺激的空间重合：如果两个跨通道刺激在空间的同一点上重合，例如在特定的细胞群或脑区中，那么它们被整合的可能性要比它们在空间上不重合并在不同的细胞或脑区内被处理时高得多（见 Stein et al.，2009；Northoff，2014a 的第十章）。

时间重合也同样如此：如果两个感官刺激在时间上重合而发生在同一个时间点，那么它们比发生在不同时间点时更好地相互整合。这表明，多感官刺激是在其相关的空间和时间特征的基础上相互整合的，即空间和时间的重合（最终基于概率分布）（Northoff，2014a）。因此，时空整合是多感官整合的基础，同时也使得多感官整合成为可能。不同刺激及其各自内容之间的整合是由其潜在的时空特征的整合决定的。

时空整合也是“时间编码”的基础，时间编码描述了基于时间特征的信息处理（Jensen et al.，2014）。γ 频率（30—40 赫兹）显示比 α 频率（8—12 赫兹）更短的周期持续时间。假设从 α 相位到 γ 振幅的 CFC，允许我们根据频率的周期持续时间，暂时分割通过神经激发处理的内容：如果较长 α 周期持续时间（100 毫秒）的相位与 γ 振幅耦合，从而允许 γ 振幅的激发，那么意识内容可根据 γ 周期（10—30 毫秒）进行时间分段。

因此，简森等人（Jensen et al.，2014）称之为“相位编码”或“时间编码”。内容的整合，即哪些刺激被整合到内容中，哪些被排除或分离，取决于 γ 和 α 及其 CFC 的持续相位周期。因此，内容是在 α 和 γ 的时间特征的基础上整合的，这就是简森所说的“时间编码”。这个例子清楚地揭示了大脑神经活动的时间（或空间）特征如何使内容整合成为可能，具有时间和空间编码的时空整合因此可能成为内容整合的基础。

由于时间和空间编码允许内容整合，因此我认为，时空整合是整合的最基本和基础的形式。时空整合发生在自发活动本身，存在于刺激诱发活动之前。此外，它关注的是空间和时间特征，而不是刺激及其内容本身。因此，时空整合比涉及刺激和内容的各种整合形式更为基本。

时空整合如何与意识相关？时空整合发生在意识之前并独立于意识而运作。它会自动发生，在默认情况下，时空整合是一种内置机制。我们无法意识到大脑神经活动中不同频率和区域之间的这种整合。我们也不能意识到我们意识中不同刺激或内容之间的相应整合。相反，我们只能通达现成的结果，即时空嵌套，它表现为实际意识的水平/状态。

时空模型Ⅱa：非特异性论证—大脑和意识时空机制的特异性

批评者现在可能会争辩说，尽管时空机制（包括整合和扩展）是以经验为基础的，但在意识方面它们仍然是非特异的。同样的时空机制可以在有意识和无意识中运作。特别是考虑到大脑神经元活动无论是否与意识有关都具有时间和空间特征。因此，这个论证主张，时空机制无法使我们区分意识和无意识状态，所以是非特异的。因此，人们提出非特异性（unspecificity）来反对时空机制刻画了意识，即非特异性论证。

我们如何看待非特异性论证？对此，我是反对的。的确，大脑中的任何神经活动都是时空的，它发生在时间和空间中。因此，大脑中的任何神经活动在默认情况下都是空间和时间的，而这种一般意义上的时间和空间确实不具有特异性，无法区分有意识和无意识。大脑神经活动的时间和空间本性不允许我们区分有意识和无意识的时空机制。

172

然而，非特异性论证忽略了这样一个事实，即大脑可以以不同的方式构建其神经活动的时空特征。例如，大脑的神经活动可能表现出时空嵌套，具有很强的 LRTC、CFC 和小世界特性。但与此同时，神经活动也可能表现出时空碎裂而不是嵌套（见上文关于时间、空间和大脑的章节）。此外，刺激诱发活动，可能存在时空扩展或者时空收缩（正如 Massimini et al.，2005，2007；Casal et al.，2013 在 TMS-EEG 中展现的；详见第四章第二部分）。

这些例子表明，大脑的自发和刺激诱发活动是以不同的方式构建的。这些不同的方式在时间和空间上相互区别，它们不是非特异的：大脑的神经活动以不同的方式构建其时空特征，从而导致大脑不同的组织形式，例如，时空嵌套与碎裂，时空扩展与收缩。因此，我们可以自信地反驳大脑神经活动时空特征的非特异性论，即时空机制允许大脑神经活动的特定组织区别于其他组织。

此外，研究表明，这种神经活动的时空组织能够区分有意识和无意识。基于这些研究，我认为，神经活动的时空组织以一种特定的方式（时空嵌套和扩展，而不是碎裂和收缩）区分有意识和无意识。因此，意识的时空特征及其与大脑关系的非特异性论证在我看来是不正确的，对于意识来说，潜在的时空机制不是非特异的而是特异的，它们区别于无意识的那些潜在机制。

173

时空模型Ⅱb：非特异性论证——时空机制与大脑模型

如何进一步证实时空机制的独特性质？对此，我们提出了不同的大脑模型，包括频谱模型（第一章）和交互模型（第二章）。为了进一步支持假设的时空机制的特异性，我们还把它们与大脑模型联系起来。

让我们从第一章介绍的大脑频谱模型开始。

频谱模型认为，神经活动中的被动和主动特征是一个连续体。因此，它在默认情况下构成一个“混合体”，即刺激诱发和自发活动的混合体（第一章）。与意识相关的时空扩展具有这样的特征，即更高程度的时空扩展让刺激诱发活动更具混合性，并使其转向频谱的主动极。无意识的情况正好相反：高度的时空收缩导致较少的混合刺激诱发活动（受自发活动的影响较小），从而使其转向频谱的被动极。

类似地，时空嵌套也是如此。高度的LRTC、CFC和小世界特性，使大脑的神经活动向频谱的主动极转移。相比之下，时空隔离（spatiotemporal isolation）与低程度的LRTC、CFC和小世界特性，会让大脑的神经活动相反转向频谱的被动极。时空嵌套和隔离的神经区分，包括它们与有意识和无意识的联系，能与大脑的频谱模型很好地兼容。

大脑的交互模型认为，自发活动和刺激之间存在不同程度的持续非加性交互（第二章）。研究表明，时空扩展与更高度的非加性静息-刺激交互有关（Huang et al.，2015），这转而似乎足以将刺激与意识联系起来（第五章）。静息-刺激交互的非加性程度在时空收缩和无意识状态下相当低。

174

因此，通过时空扩展和收缩对有意识和无意识的区分很好地符合了大脑交互模型。

总之，我通过提出时空特异性来拒绝反对意识时空模型的非特异性论证。大脑的神经活动的确是空间和时间。然而，支持者们可能忽略了这样一个事实，即大脑神经活动的时空特征可以以不同的方式构建，因为它们与不同的时空机制有关。不同的时空机制是区分有意识和无意识的核心。因此，基于本节的经验数据，我认为大脑和意识之间的关系具有时空特异性。

最后，我们应该注意到，对非特异性论证的否定涉及意识的现象特征，因此也涉及意识时空模型中所呈现的非认知意识。相反，对于该论证是否适用于 GNWT 中规定的“认知意识”，我们留待以后讨论。当涉及意识的认知特征时，这里提出的时空特征可能确实是非特异的。

意识的时空模型Ⅱ：时空扩展——意识的神经关联物和神经元－现象对应

经验发现Ⅰa：刺激诱发活动——振幅增加和试次间变异性降低

目前为止，我们已经讨论过，大脑自发活动的时空嵌套特征为意识水平/状态和意识提供了神经预置。大脑自发和/或刺激前活动与我们身体和世界中的单一刺激和长期刺激序列的时空对齐，被认为是意识的神经前提，我们以前称之为意识的前神经关联物（preNCC，pre neural correlate of consciousness）。意识的神经关联物问题仍有待讨论。我们称为意识的神经关联物（NCC）的神经机制，足以将特定内容与我们现在关注的意识联系起来。 *175*

然而，我们可能会问，神经是如何处理刺激的，以使它能与意识关联起来？数据显示，刺激诱发神经活动的振幅可以被视为意识的标记：对刺激的响应幅度越高，刺激就越可能与意识相关联（Koch et al.，2016；Tsuchiya et al.，2015）。此外，来自不同研究的数据还表明，与无意识的处理过程相比，意识活动期间刺激诱发（神经）活动持续时间更长，在空间上更为扩展。最近一些论文也对此进行过综述（Dehaene et al.，2014；Koch et al.，2016）。因此，我们仅在此强调关于时间持续和空间扩展的一些结果（图7.2）。

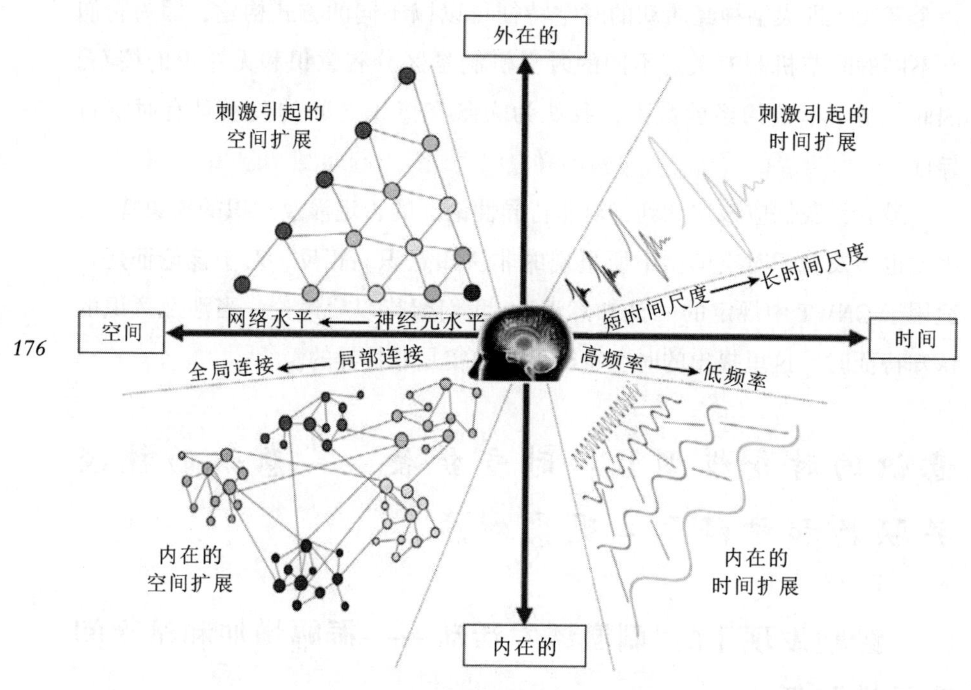

图7.2 神经活动的时空扩展

李琪等人（Li et al.，2014）在呈现近阈值视觉刺激时用脑磁图（MEG，Magnetoencephalography）测量慢皮层电位。MEG结果显示，与看不到刺激的试次相比，看到刺激的试次中，刺激后存在从300毫秒到2—3秒的持久事件相关磁场（event-related magnetic field，ERMF）。这种磁场本身并不显示出振动，但是会减缓直流电（DC-type）的流通速度（即在较长时间内跨频率功率缓慢变化），这可能导致在0.1—5赫兹的慢频率范围内显示出慢皮层电位。有趣的是，持久事件相关磁场（ERMF）专门服务于主观意识（看到vs. 看不到刺激），而它们既没有出现在客观的表现中，例如，正确和错误试次之间的区分，也没有出现在置信度判断中。在看到刺激的试次中，持久事件相关磁场（ERMF）的变化伴随着颞叶和额顶叶皮层中的广泛活动变化而变化。因此，我们可以认为，慢皮层电位导致了刺激诱发活动及其与意识的联系。这一观点还得到了关于相位和功率分析所揭示的结果的支持（见 Li et al.，2014）。

马西米尼（Massimini）等研究者在 TMS-EEG（经颅磁刺激－脑电图）实验中证明了时空扩展的核心作用（Casali et al.，2013；Massimini et al.，2010）。在有意识和无反应清醒状态（URWS）、麻醉和睡眠等无意识状态下，他们（在前运动区域和顶叶皮层区域）应用相同的 TMS（Transcranial Magnetic Stimulation）脉冲。在有意识状态和无意识状态下，TMS 诱发的活动的时空扩展程度差异很大。在有意识状态下，TMS 脉冲引起了持续时间较长的空间较为扩展的活动。与此相反，在麻醉、URWS 和睡眠等无意识状态下，TMS 诱发的活动的时间持续和空间扩展都受到很大的限制。

同一 TMS 脉冲在有意识和无意识状态下，为何以及如何导致刺激诱发活动的不同时空特征？我认为，这与自发活动本身及其与 TMS 脉冲的神经交互有关，即静息－刺激（或静息－脉冲）交互（Huang，Zhang，Longtin，et al.，2017；Northoff et al.，2010）。刺激诱发活动在意识中扩展的事实表明，刺激可以更好地抑制正在进行的自发活动：刺激越是能与自发活动交互并抑制其持续波动，刺激就越有可能增加其自身神经活动的时间持续和空间扩展。这种刺激对持续自发活动的抑制可以通过试次间的变异性来测量，而这已经在细胞（Churchland et al.，2010）和脑区（Ferri et al.，2015；He，2013；Zhang，Longtin et al.，2017）神经活动水平上显示出来了。刺激越是能抑制正在进行的自发活动的变异性，刺激诱发活动与自发活动之间的（负）交互程度就越高（He，2013；Huang，Zhang，Longtin et al.，2017）。尽管刺激抑制自发活动波动的确切神经机制尚不清楚，但我们可以初步假设，刺激诱发活动的时空扩展与持续（自发性）活动被抑制和静息－刺激交互有关。

177

经验发现Ⅰb：时空扩展：扩展 vs. 整合——信息整合理论

究竟刺激诱发活动的时空扩展与信息整合（IIT）（Tononi et al.，2016；

Tononi & Koch，2015）有何关系？简单地说，IIT 主要是说，意识是建立在信息整合的基础上的，信息整合已经在 phi 指数中被数学形式化，经验上它已经通过扰动复杂性指数（Casali et al.，2013）来操作。我们还应该注意到，IIT 中的信息概念并不是指传统或通常意义上理解的特定内容方面的信息（Tononi & Koch，2015）。相反，在 IIT 语境下，信息是指“**一个状态**下的**机制系统**如何通过其因果力，在**可能性空间**中指定一种**形式**（**‘告知’概念结构**）”（Tononi & Koch，2015，p. 8）。让我们用时空的术语来解释这句话，我们需要进一步考虑，特别是那些以加粗突出显示的概念。

托诺尼和科赫的“形式”“可能性空间”和“状态”的概念，与这里所说的时空扩展有何关系？研究数据表明，刺激既抑制又增强了大脑自发活动的神经元特征。因此，时空扩展依赖于并最终基于时空嵌套和对齐。如果没有适当程度的时空嵌套度和对齐，刺激将无法在时空上扩展其刺激诱发活动。我们可以假设，时空机制组合对应于托诺尼和科赫（Tononi & Koch，2015，p. 8）所说的“机制系统”（system of mechanisms）。我们认为这样一个“机制系统”是在时空平台上运行的，因此我们提出各种时空机制。

178

一种“状态”到底是什么？我认为，“一种状态”是指大脑的自发活动，更具体地说，是指它的时空嵌套程度。如本书所述，各种时空机制在大脑自发活动及其时空结构的空间内运作：时空对齐和时空扩展都是基于自发活动的时空嵌套。然而，与此同时，时空嵌套被更长时间的刺激序列所调节，因此，“状态”，即自发活动的时空嵌套本身不是固定的，而是高度动态和可塑的。

那么，在意识时空理论的时空语境中，我们如何理解 IIT 中提出的“形式（‘告知’概念结构）”和“可能性空间”的概念呢？那就是，大脑神经活动在时空上对齐于身体和世界的时空结构，提供了一种以时空为基础的形式作为意识的背景和第三维度（除了水平/状态和内容外的维度）。因此，我们认为，IIT 所描述的“形式”与大脑、身体和世界之间的虚拟时空结构或组织有关，它们构成我们体验的形式即意识第三维度。更具体地说，托诺尼所描述的“概念结构”可以追溯到我们所描述的“形式”，其特征是时空结构在世界和大脑之间以一种虚拟的概率方式排列（即世界－

大脑关系）。大脑、身体和世界之间的时空结构，提供了意识的神经前提（preNCC）（或者更准确地说，是神经－生态前提）。这种时空结构是概率的，它使得某些方式的时空扩展和刺激诱发活动成为可能，而排除了其他。例如，如果自发活动的各种频率，在静息状态下已经被抑制且处于无反应状态，那么刺激就不能增强它们来扩大其自身刺激诱发活动。如此，刺激诱发活动就无法与意识联系起来。相应地，托诺尼和科赫（Tononi & Koch，2015）所说的“可能性空间”更具体的神经元机制可能是作为 NPC 的时空嵌套和作为 preNCC 的时空对齐。因而，“可能性空间”是一个可能的时空结构。

总而言之，我认为，意识的时空理论或意识的时空进路与 IIT 是相一致的，IIT 中的信息整合发生在时间和空间领域，而不是在感觉或认知基础上。此外，我们还认为，特定神经元机制的具体时空决定，即意识涉及的时空机制补充了 IIT 中更抽象的信息概念。今后，我们可能会将 IIT 的一些数学和操作方法应用到意识的时空机制中来。

经验发现Ⅱa：刺激诱发活动——早期和晚期

我们如何研究意识？传统的方法是，研究者询问受试是否看到或听到了什么，然后做出判断，这种方法被称为“报告范式”（report paradigm）（Tsuchiya et al.，2015）。然而，判断或报告可能会引入一个认知成分，它们可能不属于意识本身。因此，这种判断或报告背后的神经机制可能是意识的神经结果，而不是神经关联物（参见 Aru，Bachmann，Singer & Melloni，2012；deGraaf et al.，2012；Li et al.，2014）。与“报告范式”相对，“无报告范式”不需要受试者报告或做判断（Lamme，2010a，b；Tsuchiya et al.，2015）。

无报告范式显示了与报告范式不同的时空样式。一些研究已经证明，刺激诱发活动（100 毫秒到 200—300 毫秒）的早期成分（如 P50 和 N100）表明了意识中特定内容的存在和体验，即使该内容在随后的报告中无法访问（Andersen，Pedersen，Sandberg & Overgaard，2015；Koch et al.，2016；Koivisto et al.，2016；Koivisto & Revensuo，2010；Palva et al.，2005；Pitts，

Metzler & Hillyard, 2014; Pitts, Padwal, Fennelly, Martínez & Hillyard, 2014;
180 Rutiku, Martin, Bachmann & Aru, 2015; Schurger, Sarigiannidis, Naccache, Sitt & Dehaene, 2015; Tsuchiya et al., 2015）。这些早期刺激诱发活动的电生理标志物如 N100，在意识改变状态（如麻醉、慢波睡眠和植物状态）中即使不是完全消失，也会减少（Bachmann & Hudetz, 2015; Koch et al., 2016; Purdon et al., 2013; Sitt et al., 2014; Schurger et al., 2015）。

我们现在看看空间方面。直寿土屋等人的报告范式表明，外侧前额叶（lateral prefrontal）和顶叶皮层区域（parietal cortical regions）广泛参与（Tsuchiya et al., 2015）。相反，如直寿土屋等人（2015）和科赫等人（2016）所述，在无报告范式中，前额叶－顶叶区域没有参与，而是顶叶、枕叶和颞叶皮层之间的交界处的后部皮层区域，特别是感觉区域，或科赫（见 Koch et al., 2016）所说的"热区"（hot zones）参与了。

此外，我们需要认识内侧和外侧前额叶区域之间的区别。外侧前额叶区域在报告范式中参与了判断过程，因为它们与包括工作记忆在内的各种认知功能有关（Northoff et al., 2004; Tsuchiya et al., 2015）。相反，由于判断缺失而认知负荷较低，无报告范式导致内侧前额叶区域（如腹内侧前额叶皮层）更强的参与，在功能性磁共振成像中呈现较低的失活程度（Northoff et al., 2004; Shulman et al., 1997a, b）。这与中线区域参与意识相关的各种形式的自发心理活动的发现是一致的，例如自发思维（Christoff et al., 2016）、情景模拟的心理时间旅行（Schacter et al., 2012）和自我相关加工（Northoff, 2016d; Northoff et al., 2006）。

报告范式和无报告范式之间的操作区别，以及它们不同的神经元关联物，对意识意味着什么？晚期事件相关电位（late event-related potentials）如 P300 和外侧前额叶－顶叶区域，似乎与判断刺激是否为有意识的认知功能有关（参见 Silverstein et al., 2015，证明 P3b 甚至在无意识状态下也可能发生）。晚期事件相关电位和侧前额叶－顶叶皮层活动可能与意识内容觉知
181 有关，而不是与意识本身有关。因此，我们认为，在报告范式中的神经元机制反映了"意识的神经结果"概念（neural consequences of consciousness, NCC－con），而不是 NCC 本身（Aru et al., 2012; deGraaf et al., 2012; Northoff, 2014b）。

与报告范式相反，无报告范式揭示早期事件相关电位，如N100和200以及后部皮层区和/或皮层中线区。我认为，这些早期刺激诱发活动的时空特征反映了NCC。从这个意义上说，NCC必须在操作和神经方面区别于NCC-con。

经验发现Ⅱb：意识的认知特征——全局神经元工作空间理论

基于报告范式，支持全局神经元工作空间理论（GNWT）的各种发现显示了P300等后期成分和前额叶皮层的参与（参见Baars 2005；Dehaene et al.，2014；Dehaene & Changeux，2011）。我们在此不重述支持GNWT的各种发现，这些发现已在其他地方得到了综述（Dehaene & Changeux，2011；Dehaene et al.，2014）。然而，由于GNWT揭示了令人印象深刻的发现，问题不在于晚期前额叶活动是否与意识有关，而在于它与意识的什么特征有关。下文将重点讨论这一区别。

GNWT预设环境刺激及其各自的内容在全局范围内可用于认知。这种全局化和共享特征可能是由大脑的结构造成的，尤其是外侧前额叶和顶叶皮层被设计成一个“全局工作空间”（global workspace），导致了大脑的不同功能系统（特别是记忆、评价/奖励、注意力、运动和知觉系统）汇聚和重叠。我们将这种融合描述为局部区域的空间全局化，刺激诱发活动遍布整个大脑，包括前额叶和顶叶皮层。德哈内等人（Dehaene et al.，2014）和穆塔德等人（Moutard，Dehaene & Malach，2015）将其描述为“非线性引燃”（non-linear ignition）。他们认为，从局部区域到全局前额叶-顶叶活动的转变，必须通过非线性而不是线性的刺激引燃。然而，外侧前额叶-顶叶皮层活动的非线性引燃的确切神经元机制，我们仍然是不清楚的。　*182*

除了空间成分外，GNWT还考虑了时间测量，如晚期事件相关电位（P300）、作为意识核心的区域间的同步以及包括γ在内的高频振荡（Dehaene & Changeux，2011；Dehaene et al.，2014）。类似于空间全局化，从早期的基于感觉的事件相关电位（如N100），到后期的事件相关电位和更高频率（如γ），神经活动延伸到不同的时域，这可以用时间全局化（temporal globalization）来描述。这种时间全局化似乎在意识状态的改变中有所缺失，在意识状态改变中，不再存在时间扩展到后期事件相关电位（如 P300 的降低）和更高频率（如 γ 功率的降低）（Koch et al.，2016；Sitt et al.，2014）。(参考图 7.3)

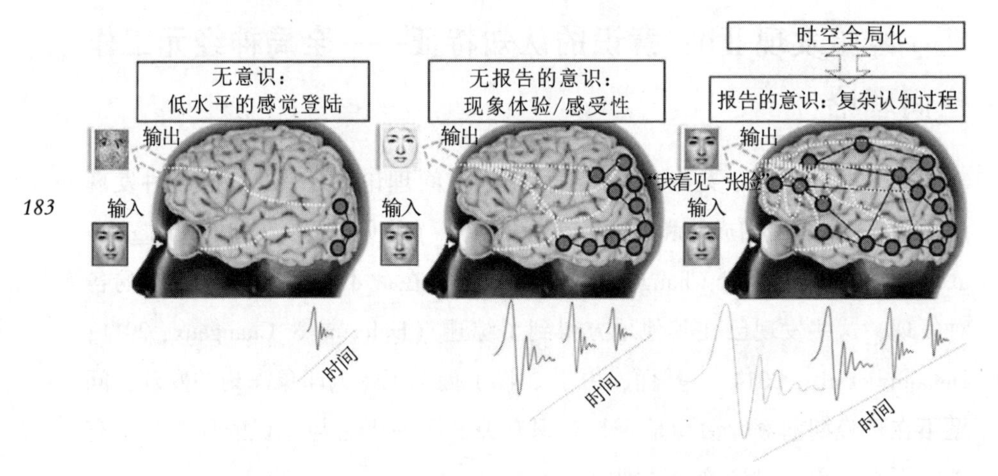

图 7.3　神经活动的时空全局化和意识

GNWT 针对意识的何种特征或方面，更具体地说其假定的刺激诱发活动的时局全局化针对的是意识的哪个特征或方面？基于报告范式，GNWT 通过获取和报告意识的内容来检索意识，这在实验中得到了证实。在实验中，参与者被要求按按钮来报告刺激内容，一旦按按钮就被视为检索到意识（Dehaene & Changeux，2011；Dehaene et al.，2014）。外侧前额叶－顶叶皮层和刺激诱发活动（300—500 毫秒）的晚期成分如 P300（或者更久到 800 毫秒），都与认知功能明显有关，包括选择性注意、期望、自我监控和任务规划等，最重要的是，它们获取和报告了意识的内容（Koch et al.，2016；Tsuchiya et al.，2015，Andersen et al.，2016 Aru et al.，2012；deGraaf et al.，2012；Pitts，Metzler，et al.，2014；Pitts，Padwal，et al.，2014；Rutiku et al.，2015；Schurger et al.，2015；Tsuchiya et al.，2015）。

作为获取和报告意识内容的必要条件，刺激诱发活动的时空全局化必须与意识本身相区别。如前一节所述，使用非报告范式获得的数据支持了这一点。因此，我把时空全局化理解为意识的神经结果（NCC con）

(Andersen et al. , 2016; Aru et al. , 2012; deGraaf, Hsieh & Sack, 2012; Li et al. , 2014; Overgaard & Fazekas, 2016; Tononi & Koch, 2015; Tsuchiya et al. , 2015)。

总而言之，我们认为 GNWT 中所假设的时空全局化，允许在意识活动期间前额叶－顶叶皮层活动较晚参与刺激诱发活动。晚期前额叶－顶叶皮层的参与，在实验上与内容的获取和报告有关。因此，我认为，晚期前额叶－顶叶活动和时空全局化是现象特征（意识）的神经结果，这些现象特征（意识）独立于获取和报告内容，并且发生在其之前。由于时空全局化与内容的获取和报告有关，因此必须与刺激诱发活动的时空扩展区分开来，时空扩展与意识的现象特征更有关。

时空模型 I a：从时空扩展到现象特征

迄今为止，我们已经讨论了各种神经元机制，如时空扩展和全局化。这就提出了意识的现象特征包括它们与这些神经元机制的关系问题。接下来将详细考察这个问题。

意识的现象特征是什么？它们是如何在神经元上被实例化的？本质上，这是神经科学和意识哲学的核心问题。现象特征指的是主观而非客观的体验。哲学家通常以定性特征来描述它们，从感受性（qualia）角度来说，就是体验“是什么样的”（Nagel, 1974）。其他现象特征涉及体验对特定内容的指向性，例如，意向性（Searle, 2004），第一人称视角的自我知觉，以及其他（Northoff, 2014b, 2016c，d）。 *184*

不必细说，我们认识到这些现象特征必定与意识的认知特征不同。现象特征关于有意识的内容体验，而认知功能允许人们获取并随后报告这些内容。意识的现象特征与认知特征的区分，或多或少反映在非认知意识和认知意识的概念区分上（Cerullo et al. , 2015）。

刺激诱发活动的时空扩展如何作为意识现象特征的神经关联物？布扎基认为“知觉超越了刺激”（Buzsáki, 2006）。我们现在认为，这种“超越”是意识现象特征的核心，它由时空特征组成。刺激本身在时空上的特征是其持续时间（duration）和广延（extension）。相比之下，同样刺激的体验或意识通常持续更长的时间，并超出了它的物理持续时间和广延。就如，即便它们的物理特征消失，我们仍然可以在时空扩展的意义上听到旋律的最后音调和想象歌剧的最后一幕。简言之，意识中刺激的时空特征因此超越了纯物理意义上刺激的时空特征，它既表现出更长的时间持续，又产生了分布更广的空间扩展。

这种超越刺激的物理持续时间和广延的时空扩展从何而来？我们初步认为，它产生于大脑自发活动或者说它是大脑自发活动附加于刺激的。大脑的自发活动表现出很大的时空尺度或范围，远远超出了持续时间为100毫秒的单一刺激范围（持续时间100毫秒对应于α频率或持续1秒对应于δ频率）。与之相反，自发活动包括更广泛的不同频率，从超慢频率到相当快的频率。

185

这对大脑自发活动“静息－刺激交互”如何处理刺激具有重要意义(Northoff et al.，2010)。当与自发活动相互作用时，刺激更有限的时空尺度与大脑自发活动的更大时空范围相互作用。这使得大脑能够在自发活动及其更大的时空尺度内，整合、嵌套和包含刺激及其相关的刺激诱发活动。如此，根据大脑自发活动的内在持续时间和广延，扩展了刺激本身的持续时间和广延。例如，这种嵌套或嵌入在自发活动的无标度活动的刺激诱发调节中表现出来，这使得刺激得以扩展到其自身的原始时空尺度之外。

总之，我认为，刺激的时空扩展程度超出其自身或原始时空特征（如在实验情境中刺激呈现期间），它与刺激/内容和现象特征的关联密切相关。鉴于大脑自发活动对刺激的这种时空扩展，由此产生的现象特征本身可以被虚拟地描述为时空的：刺激在静息－刺激交互的神经元水平上的时空扩展程度，可能直接对应于意识中对刺激的时空特征的体验。因此，我推测意识及其现象特征是时空特征。

时空模型Ⅰb：从时空特征到神经元－现象对应

考虑到时空扩展的核心作用，人们预期受刺激调节的大脑自发活动的时空特征，与有意识的刺激体验期间的时空特征存在对应关系。因此，我称之为现象特征与时空扩展的刺激诱发活动之间的神经－现象对应（neuronal-phenomenal correspondence）。这里所说的神经元－现象对应产生了“神经现象假说”（Northoff，2014b），尽管在概念上它可能被描述为“同构”（Fell，2004）、“可操作时空”（Fingelkurts et al.，2013）或“同一性”（Tononi et al.，2016）。 *186*

需注意的是，这种神经元－现象对应存在于大脑的神经元活动和意识的现象特征之间。相反，刺激的时间和空间的物理特征与意识的现象特征之间没有这种对应关系。因此，在刺激的物理和现象特征之间存在物理现象不一致，相当于我们所说的物理－神经元不一致（physical-neuronal discrepancy）。因此，物理特征和现象特征之间存在差距，而大脑的自发活动及其时空特征可以填补或弥合这一间隙。

更具体地说，大脑的自发活动提供了一个时空框架，将现象特征与纯粹的物理刺激联系起来。由于现象特征是基于自发活动的时空特征的，因此现象特征本身就具有时空特征。时间和空间在这里需被理解为“内在的持续时间”和“内在的广延”，如上文中所讨论的关于时间、空间和大脑的部分。以这种意义上的时空为前提，现象特征可以被描述为时空的，现象特征是时空特征。

时空特征将大脑的神经元特征与意识的现象特征联系起来。大脑和意识之间以及神经元和现象特征之间的黏合剂或“共同货币”在于时空特征。将时空特征解释为共同货币，使我们能够通过在自发活动中处理和整合刺激，将现象特征与刺激联系起来。

重要的是，这种整合允许通过自发活动的时空结构扩展刺激的时空特征。如果这种时空扩展是充分的，并且超越了刺激本身，那么由此产生的刺激诱发活动就与意识及其现象特征相关联。因此，意识现象具有时空特征，它对应于（并最终共享）大脑自发活动的时空特征及其扩展刺激的时空特征的程度。因此，我们认为时空扩展是神经元－现象对应的神经元机制。 *187*

需注意的是，神经元－现象对应概念是神经元（即经验）和现象（即体验）之间的桥接概念。这个概念不是纯粹经验的，因为现象特征不能从第三人称的角度观察到，不能像我们在神经科学中观察神经元状态那样。同时，神经元－现象对应也不是一个完全的现象概念，因为我们不能在意识中体验到。因此，我认为神经元－现象对应概念是一个真正的“神经现象概念”（Northoff, 2014b）。

最后，神经元－现象对应也不是一个本体论概念，因为它声称神经元和现象状态只有在时空特征上是相对应的。因此，神经元－现象对应并不意味着现象特征独立于神经元特征。它也不意味着现象特征和意识的存在可以还原为神经元状态和大脑的存在。神经元－现象对应对任何这样的本体论主张都是中立的。

然而，神经元－现象对应可能对本体论领域有重要的意义。如前所述，神经元－现象对应只描述了神经元和现象特征的时空特征对应，与神经元和现象特征背后的存在的主张无关。然而，我们可以将这种对应关系扩展到本体论领域。在这种情况下，人们不仅声称时空对应，而更应该认为是神经元和现象共享相应的时空特征。因此，现象和神经元的存在和实在是建立在时空特征基础上的。神经元－现象对应的本体论延伸需要一种本体论，它将空间和时间视为存在和实在的基本单元。我认为意识和大脑，以及神经元和现象，确实可以通过这样一个时空本体论来描述它们共同的存在和实在。这样的时空本体论将在本书的第三篇详细讨论。

188

时空模型Ⅱa：琐碎论证——经验 vs. 概念逻辑

我们现在可以重新讨论并反驳我所说的琐碎论证。它认为，时空特征对大脑和意识的刻画都是琐碎的。简言之，琐碎论证认为，用时空特征来刻画大脑的神经活动是琐碎的，因为神经活动内在本质是空间的时间的，它涉及不同的区域，以及涵盖不同的频率。因此，大脑的神经活动默认是时空的，如果没有任何时空特征，大脑将没有任何神经活动，大脑将不再是大脑。

因此，有人会认为，用时空特征来刻画大脑的神经活动可能是琐碎的，因为这种刻画并没有说明什么新奇的东西，也没有增加我们关于大脑及其神经活动的知识。以此类推，意识及其时空特征也同样如此：任何行为包括意识和其他心理状态都是时空的，这是由大脑及其神经活动的本质决定的。因此，像大脑神经活动的时空特征一样，意识的时空特征也是琐碎的。

这就是我所说的琐碎论证。

人们现在可能想知道，琐碎论证如何与非特异性论证区分开来。非特异性论证涉及时空机制的特异与非特异性质，即时空机制是否与大脑神经活动的特定样式和组织以及意识（区别于无意识）相关联（见本章第一部分中意识的时空模型）。因此，我们可以将非特异性论证理解为经验论证。189 这是一个与时空机制的经验特异性有关的问题。

与非特异性论证不同，琐碎论证超越了时空机制，从而提出了一个更深刻、更基本的问题：大脑和意识的时间和空间特征告诉了我们什么？因此，这一论证不再像非特异性论证那样仅仅是经验的，而是包含了一个强有力的概念－逻辑（最终也是本体论的）维度：它提出了时空机制背后基本成分的刻画问题。因此，我现在从概念－逻辑的角度来反对琐碎论证，以补充我在第四章中对其的经验反对，为了解决琐碎论证，我们需要冒险从经验到概念－逻辑层面。

时空模型Ⅱb：琐碎论证——时空特征与时空机制

我认为，琐碎论证的支持者忽略了时空特征和时空机制的区别。是的，大脑表现出时空特征，包括不同的频率范围和我们可以观察到的区域。因此，我们现在用时空特征来描述大脑是正确的，但与此同时，它并没有说任何超出显而易见的东西；所以，大脑的时空特征是琐碎的。琐碎论证可能适用于大脑的时空特征。然而，即使是这样，大脑时空特征的琐碎论证并不意味着时空机制和意识本身也是如此。

我们现在可以考虑时空特征和时空机制之间关系的确切性质。时空特征和机制是如何相互联系的？研究数据显示，相同的时空特征（例如，相同的区域和相同的频率范围）可能与两种不同的时空机制相关（例如，时空整合和时空碎裂），从而导致了不同的结果（例如，时空嵌套和时空隔 190 离）。我认为，时空特征和时空机制可以彼此分离：相同的时空特征可以与不同的时空机制相关联，就像不同的时空特征可以与同一个或多个机制相关联一样。

时空特征和机制之间的这种可能的分离，对于琐碎论证意味着什么？

琐碎论证适用于时空特征。用不同的区域或频率来描述大脑确实是琐碎的，因为这些时空特征决定了大脑就是大脑。而这些时空特征的缺失预示着大脑的缺失，即脑死亡。因此，琐碎论证的支持者正确指出了时空特征的琐碎性。

然而，这并不意味着琐碎论证的支持者在分析时空机制的起源时也是正确的。时空机制与时空特征不完全相同。相同的时空特征（例如不同的频率）可以与不同的时空机制（例如时空嵌套或隔离）相关联（如本章第一部分的数据所示）。因此，我们需要描述和指定时空机制，以便理解相同的时空机制为何最终会导致不同的结果，例如时空嵌套或隔离。

鉴于时空特征和时空机制并不完全相同，通过时空机制来描述大脑的神经活动增加了一些新的东西，因此它不再被认为是琐碎和不证自明的。时空机制不是琐碎的，但我们可以接受时空特征的琐碎性。因此，当琐碎论证的支持者宣称，意识的时空模型是琐碎的，他或她就混淆了大脑神经活动的时空特征和机制。重要的是，大脑时空机制的非琐碎性与意识有关。本章主要讨论以特定的时空机制来描述意识：时空嵌套、扩展和全局化。我已经证明，即使大脑的时空特征保持不变，这些时空机制的缺失也会导致意识的缺失。因此时空机制对于意识是至关重要的。由于时空机制是极其相关的，意识的时空刻画一点也不琐碎。

191

时空模型ⅡC：琐碎论证——现象和本体论意义

支持琐碎论证的人可能还不会让步。即使在经验和概念逻辑的基础上不琐碎，当涉及现象和本体论问题时，意识的时空特征也可能显得很琐碎。对意识的时空描述并没有增加任何东西，只是强调了琐碎的东西：意识发生在世界的时空中，它的存在必须默认为时空的。显然，出于前三段中解释的原因，我反对这一观点。

就现象特征而言，意识的时空模型绝非琐碎。意识的时空模型隐含着这样一种含义：现象特征（如感受性和意向性）确实是时空的，而不是哲学所认为的非时空的。如果神经元特征和现象特征之间的时空对应的假设是正确的，那么现象特征可以通过意识中的各种内容的时空嵌套以及特定内容的时空扩展来刻画。相反，孤立的内容不是时空上嵌套于大脑的时空结构中并被其扩展的，因而不可能产生意识。

因此，意识的时空模型导致了神经现象假说（Northoff，2014b），该假说可以通过实验进行检验，因为基于它可以对神经元和现象特征之间的关系做出特定预测（参见 Northoff，2014b，关于此议题的充分讨论）。当谈到现象特征时，意识的时空特征并非琐碎的。

我们如何范畴化本体论问题？时间和空间是以某种方式预设和定义的，与大脑的神经活动本身如何构建时间和空间有关。我们看到，大脑以一种时空整合和嵌套的方式将不同的时空尺度联系起来（见本章第一部分）。这种时空整合和嵌套预设了一个特定的时间和空间本体论概念：时间和空间不能再以时间和空间中的离散点来解释，而是用它们的关系和结构来解释。这种本体论的汇合就是我所说的关系的时间和空间（第九章中有更详细的讨论），它以关系和结构而不是以元素和属性为存在和实在的基本单元。本质上，这是一个本体的结构实在论（ontic structural realism），也是第九到第十一章的主题。因此，当谈到本体论问题和对解释心身问题的重大本体论意义时，意识的时空模型绝非琐碎。 *192*

最终，在经验、概念、现象和本体论的基础上，我拒绝琐碎论证。从经验上讲，时空机制并非琐碎，因为它们必须与认知、感觉和其他机制相区别。在概念和逻辑上，我们必须区分时空机制和时空特征，只有后者（而不是前者）被认为是琐碎的。然而，在体验语境，即现象学语境下，时空模型意味着现象特征的时空刻画，鉴于现象特征经常被判定为非时间和非空间的，这一过程并非琐碎的。最后，时空模型不能在本体论上被认为是琐碎的，因为它预设了时间/空间的存在和实在的非传统决定。

结论

时间和空间是自然界的核心和最基本的组成部分，因此它们自然地适用于大脑以及大脑如何构成其神经活动。基于这个原因，我们在这里提出一种大脑神经活动的时空概念，我们假设它是意识的核心，因此构成了我们所说的意识时空理论。 *193*

我们有必要问，刺激及其内容如何与意识相关联？意识超越了我们在第五章和第六章讨论过的内容，但这“超越”到底包括了什么？在本章中，我认为这个“超越”包括时空特征，就是说大脑神经活动的时空机制允许神经物质将刺激与意识关联起来。在本章中，我们讨论了三种时空机制：时空嵌套、时空扩展和时空全局化。尽管存在差异，但所有的机制都是内在时空的，也就是说，它们是与基于内容的、认知的、信息的机制不同的时空机制。时空机制允许神经活动和刺激根据它们的时空特征进行处理：它们允许刺激及其内容在更扩展和嵌套的时空环境中进行处理，从而让这些刺激与意识关联。

更一般地说，我们可以将时空扩展和嵌套视为意识时空模型的经验构件（参见 Northoff，2017a，b，以获取更多关于意识时空理论的经验细节）。从本质上讲，意识时空理论是从时空的角度，而不是感觉运动、认知、情感或社会功能及其各自的内容的角度看待大脑和意识的。我已经证明，这样一个意识的时空模型可以很好地应对非特异性论证和琐碎论证的挑战。最重要的是，正如在本章的结论部分所提出的，意识的时空模型不仅与经验有关，而且还具有重大的概念、现象学和本体论意义，这些主题是本书下一部分的重点。

致谢

我很感谢黄梓芮，我和他最近合作发表了本章的几个部分（Northoff & Huang，2017，in *Neuroscience & Biobehavioral Rviews*）。

第八章　意识的时空模型Ⅱ：时空对齐——神经 - 生态连续体和世界 - 大脑关系

导言

总体背景

意识能被限制和局限在大脑内吗？迄今为止，我已经指出，大脑的时空特征及其自发活动对于内容与意识的关联是必要的（见第七章）。我提出了三种时空机制：时空扩展、时空嵌套和时空全局化：内容及其相当小的时空尺度或范围（由特定的时间和空间点组成）是在大脑自发活动的较大时空尺度或范围内扩展和嵌套的。更准确地说，大脑自发活动的时空尺度或范围是意识的必要条件。在这种纯粹的神经元意义上，意识确实是局限于大脑的边界内的。 195

然而，意识超越了大脑及其时空尺度或范围。更具体地说，意识从大脑扩展到身体和世界。在哲学中，最能体现这个特征的分别是具身性（embodiment）、嵌入性（embeddedness）、延展性（extendedness）和生成性（enactment）（Clark，1997，2008；Clark & Chalmers，2010；Gallagher，2005；Lakoff & Johnson，1999；Noe，2004；Rowland，2010；Shapiro，2014；Thompson，2007；Varela et al.，1991）。然而，这些概念的确切意义，包括它们与

大脑神经元机制的关系，我们尚不清楚，所以仍然有争议。

当我们考虑意识时，需要包含身体和世界几乎是不证自明的。例如，我们体验到地震波，其频率比我们大脑的要慢得多。或者，我们可以意识到比我们大脑的频率快得多的过程。意识及其时空尺度或范围因此超越了大脑自发活动的尺度或范围，扩大到身体和世界中。因此，意识的时空理论（STC；第七章）涉及身体和世界的时空范围或尺度。然而，意识中包含身体和世界的确切机制仍不清楚。

196

目标和论证

本章的目标是将 STC 从大脑扩展到身体和世界。我将论证，意识可能包含身体和世界的时空尺度或范围，它在经验上基于大脑的时空特征与身体和世界的时空特征的对齐和联系，因此我称之为“时空对齐”（spatio-temporal alignment），它是大脑与身体和世界交互的一种机制。在概念上，这种时空对齐可以被描述为“神经-生态连续体”和“世界-大脑关系”（见下文的两个概念的定义）。第一部分将重点讨论形成身体-大脑关系的时空对齐，而第二部分将讨论大脑与世界的时空对齐（即世界-大脑关系）。

从概念上讲，我把将身体和世界纳入意识的必要性置于我所说的“包括论证”（argument of inclusion）概念下，这是一个包含两部分的概念论证。前半部分涉及身体：我们是否需要将身体纳入我们对大脑及其神经（即经验）机制的解释中，这与意识有何关系？

包括论证的后半部分涉及世界（见下文对世界概念的定义）：我们是否需要将世界纳入我们对大脑的解释中，这与意识有何关系？基于经验证据，我认为，大脑与世界的时空对齐提供了一个神经-生态连续体（neuro-ecological continuum），进而导致了世界-大脑关系。最重要的是，经验证据表明，时空对齐与世界-大脑关系是意识的必要非充分条件（意识的神经前提），区别于充分条件（意识的神经关联物；见第七章）。意识的神经关联物（NCC）关注实际的而不是可能的意识。

第一部分：身体与意识

197

经验发现Ⅰa：身体与大脑——时空对齐

大脑和身体有什么关系？最近的研究调查了大脑与心脏和胃的关系。这些研究表明，大脑和身体在特定的时间方面有着密切的关系。

张凯蒂等人（Chang et al.，2013）证明，从杏仁核和前扣带回皮层到脑干、丘脑、壳核和背外侧前额叶皮层的动态功能连接与心率的变异性共变。心率的变异性越大，这些区域之间的功能连接的变异性就越大。詹宁斯等人（Jennings et al.，2016）随后的研究证实了这一点。他们观察了内侧前额叶皮层的功能连接与心率的共变。

功能性磁共振成像（fMRI）研究表明，大脑的自发活动和心跳之间有着密切的关系（即对齐），即心皮层耦合（cardiocortical coupling）。这种心皮层耦合似乎是由时间特征所调节的，如大脑和心脏的变异性。由此带来了它们对齐的确切机制和方向性问题。这可以在EEG、MEG研究中解决。

莱辛格等人（Lechinger，2015）最近开展了一项EEG研究，他们研究了清醒和睡眠状态下心率和大脑自发活动的相位锁定之间的关系。大脑自发活动中δ/θ频率（2—6赫兹）的相位发生偏移，并锁定在心跳开始时。因此，大脑的自发活动主动对齐，也就是说，主动调整自己的相位的发生时间与正在进行的心跳时间结构相对应。因此，我们称之为"时间对齐"（temporal alignment），如果扩展到空间领域，则是时空对齐。

198

最有趣的是，在非快速眼动（non-REM）睡眠中从N1到N3睡眠阶段，δ/θ频率对心跳的相位锁定逐渐降低，意识逐渐消失。相反，在快速眼动（REM）睡眠时即做梦时，相位锁定与清醒状态相似。这些数据表明大脑与心跳的时间对齐与意识（即意识水平）有关。如果大脑的神经活动不再与心跳的时间结构对齐，而是与之分离，那么意识就会像在睡眠中一样消失。我因此将大脑与心脏/身体的"时间分离"（temporal detachment）与"时间对齐"区分开来（关于这两个术语的更多细节见下文）。

大脑与心脏以外的身体器官的对齐和耦合如何？里克特等人（Richter et al.，2017）最近的一项研究调查了胃产生的次慢（约0.05赫兹）节律（通过记录胃活动的特殊装置测量）和大脑自发活动的不同频率（通过MEG测量）之间的关系。他们观察到胃的超慢频率的相位与大脑自发活动α范围（10—11赫兹）内的振幅相耦合。因此，我们可以讨论身体和大脑之间的跨频率耦合，也就是我所说的胃皮层相位－振幅耦合（gastrocortical phase-amplitude coupling）。

在神经元层面，胃皮层相位－振幅耦合与大脑两个特定区域（前岛叶和枕－顶叶皮层）的神经活动有关。最重要的是，里克特等人（2017）还测量了胃和大脑之间耦合的方向性。他们用传递熵（entropy）来测量信息传递。数据显示，信息从胃传递到大脑，因而是从前者的超慢频率相位传递到大脑前岛叶和枕叶皮层的α振幅。相反，他们没有观察到从两个大脑区域的神经活动到胃的反向信息传递。

总之，这些数据显示了大脑和身体之间的密切关系。具体来说，这些数据表明，大脑及其自发活动的时空结构与身体的时空结构（例如，胃的运动或心脏的跳动）对齐。这种时空对齐是大脑自发活动的一个核心特征，例如，自发活动相位的起始随着外部刺激的起始而改变。因此，大脑与身体的时空对齐是一个主动而非被动的过程，通过这种方式，大脑的自发活动的时空结构对齐于身体的时空结构。

199

经验发现Ⅰb：身体和大脑——时空对齐与意识

身体的时间特征与大脑及其神经活动的时空对齐是否与意识有关？到目前为止，我只描述了身体和大脑是如何通过它们的时间特征而耦合的。由此带来了时空对齐是否也与意识相关的问题。这将是下文的重点。为此，我将讨论帕克等人（Park，2014）最近的一项研究。

帕克等人（Park，2014）利用MEG研究了心跳对视觉刺激有意识检测的影响。他们以接近阈值的方式研究了视觉光栅刺激，也就是说，刺激呈现的强度接近每个人有意识知觉的极限。在接受MEG和心电图（心脏）记录时，受试者暴露在这些接近阈值的视觉刺激下，他们必须对每个刺激做出决定，以确定他们是否知觉并因此检测到它。行为数据显示检测率为46%，这表明有意识地知觉到刺激大约占一半。

这种有意识的检测如何依赖于大脑的自发活动及其与心跳的耦合？帕克等人（Park，2014）没有观察到心跳和心跳变异性与受试者有意识地检测到刺激之间的直接关系。因此，心跳本身对意识检测没有直接影响。

然而，当帕克等人（Park，2014）考虑到大脑中心跳处理的神经关联物（心跳诱发电位［HEP］，可以用 MEG 测量），他们观察到 HEP 振幅预测了有意识的检测（即命中）。HEP 振幅在命中（有意识地检测刺激）与未命中（没有检测到刺激）之间有显著差异，命中的振幅明显高于未命中的振幅。因此，大脑处理心跳的方式影响意识是否与视觉刺激相关联。

HEP 及其对有意识检测的影响主要位于前中线区域，如膝周前扣带回皮层和腹内侧前额叶皮层（PACC 和 VMPFC），在其中来自身体的内感受刺激和外部感受刺激相联系和整合。同样的区域（PACC 和 VMPFC）也表现出自发活动的波动，这与 HEP 的波动（即心跳变异性）有关。 200

这些数据表明，心跳影响和调节大脑的自发活动及其时空结构，具体表现为自发活动中 HEP 的相应波动。大脑自发活动的 HEP 相关调节，反过来影响意识是否能在随后的刺激诱发活动中与外部视觉刺激相关联。综上所述，这项研究很好地证明了，心跳对意识与外部内容关联的影响。

类似地，这是否也适用于将内部内容与意识关联起来？同一研究组的巴布-雷贝洛等人（Babo-Rebelo，2016）测试了内部内容的意识，如对自我的意识，及其在大脑神经活动中的神经关联物（用 MEG 测量）是否耦合于心跳。他们再次观察到，PACC 和 VMPFC 中 HEP 的自发波动预测了对自我的意识的波动，这里的“自我”是操作意义上的，作为我的思想的第一人称视角主体的“I”，或作为思考对象的“me”（Babo Rebelo et al.，2016）。

总之，这些数据证明了心率和大脑神经活动之间的时间对齐。最重要的是，它们表明，这种时间对齐是将内部或外部内容（如视觉刺激或自我）与意识关联起来的关键因素。如果大脑和身体之间的时间分离取代了时间对齐，意识就丧失了。

因此，我认为，大脑自发活动与身体的时空对齐是意识的核心：大脑的自发活动及其时空结构越对齐于身体的活动及其时空结构，内部（如自我）和外部（如视觉刺激）内容就越可能与意识关联起来。相反，如果存在时空分离（如我所说），意识就是不可能的。

201

时空模型Ⅰa：身体-大脑关系——时空对齐

这些发现对意识的时空模型意味着什么？我要说的是，它们要求我们将意识的时空模型扩展到大脑之外，包括身体。

研究结果表明，大脑和身体之间存在着耦合和密切的关系。尽管这些发现还不多，但它们清楚地表明，大脑和身体在时空上是相互对齐的。大脑及其自发活动的时空结构对齐于身体及其时空结构。大脑自发活动的时空结构表现在不同的频率上，包括它的相位起始，而身体的时间结构则反映在心率变异性和胃运动的频率上。

这些数据表明，大脑和身体活动中的时间结构可以相互耦合和对齐，例如，通过它们波动的相位起始。我将这样的时间（空间）耦合称为时空对齐。时空对齐是一个经验概念，它描述了大脑和身体在时空基础上的耦合。正是这种耦合使身体和大脑在时空方面对齐：大脑将自身的时空结构对齐于身体的时空结构。相反，如果没有这样的对齐，身体和大脑的时间和空间结构彼此分离，我称之为时空分离。

对齐概念必须与表征（representation）概念区分开来。在这里，我不讨论表征的细节，而是通过特定内容来确定表征概念。例如，对诸如心脏或胃这样的特定内容进行建模，进而在大脑的神经活动中表征它。因此，表征涉及大脑和身体之间基于内容的耦合。然而，对齐是指基于时间和空间的耦合，即时空耦合：大脑和心脏/胃是通过它们的时间和空间特征而不是内容本身（即胃或心脏本身）连接和耦合的。我认为，经验数据支持了时空对齐而不是表征。

202

时空模型Ⅰb：身体-大脑关系——定义

时空对齐的概念包含方向性。我们在大脑和胃/心脏之间的耦合中看到了方向性：大脑将其自发活动的相位起始对齐于心跳，或者，将其振幅耦合于胃的相位起始。两种情况都涉及相同的方向性：大脑的自发活动将自身对齐于身体（即心脏或胃），而不是后者对齐于前者。因此，存在从身体到大脑的方向性（从胃到大脑的信息传递数据尤其支持这个观点）。因此，我称之为身体－大脑关系（body-brain relation）。

身体－大脑关系是什么？这个观念是概念性的而不是经验性的。身体－大脑关系描述了具有较大时空尺度的身体如何与具有较小时空尺度的大脑相关联，这一点将在下文详述，即大脑的时空嵌套在身体内，相当于时空嵌套。

从这个意义上讲，身体－大脑关系的概念必须与大脑－身体关系的概念相区别，后者是反向整合，即身体整合并嵌套在大脑中，身体在时空上对齐于大脑。虽然在纯粹的概念层面上是可以想象的，但我认为，鉴于上述数据，大脑－身体关系的概念在经验上是不合理的。

需注意的是，我并不否定从大脑到身体的反方向性，如大脑－身体关系中所描述的。基于大脑的行动和认知影响我们身体的方式，肯定证明了大脑－身体关系的概念。然而，这与行动和认知有关。因此，我通过它们的方向性，不仅仅在概念上，也在功能或行为的基础上，区分了身体－大脑关系和大脑－身体关系。因此，混淆身体－大脑关系和大脑－身体关系就会导致意识和行动/认知的混淆。

时空模型Ⅱa：身体－大脑关系——具身性

认知科学的具身认知（embodiment）、延展认知（extendedness）、生成认知（enactment）和嵌入认知（embeddedness）都认为，意识超越了大脑，延伸到身体和世界（Clark，1997，2008；Clark & Chalmers，2010；Gallagher，2005；Lakoff & Johnson，1999；Noe，2004；Rowland，2010；Shapiro，2014；Thompson，2007；Varela et al.，1991）。我不打算详述，我只想简要说明4E的基本定义。这有助于我论证4E的时空观。具体地说，我将论证，认知科学4E所假设的意识包含身体和世界，经验上基于我所说的时空对齐，以及概念上基于世界－大脑关系。

203

不妨让我们首先看看具身性。总体上，具身性指出的是身体是意识不可或缺的因素：身体不仅是大脑的“输出装置”，而且在构成意识时提供重要的输入。因此，大脑和身体可能“共享回路”，这与意识有关（Gallagher, 2005; Lakoff & Johnson, 1999; Shapiro, 2014; Varela et al. , 1991）。从这个意义上说，身体必须包含在我们对意识的定义中，除大脑之外，身体也可以被视为可能意识的必要条件。

乍一看，我们可能会注意到，具身的概念相当接近于身体－大脑关系。为什么我要引入一个新的概念（即身体－大脑关系），而不是使用众所周知的概念（即具身）？没错，身体－大脑关系概念与具身概念重叠。身体－大脑关系的概念可以理解为更不具体和更一般的具身概念的时空具体化。而我认为两者的时空具体化程度是不同的。

首先，身体－大脑关系的概念明确强调了关系（relation）的中心作用。时空对齐允许我们在身体和大脑之间建立经验关系。如今，我们将这样的经验关系描述为身体－大脑关系。在本书后面的第三篇中我们将会看到，当假设本体结构实在论时，我们可以将这种经验和概念意义上的关系观念带到一个本体论的水平（第九章）。因此，关系概念可以提供经验和本体论水平之间的联系（linkage）。基于这个原因，我想明确地使用关系这个术语，因此，我更喜欢谈论身体－大脑关系，而不是具身概念。

其次，身体－大脑关系中的关系概念是指时空关系。身体和大脑之间的关系是一种基于时空对齐的时空关系。这种时空关系必须区别于其他形式的关系，如感觉运动或认知关系（更多细节见第九章和第十章）。具身中尤其强调感觉运动关系（Merleau-Ponty, 1963; Shapiro, 2014）：大脑通过感觉运动功能整合在身体内部，从而与身体相关，这些感知运动功能在大脑中启动，并在身体中表现出来，即行动和知觉。

204

我在此假设，身体和大脑之间的这种感觉运动关系是建立在它们的时空关系（即它们的时空对齐）基础上的，并且最终可以追溯到它们的时空关系。因此，我们需要使用与（具身概念所启示的）感觉运动关系不同的概念来描述这种时空关系，即身体－大脑关系的概念，它可以很好地解释这种时空关系。

时空模型Ⅱb：身体－大脑关系——意识和包括论证

如上所述，具身概念认为身体和大脑之间的回路是共享的。这种共享回路通常被认为包含在“感觉运动回路”中：感觉运动功能在大脑的感觉运动区域/网络中启动，同时表现在身体的感觉和运动路径中。时空对齐也在身体和大脑之间建立了共享回路。然而，该共享回路不是感觉运动的。

该共享回路由时空回路组成，就像心脏/胃和大脑之间的时空回路一样，是共享的，因此可以跨越身体和大脑之间的界限运作。时空回路又为感觉运动回路及其在感觉运动功能（即行动和知觉）中的中心作用提供了基础。如果没有潜在的时空回路，感觉运动回路充其量只能产生运动和感觉，而不能产生行动和知觉。

运动/感觉和行动/知觉之间的差异相当于意识的缺失和存在之间的差异。因此，我认为时空回路与意识有关。大脑与身体的时空对齐构成身体－大脑关系，由身体和大脑组成的单一系统，其时空尺度或范围可以超越大脑本身。因此，我们可以说，大脑的时空扩展超越了自身，扩展到身体和世界。重要的是，我认为这种跨越大脑和身体边界的时空扩展，是基于与大脑自身扩展相同的机制运作的（第七章）。 205

上一章我介绍了时空扩展的机制。它描述了大脑的自发活动及其时空结构，如何将单个刺激或内容从离散的时间和空间点扩展到更大的时空尺度。稍微不同的是，“时空扩展”描述了刺激诱发活动的小时空尺度被大脑自发活动的大时空尺度所扩展。由于大脑的自发活动仅限于大脑内，因此从这个意义上说，时空扩展仍然是在大脑的时空范围或边界内进行的。

目前的数据显示，通过与身体的对齐，大脑，更具体地说，其自发活动的时空结构将自身扩展到身体。因此，同样的机制（即时空扩展）在大脑内运作，同时也跨越大脑和身体。就像大脑的自发活动扩展了刺激诱发活动的时空尺度一样，身体也扩展了大脑自发活动的时空尺度。因此，我们可以假设双重时空扩展，即在大脑内部以及跨大脑和身体。

为什么这种双重时空扩展与意识有关？我们在第七章中看到，由大脑自发活动引起的刺激活动的时空扩展是将内容与意识联系起来的核心。当前关于视觉意识和自我意识的数据（如上所述）表明，类似地，身体对大脑自发活动的时空扩展与意识同样相关。因此，我认为，时空扩展跨越身体和大脑的界限（即身体－大脑关系）是意识所必需的，因为没有这种时空扩展，意识就无法实现。

我现在准备谈谈包括论证（argument of inclusion）的前半部分，它提出了这样一个问题：我们是否需要把身体包括在我们对大脑的解释中，这与意识有什么关系？是的，身体必须包括在我们对大脑的解释中，这种包括发生在时空的基础上（即时空包括）。这通过时空对齐和身体－大脑关系，从时空角度明确了具身性假设。

206

最重要的是，我证明了时空对齐和身体－大脑关系对于意识是核心的。相反，如果大脑与身体的时空分离取代了它们的时空对齐，意识就会丧失。因此，我认为时空对齐和身体－大脑关系是意识的必要条件（即神经前提）。以这种扩展的方式，从大脑到身体，意识的时空模型可以与包括论证前半部分很好地兼容，也就是说，我们的大脑和意识模型都需要包括身体。

第二部分：世界与意识

经验发现Ⅰa：世界和大脑——时空对齐和知觉

大脑是如何与世界联系在一起的？我现在将证明，时空对齐不仅适用于身体和大脑之间的关系（即身体－大脑关系），也适用于世界和大脑之间的关系（即世界－大脑关系）。经验数据有力地支持了这个观点，其中，大脑的神经活动将自身对齐于环境中的时间（和空间）结构。

在我们生活的环境中，我们的大脑编码各种刺激。例如，当我们听到一段有节奏的音乐时，我们的大脑似乎会对旋律的节奏结构进行编码，这样，我们就能够使自己对齐于旋律。这使我们能够参与旋律的节奏结构，例如，我们在跳舞时摆动手臂和腿。我们的大脑似乎对所呈现的音调序列的节奏结构进行采样，我们就能够参与环境事件或物体（即音乐片段）的节奏结构。

什么样的神经元机制会导致我们的大脑适应和对齐于环境事件的节奏结构？在最近的一项研究中，阿特维尔德等人（Atteveldt et al.，2015）对此进行了实验研究。他们以有节奏的方式（即音调之间的时间间隔相同）或随机的方式（即音调之间的时间间隔不同）呈现背景音调。这些背景音调的有节奏或随机时间结构以 30 秒为单位：一个 30 秒有节奏音调组之后是一个 30 秒的随机音调组（中间是 15 秒没有音调的间隔），然后是一个 30 秒的有节奏音调组，以此类推。这些背景音调与目标音调（比背景音调慢 5—10 赫兹）结合，目标音调散布在背景音调之间；受试者必须检测目标音调，并通过点击按钮来表示检测到。采用功能性磁共振成像（fMRI）和同步脑电图（EEG）相结合的方法对受试者进行研究。 207

他们发现了什么？在行为上，他们观察到，与随机序列中的目标音调相比，受试者对嵌入在有节奏音调流中的目标音调的反应时间显著降低（即更快）。此外，检测率（即检测到正确音调概率）明显更高，因此与随机条件相比，在节奏条件下更准确（见 Atteveldt et al.，2015，图 2）。这表明，背景条件的时间结构对目标音调的知觉和随后的检测有重大影响：背景音调的呈现方式（有节奏与随机）影响目标音调的检测（即知觉）和运动反应速度（即反应时间）。

在神经元水平也得到了类似的结果。首先，功能性磁共振成像结果显示，当比较声音检测（有节奏和随机结构）和无声音情况时，颞上回（STG，包括听觉皮层）、脑岛、内侧额叶皮层、丘脑、脑干和小脑参与构成了分布式神经网络。在直接比较两种声音条件时，在与节奏条件相对的随机条件下，双侧 STG 中观察到较高的信号响应（见 Atteveldt et al.，2015，图 3）。

此外，我们可以在 STG 信号动力学中发现组块的呈现次序：STG 中的响应信号显示出动态的高－低样式，即在有节奏音调组期间低，在随机音调组期间高（参见 Atteveldt et al.，2015，图 4）。最后，右侧 STG 的信号强度与反应时呈正相关：在所有条件下（包括有节奏和随机），右侧 STG 的反应信号越低，对目标音调的反应时间越快即反应时间越短。 208

综上所述，行为研究结果表明，与随机背景条件相比，有节奏的背景条件导致受试者对单一刺激的反应时间更快。然而，与预期相反，这并没有在 STG 中产生更高的活动程度。我们观察到相反的情况，即与随机呈现相比，有节奏状态下 STG 的活动变化较低。受试者反应时间与 STG 活动程度的正相关关系进一步证实了这一点。

经验发现Ⅰb：世界与大脑——时空对齐和高效编码

脑电图呢？研究者观察到一种特殊的波形 N100，它对知觉和随后的听觉音调检测是特异的，例如，在目前实验范式中的目标音调。有趣的是，与随机条件下的目标音调相比，N100 在有节奏条件下对目标音调的响应幅度明显更低（参见 Atteveldt et. al.，2015，图 5）。此外，N100 在（相对于随机条件的）有节奏条件下对目标的响应更早或更快地启动（即峰值潜伏期短）（参见 Atteveldt et. al.，2015，图 6 和图 7）。

将 fMRI 和 EEG 结合起来，结果表明，大脑似乎以不同的方式对环境中的节律性和非节律性（即随机）背景刺激序列进行编码，进而影响对目标刺激的后续知觉和检测。在有节奏和随机背景音序列中检测目标音调，在行为和电生理水平上产生差异：结果表明，在有节奏条件下，受试者反应更准确、反应时间更快，STG 信号减少，N100 振幅更快、更低。

然而，人们现在可能对结果感到困惑。在有节奏状态下，由于受试者反应时间更快、更准确，人们可能会预期 STG 和 N100 的更高的活动程度。但事实并非如此。相反，结果显示，受试者更快的反应时间和更准确伴随着较低的 STG 活性和 N100 振幅。正如作者所言，这意味着一种对有节奏序列更高效的编码方法（以更快的反应时间更准确为指标）。然而，“高效”编码是什么意思？

209

更高效的编码意味着处理刺激需要更少的能量，因此处理刺激需要大脑自发活动产生更少基于能量的变化：大脑越能将其自发活动对齐于外部刺激（通过将后者整合到前者的时空结构中），大脑在改变其正在进行的自发活动（如频率和振幅）方面所消耗的能量就越小，随后刺激诱发活动程度越低（如 STG/fMRI 和 N100/EEG），相应的相关行为（即反应时间）越快。

相反，随机刺激序列不允许这样的高效编码。在这个环境中，不再有有节奏的音调序列，因而大脑自发活动不能将自己对齐于它。在这种情况下，大脑可能需要吸收和消耗更多的能量，并改变其正在进行的自发活动，以便处理外部刺激。

总的来说，大脑的自发活动似乎将自身对齐于各自环境（即世界）中的时间结构并最终对齐于时空结构。就像大脑的自发活动将自身对齐于身体一样，它也同样使自己对齐于世界。

在这两种情况下（身体和世界），大脑的对齐是基于时空的，这意味着时空对齐。目前的数据表明，大脑与世界的时空对齐也会影响随后的响应特定刺激的刺激诱发活动，以及刺激与意识（即知觉）的关联。

经验发现Ⅰc：大脑活动的节律模式vs. 连续模式

基于上述和其他发现，施罗德和拉卡托斯等人（Lakatos et al.，2005，2008，2009；Schroeder et al.，2008；Schroeder & Lakatos，2009a，b，2012；Schroeder et al.，2010）区分了神经活动的两种不同时空模式，即节律模式和连续模式。让我们从节律模式开始。

在节律模式的情况下，大脑的慢频率波动可以使其相位与刺激的概率 *210* 分布对齐，也就是说，对齐于它们在（物理）时间和空间的不同离散点上的预测发生率。大脑的内在活动可以准（quasi）跟随环境中所发生的事情。在这种“节律模式”的神经运作中，刺激诱发活动期间的快频率振荡或多或少对齐于慢频率波动，而这些慢频率波动的相位又与环境中刺激的统计/似然结构对齐（参见 Canolty & Knight，2010；Canolty et al.，2012；Klimesch et al.，2010；Sauseng & Klimesch，2008，对这种刺激－相位耦合的卓越和批判性的综述）。

我们如何更详细地描述大脑活动的节律模式？有两个不同的过程在起作用。首先，存在允许耦合和连接的跨频率耦合，也就是说，夹带快速频率振荡和行为到自发活动慢频率振荡的相位中。其次，自发活动的慢频率振荡，特别是它们的相位，与环境中刺激发生的节律或统计结构相耦合或对齐。

然而，在环境中并不总是有节奏的刺激，让大脑及其内在活动可以与之对齐。因此，节律模式必须与神经操作的“连续模式”区分开来（Schroeder & Lakatos，2009a，b）。与节律模式不同的是，在刺激呈现中似乎没有特定的节律或统计结构，以至自发活动的慢频率振荡（与随后的快频率和行为）无法夹带和将它们的相位起始对齐于刺激序列。换言之，大脑现在是“任由自己决定”的，它必须自己主动地构建和组织自己的自发活动。

大脑如何在这样的连续模式中构造和组织自己的自发活动？大脑不能再依赖于有节奏的外部刺激并与之对齐，而必须变得活跃起来即连续地激活。刺激引起的快频率振荡如今在连续模式中“独立”了，而不是像在节律模式中那样使快频率振荡适应于较慢频率振荡。刺激诱发的快频率振荡必须独立于静息状态活动的慢频率振荡及其相位起始来解释刺激；这是因为慢频率振荡不再对齐于外部刺激的统计结构。自发活动的慢频率振荡现在可能会阻碍激发（刺激诱发的）快频率振荡，而不是像在节律模式中那样，通过将自身对齐于外部刺激而有所帮助。

211

因此，像γ这样的更快频率的功率增加，可能伴随着它们对较慢频率的相位的跨频率耦合减少。这正是在没有节奏的刺激呈现中所观察到的（见上文）。因此，慢频率波动（如δ）被抑制，而快频率波动（如γ）被加强，以便独立于环境中的时间背景来处理外部刺激。因此，与节律模式中的时间样式相比，连续模式中的时间样式是相反的，在节律模式中，慢频率波动（相对）更强，而快速的频率波动（相对）较弱。

经验发现Ⅱa：世界与大脑——时空对齐与社会世界

最近的神经科学仪器能同时扫描两个（或更多）受试者在同一个任务中的神经活动。这一过程被称为超扫描，它允许研究人员研究脑-脑耦合（Hasson et al.，2012），这意味着不同受试者之间存在神经元和知觉同步（参见 Acquadro et al.，2015；Babiloni & Astolfi，2015；Hasson & Frith，2016；Koike et al.，2015；Schoot et al.，2016）。在这里，我关注一项特殊的研究，该研究调查了不同的演奏者共同演奏音乐，如何使他们的神经元和知觉同步（Lindenberger et al.，2009；Saenger et al.，2012）。

林登伯格等人（Lindenberger et al.，2009）利用 EEG 研究了八对吉他手一起演奏同一旋律（60 个试次意味着 60 次重复），这是一首现代爵士乐融合曲，E 小调，每小节四个四分音符。八对吉他手中每对吉他手一主一副（在演奏前，两个吉他手被给予一个准备期，在此期间他们听节拍器和 212 它的节拍），以测试副吉他手演奏和节奏与首席吉他手的演奏和节奏同步的程度。只有当副吉他手对吉他音调的知觉与首席吉他手的演奏和知觉同步时，这才是可能的。因此，实验设计基于副吉他手和首席吉他手的同步知觉。这相当于我所说的“知觉同步”（perceptual synchronization）。

两个受试者的知觉同步是由他们大脑之间的相应同步（例如神经元同步）调节的吗？为此，研究人员测量了两名受试者在弹吉他时的脑电图。利用脑电图测定相位锁定指数（PLI）；他们测量了一个受试者大脑中单个电极在不同试次中的相位不变性。这有助于确定受试者大脑中不同电极之间的皮层同步程度。更普遍地说，这测量了单个大脑内的神经元同步。

此外，他们还测量了脑间相位一致性（IPC）。IPC 同时测量来自两个不同大脑（每对中的两个受试者）的同一电极在不同试次中相位差的恒定程度。这有助于确定不同受试者大脑中单个特定电极的皮层同步程度，这反映了不同大脑的神经元同步。具体来说，他们对准备阶段的节拍器节拍开始前后和首席吉他手的演奏开始前后的时间段进行了时间锁定（3 秒序列，开始前 1 秒，开始后 2 秒）。基于先前的考虑，他们把重点放在了低中频率最高达 20 赫兹。

结果如何？让我们从大脑内的神经元同步开始。他们观察到每个受试者的不同电极之间的相位同步增加，如 PLI 所示。在节拍器节拍开始和首席吉他手演奏开始时，在 θ 范围（4—8 赫兹）内，他们观察到受试者大脑内不同电极活动之间的相位起始锁定，尤其是在前额－中央电极（fronto-central electrode）。因此，这项任务导致受试者大脑内不同电极之间的皮层同步增强。

213 不同受试者大脑之间的神经元同步又如何？每个受试者大脑内 PLI 的增加伴随着 IPC 的增加，IPC 是衡量两个受试者的大脑间相位一致性的指标。尤其是前额－中央电极在较低频率中显示出相位一致性的增加，即两个受试者在演奏旋律时大脑之间在 δ 频段（1—4 赫兹）显示出相位一致性增加。

神经活动的主体内和主体间测量是如何相互关联的？有趣的是，受试者内相位锁定（PLI）和受试者间相位一致性（IPC）呈显著正相关。PLI程度越高，IPC程度越高。这两种形式的神经元同步，即大脑内部和大脑之间是直接相关和相互依赖的。

经验发现Ⅱb：世界和大脑——时空对齐和知觉-社会同步

大脑内部和大脑之间的两种形式的神经元同步，是如何与意识相关的，例如，在对不同受试者的知觉中，神经元同步是否意味着知觉同步？林登伯格等人（Lindenberger et al.，2009）观察到，副吉他手的δ相位一致性的发生与首席吉他手演奏开始时间及其紧接演奏开始前的起始手势存在时间关系。简言之，不同受试者大脑间的神经元同步，与受试者间的知觉同步有关。

214 如今，也许有人会争辩说，不同受试者大脑之间的相位一致性与刺激的相似性（吉他手演奏相同曲子）有关，而不是与受试者之间的同步有关。为此，他们的团队做了另一项研究，他们让吉他手演奏同一首曲子的不同片段，这次是一首古典曲子，一首早期作曲家的回旋曲（见 Saenger et al.，2012）。通过让不同的吉他手演奏相同或不同的片段，研究者们就可以控制刺激和任务的相似性或同一性。这让他们能够区分刺激相关效应（stimulus-related effects）和大脑相关效应（brain-related effects）。

刺激相关效应所涉及的不同受试者神经活动之间的神经相似性，与受试者暴露于相同刺激有关。相反，大脑相关效应所涉及的不同受试者神经活动之间的神经相似性，与大脑自身相关。这些效应反映了大脑自发活动的积极贡献，而不是暴露于相同的刺激物（例如，刺激诱发活动）。桑格尔等人（Saenger et al.，2012）的研究很好地控制了刺激相关效应。他们的研究包括32名吉他手，进行了16次重叠的二重奏，并使用脑电测量他们一起演奏时的神经活动。

与之前林登伯格等人（Lindenberger et al.，2009）的研究不同，他们还对16对吉他手中的首席和副吉他手的角色进行了操作。与之前的研究一样，他们测量了受试者PLI和IPC（以及其他全脑测量指标，如小网络组织）。

他们的结果与之前的研究差不多。在准备期和演奏期，单个受试者大脑中θ范围内的电极间相位锁定（PLI）再次增加。此外，与之前的研究一样，这种受试者内相位锁定增加伴随脑间相位一致性增加。不同受试者大脑前额－中央电极之间存在相位一致性，尤其是在δ范围内具有较强的相位锁定或一致性。与先前的研究一样，这表明，与θ范围内的受试者内相位锁定相比，受试者间的相位一致性主要发生在较低的频率范围内，即δ范围内。

重要的是，研究结果显示了首席与副吉他手在两个指标上的差异，即相位锁定指数（PLI）和脑间相位一致性（IPC）。在准备期间，首席吉他手大脑显示了电极间θ相位锁定增加，而在副吉他手那里，这种增长发生在较晚的演奏期间。此外，与副吉他手相比，首席吉他手大脑间δ相位一致性（即IPC）尤其强。

这些差异表明，副吉他手神经元内部和神经元间的相位同步（即PLI和IPC）与首席吉他手的相位起始和一致性相关。由于副吉他手无法直接通达首席吉他手的大脑，前者必定在演奏的准备和初始阶段知觉到后者。因此，不同受试者大脑之间的神经元同步与首席吉他手与副吉他手之间的知觉同步是一致的。相应地，大脑之间的神经元同步与意识有关，因为它伴随着有意识知觉和行动。

215

人们现在可能倾向于认为，上述数据只涉及社会世界，而不涉及世界本身。这些数据只涉及作为社会世界部分的人的时空对齐，而不涉及独立于人的其他事件或对象的时空对齐。然而，在音调、音乐以及其他对象和事件相关的研究中也观察到了相移、神经元同步和跨频率耦合等同类型的时空对齐（Nang et al.，2014；Schroeder & Lakatos，2009，2010；Stefanics et al.，2010）。因此，总的来说，这些数据表明，时空对齐就是大脑神经活动如何将自己对齐于世界（包括社会和非社会世界）的基本原理（参见图8.1）。

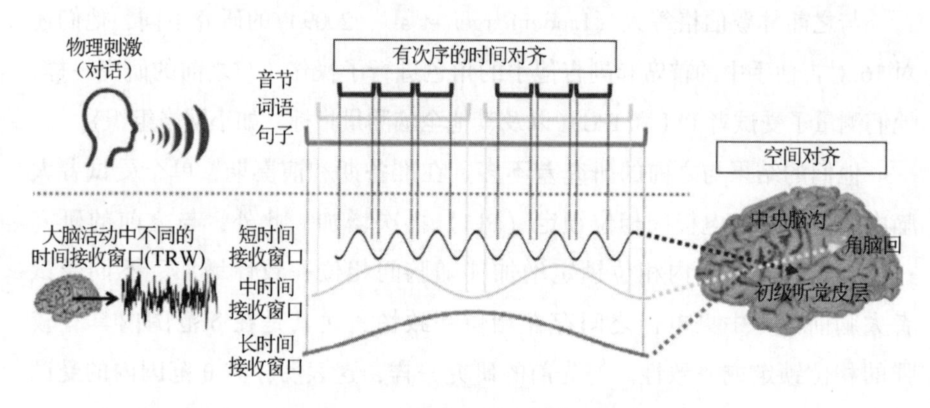

图 8.2　大脑与身体和世界的时空对齐

时空模型Ⅰa：社会认知与意识——注意图式理论

这些发现告诉我们关于意识的什么？人们可能倾向于认为，社会知觉和认知在意识中起着核心作用。许多研究者都提出过社会认知和意识之间的联系（Carruthers，2009；Frith，1995；Saxe & Kanwisher，2003；Saxe & Wexler，2005；Saxe，2006）。我在这里讨论其中最突出的理论，格拉齐亚诺（Graziano）的注意图式理论（attention schema theory），该理论连接社会和认知功能（Graziano，2013；Graziano & Kastner，2011；Webb & Graziano，2015）。

216

根据注意图式理论，意识是一种指向外部社会世界或自己内心世界的注意知觉模型。更具体地说，我们的大脑处理来自外部社会环境各种视觉刺激，它们相互竞争。比如说，如果刺激 B 赢了，我们就会注意刺激 B 而不是刺激 A，就像我们注意站在左边的人而不是站在右边的人一样。这是纯粹的注意，即社会注意。从这个意义上说，注意（attention）是刺激本身的一个特征或属性。然而，要意识到该刺激，还需要添加一些东西。注意图式理论认为，这个额外的过程是根据一个模型即注意图式，来重建对特定刺激的注意。

注意图式是对刺激 A 的注意的简化模型，它忽略了注意过程本身的许多机制细节。最重要的是，注意图式在重建和塑造对特定刺激的注意时包括自我（如身体），即注意图式包括刺激、对该刺激的注意本身和自我。这种对特定刺激的注意模型为我们提供了对刺激的注意的意识，然后我们将我们对刺激的注意与意识联系起来（这与“主观觉知”和“主观体验”同义，见 Webb & Graziano，2015，p. 4）。

在注意图式理论的背景下，意识的神经基础如何？格拉齐亚诺认为，颞上沟、颞顶交界区、颞上回等区域以及镜像神经元等特定神经元为意识提供了“社会知觉和注意的机制”。通过大脑及其“社会知觉和注意机制”重建他人对特定刺激的注意，我们就可以建立起他人注意模型。这转而使我们倾向于把意识归于他人。 *217*

人内心的心理状态也是如此。我们注意自己的内在状态，比如思想 Z。同样的神经基础“社会知觉和注意机制”，也重建了思想 Z 的注意模型，因此我们把意识归于我们自己。因此，内在和外在事件或对象的意识与潜在的神经基础“社会知觉和注意的机制”有关，即根据注意图式重建注意。

如今，有人可能想争辩说，在这个意义上，意识是注意的二阶呈现，这最终导致了从高阶的认知功能，比如高阶思想（Lau & Rosenthal，2011）或元认知（Bayne & Owen，2016；Carruthers，2009）构想意识的理论。然而，格拉齐亚诺及其“社会知觉和注意机制”的假设则反对这个观点。

的确，注意图式理论基于注意的二阶表征。然而，与认知方法不同的是，重建不是认知的、抽象的和语义的，而是感官的、知觉的和具体的。因此，注意图式提出了一种意识的知觉模型而不是认知模型。格拉齐亚诺（Graziano & Kastner，2011）将其与奈德·布洛克（Ned Block）的现象意识概念（Block，1996，p. 456）进行了比较，后者只有在我们通过报告认知地通达注意图式时才成立。

时空模型Ib：时空对齐和扩展 vs. 注意图式和社会扩展

注意图式理论及其将意识确定为社会注意模型（即注意图式）的主张如何与意识的时空对齐和扩展特征相联系？

格拉齐亚诺认为，注意是伴随着刺激而来的，我们只需要重建该注意。然而，在我看来，注意并不仅仅来自刺激本身。相反，根据拉卡托斯等人（Lakatos et al.，2008，2013）的研究发现，注意是来自大脑自发 *218*

活动与刺激的相位对齐的程度，也就是夹带程度，首要地引发和决定我们的注意。如果能够相位对齐从而很好地进行夹带，该刺激将产生高度的注意；相反，如果相移和夹带程度较低，对刺激的注意也会较低。上述对音乐家的研究结果也是如此（Lindenberger et al.，2009；Sänger，Müller & Lindenberger，2012）。在其中，对其他音乐家的意识和随后的注意可能是由脑-脑关系（即脑-脑耦合）所驱动的，这表现在他们的相位对齐和同步程度上。

这意味着什么？注意力可能是混合的，是大脑自发活动和刺激交互的结果，这种交互，正如相位夹带和时空对齐所表明的那样，是发生在时空而不是认知的基础上的。因此，虽然格拉齐亚诺描述了意识的中阶过程，但他似乎忽略了世界和大脑之间最基本的低阶过程，即时空对齐过程，它首要地使意识和随后的注意成为可能。

此外，通过忽略世界和大脑之间那些基本的时空过程（即世界-大脑关系），格拉齐亚诺逆转了意识和注意之间的关系：他似乎认为注意比意识更基本（另见 Prinz，2012），相反，在时空模型那里，意识起驱动作用，比注意更基本。因此，我认为注意主要是时空的，而不是感觉、知觉或认知的；对于这种注意的时空进路，需要在未来进一步研究和更明确地定义。

更一般地说，格拉齐亚诺忽略了大脑自发活动的时空扩展，从大脑扩展到世界（即时空对齐）。由于他忽略了时空对齐这一最基本的过程，因此，不得不设想意识是涉及社会知觉和认知的。他必须回到某些中阶的知觉和注意过程，以使通达他人的意识成为可能。所以，格拉齐亚诺所假设的是社会功能的扩展，而不是时空特征。我们可以称之为社会扩展，它主要是感觉和/或认知的，区别于主要是时空的时空扩展。

219

请注意，我并不反对社会扩展。我非常高兴地承认，社会扩展及其与意识的相关性，因为它得到了上述音乐家研究的有力支持。相反，我只反对社会扩展是意识的基础的假设。正如上述发现所证明的，我认为社会扩展基于并可追溯到时空特征，即大脑与世界的时空对齐。我认为大脑对世界的时空对齐是可能意识的必要条件（即先决条件）。因此，意识在默认情况下不仅是神经元的，同时也是生态的，更确切地说，是神经-生态的。

时空模型Ⅱa：时空对齐 vs. 基于内容的整合

我们如何在概念上更详细地描述时空对齐？首先，研究数据表明，世界和大脑之间有着直接的关系。它们之间的关系是时间和空间的：大脑将其自发活动对齐于它的环境背景的时间和空间特征。类似于身体和大脑之间的关系，因此我称之为大脑与世界的时空对齐。

身体和大脑的时空对齐，必须区别于它们其他形式的可能关系。世界和大脑在感觉运动、情感、认知和社会内容方面也有联系：大脑根据其功能，可以整合和产生感觉运动、情感、认知和社会内容，从而影响和调节世界（详见下文）。世界和大脑之间的关系由特定的内容所决定，即感觉运动、情感、认知或社交。由于这些内容是基于整合的，因此，我们称之为基于内容的整合（另见第七章）。

时空对齐必须与这种基于内容的整合区分开来。与整合不同的内容（即感觉运动、情感、认知和/或社交）不同，时空对齐是指大脑与世界时空特征的对齐。经验事实清楚地说明：大脑将自己自发活动的时间和空间特征与世界的时间和空间特征对齐。 220

时空对齐和基于内容的整合是如何相互关联的？我认为前者即使不是后者的必要条件，也提供了背景，基于内容的整合可能是以时空对齐为基础的。阿特维尔德等人（Atteveldt et al.，2015）的研究间接地证明了这一点：对内容的知觉依赖于背景音调（即有节奏性或无节奏）的结构，受背景音调的结构调节，从而导致了不同程度的时空对齐。

时空对齐和基于内容的整合有不同的运行位置。时空对齐以时间和空间方式跨越了世界和大脑的边界。与此相反，基于内容的整合仅限于大脑的范围内。然而，时空对齐并不是发生在大脑之外。相反，时空对齐构成了世界和大脑之间的连续体，即生态和神经元时空特征之间的连续体。因此，我们称之为神经－生态连续体。

时空模型Ⅱb：世界与大脑的神经－生态连续体

神经－生态连续体是什么？神经－生态连续体是一个经验概念，它描

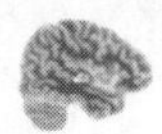

述了大脑神经元活动与世界生态活动之间的经验关系。而且，神经-生态连续体是基于时空特征而不是感觉运动的、认知的、情感的和社会的内容，神经-生态连续体首先是世界和大脑之间的时空连续体。

神经-生态连续体的经验性和时空性表明，它是有程度的：它不是非有既无的，而是在时空连续体中表现出不同程度的。因此，世界和大脑之间的关系，包括它们各自的时空特征，是动态和双向的。神经-生态连续体要么以牺牲世界的生态活动为代价，更强烈地向大脑的神经活动端转移，这相当于施罗德和拉卡托斯所说的“大脑活动的连续模式”。或者，另一种选择，神经-生态连续体可以更多地向相反的世界端转移，这是以牺牲大脑的神经元活动为代价的，相当于施罗德和拉卡托斯所说的“大脑活动的节律模式”。

221

从这个意义上说，神经-生态连续体使得大脑的神经活动和世界的生态活动之间存在大量基于时空的各种组合。在健康的大脑中，它的神经活动与世界的关系通常是平衡的，位于神经-生态连续体的中间位置。而在精神疾病中情况则相反，大脑神经-生态连续体不再平衡，它要么向大脑的神经端倾斜，要么转向世界的生态端（见图 8.2A 和图 8.2B）。

222

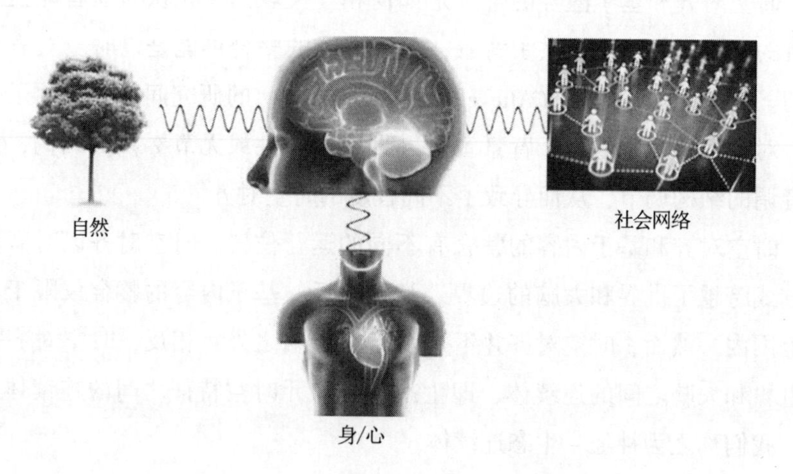

图 8.2A　在身体与世界之间的大脑

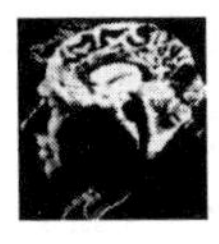

图 8.2B　神经-生态连续体和世界-大脑关系

例如，行为自闭症的特征是几乎完全脱离世界，它表现为社会隔离和对他人的漠不关心。这种行为与他们大脑的神经活动有关，即将神经元活动转移到神经-生态连续体的大脑的神经元极，而远离世界的生态（和社会）极（Damiano et al., submitted）。

在精神分裂症患者身上，我们也可以观察到类似的脱离世界的现象。这些病人往往表现出社会隔离，从而表现出自闭症行为。在神经元方面，他们的大脑不再能够将自发活动的相位起始对齐于外部刺激的起始（Lakatos et al., 2013），从而干扰了大脑神经活动与世界的时空耦合和对齐的能力（Northoff & Duncan, 2016）。在躁狂症病人那里情况是相反的，病人表现出极其强烈的指向外部世界的行为。他们大脑的神经元活动向神经-生态连续体的生态极转移（Martino et al., 2016; Northoff et al., 2017）。

因此，神经-生态连续体可以描述世界和大脑在神经活动和相关行为方面的平衡。由于这种平衡可以被时空特征刻画，即大脑与世界的时空对齐，我们就可以通过时空结构和组织来刻画这种平衡。这相当于我所说的意识的“形式”，意识的时空组织和结构（Northoff, 2013, 2014b）。因此，意识的“形式”概念即意识的第三个维度，补充了作为意识的其他维度的内容和水平/状态（第七章）。 *223*

时空模型Ⅱc：世界与大脑的关系——世界-大脑关系

神经生态连续体的特征是，大脑神经活动中神经元和生态特征之间的平衡。因此，大脑的神经活动既不是纯粹的神经元活动，也不是纯粹的生态活动，而是一种混合活动。在更一般的层面上，大脑神经活动的混合神经-生态性质意味着它将世界和大脑联系起来，相当于我所说的世界-大脑关系。

我说的世界-大脑关系是什么？第一，世界-大脑关系的概念在这里是从经验意义上理解的。它表示大脑在与世界交互时对世界的时空对齐所构成的世界和大脑之间的关系。音乐家之间的知觉-社会同步的例子就是一个经验例子（Lindenberger et al.，2009；Sänger et al.，2012），在神经元方面，它可以追溯到特定的神经元机制，如相位一致性等（见上文）。

除了经验意义外，我们还可以从本体论意义上来理解世界-大脑关系。这就是说，世界-大脑关系不仅涉及特定的经验机制，如时空对齐，而且还涉及存在和实在。在第九章中，我将通过世界-大脑关系来描述大脑的存在和实在。

第二，世界-大脑关系的概念，如本章下文从经验意义上理解的，描述了世界和大脑之间的双向或相互作用。大脑必须表现出运用和招募某些神经元机制的能力或倾向（例如，时空对齐），使其神经活动对齐于世界的随机结构。更一般地说，大脑必须倾向于发展一种神经活动的可能节律模式（区别于连续模式，见上文）。

224

同时，世界本身必须显示出某种时空结构（详见第三章），大脑及其神经活动可能与之对齐。例如，如果音乐家们不演奏任何形式的节奏结构，音乐家们的大脑之间在时空上的对齐仍然是不可能的。因此，除了大脑对节律模式的倾向外，世界本身也倾向于让大脑的时空对齐成为可能。因此，我通过大脑和世界的双向互动来描述世界-大脑关系的概念。

第三，通过双边互动对世界-大脑关系的刻画，我们将概念焦点从世界和大脑本身转移到了它们的关系概念上。世界-大脑关系的概念是指世界和大脑之间的关系，而不是独立于它们关系的世界和大脑本身。当我在经验（本章）和本体论（第九到十一章）的语境中谈到世界与大脑的关系时，我的重点是这种关系，而不是世界和大脑本身。具体地说，世界与大脑的关系既不能还原为世界，也不能还原为大脑：它们的关系使世界与大脑在一个共享的时空框架中（即关系的时间与空间中）得以整合、嵌套与包含（第九章）。

时空模型Ⅲa：世界－大脑关系——大脑在世界中的时空嵌套

我们如何理解世界与大脑的关系（即世界－大脑关系）？世界－大脑关系主要是时空的。世界和大脑的不同时空尺度或范围在它们的关系中是相互联系和整合的。具体地说，大脑较小的时空尺度或范围对齐于世界中更大的空间尺度或范围：前者（即大脑）因此嵌套在后者（即世界）中。因此，我们可以将世界与大脑的关系描述为时空嵌套（spatiotemporal nestedness）。同样地，在一组俄罗斯套娃中，较小的娃娃被嵌套在下一个较大的娃娃中，因此，大脑被嵌套在世界中。

不同的时空尺度是如何相互关联的？我们在大脑自发活动的例子中看到，纯粹经验地说，较慢频率的相位耦合、包含或嵌套较快频率的振幅，这被称为跨频率耦合（第七章）。把不同的频率放在一起会产生一个复杂的时间结构，其中较慢的频率包含或嵌套下一个较快的频率。因此我们可以说慢－快嵌套，或说时空嵌套，这表明了大脑自发活动内从慢到快的某种方向性。

225

我现在假设，在世界和大脑的关系中有一个类似于慢－快嵌套时空嵌套。世界的频率比大脑慢得多，比如地球的地震波。因此，那些较慢的频率嵌套并包含了大脑较快的频率。从时空机制来说，大脑嵌套并包含于世界中。所以，我所说的是世界－大脑关系，而不是大脑－世界关系（详见下文）。

上一章中，我们已经解释了时空嵌套的概念：它描述了单个刺激或任务的较小时空尺度或范围，是如何整合或嵌套于大脑自发活动相对较大的时空尺度或范围内的。从这个意义上说，时空嵌套必须在纯粹的神经元意义上理解为局限于大脑的边界。

在这里，我将同样的概念从大脑的边界扩展到大脑与世界的关系。时空嵌套已不再是单纯神经元的，而是神经－生态的，指的是世界和大脑之间的神经－生态连续体。这样的神经－生态连续体包含了不同时空尺度或范围之间的联系和整合从而相互嵌套的程度，大脑较小的时空尺度与更大世界整合和嵌套得越好，神经－生态连续体就更连续。

时空模型Ⅲb：世界-大脑关系——大脑神经活动的三重时空扩展

在这样的神经生态学意义上，时空嵌套跨越了大脑和世界的边界，包括它们各自的时空尺度。当与世界更大的时空尺度或范围对齐并包含时，226 大脑及其神经活动就超出了它们各自的范围。因此，我称之为大脑向世界的时空扩展，它就可以用三种方式来理解。

首先，时空扩展描述了大脑的自发活动如何将单个刺激或任务扩展到它们自己的时空尺度，即刺激或任务的持续时间和广延之外（第二、五和七章）。这在经验上可以被描述为静息-刺激交互，在概念上可以被表述为静息-刺激关系（第二章和第七章）。

其次，我指出了身体及其时空尺度如何使大脑的自发活动超越自身并扩展到身体。我们在经验上所描述的大脑与身体的时空对齐使得这成为可能，在概念上，我们称之为身体-大脑关系。第三，透过大脑与世界的时空对齐，我们现在拥有了大脑自发活动向世界的扩展。经验上，我们可以用大脑与世界的时空对齐来解释，概念上，我们称之为世界-大脑关系。

总而言之，我们可以将它们称为三重时空扩展：大脑的刺激诱发活动是由大脑的自发活动扩展的（第一次扩展），而大脑的自发活动又是由它与身体（第二次扩展）和世界（第三次扩展）的时空对齐而扩展的。这种三重时空扩展允许大脑、身体和世界之间的时空嵌套：大脑刺激诱发活动在时空上嵌套在大脑的自发活动中，大脑的自发活动在时空上嵌套在身体和世界内（即世界-大脑关系）。

时空模型Ⅲc：世界-大脑关系——三重时空扩展与意识

为什么大脑的三重时空扩展与意识有关？本章（和上一章）中的数据表明，大脑的自发活动在身体和世界中的嵌套程度强烈地影响着意识。这就是说，大脑的自发活动与身体和世界的时空结构对齐程度越高，相应的刺激或内容与意识相联系的可能性就越大。

因此，我认为，大脑对世界的时空对齐以及随后的三重时空扩展是意识的一个必要条件，即意识的神经前提。如果没有大脑自发活动与身体和世界的时空对齐，我们就无法再将意识与刺激及其内容联系起来。上述数据支持了这一点。此外，这与时空对齐中断时导致意识丧失的数据是一致的（第四章）。一旦大脑及其自发活动不再从自身扩展到身体和世界，意识就变得不可能了，这就是我们所说的意识障碍（第四章）。 227

从更加概念的层面来看，这意味着世界－大脑关系（以及身体－大脑关系）是可能意识的必要条件（即一种预置/倾向），而失去世界－大脑关系意味着失去意识。需注意的是，即使在没有意识的情况下，世界和大脑仍然存在。相反，世界和大脑之间的特定关系才是意识存在的核心。

因此，即使世界和大脑都存在，世界和大脑之间关系的缺失也会导致意识的缺失。正是这种关系本身（世界与大脑关系），而不是世界与大脑本身使意识成为可能。当我说世界－大脑关系是意识的必要条件时，就是说，世界－大脑关系就是“意识的预置”。

如上所述，关系的概念可以从经验意义和本体意义上理解。在整个这一章中，我从经验意义上理解了关系概念，其特征是特定的经验机制，如大脑与世界的时空对齐，而稍后（在第九到十一章中），我将从经验领域转向本体论领域。在本体论上，世界－大脑关系中的关系概念指存在和实在，就如结构实在论中存在与实在的基本单元。更具体地说，我将提出，世界－大脑关系解释了大脑的存在和实在（第九章），这转而又使意识的存在和实在成为可能（即倾向性）（第九章）。

时空模型Ⅲd：世界－大脑关系还是大脑－世界关系？ 228

考虑到它们相互作用的双向性质，人们现在可能想知道，我为什么要谈论世界－大脑关系而不是大脑－世界关系。毕竟，大脑向世界的时空对齐，指出了相反的概念，即大脑－世界关系。如果这样，我们就忽略了世界和大脑在时空尺度或范围上的差异。大脑显示的时空范围比世界小得多，世界包括更大的范围（例如，超声波频率和前面提到的地震波的极慢频率）。因此，世界－大脑关系的概念跨越和整合了不同时空尺度。然而，这并不能构成我更倾向于世界－大脑关系概念，而不是大脑－世界关系概念的理由。

我用时空嵌套和扩展来描述世界与大脑的关系。两者都意味着方向性（即时空方向性）。较快的频率嵌套在较慢的频率中，这允许后者扩展前者。因此，较慢的频率必须倾向于允许较快频率的嵌套和扩展：没有较慢的频率，时空嵌套和扩展是不可能的。在世界和大脑之间的关系中，我们现在可以观察到一种类似的时空方向性：世界显示出较慢的频率，从而使大脑的较快频率成为可能，大脑因此嵌套并包含在世界中（即世界－大脑关系）。

相反，如果用大脑－世界关系的概念来描述世界和大脑之间的时空关系，就是简单地反转时空的方向性：大脑的较快频率将包含或嵌套世界的较慢频率。诚然，大脑－世界关系的概念完全可以从概念逻辑的角度来理解。然而，经验事实不支持大脑－世界关系逆转的时空方向性（即在更快的频率中嵌套着较慢的频率），也就是说，这在经验上是不合理的。因此，从纯粹的时空角度来看，我认为世界－大脑关系的概念在经验上比大脑－世界关系更合理。

世界－大脑关系和大脑－世界关系的概念除了具有经验的合理性外，还可以被意识和认知的不同角色所刻画。我认为，世界－大脑关系是意识的一个必要的经验（本章）和本体论（第十章）条件，世界－大脑关系是意识的神经和本体论预置。因此，简言之，我认为世界－大脑关系，包括它的时空特征，无论是在经验上还是在本体论上，都是意识所必需的。

229

相反，我不认为大脑－世界关系与意识有类似的关联。大脑－世界关系不是诱发意识的核心，而是感官、运动、认知、情感和社会功能，以及随后的基于大脑对世界的知觉和认知的核心。因此，我认为，大脑－世界关系使认知，而不是意识成为倾向。如果我们现在用大脑－世界关系来代替世界－大脑关系，就是混淆了意识和认知。

正如前面（第三章和第六章）已经讨论过的，意识不能被还原为特定的内容和我们对这些内容的认知。意识不能还原为诸如注意、工作记忆或高阶认知功能等认知功能或完全被这些功能所解释，也进一步证实了这个结论（Lau & Rosenthal, 2011；Prinz, 2012；Tsuchiya et al., 2012）。虽然这些不同的认知功能可以很好地解释意识的认知成分，即报告意识的内容

(第七章)，但它们不能解释这里所针对的意识的现象特征（第七章）。在目前的背景下，我认为大脑－世界关系可以很好地解释人类的认知特征，而世界－大脑关系是意识的现象特征所必需的。

时空模型Ⅳa："四 E"——具身与身体－大脑关系

关于身体和世界在意识中的作用有许多概念（即哲学的）讨论，这可以用"四个 E"来刻画，即具身性（embodiment）、生成性（enactment）、延展性（extendedness）和嵌入性（embeddedness）。我将在目前的时空语境中简要地讨论这"四个 E"，但不作详尽的阐述。

让我们从具身性开始。身体和具身性的倡导者现在可能想知道身体的作用。毕竟，大脑是身体的一部分，身体把我们"定位"在这个世界上。230 因此，在意识中，身体将承担比世界更重要的角色。这很符合当代哲学讨论中的具身性（Gallagher，2005；Rowland，2010）和生成性（Noe，2004；Rowland，2010）。

时空模型如何解释看似特殊的身体角色？我们在上面看到，在时空对齐、嵌套和扩展方面，身体和世界没有主要的区别。在这两种情况下，同一种机制，即时空对齐，允许大脑超越自身到身体和世界的时空扩展，其结果是大脑嵌套在两者之中。这表明，与世界相比，身体没有什么特殊的作用。

然而，在程度上是有区别的。身体是持续存在的，对大脑的时空对齐呈现出更加稳定和持续的特征。相比之下，世界则更加不稳定和没有持续性。因此，大脑与身体的时空对齐程度可能比它与世界的对齐程度强得多。此外，世界包含了比身体和大脑更大的时空范围。时空差异越大，大脑与世界对齐的难度就越比它与身体对齐的难度大。因此，只有在例外情况下（例如，在极端的冥想中，将认知和身体从与大脑神经活动的联系中分离出来时；见 Tang et al.，2015；Tang & Northoff，2017），大脑与世界的时空对齐才可能会凌驾于它与身体的时空对齐之上。

时空模型承认身体和世界之间的差异。然而，身体和世界之间的差异仅仅是定量的，因而是经验的。大脑与身体和世界的时空对齐程度存在差异。时空模型认为身体只是在定量上、经验上与世界不同。相反，世界和身体之间，尤其是涉及意识方面，没有定性的和最终本体论的差异（关于本体论问题的更多细节，见第十章和第十一章）。

231 这对身体－大脑关系和世界－大脑关系的概念之间的关系有重要的意义。我将身体－大脑关系的概念纳入了更基本的世界－大脑关系的框架下：身体是世界的一部分，它与大脑之间存在时空对齐、时空嵌套和扩展关系。因此，这里所理解的世界－大脑关系的概念包括身体－大脑关系的概念。身体－大脑关系所描述的具身性概念从而可以归入世界－大脑关系的概念范畴。

时空模型Ⅳb："四E"——嵌入与时空脚手架

人们现在可能想知道，时空扩展的概念是如何与当前哲学讨论中使用的延展性、嵌入性和生成性概念相联系的（Clark，1997，2008；Clark & Chalmers，2010；Gallagher，2005；Lakoff & Johnson，1999；Noe，2004；Rowland，2010；Shapiro，2014；Thompson，2007；Varela et al.，1991）。具体地说，有人可能会认为，我所说的"时空扩展"是由嵌入性、延展性和生成性的概念表达和涵盖的，因此，我最好使用后者而不是我自己的概念。相反，我将证明两者是相容的，而且嵌入性、延展性和生成性的概念需要用时空术语来描述。

嵌入性指的是什么？嵌入性的概念指出意识和认知依赖于各自的情境。环境中的某些事件或对象可以是意识的来源，以最小化大脑的负荷，因此，世界为意识提供了一个"外部脚手架"（external scaffolding）（Shapiro，2014）。在预设外部脚手架的前提下，嵌入性意味着意识可以在关系中来理解，它允许内部状态和外部事件或对象之间的关系。

时空模型假设，这种脚手架在时空上是可能的。世界及其各种对象或事件提供了某种时空结构，就像音乐一样。我们的经验例子（Lindenberger et al.，2009；Sänger et al.，2012）表明，大脑的自发活动可以在时空方面与音乐的节奏结构对齐。反过来，这使得大脑的内部状态与外部事件或世界中的对象（即音乐片段）联系和构建起来成为可能。

232

因此，我将脚手架概念理解为"时空脚手架"（spatiotemporal scaffolding)。“时空脚手架”概念指世界的时空特征是那些大脑可以与之对齐的特征，而这些特征又使得人们可以利用世界及其各种对象和事件构建“外部脚手架”。只有当世界和大脑之间存在某种关系（即世界－大脑关系）时，“时空脚手架”才有可能。没有大脑与世界及其各种物体或事件的时空对齐，任何形式的外部支架都是不可能的。因此，我认为，基于时空对齐的世界－大脑关系是“外部脚手架”和嵌入性的必要条件。

时空模型Ⅳc：“四E”的延展/生成与时空扩展

时空扩展的概念也与延展性和延展心灵的概念相当一致（Clark，2008；Clark & Chalmers，2010）。例如，意识可以很好地延展到外部内容，而不是自己的内部内容。例如，在专业钢琴家的意识中，钢琴及其琴键可能成为身体的一部分。当我们听有节奏的音乐时也是如此，有节奏的音乐成为我们意识的一部分。因此，意识是分布式的和社会化的，而不是非分布式的、区域的或是神经元的。

这种延展性是如何可能的？上述吉他手的经验例子显示了这样的延展性：单一音乐家及其演奏超越了该音乐家及其大脑延展到其他音乐家及其大脑内（Lindenberger et al.，2009；Sänger et al.，2012）。这是通过大脑之间自发活动的时空对齐来实现的。由于大脑的自发活动与世界时空对齐并扩展到世界，意识变成分布式的和社会化的，正如延展性概念中所描述的那样。

233

从这个意义上说，意识被延展，因而默认是分布式的和社会化的：世界－大脑关系的时空对齐和扩展是意识的必要条件，没有这种关系，意识就不可能实现。因此，意识的延展性不是意识偶然的次要特征，而是一个必要的、最基本的特征，它是建立在世界－大脑关系的基础上的。意识的时空模型不仅与延展性完全兼容，而且在经验和概念上证明延展性对意识是必要的。大脑向世界的时空扩展以及由此产生的延展性必须被视为意识的必要条件（即它们为意识做了预置）。

生成性概念（Noe，2004；Thompson，2007；Varela et al.，1991）也指出了世界的核心重要性。超越身体，世界也被认为是构成意识的核心。具体地说，正是我们与世界联系的方式，从而在我们的行动和感知中生成世界，是使可能的感觉和最终的意识成为可能的首要条件。通过生成世界，我们把世界变成了我们的环境，就是所谓的“生活世界”（Merleau Ponty，1963，p. 235）。

生成性概念与意识的时空模型如何联系起来的？生成性概念的支持者是对的，我们和我们的大脑正在生成这个世界。然而，这种生成性概念不应该从字面意义上，即行动和知觉意义上来理解。从时空的角度来理解生成性概念可能会更好：我们的大脑将自己与世界中的时空结构对齐，通过这种方式，它构成了一个神经－生态连续体，进而使意识成为可能，使我们随后能在该世界中感知和行动。

因此，讨论时空化可能比生成性更好：通过以时空的方式将自己与世界对齐，大脑便将世界的时空特征与自己以及我们的身体联系并整合起来，从而生成世界。因此，大脑通过将世界的时空特征与我们大脑的神经元活动及其自身的时空特征相联系和整合，为我们将世界时空化（Northoff，2014a）。因此，我认为时空对齐是可能生成的必要条件。

234

时空模型Ⅳd：“四 E”——世界概念与包括论证

人们现在可能想知道，我所说的“世界”概念到底是什么。除了其他意义外，人们还可以从经验、现象学和本体论的角度来理解“世界”一词。世界的经验概念包含我们所观察到的世界，这个世界在经验研究中被预设，就像在神经科学中一样。在现象学意义上所理解的世界就是我们在意识中所体验到的世界，这就是现象学所指的世界。最后，世界的概念也可以从存在和实在的本体论的角度来理解，因为它独立于我们包括我们的大脑。

世界的概念，如本节所理解的，界定了经验和本体论领域之间的边界。它超越了纯粹的观察和经验意义，因为它独立于我们的观察构想世界。例如，在我所说的“生态的”（ecological）一词中就体现了这个较广的含义，它包括社会和非社会特征。这样的世界概念延伸到世界的本体论意义，即独立于我们的世界的存在和实在本身。第十章和第十一章将充分讨论这个观点。

这里所理解的世界概念并不等于现象学意义的世界，也就是我们在意识中体验世界的方式。否则，这样会混淆可能意识的必要条件和意识本身的现象特征：世界－大脑关系是可能意识的必要条件，它排除了意识本身对它的刻画。因此，世界－大脑关系中的世界概念并不是指现象学意义上的世界。为了让读者更详细地理解世界的概念，我推荐读者参见第十一章以及第十二到第十四章。

235

我们现在讨论包括论证（argument of inclusion）的第二部分，即需要把世界纳入我们的意识模型。我们记得，包括论证指出，在我们的意识模型中，需要同时包括身体和世界。时空模型可以很好地包括世界，使它成为意识的中心角色，即世界对于意识的作用比大多数其他的解释（包括神经科学和哲学的观点）要强得多。时空模型不只是将世界作为一个额外的调节因素（即作为背景或外部脚手架）来包括，而是假设世界与大脑的关系（世界－大脑关系）是意识的必要条件。

我们如何才能证实这个假设：从世界与大脑的关系来看，世界是可能意识的必要条件。经验数据表明，这在经验上是成立的：大脑神经活动与世界的时空对齐构成的神经－生态连续体是意识的神经预置（NPC）（Northoff，2013，2014b；Northoff & Heiss，2015）。类似地，在本体论层面上，世界－大脑关系可以被视为意识（可能存在和实在）的本体论预置（第十章）。

最后，时空模型不仅可以解释对身体与世界的包括，而且可以解释它们在意识中的密切关系。通过在身体－大脑关系和世界－大脑关系中假设一个相似的机制（时空对齐），大脑、身体和世界连成一体，彼此紧密相连。同样地，在时空嵌套中我们也可以观察到这种联系，它包括并贯穿于大脑、身体和世界这三者。

结论

意识是否局限在大脑的范围和边界内？神经学家指出了大脑的中心作用，而哲学家则强调了身体和世界在意识中的作用（当假定延展性、具身性、生成性和嵌入性时）。本章旨在用意识的时空模型调和这些看似矛盾的立场。我回顾了各种经验发现，它们表明，大脑及其自发活动如何将自身对齐于身体和世界的时空特征。因此，我称之为大脑与世界的时空对齐（将身体包含在世界概念下），从而使得一个基于并对应于世界-大脑关系的神经-生态连续体成为可能。

世界-大脑关系（身体-大脑关系是其中的一个子集）描述了世界和大脑之间的时空关系与神经-生态连续体。大脑较小的时空尺度嵌套在身体较大的时空尺度内，而身体较大的时空尺度本身又嵌套并包含在世界更大的时空尺度内。因此，世界-大脑关系就是我所说的时空嵌套。

236

实验结果表明，世界-大脑关系及其时空嵌套是意识的必要条件，它预置了意识。因此，我得出结论，意识的时空模型可以很好地阐明包括论证，因为，它使大脑、身体和世界整合成一个融贯的框架，即时空框架成为可能。而这种基于时空的大脑、身体和世界的整合，也使从经验层面过渡到本体论层面成为可能，这将是本书第三篇（第九至十一章）的重点。

第三篇

世界－大脑问题

第九章　本体论 I：从大脑到世界 - 大脑关系

导言

背景与论证

在第一至第四章中，我主要在经验语境下讨论了不同的大脑模型。在 239
第四至第八章中，我提出了一个意识的时空模型以对大脑模型进行补充。意识的时空模型强调了世界 - 大脑关系的核心作用。然而，世界 - 大脑关系是如何刻画大脑与意识的存在和实在的，尚未明晰。

在神经科学中，大脑通常被视为经验观察的对象。与之相反，在哲学中，大脑本身不被看作研究对象。例如，有别于"心灵哲学"（Searle，2004），目前没有成熟建立的"大脑哲学"（Northoff，2004）。不同于心灵，大脑在认识论和本体论中还没有得到仔细考察。在此，我打算不再走传统道路，不再从心灵出发，而走相反的道路——提出一种大脑的本体论。这种大脑的本体论可以作为下一步建立意识的本体论的基石（第十章）。

本章的主要目标是提出一种经验上合理的大脑本体论，也就是说，它要与本书第一二部分讨论过的经验数据相一致。我将用结构实在论（structural realism，SR）所诠释的关系和结构来为大脑的存在和实在提供本体论定义。值得注意的是，我在特殊意义上使用"本体论"概念，它的意义将在该导言的下一节中作简要概述。

240　我将在本章第一部分提出大脑的结构实在论。因此我将讨论两组反对大脑结构实在观的论证——个体化论证和时间与空间论证，并将反驳它们。我通过反驳它们来维护和支持我透过世界-大脑关系提出的大脑结构实在主义本体论主张。我们必须将这种大脑结构实在论与由物理或心理属性等元素决定的传统本体论相区分。

本体论的定义

我说的“本体论”是什么意思呢？本体论是关于是/存在（being）的研究，它涉及存在和实在范畴。在这种意义上本体论通常被归入形而上学，或者被或多或少地看作等同于形而上学，即“是”（being）的问题（Tahko, 2015; van Inwagen, 2014）。然而，在此我不会采取这种立场。我将仔细地区分本体论和形而上学——本体论不像形而上学那样把存在和实在理解为仅仅是更一般的“是本身”的实例。

一个区别性特征是，我用经验数据支持我的本体论假设，但这通常在形而上学中如分析形而上学（MacLaurin & Dyke, 2012）和元形而上学（Tahko, 2015）中被拒斥。因此，与形而上学不同，本体论在此不被理解为纯粹在先验的、分析的和概念的基础上的操作。取而代之，我对本体论的使用包括后验的、综合的和经验的元素，这些元素与传统的先验、分析和概念策略相联系和耦合。不过，这并不等同于还原的方法论策略（例如，并不像英美神经哲学那样；Churchland, 1986, 2002）——我关注的是经验领域与本体论领域之间的联系和转换（Northoff, 2014）。

本体论与形而上学的明确区分意味着我仍然停留在现象的而非物自体的（noumenal）领域中（在康德意义上理解；Kant, 1781/1998，详见第十三章）。形而上学以物自体领域为目标，而本体论在本书的理解中仍然属于现象领域。因此，形而上学与本体论之间的区分类似于物自体领域与现象

241　领域的区分。我感兴趣的只有现象领域，也就是我们所生活的世界，亦即大脑作为世界的部分如何与这个世界相联系（即世界-大脑关系），从而产生意识等心理特征。

我说的“世界”概念到底是什么意思呢？我通过空间和时间来确定“世界”概念的现象意义。我们所生活的世界本质上是时空的。时空决定世界，但时空的确切本性是个问题。因此，在这一章，我将致力于发展和勾勒出一个适当的时间和空间概念——这不仅对确定世界概念很重要，也对确定作为同一世界的基础部分的大脑的存在和实在以及它的时空极为重要。我愿意对与现象世界及其时空特征相对的（康德意义上的）物自体领域的探索保持开放态度，即对在我们世界背后的是什么以及它的世界－大脑关系是怎样的探索保持开放态度——这是一般形而上学领域，尤其是关于心灵和身心关系的形而上学领域所关心的（详见第十三章）。

我的本体论概念必须区分于所谓认知本体论（Poldrack & Yarkoni，2016；Smith，1995）。简单来说，认知本体论以人类认知的特征（而非语言）为起点描述存在和实在。有别于这种认知本体论，在这里我不认为认知是本体论的起点——因此我提出时空本体论。

这种时空本体论凭借时空的方式即世界－大脑关系将大脑整合于世界中。于是，大脑的本体论与时空本体论紧密耦合，它们二者都位于形而上学与认知本体论的中间地带。

最后，我将简要地谈到大脑观念本身。在此提出的大脑本体论关注的是作为整体的大脑。对作为整体的大脑的关注必须与关注大脑特定部分和功能的认知本体论中有关特定心理和认知功能的分类法区分开来（Poldrack & Yarkoni，2016）。因此，我将我的大脑本体论决定与它的认知功能和心理学特征（即意识）区分开来，也与大脑的特定部分区分开来。本章本体论的关注焦点仅限于作为整体的大脑和它与世界的关系即世界－大脑关系，它先于且独立于大脑不同部分或区域以及它们各自的认知和心理特征。

242

第一部分：大脑的本体论——结构实在论

结构实在论Ⅰa：关系在本体论上优先于元素

什么是结构实在论（SR）？SR强调关系和结构的重要地位。SR要么强调关系者都包含于关系中（温和的 SR；Beni，2017；Esfeld & Lam，2008，2011；Floridi，2008，2009，2011），要么主张完全消除关系者，只保留关系（消去论的 SR；French，2014；French & Ladyman，2003）。SR 主要是在物理学语境下被讨论（Esfeld & Lam，2008，2011；French，2014；French & Ladyman，1998），但最近也被应用于信息（Floridi，2008，2009，2011；也参见 Beni 的回应，2017；Berto & Tagliabue，2014；Fresco & Staines，2014；Sdrolia & Bishop，2014）、认知科学（Beni，2016）、大脑（Beni，2016）以及第二性质（Isaac，2014）等语境。SR 有认识论和本体论两个版本。认识论结构实在论（ESR）是较温和的版本，它主张我们所能知道的是结构和关系。更重要的是，ESR 不做出本体论假设。但 ESR 会带来一个问题：我们所知道的是否真的与独立于我们自身的本体论存在和实在相符合（即本体的结构实在论，OSR）。

结构实在论强调关系和结构概念。我们如何定义关系和结构概念？让我们从确定关系概念开始。我们可以区分两种确定关系的方式。在第一种情况下，关系被认为由诸如心理或物理属性等不同元素之间的组合和联系构成。

在这种情况下，存在和实在最终都能回溯到基本元素而不是关系本身——这预设了我所说的基于元素的本体论，并假定了心理或物理属性等特定属性（或实体）。尽管基于元素的本体论考虑了关系概念，但它仍然主张元素的优先性，关系在本体论上最多是次要的。这是最传统的本体论形式。

243 然而，这并非 SR 所预设的关系概念。在 SR 中，关系本身构成了实在与存在——关系在本体论上优先于元素，元素在本体论上处于次要地位。SR 主张关系本身构成存在与实在，因此是本体论上最基础的。传统上基于元素的本体论在此被我所刻画的基于关系的本体论所取代。基于关系的本体论可以被刻画为关系在本体论上优先于元素——我将论证这样的关系本体论是描述大脑的存在和实在的核心。

结构实在论Ⅰb：温和的本体的结构实在论与结构

本体的结构实在论（OSR）如何理解关系和元素或关系者之间的关系？

不同版本的OSR，例如非消去或者说温和版本与消去版本，对它们的理解是有差别的（Esfeld & Lam，2008，2010）。消去版本的OSR主张关系本身是存在和实在的唯一基础和根本，关系者不再具有任何作用（详见，例如，French & Ladyman，1998；Ladyman，2014）。

相反，非消去或温和版本的OSR则主张关系者仍发挥作用，但不能将它们及它们的属性定义为独立于彼此间关系的——因此关系者不再拥有内在属性（Esfeld & Lam，2008，2010）。在此我假定温和版本的OSR就是主张关系者本身不具有能够定义它们的存在和实在的内在特征（如独立于关系的元素或属性）的OSR。同时，关系者仍然有除关系本身外的作用：与传统基于元素的本体论不同，关系者之间的差别（像世界和大脑之间）不是追溯到关系者本身的内在属性（即世界和大脑内部），而是追溯到它们之间的关系（即世界－大脑关系）的。

如何理解结构概念？结构概念可以被确定为不同关系的组合和组织。这可能与不同程度的时空扩展有关。结构概念描述了不同的关系，包括它们不同的时空扩展，彼此之间相互联系，从而有组织。简言之，结构涉及关系的组织（结构的详细定义见第十一章）。 *244*

结构的一个经验例子是大脑自发活动和它的时空结构。例如，单一频率（如10赫兹）跨时间的波峰和波谷之间的关系（即差异）。该频率以及它基于差异的关系耦合于其他频率（如0.01赫兹；即跨频率耦合［CFC］；详见第一章）——CFC组织着不同频率从而在大脑自发活动中提供结构。值得注意，当前语境下的结构无关于经验上描述的解剖结构和不同脑区。在此，我们以严格的功能含义理解结构，它决定着不同的部分（经验上体现为单一脑区的神经活动由它们的功能连接决定）。

在这个意义上，结构概念需区分于累加（aggregate）概念。累加概念指无组织的单纯叠加或者不同元素或关系的集合。例如，一个大脑不同频率之间（即基于差异的关系）不再相互耦合（即没有CFC）。在该大脑之内，仍然存在关系，但不再有结构；例如，在植物状态、睡眠或麻醉状态等丧失意识的例子中就是如此（详见第五章）。

结构实在论Ⅱa：温和的结构实在论与大脑——基于差异的编码

我们如何将结构实在论运用于大脑？我将论证大脑的存在和实在可以由关系，更具体地说，由世界－大脑关系定义，而不是由大脑自身的元素或属性定义。我们需要理解大脑的编码策略（即基于差异的编码）以及它的本体论意蕴。

我用基于差异的编码来刻画大脑的编码策略（详见第二章）。简言之，基于差异的编码是指将不同刺激之间的统计差异编码为神经活动。从这个意义上说，基于差异的编码必然区分于基于刺激的编码，基于刺激的编码是指把独立于其他刺激的单个刺激编码为神经活动。如第二章中讨论过的经验证据就支持基于差异的编码而非基于刺激的编码（亦可见 Northoff, 2014a）。因此，我把基于差异的编码看作大脑的编码策略，它构成和塑造大脑的神经活动，包括刺激诱发活动和自发活动。

245

基于差异的编码在大脑存在和实在的本体论方面意味着什么？到目前为止，我只是在纯粹经验的意义上考量基于差异的编码。基于差异的编码作为随机编码策略依赖于与我们的大脑模型相关的观察（即间接观察）（见第二章）。从这个意义上说，基于差异的编码似乎没有任何关于大脑存在和实在的本体论意蕴。这与我将在下文中讨论的不同。

大脑的存在和实在可以被它的神经活动定义。如果没有神经活动，大脑就会被认为是死的。从经验上说，如果一个人在脑电图中观察到一条零线，他会说这种情况是“脑死亡”（见第五章；Northoff, 2016a，b）。尽管仅作为解剖学上的灰色物质（即物理实体）的大脑仍然存在，但神经活动的丧失也伴随着大脑的丧失。在功能意义上，大脑的存在与实在由其神经活动的存在而非它作为灰质或物理实体的存在决定。

这种对大脑的存在与实在的定义与基于差异的编码有什么关系？大脑的存在与实在由神经活动决定。神经活动以基于差异的编码为基础并由它构成。因此，大脑的存在和实在由基于差异的编码决定，更一般地说，在基于差异的编码中差异被编码到大脑的神经活动之中。所以，基于差异的编码不仅在经验上与描述大脑的编码策略有关（Northoff, 2014a），还在本体论上决定大脑的存在和实在。

基于差异的编码是对关于不同刺激之间的关系的统计差异进行编码；这与在基于刺激的编码中对作为单一元素的刺激进行编码不同。这预设了关系在本体论上优先于元素。基于差异的编码与在结构实在论（SR）中提出的关系作为基础的本体论特征的假设相兼容。

因此，基于差异的编码与大脑的本体论相关。当考虑到基于差异的编码让我们可以将大脑神经活动编码为与身体和世界相关（即差异）时，这一点就会变得更加清晰。大脑将世界上的事件或对象与大脑自身（即自发活动）之间的关系编码到神经活动当中。基于差异的编码让我们建立起世界和大脑的关系，转而，世界－大脑关系又构成了大脑（即它的神经活动）的存在和实在。这与在 SR 中所主张的关系在本体论上优先于元素相一致。 *246*

结构实在论Ⅱb：温和的结构实在论与大脑——逻辑循环的威胁？

有人可能会反驳道，假定基于差异的编码与大脑的存在和实在在本体论上相关是逻辑循环的。基于差异的编码是大脑的一个特征，为此大脑必须已经是存在的——基于差异的编码预设了大脑的存在和实在。而同时我认为基于差异的编码通过构建大脑与世界的关系，即世界－大脑关系，建立了大脑的存在与实在。尽管这是逻辑上循环的：大脑的存在与实在必须已被预先假定（作为大脑基于差异的编码的基础）以同时（通过基于差异的编码）建立它（与世界的关系）。

为了避免这种逻辑循环，我们需要通过特定优先并独立于大脑与世界的关系的元素来定义大脑，然后大脑与世界的关系仅仅由经验的基于差异的编码建立——因此我们必须回归基于元素的本体论。基于元素的本体论以特定单一元素为前提，如物理或心理属性，作为存在与实在的基础和决定因素。在基于元素的本体论前提下，大脑的存在和实在必定被特定元素而不是 SR 中的关系所决定。

更具体地说，大脑的神经活动需要追溯到单一元素，比如身体和环境中的特定刺激。这最终以经验层面上基于刺激的编码为前提。大脑不再将不同刺激之间的差异以及最终世界、身体和大脑之间的差异编码为其神经活动，而是将单个刺激单独编码：它将独立于与大脑的关系的世界编码为其神经活动。这就是我所说的基于刺激的编码，它区别于基于差异的编码（第二章）。简言之，基于元素的大脑本体论意味着基于刺激而非基于差异的编码。

247

不过，这与经验证据相反。大脑显示出基于差异的编码而非基于刺激的编码（第二章与 Northoff，2014a）。因此，我们需要协调本体论层面上的基于元素的本体论和经验层面上的基于差异的编码。通过基于差异的编码建立的世界与大脑的关系，充其量只能保持在本体论上的次要地位，而元素通过定义独立于关系的世界和大脑的存在和实在，仍然获得本体论上的优先地位。这既避免了逻辑循环，又考虑了经验证据。

然而，我们将面临本体论预设（即基于元素的本体论）与经验描述（即基于差异的编码）不吻合的问题。尽管避免了逻辑循环，因此在逻辑上是合理的，但考虑到基于差异的编码意味着基于关系的本体论（即 SR），基于元素的本体论假设在经验上就是不合理的。我认为我们需要假设 SR 而不是基于元素的本体论，目的是使本体论假设在经验上合理，与经验数据（即基于差异的编码）相吻合。但这又带来了逻辑循环的威胁。

结构实在论Ⅱc：温和的结构实在论与大脑——大脑的关系观

我们如何避免逻辑循环的威胁？逻辑循环的威胁产生自这样一种假设，基于差异的编码不可能与大脑的存在与实在的构建同时存在、共同发生，基于差异的编码通过将大脑与世界联系起来（即建立世界－大脑关系）构建大脑的存在与实在。我主张在本体论而非经验意义上使用差异概念。大脑根据差异（即基于差异的编码）将自身与世界关联从而构成了它的存在与实在。

本体论意义上的差异构成存在与实在而非（像只在经验意义上使用差异概念那样）预设了它。这种差异的本体论决定避免了逻辑循环的威胁

248

(这归根结底是由对差异概念的经验理解和本体论理解的混淆导致的)。最重要的是，差异的本体论观念使我们得以用逻辑上不循环的方式通过基于差异的编码来构建世界 - 大脑关系，确定大脑的存在与实在。这就是我所说的大脑的关系观。

这样的大脑关系观与温和的本体的结构实在论（OSR）非常吻合。正如温和的 OSR 那样，我认为大脑的存在和实在依赖于它与世界的关系，世界 - 大脑关系。因此，这种关系（即世界 - 大脑关系）构成了功能性大脑的存在与实在——这是通过蕴含了本体论（而非只是经验）意义上的差异概念的基于差异的编码来实现的。

同时，世界 - 大脑关系概念蕴含并承诺了世界和大脑之间的区分：按我的说法，世界和大脑显示了不同的时空尺度，这是它们之间关系的基础。因此，通过世界 - 大脑关系决定的大脑本体论和大脑的关系观与温和的 SR 十分兼容。温和的 SR 为关系（即世界 - 大脑关系）和关系者（即世界和大脑）都赋予了角色。相反，大脑关系观与消去的 SR 不相容，因为消去的 SR 否认关系者本身（即世界和大脑）的任何作用，因此忽视了世界和大脑之间的时空区分。

结构实在论Ⅲa：差异观念的混淆

我们如何能从本体论而不仅是经验的意义上确定“差异”概念？这一点很重要，因为有人可能会提出一种反驳就是从经验层面到本体论层面的推理是错误推理。我来详细说明一下。

有人可能反驳说，我到目前为止还没有真正就世界 - 大脑关系为温和的大脑 OSR 提供任何论证。我只是陈述了我的假设，并将它与另一种通过元素或属性决定大脑的存在和实在的假设区分开。更糟糕的是，哲学家可能指责我从经验层面推出大脑的本体论决定。

这是所谓的经验 - 本体论谬误，在历史上这种说法可以追溯到康德及他对洛克的描述，他将洛克描述为一位“理性生理学家”（Kant，1781/1998）。“经验的”（empirical）概念严格地与科学中的观察相符合，而与是否习得任何知识无关；因此，“经验的”概念与“认识的”（epistemic）概

249

念不同。所以，这种谬论是一种经验－本体论谬论（而不是一种认识－本体论谬论；后者见第十四章）。

具体来说，有人可能会反驳说，我从对差异的经验观察中，如在对大脑基于差异的编码的观察中，推出同样由差异决定的本体论层面的关系。我将两种差异观念混为一谈：差异的经验观念是基于差异的编码中不同刺激之间的差异，而差异的本体论观念是关系中内在的差异。同样的差异概念，被用在经验和本体论两种语境中。

我认为大脑基于差异的编码暗示它的存在在本体论上由关系（即世界－大脑关系）来决定。那些持有反对观点的人可能反驳说，我从在基于差异的编码中的经验差异概念推出内在于关系概念的本体论差异概念。由于经验层面的观察和本体论层面的存在不相同，任何从大脑基于差异的编码到大脑存在和实在的推论必定会被认为是错误的。这无异于一种经验－本体论谬误（见图 9.1）。

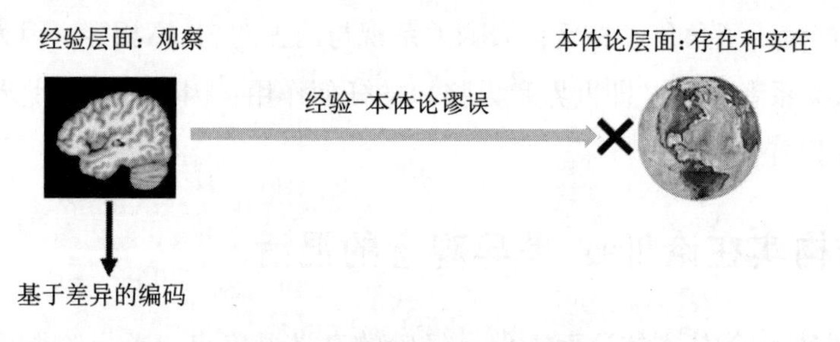

图 9.1 经验－本体论谬误

250 为了避免经验－本体论谬误，我必须避免使用差异和关系（即世界－大脑关系）来描述大脑的存在和实在。世界－大脑关系对大脑本体论的决定必定会在概念或逻辑上遭到否定。我们如何能够避免造成差异的经验观念与本体论观念之间的混淆从而避免经验－本体论谬误？我认为我们需要区分两种不同的差异概念，经验的和本体论的；为此，我诉诸弗洛里迪的理论（Floridi，2008），他区分了两种不同的差异概念，经验的差异本身（difference per se）以及本体论的差异实在（difference de re）。

结构实在论Ⅲb：差异实在与差异本身

经验的差异本身（*difference per se*）与本体论的差异实在（*difference de re*）是什么意思？弗洛里迪的差异本身概念是我们能够观察的纯粹经验意义上的差异。例如，我们可以观察到两个不同脑区及它们的神经活动之间的差异——这就是差异本身。又如，我们能够观察到的自发活动与任务诱发活动之间的神经差异也属于差异本身。因此，差异本身中的差异观念是在纯粹经验意义上理解的，没有任何本体论内涵。

我们如何确定本体论的差异（即差异实在）的意义？差异实在意味着存在和实在是基于差异而不是元素的统一（或同一，即无差异）的。从这个意义上说，差异实在是实在和存在的基础构成，因此是本体论而不是经验的（或认识的；Floridi，2008）。因此，本体论差异概念差异实在必须与经验差异概念差异本身相区分。

弗洛里迪如何描述本体论差异概念差异实在？他以婚姻为例子阐明本体论差异概念差异实在。两人之间没有差异（男人和女人，女人和女人，或男人和男人），婚姻就不存在——一个人不能与自己结婚。因此，婚姻的存在和实在基于差异（差异实在），基于两人之间的差异，他们作为妻子和丈夫的存在与实在是由他们的关系决定的。

以下引文（Floridi，2008）很好地反映了本体论的差异实在：　*251*

> 然而，差异的关系是二元和对称的。例如，白纸不仅仅是作为基准面使黑点得以出现的必要背景条件；它连同它与点耦合而成的基本不等关系一同是基准面的构成部分。在这个特定的意义上说，没有相对物，任何事物本身都不是基准面，正如没有丈夫，任何人都不能成为妻子一样。两个事物才能组成一个基准面。因此，本体论上，数据（无限制条件的、缺乏统一性的具体的点）是纯粹的关系实体。(p. 220)

值得注意的是，弗洛里迪的本体论差异概念与欧陆传统中其他哲学家提出的差异观念相似。包括海德格尔（Heidegger，1927/1962）（他引入了区别于同一性的差异）、德里达（Derrida，1978）（他谈到了“差异[différance]”），以及德勒兹（Deleuze，1994；在他的著作《差异与重复》中）。不过，本体论的“差异”观念的确切细节，包括不同作者差异概念之间的差异，超出了本书讨论的范围。

结构实在论Ⅳa：差异实在与大脑

我们如何能将本体论的差异观念差异实在用于大脑？我们可以观察到两个脑区神经活动的差异（即经验的差异本身）。如果每个区域的神经活动是由它与另一个区域的关系决定的，那么这些区域的神经活动在构成上就是相互依赖的——这确实得到了经验数据的支持（见第一和第二章）。在这种情况下，可观察的差异本身可以追溯到并基于在大脑空间域中的潜在本体论差异实在。

在时域中同样如此。大脑中不同频率的功率由它们彼此间的关系所决定（如跨频率耦合/CFC；见第一章）。例如，在关系（CFC）强的情况下，单一频率的功率低，而在CFC弱的情况下，该单一频率的功率高。因此，该单一频率的功率取决且依赖于它与其他频率的关系（即CFC）。

又如，自发活动与任务诱发活动之间的关系。如第一章和第二章所述，252 我们可以观察到两种形式的神经活动之间的差异（即差异本身）。此外，经验数据表明任务诱发活动的构成依赖于自发活动并与自发活动相关，而自发活动又依赖于前者（详见第一章和第二章）。因此，自发活动与任务诱发活动是相互依赖的——它们之间的差异（即差异实在）决定了它们各自的神经活动水平。

有人可能争辩说，我只是以经验的方式而不是本体论的方式使用差异实在概念。为了在真正的本体论意义上使用差异实在概念，我需要将之用于作为整体的大脑，用于它的存在与实在，以及它与世界的关系，即世界－大脑关系。这很容易做到。上述指标（即功能连接、CFC以及自发活动和刺激诱发活动之间的关系频谱）不仅构成了大脑的神经活动，同时也构成了大脑与世界的关系，即世界－大脑关系（第三章和第八章）。

因此，它们可以被看作关乎差异实在的大脑本体论存在与实在的经验表现。

相反，如果这些指标没有反映世界－大脑关系，基于差异的编码将不再是本体论上相关的。差异实在观念将不再区分于从而沦为差异本身。然而，这与经验证据相反。经验证据显示，功能连接、CFC 和自发活动与刺激诱发活动之间的关系，都与建立和构成大脑与世界的关系相关（如以节律或连续模式的方式相关；第八章）。

我们如何能像弗洛里迪的婚姻例子那样说明世界和大脑在世界－大脑关系中的作用？婚姻由两人之间的差异定义，他们根据婚姻关系被确定为妻子和丈夫（或妻子和妻子，或丈夫和丈夫）。相似地，世界－大脑关系由世界与大脑的差异构成。世界和大脑之间的时空差异使它们的关系即世界－大脑关系成为可能。世界－大脑关系同时决定了世界和大脑的存在和实在（以非循环的方式；见上文），也就是说，世界不同于大脑，大脑也不同于世界。这类似于两个人通过他们的关系（即婚姻）被确定为妻子和丈夫（或妻子和妻子，或丈夫和丈夫）。 253

综上，根据结构实在论（SR）对大脑进行的本体论刻画预设了本体论差异观念即差异实在，因为它被刻画为世界－大脑关系。世界与大脑的差异——世界－大脑关系，决定了大脑的存在和实在。如果没有世界－大脑关系，大脑就不可能存在。因此，世界－大脑关系的关系概念必须被理解为蕴含了本体论意义的差异实在而非经验意义的差异本身。

结构实在论Ⅳb：经验－本体论合理性与经验－本体论谬误

引入两个不同的差异概念，即经验的和本体论的，使得任何从经验层面到本体论层面的推论都是徒劳和多余的。我们假设在经验和本体论语境中有不同的独立产生的差异概念（即差异本身和差异实在）。这使我们得以通过一个特定的差异概念（即差异实在）以独立的方式描述本体论层面，该差异概念区分并独立于在经验层面上理解的差异（即差异本身）。这两个概念相互独立避免了一种推理谬误——经验－本体论谬误。

然而，持反对观点的人可能认为，我们仍然依赖经验数据来判断大脑的本体论决定是否支持 OSR。虽然我们不再使用相同的概念，但在我们对大脑的本体论决定中，我们仍然使用经验数据选择 OSR 而非基于元素的本体论。因此，大脑的本体论决定仍然以经验为基础。然而，这种大脑本体论决定的经验基础必须被拒斥：大脑本体论决定必须独立于其经验描述。

我认为这个论证应该被否定。这样一个论证的支持者假定我们不能依据任何经验数据来做出我们对大脑的本体论决定。我反对这种假设：我们可以用经验数据来检验我们的大脑本体论决定是否在经验上合理，我将之称为经验－本体论合理性（见图 9.2）。

254

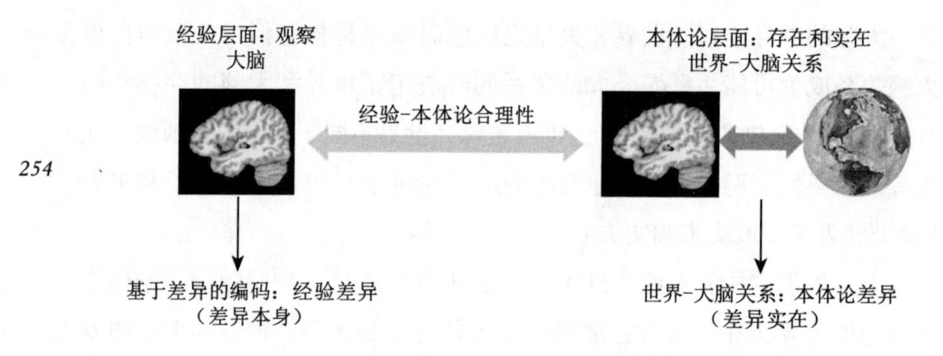

图 9.2　经验－本体论合理性

这个论证的支持者混淆了经验－本体论谬误和我所说的经验－本体论合理性。她/他认为，在大脑的本体论决定中使用经验数据就等于做出从经验层面到本体论层面的推论（即经验－本体论谬误）。然而，这种推论只有当一个人在经验和本体论两个层面上以同样的方式使用同一个概念时才会发生——当一个人不区分经验的和本体论的差异概念时，就是这种情况。

相反，如果一个人使用不同的差异概念和差异含义，例如差异实在和差异本身来分别描述本体论层面和经验层面，情况就不同了。在这种情况下，我们可以研究这两个概念在各自的层面上——经验和本体论层面上——是否成立、是否合理。如果两个概念都在各自的层面上成立，就可以认为本体论的差异实在概念是经验上合理的，而经验的差异本身概念可

255

以被看作是本体论上合理的。鉴于在基于差异的编码方面存在强力经验证据证明差异本身，我认为依据 OSR 的差异实在概念对大脑进行本体论刻画是经验上合理的。

如何理解本体论和经验层面之间存在矛盾的情况？在这种情况下，经验数据将支持基于刺激而非基于差异的编码，这意味着没有经验证据支持差异本身。然而，人们仍然可以依据 OSR 的差异实在概念在本体论上描述大脑，而 OSR 本身（即独立于经验数据）在本体论上也仍然可能是合理的。不过，如果经验数据否定差异本身，这种通过差异实在对大脑进行本体论刻画的做法将不再具有经验合理性。人们将情愿回归基于元素的本体论，以经验上合理的方式来解释大脑的存在和实在。

第二部分：大脑的本体论——个体化论证和时间与空间论证

个体化论证Ⅰa：关系者的个体化——通过时间结构的个体化

反对 OSR 的其中一个论证是 OSR 无法解释对象或关系者的个体化（Esfeld & Lam，2008，2010）。一个特定的关系者必须具有一些内在属性，以便与其他关系者在本体论上相区别。例如，大脑必须拥有一些大脑固有的属性，这些属性使我们能够将其存在和实在与世界中非脑的事物的存在和实在相区分。更一般地说，这意味着必须假定基于元素的本体论从而使个体化成为可能，而个体化在关系和结构以及 OSR 中是不可能的。这种论证我将之称为“个体化论证”。

个体化论证基于如下前提：个体化需要元素或属性，例如，基于元素和属性的个体化。相反，在 OSR 中的基于关系和结构的个体化是不可能的。我将通过指出关系和结构以及 OSR 很好地解释个体化来反驳个体化论证。

我们如何反驳个体化论证？在预设 OSR 的前提下，埃斯菲尔德和林

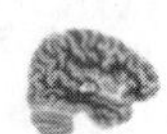

256 （Esfeld & Lam，2008，2010）通过假定对象定位于“结构网”（Esfeld & Lam, 2006, p. 28；与奎因的“信念之网”相似，Quine，1969，p. 134）中来确定它们的特定存在和实在，包括它们与其他对象的区分，以反驳该论证。这个意义上的“个体化”要求空间和时间发挥核心作用：对象通过定位于结构网中得到的个体化，必须由空间和时间方式来确定。

“个体”的概念化可能以时间和空间中特定的离散点为前提。然而，这些时间和空间上的离散点可能取决于时空关系，从而取决于整体的时空结构。若是如此，任何在时间和空间上刻画了特定个体的特定离散点都只能通过与其他个体的时空关系而被个体化，因此也只能通过整体的时空结构而被个体化。

时空结构的个体化体现在以下有关广义相对论的空间和时间的引文（Esfeld & Lam, 2010）中：

> 另外，广义相对论中（尤其是广义协变原理）对时空的物理描述使得独立于所进入的时空关系或独立于所属的时空结构的任何时空点的个体化（如借助内在属性或原初此在［primitive thisness］的个体化）变得毫无意义——它们都被度量所表征。（p. 22）

个体化论证Ⅰb：时空个体化——基于世界-大脑关系的大脑个体化

个体化论证如何用到世界-大脑关系上？在此，我首先将大脑的个体化看作一个整体，它区分于世界剩余的部分，包括所有非大脑的东西。因此，我是在严格的本体论意义上理解个体化的。这必须与大脑中不同部分如不同区域和频率的个体化区分开；那是以神经元的方式因此是经验的方式关涉个体化，而不是本书所针对的本体论意义上的个体化。

更一般地说，我们必须区分两种不同形式的关于大脑整体的个体化，经验的和本体论的。“经验的个体化”使不同的个体主体包括他们的大脑之间的个体化成为可能——在特定物种（如人类）中，主体A的大脑是个体化的，并区分于主体 B 的大脑。而“本体论的个体化”使世界中不同物种间的大脑的个体化和与非大脑的区分成为可能。我认为 OSR 可以同时为经验的和本体论的个体化提供解释。 *257*

让我们从经验的个体化开始。经验数据表明，自发活动的时空结构对某一特定主体来说是高度个体化的，并使之与其他主体相区分（第八章）。例如，经历了不同程度童年早期创伤的个体受试者在其自发活动的时空结构中表现出不同程度的熵，即不相似或混乱（详见第三章和 Duncan et al.，2015）。因此，自发活动时空结构的熵可以基于个体大脑与世界以及与其早期生活事件（的潜在创伤）的关系，即世界－大脑关系，来个体化个体受试者的大脑。简言之，大脑的自发活动及其与世界的时空关系，即世界－大脑关系，可以解释经验的个体化。

本体论的个体化又如何？让我们以大脑与非脑的区分为例。大脑和非脑具有不同的时空特征。大脑与非脑都是同一世界的部分。这本身使得大脑和非脑任何本体论上的个体化和区分都是不可能的，除非用不同元素或属性来描述它们。然而，这就忽略了大脑与非脑以不同的方式与同一世界相联系：与非脑事物如石头相比，大脑可能在更广的时空尺度或范围与世界相关——因此，世界－大脑关系和世界－石头关系可以在时空基础上相区分。这就是我所说的“时空个体化”。

我们如何在本体论基础上进一步刻画这种时空个体化？关系和结构在本体论上可以追溯到并基于差异［即差异实在（*difference de re*）或区别实在（*differentiating de re*）］。大脑和非脑（如石头）主要在时空基础上以不同的方式“区分”于世界，从而相互区别：与世界－石头关系相比，在大脑与世界的关系（即世界－大脑关系）中包含更大时空尺度或范围的差异实在，使大脑得以个体化并区分于石头。所以，名副其实地，时空个体化是以大脑和非脑与世界的关系（即世界－大脑关系和世界－石头关系）中差异实在的时空特征为基础的。 *258*

依据时空个体化的本体论个体化与埃斯菲尔德和林（Esfeld & Lam，2008，2010）提出的 OSR 中的个体化解释完全一致。埃斯菲尔德和林所描述的“结构网”完全可以被定义为“时空结构”，因为它将世界描述为一个整体，包括世界与大脑和非脑等部分的关系：就像结构网由时空特征决定那样，世界及其与大脑和非脑的关系也由时空特征来表示。

此外，埃斯菲尔德和林所说结构网对应于我所说的世界－大脑关系和世界－非脑关系中的位置：与非脑（如石头）和世界的关系相比，大脑与世界的关系（即世界－大脑关系）的时空尺度或范围将大脑置于世界时空结构中时空轨迹的不同位置。因此，大脑和非脑的存在和实在以一种间接的方式相区分，即通过它们与世界的不同关系（即世界－大脑关系和世界－非脑关系）相区分。与世界的关系使本体论个体化得以可能。

总之，个体化，包括经验个体化和本体论个体化，并不与元素和基于元素的本体论的假设绑定。结构和关系可以很好地解释经验的和本体论的个体化——因为这种个体化发生在时空基础上，所以我称之为“时空个体化”。时空个体化使我们可以在经验和本体论层面上对大脑进行个体化。因此，我们可以反驳个体化论证，因为它基于这样一个前提，即个体化只有在元素或属性的基础上才是可能的。

最重要的是，在经验和本体论层面上的时空个体化都与经验证据十分兼容（见本书第一篇和第二篇）。出于这个理由，我支持时空个体化而不是基于元素或属性的个体化，并且因此我拒绝个体化论证，因为它反对依据OSR的大脑本体论决定。

259

时间与空间论证Ⅰa：时间和空间的决定

我们如何更清楚地将关系和作为基于关系的本体论的OSR区分于基于元素的本体论？OSR的支持者，如埃斯菲尔德和林（Esfeld & Lam，2008，2010），就空间和时间特征对关系概念进行过有力的刻画——因此OSR相当于我所说的时空本体论（见Northoff，2016b）。时空本体论概念意味着时间和空间本身是存在和实在的基本单位——正如我将论证的，这与OSR中对结构和关系的关注完全一致。

埃斯菲尔德和林（Esfeld & Lam，2008）在以时空术语刻画OSR时，主要借鉴物理学，尤其是广义相对论和量子物理学。如以下引文所示：

另外，广义相对论刻画的时空结构是这样的：时空关系和关系中的对象（时空点或事件）处于同一（基本的）本体论根基上。一方面，像在第一节中讨论一般情况那样，在缺乏处于关系中的关系者——纯引力情况下的时空点或事件——下谈论实际的（即在物理世界中实例化的）时空关系是毫无意义的。(Esfeld & Lam, 2010, p. 22)

我的主要论证是，与物理学中的广义相对论类似，大脑也必须通过时空关系而非时空点或事件来描述。根据 OSR，"时空关系"为基于关系的大脑本体论提供了详细说明和进一步支持。要理解时空关系这一观念，我们需要区分不同的时空概念，即关系的时间和空间和观察的时间和空间。

基于元素的本体论的支持者可能提出以下论证反对 OSR。关系和结构是时间和空间的，因此最终必须追溯到时间和空间中的单个离散点（即时空点或事件），并以之为基础。这为假设元素是存在和实在的基本单元（即基于元素的本体论）开启了大门：物理或心理属性等元素由时间和空间上的离散点（即时空点或事件）而不是时空关系决定。所以，我们要拒绝作为基于关系的本体论的 OSR，同时采纳基于元素的本体论。由于时间和空间观念是这一推理的核心，所以我把这个论证称为时间与空间论证。

考虑到时间和空间观念相当琐碎，对 OSR 的反驳可能会进一步加剧。 260
默认情况下，大脑及其神经活动是时空的；这在经验上得到反映并体现在功能连接和不同频率的波动中。这使得大脑在时间和空间方面的任何本体论描述充其量是多余的，而在最坏的情况下是无价值的（意识语境中的琐碎论证见第七章）。因此，时间与空间论证也可以理解为反对在本体论（而非经验；见第七章）意义上通过时间和空间对大脑进行琐碎描述的论证。

时间与空间论证Ⅰb：观察的时间和空间

时间与空间论证主要是反对基于关系的本体论的论证。然而，我将反驳这一论证的前提。我的反驳如下。在如 OSR 等基于关系的本体论中预设的结构和关系实际上是时间和空间的。但是，本体论意义上的结构和关系不能追溯到时间和空间中的单个离散点（即时空点或事件），也不能基于这些离散点，而是以由时空关系定义的不同的时间和空间观念为前提。时空点或事件反映了我将刻画的观察的时间和空间，而时空关系预设了关系的时间和空间。

为了反驳时间与空间论证，我们需要描述和区分观察的和关系的时间和空间观念。这将是下文的重点。我不可能详细阐述时间和空间的形而上学（例如，参见 Dainton, 2010），这本身值得用一本书来讨论。我只关注与当前大脑语境相关的时间和空间。让我们首先从观察的时间和空间开始。

我们观察大脑及其与世界的关系。例如，当我们在时间和空间中的单一离散点将特定任务或刺激运用于探测大脑的刺激诱发或任务诱发活动时，我们观察大脑及其神经活动。然后，大脑及其神经活动，如刺激诱发活动，就被框定并放在观察者的时间和空间中，以及在应用特定刺激或任务时她/他所预设的离散时间点和空间点中。因此，归属于大脑及其神经活动的时间和空间是基于观察者的时间和空间的——在这个意义上，时间和空间取决于观察者。从认识的角度来说，我所说的观察的时间与空间必须被理解为依赖心智或依赖大脑的。

261

观察的时间和空间可以用时空点或事件来刻画。我们从“此处”和“此时”观察大脑及其神经活动，就是从时间和空间的特定离散点观察大脑及其神经活动。例如，神经活动位于某个区域，即“此处”，在某个特定的时间点，即“此时”，这将它区别于其他区域，即另一个“此处”，以及其他时间点，即另一个“此时”的神经活动。但是，我们仍然无法直接观察到不同时间点和空间点之间的关系。我们不能将我们观察到的不同的“此时”点彼此联系起来，也不能将各种“此处”点联系起来。因此，观察的时间和空间预设了时空点或事件，而不是时空关系。

时间与空间论证Ⅰc：关系的时间与空间

独立于我们观察的时间和空间又如何？我认为，这会导致我们有一个不同的时间和空间观念，基于时空关系而不是时空点或事件的关系的时间和空间。这种关系的时间和空间刻画了大脑本身，包括它与世界的关系，世界－大脑关系，独立于我们对大脑和世界的观察（对时空点或事件的观察）。因此，时空关系与关系的时间和空间必须在认识上被理解为心智独立或大脑独立的。我在此提出的关系的时间和空间概念，与历史上由莱布尼茨和克拉克（Leibniz & Clarke，2000）、怀特海（Whitehead，1929/1978）、柏格森（Bergson，1904）以及最近丹顿（Dainton，2010）在主张存在论时提出的动态时间概念有着特别紧密的联系。我的结构实在主义时间进路与哲学里时间形而上学中讨论的关系时间观的详细对比将有待未来进一步研究。

262

我们如何刻画大脑本身包括它与世界的关系即世界–大脑关系的时间和空间？我在第一篇（第一到三章）中证明了大脑的自发活动显示了时空结构——这相当于埃斯菲尔德和林在本体论上刻画的时空关系。我认为时空关系概念在本体论上可以由持续时间（*duration*）和广延/空间扩展（*extension*）来定义。让我们从持续时间开始。

持续时间概念是指大脑及其神经活动自行构建的时间，即大脑的内在时间（*inner time*）。经验上，持续时间与神经活动所需的时间有关，因此，神经事件独立于任何外部刺激自行发生，包括它们的“此处”和“此时”——这体现在大脑自发活动及其各种频率范围中，它们定义了大脑的内在持续时间（见第一到三章）。在D. 格里芬（D. Griffin，1998）对过程哲学的刻画中反映了这一点：“拥有一个内部意味着它们（对象或事件如大脑）可以有一个内在的持续时间，即每个事件发生所需的时间——从接收信息到将该信息传输到后续事件之间的时间”（p. 144）。

从本体论意义上看，持续时间在大脑与世界的关系方面决定了大脑的存在和实在。世界–大脑关系可以在本体论上被持续时间意义上的时间，即内在持续时间所刻画，内在持续时间刻画了它在不同时间点上的时间延伸，并使之区别于世界其余部分的其他持续时间，即外在持续时间。

与持续时间相类似，我提到的广延可以刻画大脑的空间特征。大脑及其神经活动表现出一定的空间扩展性，例如，它的功能连接经验地显示了这一点（第一到三章）。功能连接使单个区域的神经活动得以扩展到其他区域，从而构成了大脑特有的并且独立于观察者的内在广延。因此，与持续时间相类似，我建议用本体论意义上的广延一词来刻画大脑在空间方面的存在和实在，即其内在广延。然后，世界–大脑关系可以通过某种空间扩展即一种内在广延来刻画，从而区别于世界其余部分的外在广延。

我们如何更具体地说明内在持续时间和广延概念？内在持续时间和广延不是由时间和空间中的单个离散点（即“此处”和“此时”）定义的。263 相反，根据经验证据，大脑自发活动的内在持续时间和广延是以不同区域间的关系为基础的，也就是功能连接，以及频率即跨频率耦合与无标度活动（第一到三、五和六章）。因此，内在持续时间和广延都可以通过时空关系而不是时空点或事件来表示。此外，如经验证据所示，大脑在与世界建立时空关系（即世界-大脑关系）时大脑基于自身的内在持续时间和广延将自身对齐并整合于世界之内（第四章和第八章）。

时间与空间论证Ⅱa：时空谱模型

有人可能提出关于大脑关系的和观察的时间与空间之间关系的问题。关系的时间和空间可以用时空关系来刻画，而观察的时间和空间可以用时空点或事件来刻画。两者是不兼容和相互排斥的，抑或相互兼容的？这取决于我们预设何种版本的本体的结构实在论（OSR）。

如果预设消去的OSR（见上文），那么它们彼此不兼容，因为时空点或事件根本不存在，更不可能凭时空点或事件存在（它们甚至不作为具体时空关系的分离物存在）。相反，如果预设一种温和的或非消去的OSR立场，时空点或事件可以存在，但只能依赖于时空关系存在。这是埃斯菲尔德和林（Esfeld & Lam，2010）所主张的：

> 时空点不具有任何独立的存在（它们不是哲学意义上的原子），而只是凭它们与其他时空点相对的关系而存在。时空关系和时空点之间任何一方都没有本体论优先性，它们之间有相互的本体论依赖。（p. 22）

在假定温和的或非消去的OSR的前提下，观察的时间和空间是关系的时间和空间的具体实例。这是解释悖论的核心，观察的时间和空间是基于观察者及其大脑的，而大脑本身则可以通过关系的时间和空间来刻画。观察的时间和空间如何建立在大脑与世界-大脑关系——它本身表现出一种不同的时间和空间概念，即关系的时间和空间的基础上？

首先也是最重要的，我认为，在经验语境下，观察的和关系的时间和空间与不同形式的神经活动相关，即自发活动和刺激诱发活动。大脑的关系的时间和空间体现在大脑自发活动及其与世界的关系（即世界－大脑关系）和时空关系中，就像内在持续时间和广延所刻画的那样——而观察者的观察的时间和空间建立在他/她大脑的刺激诱发或任务诱发活动，以及其使观察的时空点或事件得以可能的各种感知和认知功能上。 *264*

我们发现，自发活动和刺激诱发活动之间没有明显的经验区分——这相当于大脑神经活动在经验层面上的频谱模型（第一章）。类似地，我假设，在关系的和观察的时间和空间之间，以及在时空关系和时空点或事件之间也没有明显和明确的区分。这相当于时间和空间本体论层面上的一个类似的频谱模型，一个时空谱模型。

如何确定时空谱模型？我们在观察的时间和空间中所说的时空点或事件在本体论上可能是一个极端实例，是关系的时间和空间中的时空关系的极小空间扩展和极短持续时间。换言之，关系的和观察的时间和空间可以通过不同时空尺度或范围的连续体或谱来表示，而非原则上不同或相互排斥：关系的时间和空间意味着设定时空关系的是更长的时空尺度或范围，而观察的时间和空间都极短，并以时空点或事件的形式出现。因此，关系的和观察的时间和空间可以“定位”或“坐落”于相同时空谱的不同端点上。

请注意，谱概念在这里是在真正的本体论意义上被理解的，它涉及世界内不同时间和空间观念的谱。这必定与在第一章中提出的“大脑频谱模型”中更经验的谱概念有所区别。在经验概念中的时间和空间局限于大脑以及我们对时间和空间的观察。这与本体论观念不同，在本体论观念中，时间和空间是在世界内而非大脑中被考虑，并且独立于观察。

时间与空间论证Ⅱb：对时间与空间论证的反驳 *265*

时空谱模型也可以刻画大脑的时间和空间。从世界到大脑自发活动再到大脑刺激诱发活动，涉及不同时间和空间尺度或范围的谱。当大脑及其自发活动对齐和整合于世界（即世界－大脑关系）时，就会涉及更大尺度或范围的时间和空间——这表现在时空关系和关系的时间和空间中。

相反，如果大脑的刺激诱发或任务诱发活动在观察期间被激活，时空尺度或范围就会变小，并向观察的时间和空间中的时空点或事件转变。因此，观察的时间和空间及其时空点或事件可以被认为是时空上更具扩展性的关系的时间和空间的分离物。

然而，刺激诱发或任务诱发活动依赖于自发活动（见第二章），而自发活动又依赖于其与世界的关系，即世界-大脑关系。这也意味着，观察的时间和空间中的时空点或事件依赖并基于关系的时间和空间中的时空关系。

这显然与埃斯菲尔德和林的非消去的 OSR 相当一致，在非消去的 OSR 中，时空点或事件并不独立于时空关系而存在。他们的立场现在可以通过时空谱模型加以扩展和补充，作为时间和空间的本体论模型的时空谱模型表示了不同时间和空间观念（如关系的和观察的时间和空间）中的不同时空扩展之间的连续。时空点或事件是极小时空尺度上的时空关系连续——前者因此是后者的分离物。

我们现在就可以反驳时间与空间论证。时间与空间论证基于这样一个前提，关系和结构是时空的，因此必须基于时空点或事件（见上文）。然而，时空谱模型表明这一前提是错的。时空谱模型主张时空点或事件是基于和依赖于时空关系的，而非后者依赖于前者。这种时空谱模型不仅在本体论上是合理的，而且得到了经验支持，因为它是建立在大脑频谱模型的基础上的（第一章）。因此，我可以反驳时间与空间论证，因为该论证无论在本体论还是经验上都否定关于世界-大脑关系和时空关系的大脑温和 OSR。

266

此外，通过时间和空间对大脑进行本体论刻画一点也不琐碎。人们可以通过观察的时间和空间来刻画大脑的本体论；在这种情况下，大脑的经验决定和本体论决定没有差别。人们也可以通过有别于观察的时间和空间的关系的时间和空间在本体论上刻画大脑；在这种情况下，我们需要区分大脑的本体论刻画和经验刻画。

那么我们也可以反驳琐碎论证。我们已经在第七章中通过暗示不同的时空机制（第七章）否定了该论证的经验版本。这一点现在可以通过反驳它的本体论版本来补充，即反驳时间和空间在本体论上刻画包含世界-大脑关系的世界和大脑是琐碎的。由于我们面临着两种不同的本体论选择，即关系的与观察的时间和空间，因此通过时间和空间对大脑做出本体论决定不能被认为是琐碎的。

最重要的是，这具有重大的本体论意义。在观察的时间和空间情况下，大脑的存在和实在独立于世界的存在和实在被确定，这就需要基于元素的本体论。相反，就关系的时间和空间而言，大脑的时空决定意味着世界－大脑关系，世界－大脑关系以基于关系的本体论而非基于元素的本体论为前提，情况就此不同了。我们将在下一章中看到，世界－大脑关系和基于关系的本体论都是意识的本体论决定的核心。

结论

我用关系和结构在本体论上刻画大脑。这相当于结构实在论（SR），更具体地说，相当于大脑的温和本体的结构实在论（OSR）。温和的 OSR 用关系即世界－大脑关系来确定大脑的存在和实在。大脑是它与世界的关系；简言之，大脑是世界－大脑关系。没有大脑与世界的关系，大脑就不存在。这样的大脑关系论必定区别于在基于元素的本体论中的由诸如心理或物理属性等元素定义的大脑本体论。大脑本体论的确定可以被看作通向“大脑哲学”的第一步（Northoff，2004）。

267

“世界－大脑关系”概念中的关系如何在本体论中更详细地被定义？遵循 OSR，关系可以用时空术语来定义，也就是说，通过时空关系而不是时空点或事件被定义。这使我得以将具有持续时间和广延的关系的时间和空间与观察的时间和空间相区分，然后我将它们运用在大脑与世界－大脑关系之上。世界－大脑关系独立于我们的观察，因此独立于观察的时间和空间。相反，世界－大脑关系可以被关系的时间和空间所刻画，关系的时间和空间决定了大脑的存在和实在。更重要的是，基于经验证据（详见第七章和第八章），我主张世界－大脑关系包括它的关系的时间和空间是意识的神经预置。这将是下一章的重点。

第十章　本体论Ⅱ：从世界－大脑关系到意识

导言

总体背景——意识的本体论

269　我将大脑的存在和实在称为“世界－大脑关系”，这与结构实在论兼容，更具体地说，与本体的结构实在论兼容（OSR；第九章）。OSR 不预设诸如物理或心理属性等基本元素，而是预设关系和结构作为存在和实在的基本单元。因此，在本体论上，大脑可以被定义为世界－大脑关系中的关系以及时空结构中的结构。

这种时空结构被有别于观察的时间和空间中的时空点，带有关系的时间和空间的时空关系所刻画（第九章）。然而，基于世界－大脑关系和时空关系的大脑本体论决定，如何解释意识（以及一般心理特征）的本体论特征尚不清楚。

受有关意识的经验发现启示，我提出了一个时空模型（第七章和第八章）。时空模型通过时空扩展和时空嵌套（第七章）以及对身体和世界的时空对齐（第八章）等时空机制来刻画意识。这些时空机制涉及大脑自身对时间和空间的构造，即其“内在的”时间和空间（第七章），以及它们与世界的时间和空间关系（第八章）。本体论上，这种时间和空间的构造就是我所说的关系的时间和空间（第九章）。预设这种关系的时间和空间使我得以超越经验框架进入本体论框架，更具体地说，进入对意识即心理特征的基本存在和实在问题的研究中。

目标与论证——意识的时空模型

270

本章的主要目标是在本体论层面上提出意识的时空模型。请注意，我主要关注的是意识的现象特征，这些特征区分于神经元特征（而我忽略意识的认知和理性特征；第七章）。我的主要观点是，OSR 定义的世界－大脑关系可以从本体论上解释意识（我对本体论的理解见第九章的导言）。具体地说，我认为世界－大脑关系可以被视为可能意识的必要非充分本体论条件，即我所说的意识的本体论预置（OPC）。

我将首先介绍和勾勒意识的时空模型——这是第一部分的重点。第二部分则关注核心问题，探索大脑和意识之间必然的（后验的）本体论联系，即我所描述的"偶然性问题"。我认为，将世界－大脑关系假设为意识的本体论预置（OPC）使得大脑与意识的关系以必然的（后验的）而非偶然的方式成为可能：因为世界－大脑关系提供了可能意识的必要本体论条件（即 OPC），在本体论上被世界－大脑关系所定义的大脑也必然地（而非偶然地）与意识相关（第二部分）。

重要的是，单单是大脑，亦即独立于在基于元素的本体论中被定义的大脑与世界的关系的大脑（第九章），与意识没有必然的联系而只有偶然的联系。这使我们得以区分意识概念和心灵概念：我们不再需要心灵概念来解释意识（即现象特征）和作为潜在本体论基础的大脑（即世界－大脑关系）之间的必然联系。我们可以（通过世界－大脑关系）建立意识及其现象特征与大脑的必然（后验）联系，这使得心灵概念变得多余。因此，我的结论是，在本体论上，世界－大脑关系可以在我们探寻意识的存在和实在的过程中扮演心灵概念的角色。因此，我认为，我所说的世界－大脑问题可以取代身心问题（第三部分）。

271

第一部分：意识的本体论——时空模型

时空模型Ⅰa：时空机制——时空结构

我用时空模型来刻画意识，该模型在经验上以不同的时空机制为基础(第七章和第八章)。这些时空机制包括时空扩展、时空嵌套和时空对齐。尽管存在经验差异，但它们本质上都享有时空本性，也就是说，它们反映了大脑构建自身的时间和空间即构建内在的时间和空间的不同方式。

时空扩展使单个刺激（或内容）的特定时空点或事件得以超越自身扩展到更大的时空尺度之中，而时空嵌套则意味着将刺激/内容较小的时空尺度整合到大脑自发活动更大的时空范围之内（第七章)。最后，时空对齐涉及大脑较小的时空尺度联系和耦合于世界整体的时空范围之中（第八章)。

总而言之，隐藏在意识之下的时空机制都是对不同时空尺度或范围的整合。如我们所见，意识是关于这种时空整合的：它的现象特征以大脑神经活动中来自大脑、身体和世界的不同时空尺度的整合为基础（第七到八章)。

时空整合与意识的核心相关性得到有关意识障碍和精神障碍的研究结果的进一步支持。导致意识丧失的意识障碍，如睡眠、麻醉或植物状态，呈现出大脑神经活动的时空整合丧失（第四、五和七章)。此外，异常的时空整合也表现为精神障碍，如精神分裂症或抑郁症（第二章和第三章)。大脑中的时空异常导致异常心理特征，即意识丧失（如意识障碍）或意识异常（如精神障碍)，这说明了时空整合与意识是核心相关的。

272

时空整合对意识的本体论刻画意味着什么？时空整合使时空结构的构成得以可能。在第七章和第八章中提出的意识的时空模型强调了时空结构在经验意义上与意识的核心相关性。具体而言，时空结构在此刻画了大脑自发活动的各种时空特征之间的关系和组织（如无标度活动、跨频率耦合等；第七章和第八章)。

时空模型Ⅰb：时空结构——本体论特征

我们现在如何从经验层面过渡到本体论层面，提出意识的本体论决定问题？为此，我们需要在本体论而非经验的意义上构想时空结构概念。在上一章（第九章）中，当我构想大脑的存在和实在时，准备好了这样的本体论基础。总的来说，我通过以下四个本体论特征来确定时空结构概念：

（1）区别于元素的关系。时空结构在本体论上是由关系决定的。在这里，关系被看作存在和实在的基本单元，没有任何更优先和更基础的基本本体论特征——这相当于一种本体的结构实在论（OSR）。这将关系的本体论观念与诸如物理或心理属性或物质等元素的本体论观念区分开。即使这种基于元素的本体论考虑了关系，也只是在次要意义上将其视为主要和独立存在的元素或属性（包括心理或物理属性）间的关系。此外，基于关系的本体论必然区别于其他形式的本体论，如基于过程和基于能力的本体论（第九章）。

（2）区别于集合的组织。时空结构在本体论上可以被关系的组织所刻画。关系的组织刻画了不同关系间的耦合和联系，值得注意，这种耦合与联系是以系统化的方式建立的。组织是时空的，它使不同时空关系的联系和耦合得以可能。这种时空的关系组织必然在本体论上与通常被认为只是次要的和非系统化的元素集合或过程集合相区分（第九章）。

273

（3）区别于统一的差异。时空结构是基于差异而非统一的。具体来说，根据弗洛里迪（Floridi，2008）的观点，差异实在（第九章）可以被视为时空结构的存在和实在的基本单元。这种本体论意义上的差异实在必然与经验上的差异本身，例如体现在大脑基于差异的编码中的差异相区分（第一、第二和第九章）。

（4）区别于时空点或事件的时空关系。时空结构是被以关系的时间和空间为特征的时空关系所定义的（第九章）——它们必然与我们对时间和空间的知觉和认知相区分，与观察的时间和空间中的时空点或事件相区分（第九章）。因此，时空关系以及关系的时间和空间可以被看作真正是本体论的，而时空点或事件包括观察的时间和空间则仍是经验的（和/或最多是认识的，而不是本体论的）。

时空模型Ⅱa：意识本体论——关系和组织

我认为这种本体论意义上的时空结构也可以解释意识和心理特征的存在和实在。到目前为止，意识的时空模型是在纯粹经验意义上被提出的（第七章和第八章），现在扩展到本体论层面上。正如经验数据支持的那样，意识不仅在经验意义上是时空的，而且在本体论意义上也是内在时空的。

简单来说，意识的存在和实在，即其现象特征，是时空的和结构性的，因此涉及本体的结构实在论（OSR）。具体来说，意识的存在和实在可以通过关系的时间和空间以及时空结构来定义，因为它跨越了世界和大脑并定义了它们之间的关系（即世界-大脑关系）。详细解释如下：

（1）意识是关系的。意识的存在和实在可以由关系决定。这些关系既不是物理的也不是心理的，而是时空的，由时空关系构成。这种意识的关系观必定区别于任何一种基于属性的本体论，基于属性的本体论假定意识以心理的、物理的或中性的属性为基础。因此，基于心物（属性）关系问题的一元论、二元论等传统本体论都应该被抛弃（第九章）。此外，任何基于实体的意识本体论以及其他意识本体论，如过程本体论（Whitehead，1929/1978；Northoff，2016a，b）或基于能力的本体论（第五章和第九章；Cartwright，1989；McDowell，1994），都必须被关于意识关系本性的假设所取代。

274

该关系主张把这种本体论意义上的关系视为可能意识的必要条件（即OPC；关于OPC概念详见下文）。因此，这种本体论意义上的关系的缺失必然导致意识的缺失。例如，基于元素的本体论与意识不兼容。如果确实存在定义了存在和实在的基本单元的元素或属性，假定是心理属性或物理属性，意识就仍然是不可能的因而是缺失的——因为OPC将不再被给予。

（2）意识由组织构成。意识的存在和实在由关系的复杂组织构成，即不同的时空关系（如决定世界和大脑的存在和实在的时空关系）之间的联系和耦合（第九章）。这种本体论意义上的组织观念与康德（Kant，1781/1998）和卡西尔（Cassirer，1944）使用的综合观念有一些相似之处；未来的研究可能会详述这种相似性。

组织的缺失可能导致意识的缺失。例如，如果在世界、身体和大脑的存在和实在之间的不同时空关系间没有联系和耦合，那么意识仍然缺失。因此，仅仅是世界、身体和大脑的叠加和集合与意识的出现是不兼容的。如果没有世界、身体和大脑在时空结构方面的时空本体论组织，意识及其现象特征就无法变为存在和实在。 *275*

时空模型Ⅱb：意识的本体论——差异与关系的时间和空间

意识的基本本体论构成要素是什么？这让我们回到存在和实在的最基本单元的问题上，这些基本单元首先使意识成为可能。根据前面的章节，我确定本体论差异即差异实在以及关系的时间和空间是意识最基本的本体论构成要素：

（3）意识在本体论上基于差异。（详见 Northoff，2014b。）这里的差异是从本体论意义上理解的，即差异实在，而不是经验上的差异本身。差异实在构成意识，因此意识在本体论意义上是基于差异的，而经验上，这体现在基于差异的编码中（第一章和第二章；Northoff，2014a），因此也体现在概念上所说的差异本身中（第九章）。

意识基于差异存在和实在的主张与传统把统一看作意识最基础的根基的主张形成了对比。意识基于统一本性的假设有着悠久的哲学历史，至少可以追溯到笛卡尔和康德，至今仍然盛行（见 Bayne，2010；Searle，2004）。我主张意识本性是基于差异而非基于统一的，这一主张打破了传统，哲学上，该主张与海德格尔和德勒兹等欧陆哲学家一致。

然而，这里使用的差异概念，即差异实在，与 OSR 中理解的关系概念密切相关。在纯粹的概念水平上关系和差异可以互换使用，而本体论上可以通过建立（即构造）关系来将差异看作一种本体论建构特征。

（4）意识在本体论上由关系的时间和空间刻画。意识的存在和实在由刻画了关系的时间和空间的时空关系构成（第九章）。从这个意义上讲，意识不能被作为观察的时间和空间标志的时空点或事件所描述。这排除了通 *276*

过特定的物理或心理属性以及纯粹的经验决定来对意识进行的任何本体论刻画：因为物理或心理属性预设了时空点或事件，所以在这两种情况下意识仍是不可能的。

通过关系的时间和空间对意识进行时空刻画，使人们能够在时空的关系和结构基础上解释意识的现象特征。然后，意识的现象特征可以通过特定形式的时空组织和布局以及它们与世界－大脑关系的时空特征的联系得到本体论上的刻画，而经验上人们可以提出我之前所描述的神经现象假说（Norhoff，2014b，2015）。

请注意，这种意识及其现象特征的时空解释必须与现今神经哲学中的意识还原解释和消去解释相区分（Bickle，2003；Churchland，2002，2012；Mandik，2006）。由于在还原解释和消去解释中，意识（和心理特征）仅仅是从经验角度被理解，这两种解释以我所说的观察的时间和空间（第九章）为特征。转而，这使我们可能完全消除意识和心理特征，而只考虑大脑，这在本体论上导致了消去的唯物主义（Churchland，1988）。这种对意识和心理特征的消去论与当前的进路相对。我不打算消去心理特征，而只是把它们追溯到世界－大脑关系上，将世界－大脑关系作为它们的本体论预置（而不是本体论关联物；关于消去的唯物主义的详细讨论见第十三章）。

时空模型ⅡC：意识的本体论——心灵 VS. 世界－大脑关系与内在主义 VS. 外在主义

（5）通过关系的时间和空间对意识的决定，与传统上对意识的非空间、非时间刻画相对，传统刻画与心灵的可能存在与实在相关联（关于心灵概念的详细讨论见第十三章）。现在的解释将意识及其现象特征看作本质上是时空的，也就是说，是依据关系的时间和空间的（了解现象特征的时空进路详见 Norhoff，2014b）；这排除了它的非空间和非时间决定：没有空间和时间，即关系的时间和空间，意识以及它的现象特征将是不可能的。

277

值得注意，现在从世界－大脑关系角度对意识进行刻画使心灵概念变得多余。我们不再需要或要求用心灵概念（及其可能存在和实在）与它的非空间和非时间特征来解释意识的存在和实在，因为后者现在可以追溯到世界－大脑关系及其关系的时间和空间上。

因此，我建议把意识，即它的现象特征，更一般地说，心理特征，从心灵概念中分离出来。我们可以解决心理特征的存在和实在问题，而不需要预先假定心灵的可能存在和实在；反过来，这随之将使无法解决的心灵与身体的关系问题，即身心问题，得以被世界－大脑问题所取代（详见第十三章）。

（6）意识的存在和实在基于世界的存在和实在以及世界与其部分的关系，像在我们人类的情况中就是世界与大脑的关系。这暗示了某种形式的意识外在主义，即意识（和一般心理特征）必须指涉世界。不过，当前语境中的外在主义是关系的和本体论的，因为它是基于世界－大脑关系和本体的结构实在论的。这种关系的和本体论的外在主义必然区别于由密立根（Millikan，1984）、泰伊（Tye，2009）和德雷斯克（Dretske，1995）等学者主张的更经验的生物外在主义（本体论上，生物外在主义更多是基于属性而不是基于关系的）。同时，当前的进路否定了（通常意义上）意识的内在主义，因为当前的进路必定要求将与世界的关系（即世界－大脑关系）作为意识的本体论预置（OPC）。

更一般地说，从世界－大脑关系的角度对意识（以及一般心理特征）进行本体论刻画，将意识及其内容的内在主义和外在主义之分追溯到更基础的水平上，即关系和结构的水平上（如OSR）：意识的内容不再被认为是内在的或外在的，而是被追溯到更基础的关系水平及其时空特征上（有关意识内容的作用的讨论，也见第六章）。

278

第二部分：意识的本体论——偶然性问题或大脑和意识之间的必然本体论联系

偶然性问题 Ⅰa：内部关系——双重必然本体论联系

世界－大脑关系如何解释意识和心理特征的存在和实在？为了解决这个问题，我们需要首先研究世界和大脑之间的关系（即世界－大脑关系），其次研究世界－大脑关系与意识和心理特征之间的关系。

让我从世界和大脑的关系开始。为此，我先谈谈托马斯·内格尔以及H_2O与水的例子。内格尔说，我们必须研究分子的行为，包括“其时空结构的几何结构”，以了解微观水平上作为部分的不同H_2O分子如何在宏观水平上组成作为整体的水。H_2O由分子结构定义，即被显示着“内部关系”因而必然（后验地）相互联系的H和O所定义（Nagel，2000，p. 14）。转而，这种内部关系又使H_2O与水的内部关系成为可能，也就是说，它们之间必然的（后验）联系向上蕴涵着（upward entailment）H_2O和水的联系（关于向上蕴涵概念，见下文）。

我认为世界和大脑必然地（后验地）相互联系，并以某种或多或少类似于H_2O与水之间关系的方式与意识联系。正如H和O作为分子结构是相互内在联系的，即必然（后验）联系的，世界和大脑也表现出必然联系从而相互内在联系，这就是我所说的世界－大脑关系。此外，就像H_2O必然与水相联系，世界－大脑关系也必然（后验）与意识和心理特征相联系。

但我们必须小心，H_2O－水和世界－大脑关系之间的类比只能作为比喻而不能当真来理解。这是因为存在时空不一致。H_2O显示出比水小得多的时空尺度或范围——向上的时空蕴涵和必然联系在这里是从较小的时空尺度（即H_2O）推至较大的时空尺度（即水）的。然而，在世界－大脑关系的情况下时空尺度是不同的，有别于H_2O，世界－大脑关系并不在分子水平和较小时空尺度上运作。然而，有人可能会认为意识及其现象特征在时空方面“超越”了大脑（第七章和第八章）；这种观点将意识置于一个有点类似的时空基础上，就像水在时空基础上超越了H_2O一样。

279

让我把这个比喻说得更清晰一些。内格尔所描述的H_2O在微观水平上的时空结构的几何结构在我们的案例中可能与世界－大脑关系及其时空结构相对应，而其时空结构是基于关系的时间和空间构建的——因此，世界－大脑关系可以被“世界和大脑之间的时空结构的几何结构”所刻画。就像H和O之间的关系一样，世界和大脑之间也存在“内部关系”。这种内部关系本质上是时空的，因为它基于时空关系与关系的时间和空间（第九章），这使得世界与大脑之间的关系是必然的而非偶然的。简言之，世界-大脑关系是必然的而不是偶然的。

必然的世界-大脑关系转而使大脑和意识之间的必然本体论联系成为可能，本章第三部分将对此进行解释。如果世界和大脑之间没有必然联系，大脑就不可能必然与意识联系在一起。这或多或少类似于 H 和 O 之间的内部关系使 H_2O 和水之间的必然联系成为可能的事实：如果 H 和 O 之间没有必然联系，无论 H 还是 O 单独都不可能与水联系。

总之，我提出了双重必然本体论联系。第一重必然本体论联系是世界和大脑之间的联系，由此产生世界-大脑关系；而第二重必然本体论联系是由世界-大脑关系构成的，包括大脑和意识的必然本体论联系。综上所述，必然的世界-大脑关系是大脑和意识之间的必然本体论联系的本体论预置。

偶然性问题Ⅰb：外部关系 vs. 内部关系——因果关系 vs. 构成关系

280

我们如何更具体地描述世界和大脑之间的必然联系，即它们的内部关系？传统哲学家可能会说，这些是因果关系：世界导致大脑活动，而大脑活动又导致意识。在此不可能深入谈论因果概念，我只是简要指出这一点是不成立的；我反对将内部关系描述为因果关系的做法——内部关系是非因果的和构成的。

因果关系的前提是一种外部关系，在这种外部关系中，世界和大脑可以相互区分和分离，这才使它们得以以因果的方式联系起来。然而，世界-大脑关系的内部关系并非如此。在这里，世界和大脑在默认情况下是相互关联的，这意味着它们不能在本体论上且最终也不能在经验（第八章）基础上清楚地相互区分和分离。类似地，H 和 O 不能在 H_2O 中彼此区分和分离——将它们区分和分离以考虑它们在 H_2O 中的外部关系或因果关系是无稽之谈，因为这会使 H_2O 变为不可能。

因此，将世界和大脑之间的内部关系（即世界-大脑关系）以及大脑（即世界-大脑关系）和意识之间的内部关系刻画为因果关系，就是混淆内部关系和外部关系，从而混淆必然联系和偶然联系。与之相反，我们想将世界－大脑关系的内部关系刻画为构成关系而非因果关系：世界和大脑之间的关系构成了大脑在与世界的关系中，更具体地说在差异即本体论的差异实在中的存在和实在（第九章）。但对这种构成的而非因果的关系的详细刻画还有待未来研究的探讨。

偶然性问题Ⅱa：大脑与意识——必然联系 vs. 偶然联系

我现在准备讨论第二步，世界－大脑关系和意识之间的关系。我认为，281 世界－大脑关系是可能意识的必要本体论条件（即 OPC）。世界－大脑关系和意识之间的本体论联系何以可能，是必然的而非偶然的？为此，我将谈谈托马斯·内格尔的一篇论文（Nagel，2000）。请注意，我将主要讨论与偶然联系相对的大脑和意识之间的必然联系。相反，我将省略与后验本性相对的关于必然联系的先验本性的讨论——在假设大脑和意识之间存在必然的后验联系方面，我将简单延续内格尔的看法（内格尔的理论又以克里普克［Kripke，1972］的理论为基础）。

内格尔认为，身心问题的解答方案必须解决并挑战大脑和意识之间的偶然联系问题："乍一看，我们对现象学意识和物理大脑过程都有足够清晰和明确的把握，可以看出它们之间没有必然联系。"（Nagel，2000，pp. 3－4）跟随克里普克的观点，内格尔指出，我们需要在大脑和意识之间建立必然联系，即心理和物理过程的必然联系，以解决并最终消除身心问题。心理和物理过程之间的必然联系将是本章余下部分的焦点。

我们如何理解或思考大脑与意识之间潜在的必然联系？我们在脑扫描中观察大脑及其神经活动。我们观察到大脑神经活动的各种变化，但它们都不能告诉我们任何关于意识的事情——我们观察到的大脑神经活动确实不蕴涵意识。我们无法观察大脑中的意识，因此也无法在它们之间画出任何必然联系——大脑和意识之间的关系仍然是不透明的，因而是偶然的。

尽管意识研究在经验上取得了很大的进步，但各种意识的神经科学理论，如全局神经元工作空间理论和信息整合理论（第五章和第七章）都无法克服大脑和意识之间的偶然性问题。因此，大脑和意识之间的偶然性问题（contingency problem）是我们无法回避的问题。偶然性问题是涉及大脑和意识之间联系的本性的概念–逻辑问题，大脑和意识之间的联系可能是偶然的或必然的。这样的偶然性问题在神经科学的经验领域和哲学的本体论领域都普遍存在（见图10.1）。

282

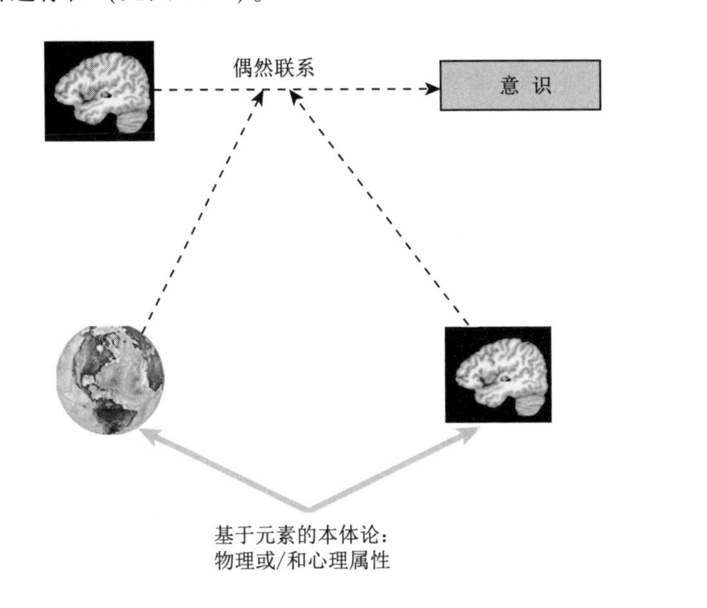

图10.1　大脑和意识之间联系的偶然性问题

偶然性问题Ⅱb：心灵的引入——心身问题

我们如何解决偶然性问题？解决偶然性问题的一种方法是主张大脑和意识之间存在必然联系，正如同一论所假设的那样（概论见Searle，2004）。然而，大脑和意识之间的联系的必然性仍是直觉的，因此存在问题。为了摆脱这些问题，有人想简单地在本体论层面上消除心理特征，这使得偶然性问题是多余的，从而将之消解——这是消去的唯物主义（Churchland，1998）提出的策略。然而，与同一论一样，这种消去的唯物主义充其量只是直觉的，它本身会引发一系列问题（相关延伸讨论请参见第十三章）。因此，在没有详细讨论的情况下，同一论和消去的唯物主义作为解决偶然性问题的可能回答都应该被抛弃。

283 因此，我们可能会回归以传统方式解决偶然性问题的进路。我们可能想超越大脑/身体本身，引入心灵概念。心灵概念替代大脑可以解决偶然性问题：根据心灵的定义，心灵概念显示了与意识等心理特征的必然而非偶然联系，也就是说，心灵与大脑不同，默认情况下以必然（先验）的方式包含心理特征（关于心灵概念的讨论，详见第十三章）。因此，通过引入心灵及其与意识的必然先验联系，解决了大脑和意识之间的偶然性问题（见图 10.2）。

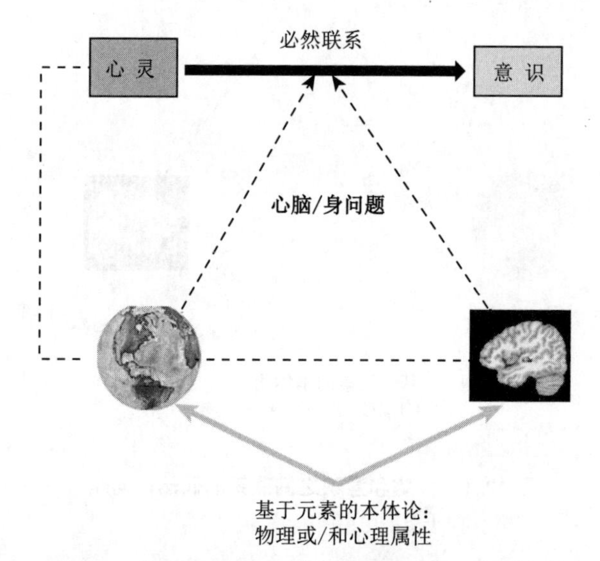

图 10.2　偶然性问题——心灵和意识之间的必然联系

然而，这样做不是没有代价的。心灵的可能存在和实在的引入导致了另一个问题，心灵与身体（包括大脑）的实际存在和实在的本体论关系问题，即身心问题。引入心灵概念作为意识的本体论（或形而上学）基础是一种代价高昂的胜利。通过引入另一个问题来解决一个问题：通过将意识与心灵相联系来解决大脑和意识之间必然联系的偶然性问题，却又引入了身心问题。

284 我们如何处理这种情况？一种方法是，用心灵哲学中提出的种种解决方法解答身心问题。但正如我所说的，这不能解决它的先天缺陷，即从大脑到心灵的转向是为了解释与意识的必然联系。或者，我们可以回到大脑和意识本身，研究我们如何以一种不同于同一论和消去的唯物主义（以及相关解决方案）的方式来理解它们之间的必然联系——这将是下文的焦点。

请注意，在此理解的心灵概念并不与意识或心理特征概念相同或同义。虽然心灵和心理特征是必然且先验地相互联系的，但这并不意味着我们不能单独考虑它们，从而将心理特征与心灵概念分离。例如，证明心理特征与一个有别于心灵概念的概念之间存在必然联系是可能的——这正是我在此要采取的策略。

偶然性问题Ⅲa：大脑与意识——向上时空蕴涵

为什么在大脑和意识之间建立必然联系如此困难？内格尔以克里普克的理论为基础，将大脑和意识之间的关系与 H_2O 和水之间的关系进行了比较。我们可以在 H_2O 和水之间建立必然联系，但由于存在时空差异，我们无法在大脑和意识的情况下做到这一点。H_2O 向上蕴涵水，但大脑不向上蕴涵意识。

让我们引用内格尔（Nagel，2000）的一段话：

> 但要得出这一结论，我们必须看到 H_2O 的行为提供了一个真实且完整的解释，没有留下任何在概念上对水至关重要的特征的近似蕴涵，而且这个解释事实上对我们周围的水是真实的。这种“向上蕴涵”在相应的心理物理学假设中是难以想象的，这就是心身问题的核心。我们通过几何学或更简单的微观－宏观或部分－整体关系来理解分子行为蕴涵水的流动性。类似的情况对每种物理还原来说都是真的，虽然时空框架可能非常复杂，并且很难直观地把握。但这样做无益于解答身心问题，因为我们在此处理的并非只是更大和更小的网格。我们正在处理一个完全不同类型的鸿沟，在物理世界的客观时空秩序和经验的主观现象学秩序之间的鸿沟。我们事先似乎很清楚，关于时空秩序的任何物理信息都不会蕴涵任何主观现象学特征。（p. 13）

285

为什么缺乏向上蕴涵？内格尔认为，在时空特征方面，物理世界的客观时空秩序和经验的主观现象学秩序在原则上是不同的：前者是客观的和时空的，而后者是主观的和现象学的，因此是非时空的（如果想了解后者不是非时空的讨论，请参见上文）。这一主要差异排除了它们之间的必然联系，也就是说，默认情况下，大脑不蕴涵任何关于意识的东西，这使得它们之间的联系是偶然的，而非必然的。

内格尔把它说得很清楚。我们可以设想 H_2O 和水之间的向上蕴涵，而这在大脑和意识的情况下是不可能的。他认为，物理世界的客观时空秩序原则上不同于并且不蕴涵经验的主观现象学秩序。我认为他既是对的，又是错的。

根据我们当前主流对时间和空间的定义，内格尔是对的，当前的定义用物理世界的客观时空秩序来理解大脑的时间和空间，这确实使我们不能从大脑向上推出意识。但内格尔的假设是错的，他假设两种秩序即时空秩序和现象学秩序是相互排斥的，是错的：一旦有人预设一种不同的时间和空间概念，即关系的而非观察的时间和空间，他就可以在大脑和意识之间画出向上的必然联系。我认为，大脑和意识之间缺乏向上蕴涵的根源在于传统上大脑在本体论层面更具体地说在时空方面被定义的方式。

偶然性问题Ⅲb：大脑的本体论再定义——结构实在论和关系的时间和空间

传统上，大脑由基于元素的本体论（第九章）中预设的物理属性所定义。通过物理属性对大脑下定义与像我们观察它们那样通过时空点或事件对大脑下定义是一致的——这相当于内格尔所指的物理世界的客观时空秩序。那些相同的时空点或事件定义了大脑（和世界）及其客观时空秩序。最重要的是，它们不能与刻画意识的时空关系和关系的时间和空间联系起来。

与刻画（作为物理世界的一部分的）大脑的存在和实在的时空点或事件不同，说明意识的时空关系是无法被观察的。由于时空秩序不同，即时空点或事件与时空关系不同，大脑和意识无法以必然的方式相互联系。相反，大脑和意识只能在时空上以一种偶然的方式连接起来——大脑的时间和空间（即时空点或事件）不会像 H_2O 蕴涵水那样以向上的方式蕴涵意识（即时空关系）。因此，（如我在前文所说的）缺乏从大脑到意识的向上时空蕴涵，使得它们之间不可能有必然联系。

然而，一旦有人以不同的方式从本体论上定义大脑的时间和空间，情况就会有所改变。现在，大脑的存在和实在不再由物理属性与时空点或事件来定义，而是由内在地将大脑与世界联系起来的时空关系（即世界－大脑关系；第十二章）来定义。与其假定拥有时空点或事件以及观察的时间和空间的基于元素的本体论，不如通过基于关系的本体论，即 OSR 与世界－大脑关系，以及时空关系与关系的时间和空间来定义大脑。

偶然性问题Ⅲc：大脑的本体论再定义——大脑与意识在向上时空蕴涵方面的必然联系

世界－大脑关系对大脑的决定如何改变我们对大脑和意识之间联系的看法？世界－大脑关系以时空关系而不是时空点或事件为特征。这将世界－大脑关系置于与意识相同的时空基础和本体论基础上，正如在上文概述的时空模型中，意识也可以通过时空关系来定义。如果是这样，世界－大脑关系以一种向上的方式蕴涵意识，就像 H_2O 蕴涵水一样——我们因此可以将之称为“向上时空蕴涵”。向上时空蕴涵意味着世界－大脑关系必然（后验地）与意识相联系。 287

到目前为止，我只阐释了世界－大脑关系和意识之间的必然（后验）联系。然而，大脑和意识之间的必然联系仍然没有得到阐明。不过这很容易做到。由于大脑在本体论上是由世界－大脑关系（第九章）定义的，后者与意识的必然联系意味着大脑与意识的必然联系。因此，我们必须以关系的，更具体地说，以本体的结构实在论为前提，确定大脑与意识的必然联系。相反，如果以基于元素的本体论为前提，通过物理或心理属性对大脑进行本体论决定，那么大脑与世界的必然关系（即世界－大脑关系）将无法设想；转而，这使我们无法看到大脑与意识之间的必然联系，在默认情况下大脑与意识的联系仍然是偶然的（见图 10.3）。

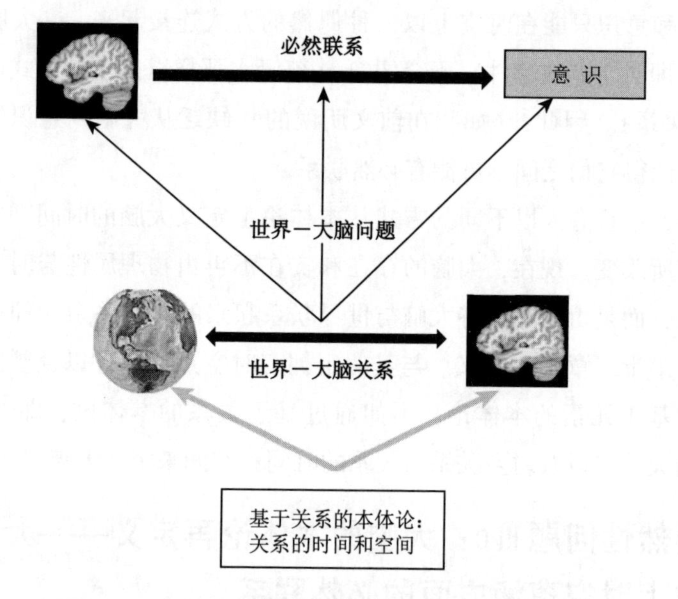

图 10.3 偶然性问题——大脑和意识之间的必然联系

总而言之，关于大脑与意识之间的必然联系的偶然性问题可以在不回归心灵概念的情况下得到解决。通过预设不同的大脑本体论决定，即基于关系的本体论而非基于元素的本体论，以及不同的时间和空间概念，即关系的时间和空间而非观察的时间和空间（这使我的进路不同于同一论和消去的唯物主义及其他相关理论），这是可能的。凭借基于关系的本体论和关系的时间和空间，对大脑进行本体论决定，使我们得以设想其与意识的必然而非偶然联系：意识及其关系的时间和空间被大脑的关系的时间和空间，包括它们与世界的时间和空间的关系所蕴涵——这就是大脑和意识之间的向上时空蕴涵。

这种对大脑的本体论再定义与内格尔的主张非常吻合，他正是这样认为的，即我们需要改变我们的概念（或本体论）定义，以解释两个概念（如大脑和意识）之间的必然（后验）联系，否则这两个概念似乎只是偶然地（后验地）相联系：

> 最大的科学进步是通过概念上的转变来实现的，这种转变使得最初看似偶然（后验）的经验观察秩序能够在更深层次上作为必然（后

验）被理解，也就是说被现象的真实本性所蕴涵。（Nagel，2000，p. 22）

偶然性问题Ⅳa：必然性的标准——对世界的时空契合

必须达到和满足哪些标准才能使这种联系成为必然？为此，我将再次诉诸内格尔的理论，他谈到了心理特征与其潜在本体论起源（即本体起源）之间的本体论（而不仅仅是经验）联系的必然性（而非偶然性）标准问题。我将关注三个标准：对世界的时空契合、透过世界－大脑关系的透明性以及时空主观性。

289

第一个标准是我所谓的对世界的时空契合。我讨论过世界的存在和实在如何被时间和空间刻画（第九章和第十一章）。与此同时，我们是该世界及其时空特征的部分——我证明了这是通过我们的大脑实现的：我们的大脑将我们与这个世界联系起来（即世界－大脑关系），通过这种方式，我们成为该世界的一部分。

世界－大脑关系如何将我们整合于世界之中，使我们成为更广阔的世界的部分？由于世界本身是时空的，因此世界－大脑关系必然可以将大脑联系和整合于世界的时间和空间（即其关系的时间和空间）之中（第九章）。大脑必然通过建立与世界的时空关系，以时空的方式与世界的关系的时间和空间相联系——世界－大脑关系本质上是时空的，也就是说，它由时空特征定义，没有时空特征，它就不可能存在。

世界－大脑关系通过将我们和我们的存在，空间化和时间化为更大时空尺度的世界的部分，将我们整合于世界之中。从这个意义上讲，大脑及其与世界的关系（即世界－大脑关系）可以被视为我们契合于世界的标志，正如我所说的对世界的时空契合。这种对世界的时空契合接近于内格尔（Nagel，2012）所描述的“对我们和其他生物如何契合于世界的系统理解”（p. 128）；这一点在以下引文中也得到了很好的表达：

希望不是发现一个使我们的知识无懈可击的安全的基础，而是

> 找到一种理解我们自身的方式，这种理解方式不是彻底的自我挖掘，而且它并不要求我们否认显而易见的东西。其目的是提供一幅关于我们如何契合于这个世界的合理图景。（Nagel，2012，p. 25）

这种对世界的时空契合如何在世界－大脑关系和意识之间建立起必然290本体论联系？世界本身可以在本体论上被关系的时间和空间所刻画（第九章），关系的时间和空间也刻画了大脑及其与世界的关系（即世界－大脑关系）。由于世界－大脑关系是必要的 OPC，意识本身必然被关系的时间和空间所刻画，从而在时空上“契合于”世界。所以，意识对世界的时空契合蕴涵世界－大脑关系和意识之间的必然联系——前者因此可以被视为后者的标准。

偶然性问题Ⅳb：必然性的标准——第三种共享的和作为共同基础的特征

然而，批评者可能还不想松懈。意识对世界的时空契合将意识定性为时空的。但是，关于意识的时空本性的假设与我们的先入之见相冲突，即心理特征是非空间和非时间的，这将它们与空间和时间的物理特征区分开来（关于这一点更详细的讨论见第十三章）。

因此，批评者可能反驳说，我们通过时空的方式对心理特征和物理特征进行刻画，会失去对心理特征和物理特征的区分。为了回应批评者的反驳，我们需要说明意识和一般心理特征如何是时空的，而不是非空间和非时间的，而且它们是时空的不会让它们沦为物理特征。重要的是，这一论证需要特别关注心理特征本身，因此必须与对作为 OPC 的世界－大脑关系的时空本性的论证区分开来。

我们如何为心理特征的时空本性提供这样的论证？在理解心理和物理特征本身时，我们不得不从时空角度陈述它们之间的本质区别。物理特征可以在时间和空间中被观察，它们蕴涵着观察的时间和空间（第九章）。相反，心理特征根本无法在时间和空间中被观察——意识既不能在大脑中也不能在其他地方被观察到。心理特征既没有表现出空间扩展，也没有表现出时间持续——它们是非空间和非时间的。由于时空特征和非空间/非时间特征是相互排斥的，物理特征和心理特征是不相容的。这使我们无法在物理特征和心理特征之间建立必然的本体论联系。

我们如何在物理和心理特征之间建立必然的本体论联系？由于物理特征和心理特征之间存在时空不一致，在同一论和消去的唯物主义（以及相关观点）中，大脑和意识之间存在必然且直接的联系的主张充其量只是直觉的。由于时空原因（以及其他原因，见第十三章），直接的方式似乎不可能实现，因此我们可能需要寻找间接的方式。内格尔的主张正是如此。他提出，我们可能要寻找心理特征和物理特征共享的因此也作为共同基础的第三种特征：

291

> 这种理论的观点是什么？如果我们能够得出这样的观点，它将使心理和物理之间的关系变得透明而非直接，通过它们与某事物的共同关系变得透明，这种事物不仅仅是它们二者之一。（Nagel, 2000, p. 45）

我假定存在第三种共享的、作为共同基础的特征，就是我所刻画的世界－大脑关系及其时空特征。跟随内格尔的主张，我现在需要证明世界－大脑关系提供了一种共同关系，即一种它与大脑（作为内格尔所说的“物理的”占位符）和它与意识（作为内格尔所说的“心理的”占位符）的必然本体论联系。这会让大脑和意识之间的必然本体论联系，即心理和物理之间的关系变得透明。

偶然性问题Ⅳc：必然性的标准——透过世界－大脑关系的时空透明性

我认为，世界－大脑关系是解释内格尔意义上的第三种共享和作为共同基础的特征的理想候选者。让我在下文阐释一下。

我证明了大脑必然与世界－大脑关系相联系（第九章）。大脑的存在和实在必然取决于它与世界的关系——没有世界－大脑关系，大脑根本不存在和不实在。因此，在大脑和世界－大脑关系之间存在着一种必然的（后验的）本体论联系。重点在关系（如世界－大脑关系）上，这排除了在"大脑"和"世界－大脑关系"中的大脑概念的模棱两可。意识和心理特征也是如此。在本章中，我指出意识等心理特征必然依赖于世界－大脑关系——世界－大脑关系是一种 OPC。

292

世界－大脑关系显示了与大脑和意识的必然本体论联系。世界－大脑关系是（在内格尔意义上）第三种共享的、作为共同基础的特征的理想本体论候选者，因为它是大脑和意识之间共享的、作为共同基础的。按照内格尔的说法，这让大脑和意识之间在时空基础上的必然本体论联系变得透明：由于二者都基于世界－大脑关系，大脑和意识共享着世界－大脑关系的时间和空间，这使它们在相同的关系的时间和空间中的必然本体论联系变得透明。因此，我主张，大脑和意识之间的必然本体论联系，即物理和心理特征之间的联系，通过设想世界－大脑关系变得透明——所以我将之称为大脑－意识联系透过世界－大脑关系的透明性。

如果人们忽视了世界－大脑关系（如在同一论和消去的唯物主义中那样），那么人们只能运用观察的时间和空间，这使大脑和心理特征在时空基础上的必然本体论联系变得不透明：大脑只能通过观察的时间和空间来确定，而心理特征被刻画为非空间和非时间的，以便与物理特征和大脑区分开。在这种情况下，大脑和意识之间的关系的透明性被不透明性取代——大脑－意识联系透过世界－大脑关系的透明性被大脑－意识连接的不透明性取代。

批评者现在可能想争辩说，大脑－意识联系透过世界－大脑关系的透明性的主张确实为内格尔的问题提供了回答。但是，它并没有回应批评者的反驳，即心理特征的时空本性如何与物理特征相区分。不过，这一点很容易解决。

世界－大脑关系可以通过空间和时间，更具体地说通过区别于观察的时间和空间的关系的时间和空间来刻画（见上文和第九章）。透过与世界－大脑关系的必然联系，心理特征在本体论上与关系的时间和空间相联系，因此必然以以下方式来刻画——心理特征在关系的时间和空间方面是时空

293

的。这使它们区别于被观察的时间和空间所刻画的物理特征。例如，意识的现象特征，如感受性、意向性等，可以由关系的时间和空间决定（详见Northoff, 2014b）。

我们现在可以回应批评者的反驳。我们能够很好地用时空术语来刻画心理特征，从而将它们与物理特征和非空间/非时间特征区分开来。因此，世界－大脑关系不仅使大脑和意识之间的必然本体论联系“变得透明”，而且使心理特征在关系的时间和空间方面的时空本性“变得透明”——因此我将之称为透过世界－大脑关系的时空透明性。

批评者忽略了透过世界－大脑关系实现时空透明性的可能。因此，大脑和意识之间的必然本体论联系以及心理特征的时空本性对他们来说是不透明的，而且无法透明化。根据内格尔的说法（正如上文引用他的第一句话所暗示的那样），批评者只是运用了“错误的”观点。“正确的”观点是怎样的？正如我在后几章中所说，这需要在神经科学和哲学领域进行哥白尼革命（第十二到十四章）。

第三部分：意识的本体论——世界－大脑问题

世界－大脑问题Ⅰa：主观性与时空结构

不过，批评者可能还不满意。关于意识和心理特征的存在和实在，最难破解的问题是它们的主观性（Nagel, 1974；Searle, 2004）。心理特征本质上是主观的，这使它们区别于非主观因而客观的物理特征。在一个由客观而非主观的大脑和身体刻画的世界里，像意识或其他心理特征这样的主观事物怎么可能发生？

对主观性的追求对世界－大脑关系及其时空特征意味着什么？如果世界－大脑关系作为OPC，它就必须提供意识及一般心理特征的主观本性的必要条件。因此，世界－大脑关系的时空特征必然诱发意识的主观本性。在世界－大脑关系的时空特征和主观特征之间必定存在一种内在联系，即一种必然本体论联系。

294

以下来自内格尔的引文（Nagel, 2000）充分反映了时空特征和主观特征之间的这种内在联系的必然性：

> 与目前的概念可能性相反，正确的观点应该是从一开始就同时包括主观性和时空结构，所有的刻画都暗示了这两个方面，因此可以同时从现象学内部和生理学外部而非平行地描述内部状态与行为以及内部状态彼此之间的功能关系。(pp. 45－46)

从内格尔的主张展开，我认为，这种内在联系即主观性和时空结构之间的必然本体论联系，“从一开始”就包含在世界－大脑关系的本体论概念中。我的论证包括两步。首先，我以一种新的方式即以时空的方式确定主观性概念（只是以简短的方式论证，而不涉及大量这个主题的文献）。这为第二步奠定了基础，而第二步是展示主观性和世界－大脑关系中的时空结构之间的必然本体论联系，包括与心理特征的必然联系。让我从第一步确定主观性开始。

世界－大脑问题Ⅰb：时空主观性 vs. 心理主观性

我们传统上根据意识等心理特征来确定主观性——每个心理事物都是主观的，它区分于非心理的因而是客观的而非主观的事物。在确定主观性概念时，我们通常先（以一种内隐和默认的方式）将意识和心理特征，更一般地说心灵，预设为我们的参照物，即认识参照物（关于这个概念的确定，详见第十二到十四章）。这使得主观性被默认为心理的——因此我将之称为心理主观性。继而，如果将一些非心理的和可观察的事物如大脑确定为主观的，即便不是不融贯的，也是相当矛盾的。因此，心理主观性是以主观方式刻画大脑的错误框架或认识参照物。

295

将世界本身及其时空特征而非心理特征作为确定主观性概念的认识参照物又如何？在这种情况下，我们不再将主观性与心理特征和心灵联系起来，而是将其与世界的时空框架进行比较和设置。例如，当将时空尺度或范围较小的世界－大脑关系和大脑，与时空尺度或范围更大的世界本身

（即独立于世界－大脑关系和大脑的世界）作比较时，前者可以被描述为主观的，而后者可以被描述为客观的。

在此，主观性是在时空基础上确定的，即参照世界本身的时空尺度或范围。这种主观性的时空决定可以被称为时空主观性（spatiotemporal subjectivity）。时空主观性概念在纯粹时空的而非心理的基础上确定了主观性，因此它必定区分于心理主观性。具体地说，时空主观性是在与世界的时空不一致（spatiotemporal discrepancy）基础上确定的，世界在时空基础上是客观的，因此它可以充当认识参照物以确定时空主观性。

时空主观性概念满足了内格尔的概念要求，即"从一开始就同时包括主观性和时空结构，所有的刻画都暗示了这两个方面"。让我具体说明从空间和时间到主观性以及从主观性到空间和时间两个方向。

时空主观性中的"时空"概念指的是关系的时间与空间（第九章）。关系的时间和空间是关系性的，它暗示着世界与其部分如大脑之间的关系（即世界－大脑关系），这种关系显示了差异，即与世界自身相比较小的时空尺度或范围。关系的时间和空间暗示着我所说的时空不一致。由于时空不一致定义了时空主观性，关系的时间和空间，更具体来说（用内格尔的术语来说）其"时空结构"，从一开始就不得不包括时空主观性。

反过来，如果说时空主观性从一开始就包括时间和空间即时空结构又如何？当我们将心理特征和心灵作为认识参照物对主观性进行设定，并将它们进行比较时，我们无法得出任何主观性与时空特征的必然联系。由于心灵传统上是以非空间和非时间的方式被确定的（见上文和第十三章），心理主观性根本不是从时空角度被构想的，因此与时空特征没有必然联系。 *296*

然而，一旦人们将认识参照物从心灵转为世界，情况就会有所改变。由于世界本身可以被时间和空间刻画，我们现在可以设定和比较主观性与世界的时空特征，即关系的时间和空间，包括其各自的时空尺度或范围。这使得主观性即时空主观性与时间和空间即关系的时间和空间之间的必然联系变得透明。这继而使得时空主观性（如其名称所示）与心理主观性不同，它可能"从一开始"就包括对时间和空间的参照。

世界-大脑问题Ⅰc：时空主观性作为心理主观性的必要条件

批评者现在可能想争辩说，像内格尔所主张的那样，我很好地展示了主观性和时空结构之间的必然联系。但是，我没有证明主观性和时空结构之间的必然联系与世界-大脑关系以及心理特征相关。前面是容易的部分，它让我得以进入我论证的第二部分，难的部分。

世界-大脑关系本质上是时空的——它就是世界的较大时空范围和大脑的较小时空范围之间的时空关系。这包括时空不一致，因此包括时空主观性（见上文）。所以，当与世界本身相比较时，即与独立于与大脑的关系的世界相比较时，世界-大脑关系在时空意义上只能是主观的（而不是客观的）。简言之，世界-大脑关系蕴涵时空主观性，因此可以被时空主观性所刻画。

世界-大脑关系的时空主观性如何与心理特征及其心理主观性相关？*297* 我已证明世界-大脑关系提供了必要的OPC，这在时空上是可能的（见上文）。我认为，世界-大脑关系可以通过其时空特征的主观本性（即时空主观性）提供OPC。由于其时空特征（在时空意义上）是主观的，世界-大脑关系可能诱发意识和心理特征的心理主观性。

世界-大脑问题Ⅰd：时空主观性和心理主观性之间的自我调节

在不提供单独论证的情况下，我假定时空主观性和心理主观性之间的关系是由自我来调节的：自我本质上是关系的（基于世界-大脑关系）、时空的（基于关系的时间和空间）和主观的（基于时空主观性；关于神经科学领域中的自我概念，参见Norhoff，2016，2017）。同时，自我不一定是心理的，也就是说，有意识的或体验的，但它使意识成为可能。因此，自我是前意识的或前现象的（或者像哲学家想说的原意识的），而不是无意识或非现象的（关于前现象概念，参见Norhoff，2014b）。这使得自我成为时空主观性和心理主观性之间的理想中介，为非现象世界和具有心理主观性的特定主体的现象意识之间提供桥梁。

总之，我假定世界－大脑关系的时空主观性是其作为 OPC 角色的必要条件，时空主观性通过自我的调节使心理主观性成为可能。简言之，世界－大脑关系的时空主观性是心理主观性的本体论预置。这使得世界－大脑关系同时（而不是平行地）诱发心理特征的“现象学内在和生理学外在”（如 Nagel，2000 所描述的）：“现象学内在”和“生理学外在”都可以追溯到同一个潜在时空结构，即关系的时间和空间，关系的时间和空间通过时空主观性刻画世界－大脑关系。

298

最后，请注意，时空主观性概念既与第一人称视角（FPP）不相关，也与第二人称或第三人称视角（SPP、TPP）不相关。诚然，心理主观性可以通过 FPP 表现出来，而物理客观性可以通过 TPP 表现出来。然而，由于时空主观性为 FPP 和 TPP 以及它们的区分提供基础，所以它本身不能被 FPP 或 TPP 所刻画，这会混淆必要条件和条件给予的对象。相反，基于世界－大脑关系的时空主观性本身是非视角或前视角的，它为 FPP 和 TPP 之间可能的认识区分提供了必要的本体论条件。

这为意识产生了重大影响。由于我是用时空主观性来刻画意识的，意识本身不能被 FPP 或 TPP 所刻画——FPP 只提供了通向本体论上非视角的（或前视角的）意识的认识论途径。因此，用 FPP（或 TPP）来刻画意识是混淆了意识的本体论（即非视角或前视角）决定和认识决定（例如，我将反驳塞尔［Searle，2004］所提出的第一人称和第三人称本体论之间的区分）。

世界－大脑问题Ⅱa：大脑——主观的还是客观的

批评者现在可能倾向于认为，从世界－大脑关系角度对大脑进行再定义使得大脑主观和有意识，而不是客观和无意识的。大脑解释其与意识的必然联系的唯一方法是，大脑本身是主观和有意识的。否则，依据内格尔的说法，大脑无法弥合客观时空秩序和主观现象学秩序之间的鸿沟。然而，在本体论上将大脑刻画为主观的意味着某种泛心论，这最终会破坏我自己采取的 OSR 进路。

一些学者确实假定大脑是主观和有意识的。其中包括 19 世纪哲学家亚瑟·叔本华，他将大脑视为主观的（Schopenhauer，1818－1819/1966），以及更近期的科林·麦金恩（McGinn，1991），他认为大脑具有特定心理属性。最后，当内格尔本人谈到"有意识的大脑"时，似乎倾向于这个方向（假定大脑是主观和有意识的）（Nagel，1993，p.6）。约翰·塞尔在其第一人称本体论（区别于第三人称本体论）概念中，也或多或少地蕴涵了有意识大脑的概念，尽管他没有明确地将大脑本身描述为有意识或主观的（Searle，2004）：第一人称本体论解释了意识的第一人称视角（关于意识的第一人称视角与第三人称视角的讨论见第八章）及其在大脑中的潜在神经元机制，所以大脑的神经元机制必然是主观和有意识的（或至少是前意识或原意识的）。

299

我反对在本体论上将大脑定义为主观的和/或有意识的（或从与第一人称本体论相关的第一人称视角被给予的）。根据世界－大脑关系在本体论上对大脑进行重新定义，大脑既不能被认为是主观的，也不能被认为是客观的。它既不属于客观时空秩序，也不属于主观现象学秩序。正如我所说的，这会将作为必要条件即作为OPC的世界－大脑关系与基于它的东西混淆，也就是说，会将世界－大脑关系与我们在客观时空秩序中观察到的大脑和由主观现象学秩序刻画的意识的必然联系和向上时空蕴涵混淆。让我更详细地解释一下。

将大脑视为主观的和有意识的，或客观的和无意识的，只是简单地在本体论上混淆了世界－大脑关系和大脑。大脑的存在和实在只能通过它与世界的关系来定义，即世界－大脑关系（第九章）。如果有人只是通过大脑本身理解大脑，也就是说，将它理解为与世界分离的（就像把它刻画为主观的和有意识的），那么他就是用本体论上所谓的世界－大脑隔离（world-brain isolation）来取代世界－大脑关系。这样的世界－大脑隔离只有在预设特定时间和空间概念情况下才有可能：通过时空关系和关系的时间和空间来定义，大脑有更广的时空尺度，但在世界－大脑隔离中，大脑只是被观察的时间和空间中的时空点或事件所定义。

世界－大脑问题Ⅱb：大脑悖论——消解

从世界－大脑隔离的角度对大脑进行刻画为世界和大脑之间的可能区

分以及随后将它们定性为客观的和主观的提供了必要条件：世界是客观的，而大脑是主观的，两者相互隔离，客观物理特征和主观心理特征之间没有必然联系。因此，世界和大脑之间的隔离意味着客观性和主观性包括它们作为物理决定和心理决定之间的分解和分离。

此外，世界－大脑隔离为“大脑悖论”提供了前提（Northoff，2004；Schopenhauer，1818－1819/1966）。简单来说，大脑悖论就是同一个大脑不可能同时是客观的（即物理的）和主观的（即心理的）。因为大脑的两种决定，即主观/有意识的和客观/无意识的，是对立的和相互排斥的，主观/有意识的和客观/无意识的大脑之间的联系在默认情况下是偶然的。因此，身心问题重新出现在所谓的大脑－大脑问题即主观大脑与客观大脑之间的关系问题中。 300

通过改变我们的本体论预设，我们可以避免大脑悖论和大脑－大脑问题。与基于元素或基于属性的本体论（第九章）预设世界－大脑隔离不同，我们可以基于 OSR 解释世界－大脑关系。后者使得世界和大脑之间的任何分离包括大脑悖论都变得不可能，同时又使得时空主观性的引入得以可能。然后，大脑可以在本体论上被基于大脑与（时空上的）客观世界的时空关系即世界－大脑关系的时空主观性所刻画。

这从根本上打破了主观/有意识大脑和客观/物理大脑之间悖论式的二分，将其置于更大的世界和世界－大脑关系的时空框架中。转而使人们有可能消解大脑悖论：将大脑定性为主观的和客观的充其量是认识的或经验的，而不再是本体论的——关于大脑的两种决定的悖论就此可以被消解。

世界－大脑问题Ⅲa：世界－大脑关系——意识的本体论预置

我论证了两种必然联系，一种是世界与大脑之间的联系（即世界－大脑关系），另一种是通过世界－大脑关系及其时空主观性而实现的大脑与意识之间的联系。此外，我认为第二种联系即世界－大脑关系和意识之间的联系，基于第一种必然联系即世界和大脑之间从世界－大脑关系角度说的必然联系。这具体体现在心理主观性是以时空主观性为基础和前提的假设上。

这对意识来说有重大意蕴。将这两种必然联系放在一起，就等于主张世界和大脑之间的必然（后验）联系（即世界-大脑关系）是可能意识的必要本体论条件。反过来说，没有世界和大脑之间的必然（后验）联系（即世界-大脑关系），意识是完全不可能的。因此，正如我所说，世界-大脑关系是可能意识的必要条件，是OPC。

301

我们如何更详细地刻画本体论预置概念？OPC中的预置概念是指可能的（而非实际的）意识的必要（而非充分）本体论条件。以这种方式理解的预置概念在一定程度上反映了康德的先验概念，它区分于经验概念。（在不那么严谨的意义上）跟随康德的说法，先验条件是：（1）无法直接通达的，（2）在背景中运行的，（3）不可或缺的。这适用于世界-大脑关系：（1）它不能直接地而只能间接地通达，（2）它仍然处于背景中，（3）它对于意识的存在和实在来说是不可或缺的。因此，我假定世界-大脑关系作为（康德意义上的）先验角色，或者，如我所说的神经先验角色，是可能意识的必要条件（即OPC）。

世界-大脑问题Ⅲb：世界-大脑关系作为OPC——泛心论还是中立一元论？

批评者现在可能会争辩说，将世界-大脑关系作为OPC引入意味着泛心论（Strawson, 2016），或者至少是原泛心论（protopanpsychism）（Chalmers, 1996）。简言之，只有当世界能够被某种精神元素或属性或至少是精神原元素（protoproperties）的存在和实在刻画时，世界-大脑关系才能充当OPC。否则，如果世界上没有这样的精神属性，那么世界-大脑关系就不能充当OPC了。然而，我反对泛心论假设。

在以下方面，泛心论支持者当然是对的：世界本身必须展现出某些本体论特征，使之与大脑的关系即世界-大脑关系成为可能并最终成为必然。然而，那些本体论特征本身并不需要是精神的或原精神的元素。那意味着将某物视为实际意识的充分本体论条件（即意识的本体论关联物；OCC），而这只是可能意识的必要条件（即OPC）。世界及其与大脑的关系只需要提

302

供那些诱发意识或使意识成为可能的时空特征——世界和世界－大脑关系本身都不是有意识的。正如我们将在下一章（第十一章）中更详细看到的，我们确实可以通过诱发意识的时空特征在本体论上定义世界。

最重要的是，这些时空特征蕴涵了关系的时间和空间，这与基于关系的本体论（第九章）密切相关。基于关系的本体论与关于精神或原精神属性或元素的泛心论或原精神假设是对立的。因此，将世界－大脑关系假设为OPC与任何形式的泛心论或原泛心论都是不相容的。取而代之，人们可能更希望在本体论上预设我所刻画的世界和世界－大脑关系的时空论。这种时空论在本体论上可以被视为可能意识的必要条件（即OPC）。

关于作为OPC的世界－大脑关系的假设，与可能的身心关系领域中的另一种进路，即中立一元论（NM）之间，有一些表面上的相似之处。NM假设心灵和身体可以在本体论上追溯到一些更基本的本体论存在和实在上，它们是中立的，也就是说，它们本身既不是心理的也不是物理的。NM的支持者可能倾向于认为我的世界－大脑关系概念可以被看作这种中立的本体论基础的候选者：世界－大脑关系提供了OPC，同时，它与物理特征密切相关。

但与NM的类似只是表面的，因为它们之间存在一些根本差异。首先，NM中关于中立本体论基础的假设为我们如何将心灵和身体联系起来的问题提供了回答。这与我的主张不同。世界－大脑关系及其作为OPC的角色为意识和心理特征的存在和实在问题提供了回答。NM仍然预设了心灵概念，而在世界－大脑关系中不再是这样。

它们的起点是不同的，即预设了与没有预设心灵，这会带来重要的影响。因为NM仍然预设了心灵（的可能存在和实在），所以它必须提供中立本体论基础与心灵以及身体的必然关系。在我的主张中，这不再是必要的。我无须提供世界－大脑关系与心灵之间的必然联系，因为我不再预设心灵。此外，不同于NM，与身体的关系已经包含在世界－大脑关系中，因为身体对大脑来说是世界的一部分（详见第八章）。综上，这使得世界－大脑关系免于应对NM的主要难题之一，即在心灵和身体之间建立必然联系。因此，我对世界－大脑关系作为OPC的假设与NM的相似充其量只是表面的，当我们对两者进行更深入的比较时，它们的主要差别就会变得很明显。 303

世界－大脑问题Ⅳa：身心问题vs. 世界－大脑问题

从世界－大脑关系的角度对大脑进行本体论再定义，对心灵概念以及与之伴随的身心问题产生了深远的影响。心灵概念是为了解决大脑/身体和意识（或一般心理特征）之间缺乏必然联系的问题而引入的。(见第十三章)

为了建立意识（和一般心理特征）与其潜在本体论基础的必然联系，哲学家们引入了心灵概念：他们假设心灵的可能存在和实在必然和先验地与意识（和一般心理特征）联系在一起。然而，这最终被证明是一场代价高昂的胜利。当解决一个问题，即身体/大脑和意识之间的必然联系问题时，又创造了另一个问题，即心灵和身体之间的本体论关系问题，简称身心问题这是代价高昂的。

我认为心灵概念对于建立与意识和心理特征的必然联系来说是多余的，因为这个角色可以被世界－大脑关系所取代。世界－大脑关系是意识的本体论预置（OPC）。作为OPC，世界－大脑关系使意识成为可能，这意味着单独世界本身和大脑本身都不能解释与意识的必然联系。因此，为了理解大脑和意识之间的必然（后验）本体论联系，我们需要回到世界和大脑的关系（世界－大脑关系）上。

304

将本体论的关注焦点从身心问题转移到一个新问题上，我称之为世界－大脑问题。我们需要理解世界和大脑之间的关系（世界－大脑关系），以解释大脑和意识之间的必然（后验的）本体论联系。具体来说，我们首先需要研究世界和大脑之间的必然本体论联系，以理解世界－大脑关系和意识之间的必然联系。因此，我必须提出世界－大脑问题，以解决意识和心理特征的存在和实在问题。世界－大脑问题使得身心问题变得多余，因为后者带来的问题可以由前者解决。

世界－大脑问题Ⅳb：世界－大脑问题——大脑－世界问题?

什么是世界－大脑问题？世界－大脑问题是一个涉及世界和大脑之间

本体论关系的本体论问题。具体而言，世界－大脑问题涉及世界的存在和实在如何与大脑的存在和实在相联系的问题。世界和大脑的概念是从严格的本体论意义上而非认识或经验意义上理解的：世界－大脑问题与世界和大脑的存在和实在相关，而非与我们关于世界或大脑的知识或观察相关。因此，世界－大脑问题是关于世界和大脑之间的本体论关系而不是认识或经验关系的。

作为本体论问题的世界－大脑问题有意将世界和大脑这两个术语按此顺序排列，因为它区分于大脑－世界问题。大脑是世界整体的一部分。从纯粹的逻辑－概念角度来看，关于大脑是整个世界的一部分的假设是琐碎的，因为世界之外或超越世界都不存在大脑（琐碎论证，详见下文）。然而，一旦人们从经验和本体论的角度来构想它们之间的关系，这种情况就会发生变化。有别于在逻辑－概念基础上的消极蕴涵，无论是在经验上还是在本体论上都有积极建构的过程，这样的过程首先使大脑成为世界整体的一部分得以实现。用塞拉斯（Sellars，1963）的术语来说，大脑作为世界整体的一部分不是"给定的事实"（Sellars，1963，p. 128）。

305

经验上，这种积极的建构过程体现在特定的编码机制中，例如基于差异的编码（第二章），以及大脑节律结构与世界节律结构之间的时空对齐等时空机制（第八章）中。而在本体论上，这种积极的建构是由本体论的差异实在提供的，差异实在构成了关系和结构与关系的时间和空间（第九章），从而使得大脑作为世界整体中的一部分得以实现。如果有人将这些积极的建构过程定位于大脑自身之中，他/她确实最好改变术语顺序，称之为大脑－世界问题而非世界－大脑问题。但情况并非如此。OSR 中假设的关系和结构通过将作为部分的大脑对齐和整合于世界整体之中，跨越世界和大脑之间的观察鸿沟。因此，从本体论上看，我们最好称之为世界－大脑问题而非大脑－世界问题。

世界－大脑问题是本体论概念，而相反顺序的大脑－世界问题可以从认识和经验的角度理解。认识上，大脑－世界问题可能与我们如何从第一、第二和/或第三人称视角的基础上通过大脑获得关于世界的知识有关。经验上，大脑－世界问题描述了我们的大脑加工世界中的事件以及与它们交互的各种方式（第二章）。由于我在本书中的主要关注点是大脑和意识之间关系的本体论问题，因此我专注于世界－大脑问题，而与此相反，我将关于大脑－世界问题的认识问题留待日后讨论。

批评者现在可能争辩道，世界－大脑问题可能只是关于整体和部分之间关系的部分学（mereological）问题，而不是真正的本体论问题。不过，我反对该论证。的确，大脑确实是世界整体的一部分。然而，OSR 通过关系和结构来定义世界，根据定义，世界以必然的（后验的）方式包括了诸如大脑等部分。

当有人预设基于元素的本体论时，同样的联系仍然是偶然的，世界－大脑问题不仅仅是一个部分学问题，而是一个更深层次的本体论问题（关于部分学问题的讨论见第十三和第十四章）。具体来说，世界－大脑问题引出了一个问题：应该如何定义关系和结构，以使它们能够将世界和大脑必然地联系起来，从而让世界和大脑的关系蕴涵意识和心理特征。因此，世界－大脑关系的问题不仅仅是一个部分学问题，而是一个关于关系（relation）和结构，更一般地说，关于关系（relationship）的基本本体论问题。

306

世界－大脑问题Ⅳc：世界－大脑问题——两半

然而，这只是世界－大脑问题的一半。另一半是关于诸如意识等心理特征的存在和实在问题——这将会在下文中加以阐释。

世界和大脑之间的本体论关系必须是什么样的才能作为 OPC？我认为用元素（即基于元素的本体论）来刻画世界和大脑之间的本体论关系是不合理的。具体地说，根据基于元素的本体论对世界和大脑下定义，会使大脑和意识之间的联系成为偶然（见上文），因此无法解释意识的存在和实在。所以，根据基于元素的本体论下定义，无论是世界还是大脑自身（或它们的简单组合或叠加）都不能作为 OPC。取而代之，我们需要预设另一种本体论，即基于关系的本体论（即 OSR），其中结构和关系（而不是元素）构成世界和大脑包括它们的关系（即世界－大脑关系）。这就使得世界－大脑关系作为 OPC 和意识之间有了必然的联系。

综上，我认为根据 OSR 对大脑进行本体论再定义导致了从身心问题到世界－大脑问题的本体论转变。在解决意识和心理特征的存在和实在问题时，我们最好提出世界如何与大脑相关的问题（世界－大脑问题），而不是提出心灵和身体之间的本体论关系问题。

与身心问题不同，世界－大脑问题可以很好地解决原本大脑和意识之间缺乏必然联系和向上蕴涵的问题，而不必重提心灵概念（如在同一论或消去唯物主义中那样；见上文）或直觉关系。这使得世界－大脑问题与身心问题相比处于优势地位，因而后者可以被前者取代。

世界－大脑问题Ⅳd：世界－大脑问题——世界－身体问题？

307

最后，有人可能会争辩说，世界－大脑问题可以被看作与所谓的世界－身体问题等同，甚至可以被世界－身体问题取代，像具身进路假设的那样（Park et al.，2014；Thompson，2007；更多细节见第八章）。不过，我反对这样做。如第八章所述，通过大脑对身体和世界的对齐，身体从只是客观的身体转变为活的身体。在本体论上，活的身体预设了基于作为OPC的世界－大脑关系的意识构成，否则就不会有身体作为活的身体的体验。

具体来说，这意味着身体与世界的联系是建立在大脑根据世界的关系的时间和空间积极构建时间和空间的基础上的。因此，大脑及其与世界的关系（即世界－大脑关系）必须被视为将仅仅是物理或客观的身体转化为我们所体验的活的身体的必要条件（第八章）。所以，我谈论的是世界－大脑问题，而不是世界－身体问题。

然而，具身观的支持者可能尚未满意。我们根本没有体验到世界－大脑关系，但我们确实体验到我们的身体是活的身体并体验到它与世界的关系（即世界－身体关系）。因此，世界－身体问题必定比世界－大脑问题更根本、更基础。这是混淆了现象学和本体论领域。的确，我们并没有体验到世界－大脑关系本身，因为它只是一种预置，而不是意识的关联物（即OPC而不是OCC）。

但是，从拥有身体体验而缺乏世界－大脑关系体验，推出世界－身体问题比世界－大脑问题在本体论上具有更高的地位的推论，混淆了现象领域和本体论领域。事实上，我们没有在我们的意识中体验到世界－大脑关系，并不意味着它不能作为意识的OPC。更一般地说，我们无法从意识的现象领域，即身体作为活的身体的体验，推断出它的本体论基础，即世界－身体关系。这就是我所说的现象－本体论谬误。提倡世界－身体问题在本体论上高于世界－大脑问题的人只有犯下现象－本体论谬误才可能提出这种主张。因此，她/他的论证可以被反驳。

308 从活的身体的现象领域到世界－身体关系的本体论首要地位的推论或多或少类似于下面的场景。想象一下，我们从缺乏对 H_2O 的意识推出 H_2O 不能构成水的分子基础。鉴于我们现有的知识，这会被认为是荒谬的。相反，在看待世界－大脑关系时，至少具身观的支持者不认为这是荒谬的。让我们把事情说清楚一点。就像 H_2O 提供了水的分子基础一样，世界－大脑关系构成了意识包括我们对身体作为活的身体的体验的本体论基础。因此，就像 H_2O 与水的关系一样，世界－大脑关系对意识来说必定比包括世界－身体关系在内的活的身体在本体论上更为基本和基础。

批评者可能会认为，世界－大脑关系概念过于抽象，因为我们既不能观察它，也不能体验它。即使世界－大脑关系概念在本体论上是有效的，但它过于抽象，无法作为我们意识等具体事物的 OPC。然而，这是忽视了科学史。正如第二章指出的，包括量子理论和基因编码在内的一些科学发现都相当抽象，它们在观察和体验中无法直接通达。然而，这既不妨碍量子理论作为物理实在的本体论预置，也不妨碍基因编码为遗传提供本体论基础。因此，从科学和本体论的角度来看，强调世界－大脑关系过于抽象而不能作为 OPC 的抽象论证必须被驳斥（相似的论证见第十四章）。

世界－大脑问题Ⅴa：世界－大脑问题——琐碎论证

现在有人可能会争辩说，世界－大脑问题是琐碎的。这里提出的关于世界－大脑问题的琐碎论证，可以看作是我在意识时空模型的经验语境下所提出的琐碎论证的本体论延伸（第七章）。具体地说，从经验、概念和本体论的角度来看，世界－大脑问题可能被认为是琐碎的。

第一，世界－大脑问题在经验上是琐碎的，因为它可以追溯到大脑及其神经元机制。因此，从经验上考虑，世界－大脑问题实际上就是“大脑问题”，而不是世界－大脑问题。第二，世界－大脑问题在概念上是琐碎的。大脑的加入并没有给世界概念增加任何新的东西，世界概念默认包括大脑，因为大脑是前者的一部分。因此，从概念上考虑，我们可以用所谓 309 的世界问题来取代世界–大脑问题。第三，世界–大脑问题在本体论上是琐碎的。世界的存在和实在必然也刻画了大脑的存在和实在，因为后者是前者的一部分。例如，在唯物主义或泛心论中刻画世界的物理或心理属性也适用于大脑，因此必定可以刻画大脑的存在和实在。因此，从本体论角度来看，将大脑纳入世界–大脑问题是琐碎的。

然而，我反对这三种琐碎主张。第一，我证明了一种特定的神经元机制，即时空对齐，它解释了大脑与世界的经验关系（第八章）。这种时空对齐的缺失使得经验上的世界–大脑关系变得不可能，然后被世界–大脑隔离所取代。因此，从经验的角度来看，世界–大脑问题包括了不同种类的经验选择，即大脑神经活动能根据世界来定位自身的机制，即世界–大脑关系还是世界–大脑隔离。因此，经验上，世界–大脑问题的假设绝非琐碎。

第二，世界–大脑问题在概念上并非琐碎的。关于世界和大脑之间的关系，世界–大脑问题包含了不同的选择。例如，世界和大脑之间可能存在必然或偶然的联系。如果世界和大脑之间的联系是必然的，那么世界–大脑问题可以解释大脑和意识之间的必然联系。相反，如果世界和大脑之间的联系是偶然的，那么世界–大脑问题就无法解释大脑和意识之间的必然联系，因此也无法解决心理特征的存在和实在问题。由于世界–大脑问题包括不同的概念选择，即世界和大脑之间的关系是必然的还是偶然的，因此不能从概念上认为它是琐碎的。

第三，也是最后一点，世界–大脑问题在本体论上并非琐碎的。人们可以预设不同的本体论框架，如基于元素、关系、过程和能力的本体论。我们已经看到，当预设基于元素或关系的本体论时，世界和大脑之间的关 310 系将有所不同。当预设基于过程的本体论（Northoff，2016a，b）或基于能力的本体论（第五和第九章）时，关于世界和大脑之间的可能关系的其他本体论选项就会出现。由于世界和大脑包括它们关系的本体论刻画依赖于预设的本体论框架，而不同本体论框架蕴涵不同的本体论选择，因此世界–大脑问题不能被认为是本体论上琐碎的。

世界－大脑问题Ⅴb：世界－大脑问题vs. 世界－大脑关系——问题vs. 答案

批评者现在可能争辩说，我们并没有真正定义包含在世界－大脑问题观念中的各种术语。我们既没有定义世界概念，也没有定义关系概念；只有大脑概念在前一章中（第九章）得到某种程度的定义。我将在下一章（第十一章）中，从本体论的角度更详细地定义世界概念。在这里，我将重点讨论关系概念。我们能区分世界－大脑关系中至少两种（可能的）关系概念，例如，狭义的关系和广义的关系。

“世界－大脑关系”中的“关系”可以从狭义上理解。在这种情况下，“关系”指的是OSR中关系的本体论定义。在经验上，狭义的关系是由时空对齐（第八章）决定的，而在概念上，它意味着世界和大脑之间存在一种必然（而非偶然）因而是内在（而非外在）的联系。因此，狭义的关系是在经验、概念和本体论上以特定方式确定的。当我把世界－大脑关系视为对（作为根本问题的）世界－大脑问题的回答时，就预设了这种确定，因此也就预设了狭义的“关系”。

世界－大脑关系中的关系从广义上理解又是怎样的？“关系（relation）”广义上指一般关系（relationship），即关系的常识观念，包括所有可能的本体论、概念和经验选择。因此，“世界－大脑关系”中广义的“关系”在经验上、概念上和本体论上仍是不确定的。这就是我在谈到世界－大脑问题时所预设的关系观念。因为它包含了若干关于世界和大脑之间关系的经验、概念和本体论选择，世界－大脑问题不能基于这些理由（即经验、概念和本体论的）被认为是琐碎的。

311

总之，我从三个层面（即经验层面、本体论层面和概念层面）对世界－大脑问题的琐碎论证进行的反驳，均以我的世界－大脑问题概念中的广义关系概念为前提。因此，世界－大脑问题必然与世界－大脑关系相区分：前者通过使用广义的关系来提出世界和大脑之间可能存在的关系问题，而后者则通过确定特定的因而是狭义的关系来提供答案。如果有人在世界－大脑问题的概念中预设了狭义的关系，那么世界－大脑问题确实会变得琐碎——这样做混淆了回答（即世界－大脑关系及其预设的狭义关系）

和问题（即预设了广义关系的世界-大脑问题）。

结论

我们如何确定意识的存在和实在？基于大脑在世界-大脑关系和OSR方面的本体论决定，我认为世界-大脑关系是可能意识的一种必要非充分本体论条件（即OPC）。最重要的是，由于世界-大脑关系由时空结构与时空关系构成，世界-大脑关系使我们得以观察从而设想大脑与意识之间的必然本体论联系。这必须区别于人脑和意识之间的偶然关系，这种关系困扰着大多数过去和现在研究意识和一般心理特征的哲学和神经科学进路。

为了在大脑和意识之间建立必然的而非偶然的本体论联系，我们必须修改我们的标准本体论预设。我们需要预设OSR，以结构和关系作为存在和实在的基本单元，而不是以预设心理和物理属性的基于元素的本体论为前提。这使得从关系角度即从世界-大脑关系，而不是通过大脑本身的一些内在特征，如物理或心理特征，对大脑进行本体论再定义成为可能。

世界-大脑关系如何以及为何能在大脑和意识之间建立起必然的本体论联系？我认为，它与基于关系的时间和空间的时空刻画相关联。关系的时间和空间使得世界和大脑之间的本体论关系（即世界-大脑关系）成为必然。转而，这又使得大脑通过其世界-大脑关系得以与由现象学特征定义的意识建立起必然的本体论联系，我认为，这种联系是被（反映关系的时间和空间的）时空关系所刻画的。 312

因此，时间和空间，更具体地说，关系的时间和空间，提供了大脑和意识之间，甚至更普遍地说，世界和意识之间缺失的黏合剂或缺失的联系。之前提出的经验的意识的时空理论（第七章）因此可以在本体论方面得到类似的意识的时空模型补充。

这种意识的时空模型为心灵哲学中讨论的一些问题，如解释鸿沟问题（Levine，1998），提供了新观点，在此将简要说明解释鸿沟问题（期待未来作进一步的详细讨论）。解释鸿沟问题指物理和心理特征之间存在解释鸿沟，这适用于大脑的情况，大脑神经元和现象特征之间就存在解释鸿沟（Norhoff，2014b）。在当前结构实在论的本体论框架内，这种解释鸿沟概念是不合理的，因此无法持续下去。世界－大脑关系作为 OPC 的角色暗示了大脑和意识之间存在必然的本体论联系。这种必然联系与神经元特征和现象特征之间存在鸿沟的假设背道而驰，这反过来使解释鸿沟的假设在现有框架中变得不可信甚至毫无意义。

最重要的是，从时空本体论角度对世界－大脑关系进行刻画，使得引入心灵概念以描绘与意识和心理特征的必然联系的需求变得多余。心灵的角色现在可以被作为 OPC 的世界－大脑关系所取代。这使得在我们对意识和心理特征的刻画中，心灵概念以及随后的身心问题变得多余。所有我们 *313* 打算通过心灵概念和身心问题来解答的，现在都可以以一种经验和本体论上更合理的方式通过世界－大脑问题来解决。简言之，我们可以用世界－大脑问题来取代身心问题。

然而，还有几个悬而未决的问题。第一，我确定了意识的必要本体论条件，即意识的预置（OPC）；但是，实际意识的充分本体论条件仍然未知，即 OCCs。第二，我仍未阐明意识的现象特征的本性以及它们如何与作为 OPC 的世界－大脑关系相关联。第三，人们可能会对“世界－大脑关系”中的“世界”和“大脑”这两个术语的顺序感到疑惑。或者，人们可能会提出“大脑－世界关系”，但我反对这种说法，因为大脑－世界关系充其量是认识的或经验的，而不是本体论的。最后，在对世界－大脑关系的解释中，我没有提及世界概念的确切本体论决定。这些问题将放在下一章讨论。

第十一章　本体论Ⅲ：从世界到意识

导言

世界与意识

我们现在讨论到哪里了？我首先讨论了大脑的存在和实在，即大脑的本体论（第九章）。经过讨论，我得以在本体的结构实在论（OSR）意义上，亦即通过在世界－大脑关系中实现与体现的结构和关系，定义大脑的存在和实在（第九章）。因此，大脑的存在和实在取决于世界－大脑关系——大脑就是世界－大脑关系。这样的世界－大脑关系对意识（以及一般心理特征）是至关重要的。具体来说，世界－大脑关系是可能意识的必要本体论条件，即意识的本体论预置（OPC；第十章）。 315

然而，尽管我一直强调大脑和世界－大脑关系，但对世界本身包括它对意识的作用的本体论刻画我尚未谈及。到目前为止，世界被认为对意识来说是重要的，只在于它与大脑的关系，即充当 OPC 的世界－大脑关系。可是，这使世界本身（即独立于大脑的世界）在本体论上未得到确定：世界的存在和实在远远超出它与大脑的关系。因此，世界比世界－大脑关系"更多"，而这种"更多"可能对诸如意识等心理特征的存在和实在来说是最为重要的。

主要目标和论证

本章的主要目标是刻画世界本身的存在和实在，以及它与意识的关联。316 因此，我特别关注意识的现象特征，以及它们与世界和世界－大脑关系的本体论特征即时空特征的相关方式。另外，请注意，在此我以本体的结构实在论（OSR）中的本体论世界概念为前提——世界在本体论上被结构和关系以及关系的时间和空间所刻画（第九章）。

这种对世界的结构－关系本体论决定必定有别于世界的其他含义，例如对世界的经验刻画，比方说，物理的（如在科学中）、现象的（如在现象学中）、心理的（如在观念论中）和认知－表征的（如在认知神经科学中最为常见）刻画。此外，我清晰地区分世界的本体论意义与任何形而上学决定，正如我明确地区分形而上学与本体论（见第九章导言）。最后，请注意，我是在现象的而非（如康德所说的）物自体的意义上预设世界概念的，因为物自体意义上的世界可能是我们无法通达的（我认为它取决于世界－大脑关系；见第十三和十四章）。

本章中我的主要论点是，世界本身在本体论上对意识的存在和实在不可或缺。这是由世界的三个本体论特征规定的，包括“校准过程”（calibration process）（第一部分）、“结构构成”（constitution of structure）（第二部分）和“复杂定位”（complex location）（第三部分），它们对意识的存在和实在都是必要的。于是，我的结论是，在解决诸如意识等心理特征的存在和实在问题时，世界本身必须包含于我们的本体论中。

第一部分：世界与意识——校准论证

校准论证Ⅰa：世界——多余的、琐碎的与非必要的？

在解决意识的存在和实在问题时，我们为什么需要包括世界？我们已经在经验部分看到，大脑与世界的时空对齐是实际意识的必要经验条件，也就是意识的神经先决条件（第八章）。然而，世界与意识的经验关联并不意味着它与意识的本体论关联。本体论上，大脑或心灵自身可能足以解释意识等心理特征的存在和实在。让我们在下文中详细讨论一下。 317

例如，人们可以将意识的存在和实在定义于并追溯到大脑（像在唯物主义和物理主义中最为常见的那样）。在这种情况下，世界本身即独立于大脑的世界，在意识中不起任何作用——因而世界本身在这种情况下即使不是多余的，也是无关紧要的。有人可能会认为，在这里提出的世界－大脑关系至少让世界发挥了一些作用。然而，这些作用仅仅是间接的，因为它们是基于大脑及其与世界的关系的。例如，有人可能会说，世界与大脑之间的关系，即世界－大脑关系，很大程度地依赖于大脑本身——这使得独立于大脑的世界本身对于意识来说是多余的。

世界本身真的无关紧要吗？另一个关于世界的论证是部分学的，它指出大脑是作为整体的世界的一部分。因此，我们不可避免至少以间接方式将世界包含在内，因为部分意味着整体。可是，这样的部分学包含相当琐碎（正如世界－大脑概念所暗示的那样），而且更重要的是（与将大脑作为独立于世界整体的部分的意识定义相比）它不会改变我们对意识的本体论决定。因此，暗示大脑与世界之间存在部分学的部分－整体关系，并不能真正使（独立于大脑的）世界本身与意识相关而不仅仅是琐碎的。

当通过心灵而非大脑来定义诸如意识等心理特征时，世界发挥怎样的作用？在这种情况下，世界甚至既不在间接（如通过类似于世界－大脑关系的心灵－世界关系）意义上，也不在部分学（作为整体包括作为部分的大脑）意义上被包含。相反，心灵对心理特征的决定甚至将世界排除在外，以使心理特征与世界（包括大脑和身体）的物理特征的区分更加明显。因此，心灵对心理特征的本体论决定几乎默认排除了世界，亦即以一种必要的方式排除了世界。

综上，批评者可能会认为，本体论上，世界在我们对心理特征的本体论决定中没有发挥任何作用。心理特征可以被大脑或心灵在本体论上充分决定，而无须涉及（独立于大脑和心灵的）世界本身。我将反驳这一论证。 318 与该论证相反，我将论证包含世界对于心理特征的本体论决定来说是必要的；我的依据是世界在我所刻画的“校准过程”中发挥核心作用，而该过程对意识来说是必不可少的。因此，我将之称为“校准论证”。

校准论证Ⅰb：世界——时空框架vs. 时空基线

我以本体的结构实在论（OSR）为前提，而它是通过关系和结构来刻画存在与实在的基本单元的。目前，我已将OSR应用于大脑（第九章）和意识（第十章）。然而，由于OSR涉及存在和实在的基本单元，它必定也适用于世界本身，即独立于大脑和意识的世界的存在和实在。具体来说，正如我以时空的方式刻画OSR那样，有人可能会主张世界可以在本体论上被我所说的“关系的时间和空间”（第九章）所刻画。我现在的目标是提出关于世界的OSR，以便理解世界如何使意识的现象特征成为可能。

现在我们如何能更详细地刻画关系的时间和空间呢？时空关系和结构被某些时空尺度或范围所刻画：在世界的时空尺度或范围界限内，世界存在且实在，而在世界的时空范围界限外，世界即我们所生活的世界并不存在。这并不排除显示出不同时空尺度或范围的另一个世界甚至另一个宇宙存在。因此，时空范围为世界提供了一个界限或框架——因此我称之为“时空框架”（spatiotemporal frame）。以时空意义上的OSR为前提，时空框架概念是一个以时空方式刻画世界的存在和实在的本体论概念。

世界的时空框架为何以及如何与意识相关？为此，我们需要首先引入另一个概念。我把世界－大脑关系视为意识的本体论预置（OPC）（第十章）。具体来说，世界－大脑关系可以被世界的较大时空范围与大脑的较小时空范围之间的耦合所刻画（第九章）。

在世界－大脑关系中世界和大脑之间的这种时空耦合，构成了随后意识的基础：由于世界－大脑关系提供了OPC，其时空特征为可能意识提供了基线。由于基线是由世界－大脑关系的时空尺度或范围决定的，所以我称之为“时空基线”（spatiotemporal baseline）。时空基线概念是一个本体论概念，它刻画了世界－大脑关系的时空特征，更一般地说，它刻画了作为整体的世界与其部分如大脑之间的时空关系的时空特征。

319

让我用哲学家托马斯·内格尔在他的著名论文《成为一只蝙蝠会是什么样？》（Nagel, 1974）中提出的蝙蝠例子来说明时空基线概念。蝙蝠可以处理超出人类大脑时空频率范围的超声波。因此，蝙蝠的世界－大脑关系显示出与人类的世界－大脑关系不同的时空范围——所以人类和蝙蝠展现出不同的时空基线。由于世界－大脑关系及其时空基线提供了 OPC，蝙蝠和人类的意识时空范围之间也将有所不同。因此，对内格尔的著名问题“成为一只蝙蝠会是什么样？”的回答，就在于研究蝙蝠的时空基线的物种特异时空范围，即它的物种特异世界－大脑关系。

校准论证Ic：世界——时空框架与时空基线分离

时空基线概念如何与时空框架概念相关？首先，它们二者都是在 OSR 语境内描述世界的不同时空特征的本体论概念。具体来说，时空框架概念只关注世界本身，而独立于我们对世界包括潜在的世界－大脑关系的体验或意识。这使得时空框架有别于时空基线。

与时空框架不同，时空基线概念指的是世界的时空范围与大脑的时空范围之间的关系，即世界－大脑关系。因此，把时空框架与时空基线等同，会让世界本身（由于它独立于它的部分如大脑）与世界和作为其部分的大脑之间的关系（即世界－大脑关系）混淆。 320

这两个概念的区别使得“时空基线”和“时空框架”相互分离成为可能。例如，可以想象两个不同的时空基线，如人类的基线和蝙蝠的基线，指向同一个“时空框架”，因为它们“位于”并处于它们共享的世界之内。然而，如上所述，它们的“时空基线”明显不同。“时空框架”与“时空基线”之间这种可能的分离进一步证明了这两个概念不能彼此等同的假设。

最后，时空框架和时空基线之间的差异并不排除后者是依赖于前者的。时空框架的时空范围预置了世界和大脑之间的时空差异即时空基线：时空框架的时空范围越大，时空基线需要去桥接从而耦合即联系世界和大脑的时空差异就越大。因此，时空基线依赖于世界的时空框架（而反向的依赖则不成立，即时空框架始终独立于时空基线）。

校准论证Ⅱa：意识——体验空间以及它们的校准过程

到目前为止，我已通过时空框架和时空基线对世界进行了本体论刻画。

然而，时空框架和时空基线为何以及如何与意识相关尚未明晰。这将是下文的焦点。为此，我诉诸艾萨克（Isaac，2014）的理论，他提出了一种关于体验的结构实在论解释，更准确地说，关于第二性质（secondary qualities）的结构实在论解释。虽然他只关注第二性质，但我通过将他的观点应用于一般的意识现象特征来扩大他的关注焦点。

艾萨克（Isaac，2014）将第二性质（如关于热的体验）的发生与测量或校准过程进行了比较。例如，在我们测量温度时，我们不是以绝对的方式而是以相对的方式测量温度的，因为我们将温度与温度计及其刻度相比。321 依据测量装置（如温度计）的尺度或刻度，我们可以获得一定的温度值。例如，欧洲和美国分别用摄氏度和华氏度作为温标，就很好地反映了这一点：在欧洲和美国，具有相同绝对温度的同一房间将被不同温度所刻画，因为在两个地区使用的温标不同。依据测量装置即温度计的刻度，我们得到了一个相对温度值而非绝对温度值（Isaac，2014）。

根据艾萨克（Isaac，2014）的主张，第二性质的例子同理。相对基线设定和比较热的物理成因，就是以特定方式校准。依赖于同一基线的校准，我们可以体验到相同的热的或冷的温度。基于“基线”的校准，在一定范围内以各种方式即各种程度体验温度得以可能——因此，关于温度的体验，包括其第二性质，依赖于所预设的基线及其后续的校准过程。

校准论证Ⅱb：意识——前现象、现象与非现象的体验空间

现在，我将艾萨克的“校准过程”概念从第二性质扩展到一般的意识现象特征。为此，我们需要更详细地描述这种校准过程。根据艾萨克（Isaac，2014）的看法，当涉及第二性质时，校准过程包含三个成分：（1）“可能体验空间”，例如，包括热或冷等可能体验的空间，它可以充当可能体验的“基线”；（2）“体验的可能外部关联物空间”，例如，包括温度的空间；以及（3）将两者联系起来，根据前者校准后者的过程，即我所说的“校准过程”。

在前两个成分中，即在可能体验空间和体验的可能外部关联物空间中，

"空间"概念究竟是什么意思？虽然艾萨克本人并没有真正讨论过空间概念，但很明显，它并不是纯粹物理和观察意义上的空间。通过体验和我所说的意识及其现象特征来刻画这样的空间，这种理解或多或少可以被排除。将该空间概念与现象概念等同，会混淆可能体验与实际体验。艾萨克说的是"可能体验空间"和"体验的可能外部关联物空间"，而不是"实际体验"或"体验的实际外部关联物"。 322

"可能"与"实际"之间的区分使得我们不可能只在现象意义上刻画艾萨克的空间概念。然而，与此同时，艾萨克明确指出这两个空间与体验及其外部关联物相关，因为它们确定了两者的可能范围。因此，这两个空间都为可能体验及其外部关联物提供了必要条件——它们是体验的预置，因此也是意识的预置，所以我将它们描述为"前现象的"（而不是现象的；关于前现象概念的深入讨论和使用，参见 Northoff，2014b）。

对两个空间的前现象刻画还必须与它们的非现象决定区分开来。即使它们本身还不是现象的，但这两个空间都不能被刻画为非现象的——这会切断它们与可能体验及其外部关联物的关系，最终会导致后两者变得不可能。因此，我将"可能体验空间"与"体验的可能外部关联物空间"中的空间概念刻画为前现象的，而不是现象的或非现象的。

这两个空间如何能充当意识的必要条件？我认为，它们使艾萨克所说的第三种成分校准过程得以可能。可能体验空间与体验的外部关联物空间之间的比较和校准本身是不可体验的——它是我们在意识中无法通达的。然而，体验和意识都基于因而依赖于这种校准过程，因此这种校准过程本身可以被刻画为前现象的（而不是现象的或非现象的）。

校准论证Ⅱc：意识——可能体验空间与时空基线

两个前现象空间的前现象领域如何与世界－大脑关系的本体论领域相关联？更具体地，我提出了以下问题，可能体验的前现象空间如何与从时空基线和时空框架角度对世界进行的本体论刻画相关联？我将论证，艾萨克假定的前现象特征与从时空框架和时空基线角度对世界进行的本体论决定密切相关，并且可以追溯到世界的本体论决定。让我从第一个前现象特 323

征即可能体验空间开始。

时空基线在本体论上由世界－大脑关系及其时空特征决定（见上文）。同时，世界－大脑关系及其作为时空基线的作用是可能意识的必要条件，即OPC。相反，世界－大脑关系及其时空基线不能被看作实际（而非可能）意识的充分条件（第十章）。这也反映在前现象一边，前现象的“体验空间”指的是“可能体验”而非“实际体验”。

我认为，艾萨克所描述的在前现象领域的“可能体验空间”直接与世界－大脑关系所构成的本体论上的“时空基线”有关。由世界－大脑关系构成的时空基线为前现象的可能体验空间提供了必要本体论条件。因此，前现象的可能体验空间在本体论上依赖于世界－大脑关系的时空尺度或范围及其时空基线。

这将导致一个相当激进的后果。如果前现象的可能体验空间在本体论上依赖于作为时空基线的世界－大脑关系，那么意识的现象特征本身必须从时空的角度来刻画（关于这一点的详细讨论，请参见Norhoff，2014b）。然而，我们应该注意时间和空间概念。时空概念在这里指的是关系的时间和空间，因此是与观察的时间和空间不同的结构和关系（第九章）。所以，对意识的现象特征的时空刻画并不意味着它们在观察的时间和空间方面的科学的和最终只是物理主义的决定。

总之，我认为世界－大脑关系的时空基线为前现象的可能体验空间提供了必要本体论条件。因此，可能体验和意识的范围（为了简单起见，这两个术语被当作同义使用）在本体论上是由世界－大脑关系构成的时空基线的时空范围所决定的。这不仅将意识的本体论层面和前现象层面联系起来，还使得从时空的角度即用关系的时间和空间来刻画现象特征成为必然。

324

校准论证Ⅲa：意识——体验的可能外部关联物空间与时空框架

在艾萨克意义上的体验的第二个特征“体验的可能外部关联物空间”是怎样的？这指称可能与意识相联系的对象或事件。可能与意识相联系的事件或对象是世界及其时空框架的部分。因此，事件或对象本身必定能被特定的时空特征所刻画，这些特征以特定的方式将它们与世界及其时空框架联系起来，即我所说的“世界－对象/事件关系”。

我们如何能刻画世界－对象/事件关系这一概念？与世界－大脑关系一样，世界－对象/事件关系的概念可以从时空角度来描述：对象或事件，包括它们的特定时空特征，与世界及其时空框架存在一定的时空关系。因此，时空框架明确地呈现在世界－对象/事件关系中，因为它以时空的方式塑造了世界和对象/事件之间的关系。更重要的是，这种世界－对象/事件关系独立于世界－大脑关系提供的时空基线，因为世界－大脑关系不同于世界－对象/事件关系。

我认为，世界－对象/事件关系，包括它对世界时空框架的依赖，是前现象的体验的可能外部关联物空间的必要本体论条件。使对象和事件与世界及其时空框架构成时空关系的方式，决定了它们是否可以在体验的可能外部关联物空间中被包含或被排除。与可能体验空间的情况一样，我以时空的方式，也就是以与世界的时空框架相关的方式，确定体验的可能外部关联物空间。

然而，前现象的体验的可能外部关联物空间不仅由世界的时空框架和世界－对象/事件关系决定。另外，我们需要考虑世界－大脑关系及其时空基线。更具体地说，我们需要考虑世界－对象/事件关系和世界－大脑关系在时空上的重叠程度：世界－大脑关系的时空基线越是与世界－对象/事件关系的时空框架重叠，各个对象或事件越有可能包含在体验的可能外部关联物空间中。相反，如果它们的时空重叠程度极小或者它们不重叠，那么各个事件或对象就不包含在体验的可能外部关联物空间中，并因此被排除在该空间之外。

325

校准论证Ⅲb：意识——“内部”和“外部”的现象意义 vs. 经验意义

我讨论了世界－对象/事件关系如何为前现象的体验的可能外部关联物空间提供本体论条件。但是，我还没有讨论“外部”这个概念的意义——这将是下文的重点。

“外部”概念显然与“内部”概念相对。在前现象的体验空间中，既存在（体验的）外部关联物，也存在内部关联物。我将世界－对象/事件关系及其与世界－大脑关系的时空重叠刻画为体验的外部关联物。与之相对，体验的内部关联物可能在于为前现象的可能体验空间提供了时空基线（和必要的本体论条件）的世界－大脑关系中。

不过，我们需要格外小心。在此，“内部”和“外部”的意义都是在前现象或现象的意义上理解的，这有别于它们的经验意义。经验上，“内部”指大脑和身体，它们区别于“外部”的世界：在大脑和身体中发生的一切都是内部的，而在世界中的事件或对象则被视为外部的。

然而，这与前现象或现象意义上的“内部”和“外部”不同。在前现象或现象意义上，“外部”概念指体验的对象或事件，即与体验相联系的那些对象或事件。重要的是，这可能既包括世界中的事件或对象，也包括大脑或身体中的事件或对象（如自发思想、心跳或心悸）。因此，前现象或现象意义上的“外部”包括在经验意义上理解的“内部”和“外部”两个概念。

326

在前现象或现象意义上的内部概念是什么？它指体验本身，也就是说，独立于对象或事件即独立于其“外部”关联物的体验本身。因此，体验本身是内部的，而与之相联系的对象或事件是它的外部关联物。有人可能倾向于认为前现象或现象学意义上的“内部”或多或少对应于“内部”的经验决定：“内部”的经验概念局限于大脑和身体的内部，“内部”的前现象或现象决定即体验，发生在大脑和身体的内部。

但事实并非如此。体验和意识并不局限于大脑和身体内部。意识超越了大脑和身体，也超越了我们作为一个整体的人——它将我们与世界联系起来，并将我们“锚定”于世界中作为世界的部分。当我们体验一些东西，即体验作为“外部”关联物的一个事件或对象时，我们不是在我们的大脑或身体内体验该事件或对象。而是作为更广阔的世界的一部分，我们体验那个事件或对象，以及它与我们自己的关系——因此，意识使我们对齐于世界。

因此，体验的内部特征即意识，不能局限于经验意义上理解的内部概念，也不能与之相比较。与外部概念的情况一样，前现象或现象的内部概念与大脑、身体和世界之间的分界无关。它跨越了这些经验而非现象的分界。本体论上，这种跨越大脑、身体和世界之间分界的现象（而非经验）运作，是以世界－大脑关系和世界－对象/事件关系之间的关系为前提的——它们的关系首先使（区分于经验的内部和外部概念的）前现象或现象的内部和外部概念得以可能。

校准论证Ⅲc：意识——作为意识的本体论关联物的时空校准

在艾萨克关于体验的结构主义解释中的第三个特征——校准过程，它将可能体验空间和体验的可能外部关联物空间联系起来，这个特征又是怎样的？我认为这种联系是由上文谈到的校准过程提供的。校准过程是将"体验的外部关联物"与可能体验空间相比较和配对的过程。这里的核心问题关涉比较和配对——这里到底发生了什么，以及它如何校准我们的体验？

327

我将前现象的可能体验空间回溯到本体论上的世界－大脑关系上，而体验的可能外部关联物空间则是以世界－对象/事件关系（及其与世界－大脑关系的关系；见上文）为前提的。现在，我们如何将世界－大脑关系和世界－对象/事件关系相比较和配对，从而使前者得以校准后者？

前文已叙述过，世界－大脑关系提供了一条时空基线，而世界被它描述为一个时空框架。世界－大脑关系和世界－对象/事件关系共享两个本体论特征。首先，它们二者都是关系，因此可以直接相互比较（否则就不可能，例如，一个是属性而另一个是关系就无法相比较）。其次，世界－大脑关系和世界－对象/事件关系都将世界作为一个共享的时空框架，该框架为大脑和对象/事件包括它们与世界的关系提供了一个共同的参照物。

由于世界的时空框架是共同参照物，所以世界－大脑关系和世界－对象/事件关系可以在时空特征方面相互比较和配对。具体地说，世界－大脑关系提供了时空基线，世界－对象/事件关系是根据该基线设置、比较、配对和校准的。因此，校准过程是时空的，我称之为"时空校准"。

我说的时空校准概念到底是什么意思？首先，时空校准概念是一个本体论概念。作为本体论概念，它必定与经验概念相区分。时空校准描述了不同时空尺度的本体论比较，更具体地说，它描述了世界－对象/事件关系的时空范围与作为时空基线的世界－大脑关系的时空范围的比较。世界－大脑关系作为时空基线，可以根据自身的时空范围对可能的对象/事件（包括它们的世界－对象/事件关系）进行构造和调整，即“校准”。

328

像这样根据世界－大脑关系的时空特征对世界的对象或事件的时空特征进行的构造和调整，使对象或事件与意识相联系成为可能。让我详细说明一下。构造使在世界－大脑关系的时空范围内对对象或事件包括它们的世界－对象/事件关系的时空特征的整合得以可能——这是产生意识的核心（第六至八章和第十章）。因此，我所描述的“时空校准”为两个前现象空间——可能体验空间与体验的可能外部关联物空间——之间的实际联系提供了充分的本体论条件。它们之间的联系使可能体验（包括其可能的外部关联物）的前现象领域转化为关于对象或事件的实际体验的现象领域。

综上所述，时空校准可以被视作实际意识的充分本体论条件，因此我将其描述为“意识的本体论关联物”（OCC）。作为 OCC 的时空校准必须与作为 OPC 的世界－大脑关系区分开来（第十章）：缺乏时空校准，作为两个前现象空间——可能体验空间和体验的可能外部关联物空间——的本体论基础的世界－大脑关系就无法产生意识和心理特征。同时，世界－大脑关系也是必要的，因为没有作为 OPC 的世界－大脑关系，就没有使可能的时空校准作为 OCC 的本体论能力（关于能力概念在科学语境中的讨论，见第五章）。

校准论证Ⅳa：意识——时空校准还是神经元校准

神经科学家和经验主义哲学家现在可能会感到困惑。为什么不将大脑本身而将世界－大脑关系作为校准过程的时空基线？例如，赖希勒（Raichle，2015）以较为含蓄的方式提出了这一点，他认为默认模式网络（default mode network，DMN）是一种时空基线，大脑静息状态下的神经活动可以根据它进行校准。“默认模式网络”中的术语“默认模式”已经包括了对某种基线和校准过程的指称——他甚至提到了“默认模式功能”（Raichle，2015）。

329

然而，DMN 或默认模式功能概念只是校准过程的经验（而非本体论）概念的标志。在这种情况下，校准过程只涉及大脑本身，因此仍处于大脑本身及其神经元活动的范围内——所以我将之称为神经元校准。但是，神经元校准只是经验的，而不像时空校准，它不是本体论的。这种仅仅是经验的神经元校准可能与大脑本身有关，但它对解释意识来说仍然是不充分的。

为了解释意识，我们需要超越大脑，并将世界－大脑关系视为时空基线，使时空校准与神经元校准区分开来。因此，我认为我们需要一个本体论（而不是经验或神经元）校准，即时空校准，来连接两个前现象空间，即可能体验空间和体验的可能外部关联物空间，从而使意识成为可能。

校准论证Ⅳb：意识——从意识的本体论关联物到意识的神经预置

神经元校准如何与时空校准相关？如上所述，神经元校准只涉及大脑，而独立于世界，因此它仍然只是经验的。相反，时空校准明确包括世界，从而超越了大脑的范围；因此，它是本体论的，而不是经验的（关于“超越大脑的范围”这一概念的详细讨论，见第十四章）。然而，尽管存在差异，神经元校准和时空校准并非互不兼容的。

通常，DMN 对大脑神经活动的神经元校准是以基于世界－大脑关系的时空校准为基础的。然而，在极端的例子中，如精神分裂症（第三章和第八章）中，基于世界－大脑关系的时空校准中断，这使得 DMN 的神经元校准缺少在世界中的潜在时空基础。

转而，这彻底改变了这些患者的意识的时空组织和结构，从而导致严重的知觉、运动、情感和认知改变（精神分裂症的时空进路，详见 Northoff & Duncan，2016；Northoff，2015，2016）。精神分裂症中神经元校准和时空校准之间的这种可能的分离进一步强调了区分这两个概念的重要性。 330

然而，本体论概念时空校准与经验概念神经元校准之间的差异并没有排除它们之间存在联系和转换。作为 OCC 的时空校准与作为 OPC 的世界－

大脑关系一起为可能意识的必要经验条件即神经元条件提供了本体论基础，也就是说，提供了意识的神经预置（NPC，第七至八章）。NPC 可以在大脑与世界的时空对齐中找到，也可以在充当大脑神经活动的神经元校准的 DMN 中找到。因此，我们可以看到作为 OCC 的时空校准是如何为作为 NPC 的神经元校准提供本体论基础的。本体论领域与经验领域之间，即从 OCC 到 NPC 之间，存在着区分和转换。

校准论证Ⅳc：意识——神经－生态/本体论亲密关系

时空校准为何以及如何对意识来说如此重要？通过以世界－大脑关系为基线对对象或事件（包括它们的时空特征）进行校准，对象/事件和世界－大脑关系彼此间建立起亲密关系，该关系跨越了大脑、身体和世界之间的内部－外部分界（有关内部与外部概念的讨论，见上文）。因此，可以称为“神经－生态亲密关系”。这种神经－生态亲密关系使现象观念“内部”变为“外部”成为可能，这与它们的经验决定有所不同（见上文）。

神经－生态亲密关系（也可表述为“神经－本体论亲密关系”）概念，这是对托马斯·内格尔的“生理－心理亲密关系”，即“心理和身体条件之间的显见亲密关系”（Nagel，1986，p. 20）的借鉴和改写。我假定在本体论上内格尔所说的“生理－心理亲密关系”可以追溯到基于世界－大脑关系和时空校准的神经－生态亲密关系上。

331

根据内格尔的说法，“生理－心理亲密关系”为大脑提供了“内在性”，这解释了其主观体验的根本特征：

> 它（大脑）可以被解剖，但它也有不能暴露于解剖的内在。当你吃巧克力条时，你会由内而生一种品尝巧克力的感觉，这种由内而生的感觉让大脑处于特定状态。（Nagel，1987，pp. 34－35）

最有趣的是，内格尔将大脑的这种“内在性”追溯到一种“基本本质”上（Nagel，1979，p. 199），它可以被复杂的组织形式和物质组合所定义，即“不寻常的化学和生理结构”（Nagel，1979，p. 201）。

内格尔所描述的大脑“内在性”现在可以被具体说明了。基于世界－大脑关系提供的本体论定义，大脑对世界显示出一种“内在性”：在考虑大脑自身（即独立于世界的大脑）时仅表现为“外在性”的东西，当通过大脑与世界的关系（即世界－大脑关系）来定义大脑的存在和实在时，就被转化为“内在性”的东西。

因此，世界－大脑关系使大脑得以构成相对于世界的“内在性”——同样的“内在”体现在“神经－生态/本体论亲密关系”以及世界－大脑关系对世界中的对象或事件进行的时空校准中。在这个意义上，世界－大脑关系可以解释内格尔所说的“基本本质”：后者通过“不寻常的化学和生理结构”得到的刻画，现在可以在本体论上通过“时空结构”以及更一般的 OSR 得到进一步阐明。

第二部分：结构与意识——结构论证

结构论证Ⅰa：世界与意识——无结构与动力学？

时空模型通过时空结构决定意识的存在和实在。这与所谓的结构与动力学论证相对立（Chalmers，2003，p. 247；Alter，2016；Pereboom，2011；Stoljar, 2006）。简单来说，结构与动力学论证（我称之为“结构论证”）指出拥有量子和希尔伯特（Hilbert）空间的微观物理世界可以从抽象的结构和动力学角度来描述。相反，在宏观和现象层面上的意识中找不到相同的抽象结构，因此无法从结构和动力学角度来描述意识。 332

结构论证依赖于并建立在结构与非结构的二分之上；然而，基于 OSR 和意识的时空模型，我拒绝这种二分。意识不是非结构和非动力学的，而是高度结构和动力学的，就如反映在它的时空结构中那样。正如我所说，这可以追溯到世界－大脑关系及构成它的关系的时间和空间上。根据 OSR，时空结构遍布整个世界，包括它的所有部分如身体和大脑，以及各个层面如微观物理学、宏观物理学和现象学层面。因此，结构与非结构的二分必须被抛弃，否则这反过来可以反驳结构论证。

本章第二部分的目标在于证明，无论是在世界的宏观层面上，还是在意识的现象层面上，都存在着强大的结构。请注意，我是在本体论意义上理解“结构”概念的，这使我能够以 OSR 为基础。在下文中，我将通过展示世界的时空结构来指定关于世界的 OSR。重要的是，关系和结构作为存在和实在的基本单元，越过了微观层面与宏观层面以及与现象层面之间的界限。为了更好地理解这种本体论越界，我们需要在本体论上更具体地确定结构概念。

结构论证Ⅰb：世界——时空嵌套

我们如何用更具体的时空术语来描述世界－大脑关系？首先，可以用不同的时空范围或尺度亦即它们的时空扩展程度来刻画世界和大脑。与世界相比，大脑显示出更小的时空尺度或范围：世界的“内在持续时间”和“内在广延”（这些术语见第七章和第十二章）都比大脑的大得多。因此，世界和大脑可以用不同程度的“时空扩展”来刻画。

333 大脑较小的时空尺度或范围如何与世界较大的时空尺度或范围相关联？我们在经验领域遇到了相同的问题，即如何连接不同的时空尺度。例如，经验数据显示，在“跨频率耦合”（CFC）方面（具有不同时间尺度的）不同频率相互联系（第一章和第七章）。具体来说，较慢频率波动的相位与较快频率波动的振幅有关。这意味着较快频率波动的较短时间尺度包含于因此嵌套于较慢频率波动的较长时间尺度中。因此，我们可以将之称为“嵌套”，它包含了不同的频率，因此也包含了不同的脑区——这就是所谓“时空嵌套”（第五章和第七章）。

在这个语境下，时空嵌套是在经验意义上被理解为局限于大脑的。然而，正如数据所显示的，时空嵌套可能会扩展并跨越大脑、身体和世界的边界。我们讨论过的一些数据显示从胃到大脑存在跨频率耦合（CFC），大脑的较快频率（即 α 频率）波动的振幅嵌套于胃的较慢频率波动的相位中（第八章）。因此，我们可以将之称为大脑在身体内的“时空嵌套”。在大脑与世界的例子中也可以观察到同样的情况：大脑的频率可以对齐于因而嵌套于世界更大的频率范围中（见第八章）——因此，大脑在时空上嵌套于世界之内。

综上，这些数据表明 CFC 和时空嵌套跨越了大脑、身体和世界的边界。不仅在大脑本身（即其自发活动）内存在相互嵌套的不同频率的波动，而且大脑本身也嵌套并包含于身体和世界的时空特征中。因此，大脑的存在和实在不再仅仅由大脑单独决定——刻画大脑的存在和实在的基本单元跨越了大脑、身体和世界之间的边界。因此，我通过世界、身体和大脑之间的时空嵌套来确定世界的存在和实在，然后从本体论（而不仅仅是经验）的角度来理解它（见图 11.1）。

334

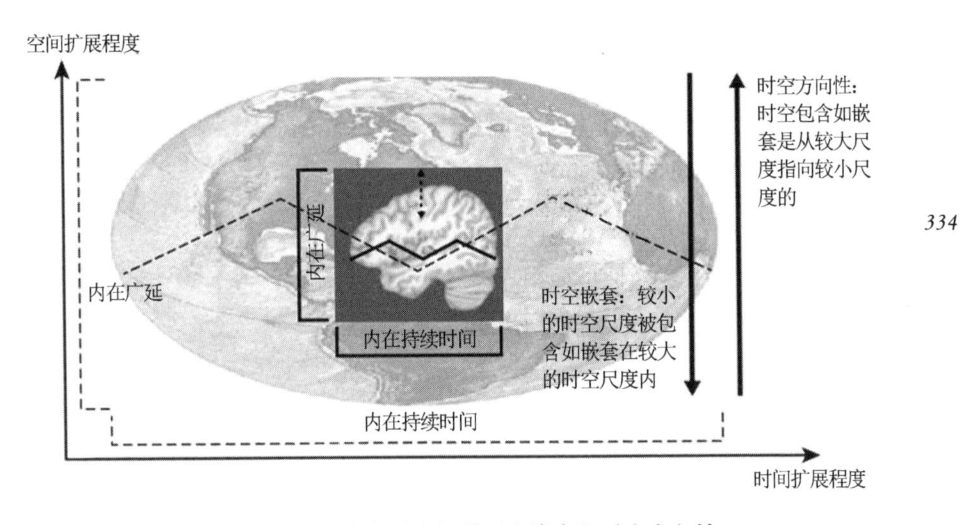

图 11.1　世界和大脑之间的时空嵌套和时空方向性

结构论证Ⅰc：世界——时空方向性

让我们简单地将大脑的时空嵌套与俄罗斯套娃的例子进行比较。同样，较小的俄罗斯娃娃嵌套或包含在下一个较大的娃娃中，时空较小的大脑嵌套并包含在更大的时空尺度或范围的世界中。最重要的是，我们无法独立于较大的娃娃来确定较小的娃娃的存在和实在——较小的娃娃的形状和时空扩展取决于下一个较大的娃娃。与此相类似，大脑自发活动的时空结构取决于身体和世界的更大的时空尺度。因此，较小的俄罗斯娃娃在较大的娃娃中的时空嵌套与大脑在身体和世界中的时空嵌套方式是一

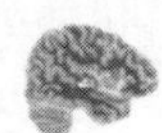

致的。

让我们进一步讨论我们的俄罗斯套娃例子。我们不会设想较小的俄罗斯娃娃包含并容纳下一个更大的娃娃。相反，我们肯定，较大的娃娃包含或嵌套下一个较小的娃娃。因此，时空嵌套与某种方向性密切相关，即我所说的“时空方向性”。从较大的娃娃到较小的娃娃，而不是从较小的娃娃到较大的娃娃，存在时空方向性。

335

这同样适用于世界和大脑之间的关系。世界的时空尺度或范围较大，使之可能包含或嵌套大脑及其较小的时空尺度——这就是我所说的“世界－大脑关系”。相反的情况在时空上则是不可能的：大脑的较小时空尺度使之不可能包含或嵌套世界及其较大的时空尺度——可以这么说，“大脑－世界关系”在本体论层面上、在时空上是不可能的，因为它违背了时空方向性（见图 11.2）。

336

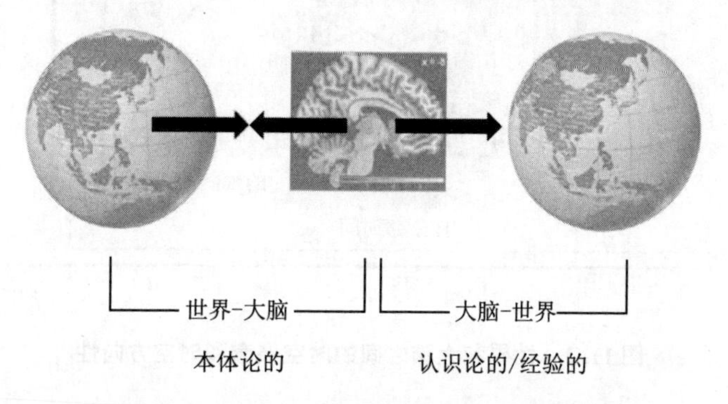

图 11.2　世界－大脑关系与大脑－世界关系

总之，我用时空术语，更具体地说用时空嵌套和时空方向性来描述世界的存在和实在。这使得世界－大脑关系概念在本体论上有别于相反的概念，即有别于大脑－世界关系。与世界－大脑关系不同，大脑－世界关系概念不能被视为一个本体论概念：由于世界较大的时空尺度不可能嵌套在较小的大脑中，因此大脑－世界关系概念不能在本体论上被确定，例如，不能被时空嵌套和时空方向性确定。值得注意的是，这并不能排除以认识论的术语确定大脑－世界关系的可能性，但这超出了本章的讨论范围。

结构论证Ⅰd：对结构论证的反驳

时空嵌套性和方向性如何与结构论证相联系？让我们回想一下，结构论证是建立在微观和宏观物理层面的区分之上的，它强调只有前者是结构的和动力学的。这一论证现在可以被反驳。微观和宏观物理层面反映了不同的时空尺度或范围，因此可能在本体论上相互嵌套或包含，意味着具有时空嵌套性。时空嵌套性使得较小尺度的特征可以嵌套并包含于较大尺度的特征及它们的时空结构当中。

在时空嵌套的语境下，宏观物理层面上看似非结构的东西可能本质上是结构的（和动力学的）。再把它和俄罗斯套娃对比。如果你只从外面看到最大的俄罗斯娃娃，而不从里面看，你确实倾向于认为俄罗斯娃娃根本没有结构。然而，一旦打开大的俄罗斯娃娃，就会看到各种各样的小娃娃。此外，很明显，最大的娃娃的形状和大小很大程度上是由较小的娃娃决定的，即由较小的娃娃预置的。因此，从外部看非结构的东西，从内部看却是高度结构化的。

意识的情况亦是如此。就其自身而言，意识从外部看起来是无结构的，没有任何时空特征。一旦从内部看意识，也就是从大脑和世界－大脑关系中构想意识，这种情况就会改变。然后，我们可以通过为意识提供一个复杂的时空结构来了解世界－大脑关系如何塑造和配置意识。所以，意识作为宏观层面和现象层面的标志，是高度结构化和时空的。因此，我们可以驳斥结构论证，因为它忽略了意识的时空背景和高度结构化的本质，之所以说意识具有时空背景和高度结构化的本质是因为它可以追溯到世界－大脑关系。

结构论证Ⅱa：时空嵌套与意识

在时空嵌套方面，心理特征如何与大脑的本体论特征相联系？基于经验数据，我认为，时空嵌套在产生意识方面起着核心作用（第四、五和七章）。我将在下文简要叙述一些经验数据。

大脑的无标度活动可以通过包含不同的时间尺度或范围来刻画，这意 337

味着经验意义上的时空嵌套（第四、五和七章）。此外，大脑的无标度活动程度是意识的核心：如麻醉或睡眠等丧失意识的状态表现为无标度活动水平降低，失去嵌套（第四、五章）。因此，大脑自发活动的时空嵌套是意识的核心。

另外，我和同事最近进行的一项研究也表明，无标度活动的程度可以预测其他心理特征，如自我意识（Huang et al.，2016）。尽管调节大脑无标度活动与意识之间关系的确切神经元机制仍有待澄清，但数据显示，大脑自发活动的时空嵌套发挥了核心作用（另见 Northoff & Huang，2017；Northoff，2017）。更能说明问题的是，数据显示大脑神经活动在时空上嵌套于身体（Park et al.，2014）和世界（Monto et al.，2008）中，与意识直接相关（第七、八章）。

这对意识的本体论决定来说意味着什么？意识背后的基础存在和实在的基本单元在本体论上不可能“定位”于大脑之内，因此不受大脑的范围和边界限制。取而代之，意识在本体论上需要由与经验数据相类似的、跨越了大脑边界的、使大脑时空嵌套于身体和世界内得以可能的存在与实在的基本单元来刻画。

我假定时空嵌套是使世界-大脑关系成为 OPC 的核心（第十三章）。为了诱发意识，潜在的预置即世界-大脑关系必须超越大脑的边界。否则，如果限制在大脑、身体或世界的范围内，它们分别的本体论特征（如元素或属性）就无法诱发意识。重要的是，时空嵌套使不同时间和空间尺度的整合成为可能，这是使意识成为可能的核心：世界、身体和大脑之间的时空嵌套提供了一种使意识成为可能的时空结构（见上文）。

338

结构论证Ⅱb：时空方向性与部分学谬误

除了时空嵌套，世界-大脑关系还可以通过时空方向性来刻画（见上文）。时空方向性指出从较大的时空范围到较小的时空范围、从世界到大脑存在方向性。因此，我将世界-大脑关系与大脑-世界关系区分开（见上文）。该时空方向性是大脑本体论定义的核心，因为它通过嵌套于世界的较大时空扩展中而与世界相关。

意识又如何？我认为意识也是如此。经验发现表明，CFC 中从较慢频率到较快频率的方向性是调节意识的核心（第七、八章），而当意识丧失时，该方向性受损（第五、七章）。因此，经验发现支持了时空方向性在意识产生中发挥的核心作用。

在本体论层面上相似的主张也是真的。基于时空关系的时空方向性使我们得以有意识地将自身体验为世界的一部分。然而，相反的方向即我们将世界体验为我们自己的一部分是不可能的。因此，存在着从世界到意识的时空方向性，意识将我们整合为世界整体的一部分。

时空方向性对意识的本体论刻画也具有重要的概念意义。时空方向性使在大脑中“定位”意识变得不可能，从而也使作为部分的大脑与作为整体的有意识的人的混淆变得不可能。班尼特和哈克指出在当今神经科学和心灵哲学中作为部分的大脑和作为整体的人经常被混淆——因此他们提出了“部分学谬误”（mereological fallacy）（Bennett & Hacker，2003，p. 2）。

339

当通过时空方向性来确定意识时，这样的部分学谬误就被排除了：意识不再定位于大脑之中，而必须追溯到世界 - 大脑关系。因此，人作为整体在意识中体验作为整体的世界，不能再将人与作为他或她自身一部分的大脑混为一谈。取而代之，人的意识是建立在她/他的大脑与世界的关系，即世界 - 大脑关系基础上的——部分学谬误的风险得以排除。此外，它排除了意识和大脑之间可能存在的混淆，根据伯格森的观点，这可能导致意识的经验论或观念论（Bergson，1904；Northoff，2016b）。

关于意识的结构论证又如何？意识在本体论上被时空嵌套和从世界到大脑的方向性所刻画。这意味着，在时空上，意识的宏观物理层面包含或嵌套了微观层面的抽象物理描述。因此，微观物理结构和动力学包含并嵌套于世界 - 大脑关系和意识的宏观物理结构中。

结构论证认为结构只存在于微观层面而不存在于宏观物理层面。那就是忽略了时空方向性和嵌套性。任何结构，无论其抽象程度如何，都嵌套并包含于下一个更大、更具体的结构中。这也适用于意识，意识包含或嵌套于具有更大时空结构的底层世界 - 大脑关系中，转而它又嵌套并包含于世界本身更具体的结构中，即其时空框架中。因此，对主张大脑宏观层面和意识现象层面无结构的结构论证，可以从时空角度予以反驳。

第三部分：定位与意识——定位论证

定位论证Ia：我们能否在时间和空间中定位大脑与意识？

大脑和意识之间的主要鸿沟之一在于它们在时间和空间中的定位。我们可以将大脑定位在世界之内特定时空点或事件的“此处”和“此时”。相反，这对于意识来说是不可能的。我们无法将意识定位在世界之内某个特定时空点或事件的某个特定位置或特定时间。意识必定以“非定位”为特征。因此，我们在将大脑与意识相联系时面临的问题就是弥合定位与非定位之间的鸿沟。

从 OSR 的角度来看，在大脑和意识的本体论决定语境下的定位是怎样的？有人可能会说，这会让事情变得更糟。通过关系和结构来定义大脑，甚至会使得我们不可能将大脑定位在世界中的特定时空点或事件的“此处”和“此时”。大脑因而必须以非定位为特征，这就是把它放在与意识同等的位置上。然而，这并没有使我们进一步将大脑和意识联系起来。

340

因而，我们更好的做法是去定位意识，而非“不定位”大脑，这才能使我们得以将意识与大脑及其定位联系起来。这是可能的，例如，通过提出心理或物理属性可以在本体论意义上定位于特定的时空点或事件。然后，大脑所处的特定时空点或事件可以与心理或物理属性的特定时空点或事件相联系。

然而，由于 OSR 不接受任何像这样的意识定位，所以它仍然无法将大脑和意识联系起来；出于这个理由，也就是说，OSR 无法同时定位大脑和意识，所以需要拒绝 OSR。因此，我谈到的“定位论证”可以被看作一种反驳 OSR 的本体论论证。我将反驳这一论证，指出它将 OSR 所隐含的特殊类型的定位（即“复杂定位”）与“简单定位”和“非定位”混淆了。

定位论证Ⅰb：简单定位——经验意义

我们通常将大脑定位于时间和空间中的一个特定离散点上。解剖学家在他/她自己跟前看到大脑位于“此处”和“此时”，而脑成像仪则在大脑内的特定时间和空间点定位刺激诱发活动甚至自发活动。在任何一种情况下，大脑都位于观察者的时间和空间中，即观察者自己在观察过程中强加和使用的观察的时间和空间。从这个意义上说，定位是通过时间和空间中的特定点即时空点或事件来刻画的，这种刻画预设了观察的时间和空间（第十二章）。

另外，如此在不同时空点或事件中的“定位”没有考虑任何其他或额外的时空点或事件。大脑在特定时空点或事件的定位独立于其时空背景——在 OSR 中假定的时空点或事件对“时空关系”的依赖（见上文）完全被忽视了。由于这里的“定位”被限制在独立于其他时空点或事件的特定时空点或事件，而忽略了其时空背景，所以我称之为“简单定位”。

简单定位建基于观察的时间和空间，因而它主要是经验的（第十二章）。例如，神经科学以纯粹的观察术语来思考大脑，所以通过观察的时间和空间来刻画大脑。为此，神经科学将大脑及其神经活动定位于世界中特定的时空点或事件上。相反，神经科学忽视了大脑与世界中大脑之外的其他时空点或事件的关系——这使得我们无法思考世界-大脑关系，因为它以关系的时间和空间为基础。

341

定位论证Ⅰc：简单定位——本体论意义

简单定位在本体论意义上是怎样的？在这种情况下，人们将把存在和实在的基本单元定位于特定的时空点或事件上。这种定位是以基于元素的本体论为前提的：物理或心理属性等元素被假设定位于世界中特定的时空点或事件上。这一在特定时间和空间点的定位完全独立于世界中其他时空点或事件。比如，物理属性的定位可能与心理属性的定位不同且保持相互独立。因此，可以将之称为在基于元素的本体论中的元素或属性的“简单定位”。

简单定位的经验概念和本体概念是如何相互联系的？有人可能会认为，简单定位只是从经验层面，也就是观察层面，转换为本体论层面：我们从观察的简单定位推出底层元素或属性的简单定位。例如，通过观察大脑神经活动的简单定位，可以推出其物理或心理属性的简单定位。由于这种从经验层面到本体论层面的推论是错误的，因此在本体论语境下的简单定位情况中，我们可以称之为“经验－本体论谬误”（详见第九章）。

过程哲学家怀特海认为，简单定位的经验－本体论谬误可以追溯到近代。这一点很好地反映在以下引文中：

> 在近代，这样的假设构成了整个自然哲学的基础。它体现在被假定表达自然最具体的方面的概念中。爱奥尼亚哲学家曾问道，自然是由什么构成的？答案是用材料（stuff）、物质（matter）或原料（material）来表达的——具体名称是无关紧要的——它具有在时间和空间中，或者用近代的观念，在时空（space-time）中简单定位的特征。我所说的物质或原料是指任何具有简单定位属性的东西。所谓简单定位，我指的是一个平等指涉空间和时间的主要特征，以及在空间和时间上各不相同的其他次要特征。空间和时间的共同特征是，原料在完全明确的意义上可以说是在空间中的此处（here）和时间中的此时（here），或者在时空中的这（here），它的解释不需要提及时空的其他区域。（Whitehead，1925，pp. 48－49；另见 Whitehead，1925，p. 58；Griffin，1998，p. 119）

342

根据怀特海的主张，我假定类似的经验－本体论谬误今天仍然普遍存在。像在基于元素的本体论中所预设的，将存在和实在的基本单元定位于特定时空点或事件上的尝试，是以简单定位的经验概念为基础建模的。物理或心理属性等元素被假设以一种简单的方式定位在时空点或事件上，这定义了它们的存在和实在。因此，大脑经验意义上的简单定位被简单地转移到意识的本体论层面上。然而，我们将在下文中看到这对大脑和意识来说都不够。

定位论证Ⅱa：复杂定位还是分布式定位

简单定位是基于时空点或事件的，它忽视了各时空点的时空背景。我认为，我们需要将简单定位与我所描述的复杂定位进行对比（我把这一区分归功于董达，他是我在中国杭州的一名学生）。

我们如何描述这样的复杂定位？与简单定位不同，我们不能再在一个独立于其他时空点或事件以及独立于时空背景的特定时空点或事件上“定位”不同的存在和实在了，例如“定位”大脑和非脑。取而代之，大脑和非脑可以定位于一个底层的共享的时空谱的不同位置上，如我所说的“时空轨道”上（第十二章）。

让我从时空轨道的角度给出这样一个复杂定位的经验例子。以大脑的自发活动为例。大脑自发活动表现为跨时间和空间即不同区域和频率范围的持续活动变化。现在人们可以在每个特定的时空点或事件上自行定位每个活动变化，相当于简单定位。或者说，人们可以考虑不同活动变化彼此间的关系：从一个活动到另一个活动的时空点或事件的变化程度等。然后，将相互依赖的不同活动变化沿着不断发展的时空轨道进行定位——这相当于经验意义上的复杂定位。

从本体论角度来看，复杂定位使我们能够将大脑定位于与它相关的以及它所依赖的由身体和世界构成的时空背景中。更具体地说，大脑及其神经活动可以根据与之相关的时空关系中的身体和世界的时空特征来定位。因此，复杂定位是以跨越大脑、身体和世界的可观察时空点或事件的方式对大脑进行本体论定位的。这将复杂定位与位于大脑及其时空点或事件的范围和边界内的简单定位区分开来。

简单定位支持者可能倾向于认为复杂定位只不过是“分布式定位”。人们可能假定分布于时间和空间的若干时空点或事件，而不再局限于在一个特定的时空点或事件上进行定位。例如，谢特曼（Schechtman，1997）提出了“分布观”，即心灵分布于整个身体；她的“分布观”区分于将大脑视为心灵之核心的“标准观”。

她忽视了复杂定位是由与关系的时间和空间相关的时空关系决定的，而不是由时空点或事件决定的。仅仅是不同时空点或事件的叠加或集合并不构成分布的时空点或事件之间的任何关系。因此，必须将纯粹的“时空点集合”与“关系的空间和时间”相区分。为此，依据时空关系的定位即复杂定位，与分布式定位是不同的。

我认为，大脑与世界的时空关系，而不是大脑所涉及的不同分布式时空点或事件，决定了它的存在和实在。因此，大脑预设了复杂定位而非简单定位或分布式定位。最后，需要注意的是，大脑的复杂定位并不是因为344它涉及大量分布式时空点或事件而“复杂”。相反，大脑的定位是“复杂”的，原因是它与身体和世界的时空关系将大脑“定位”在跨越大脑、身体和世界的经验边界的时空轨道上。

定位论证Ⅱb：复杂定位 vs. 非定位

然而，简单定位的支持者可能提出另一个论证。具体来说，她/他可能会指出复杂定位等同于非定位。如果大脑不能定位于特定的时空点或事件，那么它“在任何时刻都无处不在”（Whitehead，1925，p. 91；另见 Whitehead，1968，pp. 3－4；Griffin，1998，p. 144）——这就相当于非定位而不是复杂定位。

然而，这种论证忽视了存在不同的时空关系。时空关系可以显示为不同的时空尺度或范围。例如，世界和大脑之间的时空关系比身体和大脑之间的时空关系要大得多。因此，大脑可以以相对于世界和身体的不同方式定位——世界－大脑关系和身体－大脑关系之间存在区别（后者是前者的实例；第八、十三章）。这与非定位——在这种情况下，大脑应该“在任何时刻都无处不在”，因此大脑在世界和身体中始终以相同的方式存在——形成了对比。

综上所述，我们需要将复杂定位区分于简单定位、分布式定位以及非定位。复杂定位是基于涉及关系的时间和空间的时空关系的；它与简单定位和分布式定位不同，后者假定了涉及观察的时间和空间的时空点或事件。同时，“复杂定位”指的是在时空轨道上定位，这将之与非定位区分开来，非定位指的是“一切事物在任何时刻都无处不在”。

定位论证Ⅱc：意识的复杂定位

意识与其他心理特征的定位又如何？历史上，意识无法按简单定位来定位，为此它被非定位所刻画。这使大脑和身体的简单定位与意识非定位之间出现了鸿沟。心理属性与物理属性相类似的假设可以看作弥合该鸿沟的尝试或措施：心理属性与物理属性显示出类似的简单定位，只是物理属性的简单定位是心理层面上的加倍。 *345*

然而，我反对这两种假设，即意识的非定位和简单定位。相反，我认为意识（以及一般的心理特征）可以以一种复杂的方式定位，也就是说，复杂定位，该方式可以追溯到大脑在世界中的复杂定位，即世界－大脑关系。

我们如何能阐明意识的复杂定位？为此，我简短地援引一些经验发现。各种神经科学研究表明，意识等心理特征无法定位在大脑中某一特定区域或网络的“此处”（第五章和第六章）。相反，神经活动必须跨多个区域和网络进行整合和全局化，以产生意识（Koch et al.，2016）——这在信息整合理论和全局神经元工作空间理论（第五、七章）中都得到了强调。在时间方面也是如此。意识并非与大脑中的一个特定频率相关；而是涉及不同的频率范围以及它们的耦合，就像在跨频率耦合（CFC）和无标度活动中那样（第五至七章）。

关于意识在大脑中的“本体论定位”，这些经验数据告诉了我们什么？首先且最重要的是，它们告诉我们，我们无法将意识定位在大脑中特定的时空点或事件中——在经验意义上简单定位意识是不可能的。

同样地，在本体论层面上也是如此。意识不能被定位在世界的各个时空点或事件上，比如身体或大脑上——这就排除了意识在世界中的简单定位。然而，简单定位的失败不意味着非定位。简单定位与非定位的二分在现在的本体论框架中是错误的。为了避免这种不适宜的二分，我谈到复杂定位。术语“定位”现在指的是时空关系而不是时空点。意识可以通过时空关系和以世界－大脑关系为特征的轨道以复杂的方式“定位”。

依据复杂定位，意识的可能定位使得关于物理属性和心理属性的本体论假设变得徒劳和多余。这些属性的引入部分是为了克服大脑简单定位和假定的意识非定位之间的鸿沟。如果意识现在可以依据复杂定位的方式来定位，我们就不再需要引入物理属性和/或心理属性来弥合简单定位和非定位之间的本体论鸿沟了。 *346*

总之，意识（和一般的心理特征）虽然不能依据简单定位来定位，但可以依据区分于非定位的复杂定位来定位。这是基于本体的结构实在论（OSR）以及通过世界－大脑关系对大脑和意识进行的本体论刻画。重要的是，OSR 使我们彻底消除大脑简单定位和意识非定位之间的鸿沟；通过用区别于简单定位和非定位的复杂定位对大脑和意识进行本体论刻画，就可以使之成为可能。否定大脑和意识的时空模型与本体的结构实在论（OSR）的定位论证因此可以被反驳。

结论

我们需要将世界纳入考虑。更具体地说，世界及其巨大的时空尺度对意识具有重要和不可或缺的本体论作用。首先，像在世界－大脑关系中那样，世界是一个时空基线，可以用于时空校准，以及定义可能体验空间。其次，世界及其巨大的时空尺度使嵌套和包含较小的时空尺度包括大脑的时空尺度得以可能——这种时空嵌套在经验（第八章）和本体论（本章）上都是意识的核心。最后，世界使意识和大脑在世界中的复杂定位（不同于简单定位和非定位）得以可能。

这对我们的意识本体论来说意味着什么？我们不能把意识的本体论还原为大脑的存在和实在问题，像有些人所说的本体论的“大脑问题”。我们也不能用“大脑－世界问题”来理解意识，因为在这种理解中我们会假定大脑在本体论上优先于世界（详见第十章）。在上述两种理解下，我们都忽略了世界对意识的多重作用，即作为时空校准的时空基线，作为复杂定位的时空框架，以及作为提供意识时空嵌套的结构。

347 取而代之，我们需要从世界及其与大脑的关系即“世界－大脑问题”的角度入手探讨意识的存在和实在问题（第十章）。重要的是，正如我们不能将世界－大脑问题还原为大脑或大脑－世界关系一样，我们也不能将世界－大脑问题还原为单独的世界，亦即不能将之还原为本体论上的“世界问题”。尽管我在本章中没有明确论证，但独立于与大脑（或类似于大脑的东西）的关系的世界本身，无法在本体论上诱发意识（即作为 OPC）。

为什么在世界中存在意识而不是无意识？这（或多或少）等同于查尔莫斯定义的“难问题”（Chalmers，1995，p. 210）。简要地说，难问题就是关于为什么存在意识而不是无意识的形而上学问题。我给出的回答是本体论的（同时我对形而上学问题保持开放态度；请参阅第九章的导言了解它们的区别），内容如下：世界显示出时空结构和关系，使世界－大脑关系作为意识的本体论预置成为可能，因而存在意识。

相反，如果世界上没有时空结构和关系，诸如物理属性、意识等元素将是不可能的——在这种情形中，意识的神经预置和本体论预置不再被赋予——因此意识是不存在的，无意识的观点将占上风。因此，通过从基于元素的世界本体论转变为基于关系的世界本体论，难问题得以解决。

意识能否独立于大脑发生，例如在人工智能或神经形态计算机中发生？ 348 意识可能存在和实在的标准是明确的。经验上，这种人工生物需要显示出时空机制，例如时空对齐、嵌套和扩展（第七章和第八章）以及基于差异的编码，而不是基于刺激的编码（第二章和第十二章）。本体论上，这种人工生物的存在和实在需要基于差异而非基于元素，因此需要基于结构和关系，即时空结构以及包含不同时空尺度的关系（第十二章和第十三章）。这使得世界－机器关系成为可能，然后，与世界－大脑关系相类似，它可以被设想为OPC。

总之，在我们关于意识的存在和实在的问题中，我们需要既包括大脑与世界的关系，也包括世界与大脑的关系。我们不能将意识的存在和实在还原为世界本身（即独立于大脑的世界）或大脑本身（即独立于与世界的关系的大脑）。于是，我将之称为世界－大脑问题，以区分于大脑问题和世界问题。我认为世界－大脑问题在经验上、概念上以及本体论上都更加融贯，亦即对解决意识（以及一般心理特征）的存在和实在问题来说，它比大脑问题和世界问题更加合理。

第四篇

哥白尼革命

第十二章　物理学和宇宙学中的哥白尼革命：地球之外的观察视角

导言

心身问题与世界 – 大脑问题

毫无疑问，意识等心理特征必须归因于作为其潜在本体论起源的心灵。351 我们通常认为这是理所当然的。这是心身问题的标准背景假设，即心灵的存在和实在如何与身体的存在和实在相联系的问题。然而，将心理特征的存在和实在归因于心灵，这真的是明显和必要的吗？我在本书的第三篇中提出了另一种策略。我没有将心灵视为心理特征潜在的本体论起源，而是将心理特征归因于世界 – 大脑关系，因此我提出了世界 – 大脑问题（第十章和第十一章）。

心灵概念无处不在。心灵是一种常识概念，我们把意识等所有心理特征都归因于心灵。神经科学从认知角度经验地研究心灵，就像在"认知神经科学"（见本书第一篇和第二篇）中那样，而哲学甚至发展了一门专门研究心灵的分支学科，即心灵哲学，它探讨心灵的本体论和认识论特征（Searle，2004）。因此，心灵的假设是理所当然的。我们所要做的就是在神经科学和哲学中寻找心灵的经验和本体论基础。作为默认的前提，这将最终解决包括心身问题在内的心灵问题。

然而，与常识以及当前的神经科学和哲学讨论不同，我并不认为心灵 352 是理所当然的。我没有提出另一种答案来回答心灵的经验和本体论基础的问题，相反，我质疑这个问题本身。我认为，心灵及其与身体的关系问题，即心身问题是多余的、不必要的。心理特征通过充当意识的本体论预置的世界－大脑关系与大脑必然地联系（第十章）。因此，我们不再需要用心灵概念来解释心理特征与其潜在本体论基础之间的必然联系，心灵的角色现在可以被世界－大脑关系所取代（第十章和第十一章）。这将我们的注意力从心身问题转移到了世界－大脑问题，前者被后者所取代。

心灵与世界－大脑关系——心灵直觉

心灵哲学家现在可能想争辩说，世界－大脑问题可能仍然是反直觉的。在我们的认识中我们无法直接通达我们的大脑，更不用说大脑与世界的关系（即世界－大脑关系），我们面临着“自认识限制”（auto-epistemic limitation）（Northoff，2004，2011）。由于我们不能单独通达大脑和世界－大脑关系，所以，世界－大脑关系不是我们知识的一个选择，或者说一个可能的认识选择（epistemic option）（详见下文），这使得世界－大脑问题在认识论意义上相当反直觉。

相反，我们可以直接通达心灵。心灵不同于世界－大脑关系，它是一种可能的认识选择，正如我将要论证的，它是哲学家所描述的心灵的“直觉泵”（intuition pump）（Dennett，2013，p. 5）或“同情想象”（sympathetic imagination）（Nagel，1974，p. 445；另见 Papineau，2002）的基础。当解答心理特征的存在和实在问题时，“心灵直觉”（intuition of mind）可能会把我们拉向心灵和心身问题。我们如何才能对抗心灵直觉以及心身问题，同时使世界－大脑问题更直观？这是本章和下两章的中心问题。

心灵的直觉——目标和论证

本章的主要目标是为破除心灵直觉和心身问题提供依据。同时，我的 353 目标是把世界－大脑问题作为一个本体论问题，以便在认识论上更直观地理解心理特征。我的主要观点是，我们需要修改我们预设的知识的逻辑空间中包含的可能认识选择。这是可能的，当研究心理特征的存在和实在时，我们可以通过改变我们的观察视角，或者说观察位置来实现这一点。

本章的第一部分主要是定义知识的逻辑空间和观察视角概念，而第二部分描述了宇宙学和物理学内的哥白尼革命，将其作为我们如何改变和修改我们可能的认识选择的范例，这些选择包含在我们预设的知识逻辑空间中：哥白尼有可能将我们在地球内的地心观察视角，转移到地球之外的日心观察视角（详情见下文）。

为什么我要回到哥白尼革命？物理学和宇宙学内的哥白尼革命为我们当前观察视角的类似转变提供了认识模板，我们当前的视角把心灵看作包含在我们的知识逻辑空间中的一种可能的认识选择，这为我们的心灵直觉和心身问题提供了直觉基础（第十三章和第十四章）。我们需要用一个不同的观察视角，使世界－大脑关系成为我们知识逻辑空间中一个可能的认识选择，同时，排除将心灵和心身问题作为可能的认识选择（第十三章）。我将在最后一章（第十四章）中论证，这种观察视角转变需要的无非是在神经科学和哲学领域中掀起哥白尼革命。

第一部分：知识的逻辑空间——认识选择与观察视角

知识的逻辑空间Ⅰa：知识的逻辑空间——定义

如何定义知识逻辑空间的概念？我从塞拉斯（Sellars，1964）和麦克道尔（McDowell，1994）提出的自然逻辑空间与理性逻辑空间概念中，归纳了知识的逻辑空间的概念。简言之，自然和理性的逻辑空间概念为科学和哲学提供了可操作的背景空间（即康德意义上的必要先验条件）。在这里，我将不详细讨论自然和理性的逻辑空间如何为世界－大脑和心身问题提供可操作的背景空间，这将是后续将要研究的主题。 354

我们需要考虑心灵直觉的可操作背景空间。这让我们回到我们的认识论预设，即我们声称知道的东西。我们在直观心灵的时候就预设了我们可以认识心灵；否则，我们不预设我们可能认识心灵，我们就无法直观到心灵。因此，心灵直觉预设了，心灵是我所说的一种可能的认识选择。为了排除心灵直觉，我们需要使心灵成为一种不可能的认识选择，否则我们就有可能成为心灵直觉的牺牲品。

我们如何能改变我们的认识选择，更具体地说，如何能使心灵成为一个不可能的认识选择？为此，我们需要回到我们（通常是默示或内隐地）预设的可操作背景空间，我将其称为知识的逻辑空间。这个概念是什么意思？作为自然和理性逻辑空间的“兄弟”，知识的逻辑空间仍然存在于可想象和可能的领域，而非实际的领域。更具体地说，知识的逻辑空间关系到我们可能的知识，即我们可能知道什么，这反映了我所说的“可能的认识选择”。

从这个意义上讲，知识的逻辑空间描述了我们认识世界的可能的认识选择。知识的逻辑空间包含了某些可能的认识选择，而排除了其他不可能的认识选择。心灵呢？我们心灵直觉的强大拉力表明，心灵是包含在内的，作为我们知识逻辑空间中的一种可能的认识选择（详见下文）。相反，世界－大脑关系的反直觉性质可能像我所说的，与它作为一种不可能的认识选择而被排除在我们的知识逻辑空间之外有关。

最后，与自然的逻辑空间（McDowell，1994）一样，知识的逻辑空间的边界是可塑的。它们可以在被包括的可能认识选择和被排除的不可能认识选择之间转移，从而改变我们的认识选择。例如，作为不可能认识选择而被排除在一个知识逻辑空间之外的，可以作为另一个知识逻辑空间中可能的认识选择而被包含。例如，物理学和宇宙学中的哥白尼革命就是如此。

355

知识的逻辑空间Ⅰb：现象 vs. 本体的特征

让我详细说明那些被排除在知识的逻辑空间之外的认识选择，即不可能的认识选择。例如，康德认为我们不能知道本体（即物自体）的特征，这就把我们的知识局限于现象特征范围内。因此，本体特征被排除在知识的逻辑空间之外，成为一种不可能的认识选择。相反，康德认为，我们可以从现象上认识世界，因此，我们的知识逻辑空间包含了作为可能的认识选择的现象特征。与康德不同的是，有人可能会认为知识的逻辑空间的边界是可塑的，然后以包括本体特征作为可能的认识选择的方式进行概念化。

但康德的忠实拥护者可能会反对这样的行为，并主张本体特征是一种特殊的不可能的认识选择。本体特征原则上不能被认识；它们本质上是不可知的。因此，在知识的逻辑空间中，我们原则上不可能把本体特征作为可能的认识选项，本体特征的内在不可知性使其原则上不可能作为可能的认识选项。因此，当涉及本体特征时，知识的逻辑空间并不是可塑的——我们必须拒绝关于知识的逻辑空间边界的可塑性假设。所以，本体特征不仅是不可能的认识选择，而且是认识非选择（epistemic nonoption）（详见下文）。

反对者是对的也是错的。她或他是对的，因为知识的逻辑空间的可塑性是有限的。然而，这并不排除这样一种可能性，即知识的逻辑空间的边界在一定范围内是可塑的。这就要求我们要区分不同类型的不可能认识选择，即不可能认识选择和认识非选择。

知识的逻辑空间Ⅰc：不可能的认识选择和认识非选择 356

首先，我们可能需要考虑那些不可能的认识选择，它们被排除在我们的逻辑知识空间之外，但对我们来说是可知的。这涉及康德意义上的现象特征。例如，我们可以把某些作为不可能认识选择的现象特征排除在我们的逻辑知识空间之外，但这些现象特征对我们来说是可知的。让我们看看一个具体的例子。

作为一种不可能的认识选择的世界－大脑关系，它显然被排除在心灵哲学中我们所预设的知识逻辑空间之外，同时，我们可以从现象（而不是本体）的角度认识世界－大脑关系（在康德的认识论意义上）。然而，当我们研究心理特征的存在和实在时，世界－大脑关系显然没有作为一种可能的认识选择包含在我们预设的知识逻辑空间中。因此，我们可能需要改变我们知识逻辑空间的边界，这样我们就可以把世界－大脑关系作为一种可能的认识选择。

其次，我们需要考虑那些既不包含在知识的逻辑空间中，原则上也不可能被我们所知的那些不可能的认识选择。例如，这些不可能的认识选择涉及康德意义上的本体特征。由于这些不可能的认识特征在本质上对我们来说是不可知的，因此它们永远不能作为可能的认识选择包含在我们的知识逻辑空间中，这正是它们是本体的（而不是现象的）原因。不管我们如何定义知识的逻辑空间的边界，它永远不会把这些认识选择作为可能的认识选择。由于这些认识选择在默认情况下（原则上）仍然是不可能的，我将它们称为认识非选择。

综上所述，知识的逻辑空间的边界对于第一种不可能的认识选择（现象特征）是可塑的。我认为世界–大脑关系是这样一种不可能的认识选择的范例，因此它被认为是反直觉的。相反，当涉及第二种不可能的认识选择时，知识的逻辑空间边界的可塑性是有限度的。在默认情况下，它原则上永远不能作为一种可能的认识选择，被包含在我们的知识的逻辑空间中。为了区分这两种类型的认识选择概念，我把第二种不可能的认识选择称为认识非选择。

357

在本章和随后的章节中，我主要关注的是那些不可能的认识选择。在原则上，它们可以作为认识选择包含在我们知识的逻辑空间中，它们是现象特征而不是本体特征（用康德式语言来说）。我关注的焦点不是认识非选择（康德意义上本体的而不是现象的特征），它们在原则上不能作为可能的认识选择包含在我们知识的逻辑空间中。

知识的逻辑空间Ⅱa：可能的认识选择——心灵

在我们研究心理特征的存在和实在时，所预设的知识的逻辑空间是什么？为此，我们需要更详细地阐明，在我们知识的逻辑空间中，什么被包括为可能的认识选择，什么被排除为不可能的认识选择。

不妨先从作为一个可能的认识选择所包含的内容开始。知识的逻辑空间中包含的认识选择可以细分为两种。首先，有一些认识选择，它们与本体论上存在和实在的东西相对应。例如，在我们知识的逻辑空间中，大脑是一种认识选择，经实证研究证实，它是真实存在的。其次，在我们知识的逻辑空间中，还有一些可能的认识选择，它们与本体论上真实存在的事物不对。幻觉就是这样一个例子：听到声音是一种可能的认识选择，它包含在我们知识的逻辑空间中（在精神分裂症患者身上实际表现出来），即便这些声音与世界上其他主体共享的东西并不对应。

更一般地说，包含在知识的逻辑空间中的可能的认识选择，可能对应或偏离包含在存在的逻辑空间中的本体论选择（例如属性或关系；第九章）。如果认识论和本体论选择相互对应，我们就知道独立于我们的世界本身。相反，如果我们的认识选择涵盖了一些不包括在存在的逻辑空间中的可能本体论选择的内容，我们就无法知道世界本身，因为它仍然独立于我们，也就是说，我们对世界的认识总是心灵依赖的。 *358*

我认为后一种情况的例子是心灵。在我们知识的逻辑空间中，心灵是一种认识选择，否则我们将无法凭直觉知道并随后假定心灵是心理特征的本体论起源。心灵直觉最终建立在，我们将心灵作为知识的逻辑空间中一种可能的认识选择的基础上。如我所说，将心灵直觉作为我们知识逻辑空间的一种可能的认识选择，是基于我们在心灵和心理特征之间建立必然联系的能力的（第十章）。

然而，正如经验和本体论证据所显示的（见本书第一篇至第三篇），这样的认识选择，即心灵直觉，并不对应于世界上真实存在的事物，我们无法找到任何支持心灵存在世界的证据。因此，知识的逻辑空间和存在的逻辑空间之间存在着不一致：作为认识选择被包括在我们知识的逻辑空间中的东西，首先作为不可能的本体论选择被排除在我们存在的逻辑空间之外。把心灵作为一种可能的认识选择纳入我们知识的逻辑空间中，迫使我们把心灵作为一种可能的本体论选择纳入我们存在的逻辑空间中。最重要的是，将心灵作为存在的逻辑空间中的一种可能的本体论选择，完全基于它作为一种认识选择，包含在我们知识的逻辑空间中。

相反，没有独立的经验或本体论证据证明，在我们的存在逻辑空间中心灵是一种可能的本体论选择。因此，心灵的存在和实在，作为一种可能的本体论选择仅仅是一种“直觉”，正如我所说的“心灵直觉”。把心灵作为一种认识选择纳入我们知识的逻辑空间，牵引我们把心灵作为一种本体论的选择纳入我们存在的逻辑空间——心灵直觉最终只是认识的，而不是本体论的。

我们怎样才能摆脱心灵直觉的拉力呢？我们需要使心灵直觉的拉力变得不可能，并将心灵作为一种认识选择排除在我们知识的逻辑空间之外。为此，我们需要改变知识的逻辑空间边界。这是本章和下面章节的重点。

359

知识的逻辑空间Ⅱb：不可能的认识选择——世界-大脑关系

在我们研究心理特征的存在和实在时，哪些认识选择被排除在我们预设的知识逻辑空间之外？我认为，世界-大脑关系作为一个不可能的认识选择，被排除在我们知识的逻辑空间之外。这是为何？当我们把大脑分离于世界时，我们只能感知和认识大脑和意识之间的偶然联系（第十章）。此外，我们仍然无法在世界和意识之间建立必然联系，我们只能说明心灵和心理特征之间的必然联系，而不能说明世界或大脑与心理特征之间的必然联系（第十章）。

由于我们无法解释大脑或世界与心理特征的必然联系，因此，当研究心理特征时，我们就将世界、大脑和世界-大脑关系排除在我们知识逻辑空间之外。具体地说，当我们讨论心理特征的存在和实在时，在我们预设的知识逻辑空间中，世界-大脑关系并没有作为一种可能的认识选择被包括在内。因此，假设世界-大脑关系是心理特征的基础，更一般地说，世界-大脑问题，对于那些在各自的知识逻辑空间中将心灵视为一种可能的认识选择的人来说，似乎是违反直觉的。

批判者可能认为，世界-大脑关系是本体的，因此，本质上是不可知的（见上文）。如果是这样的话，世界-大脑关系原则上根本就不能成为一种认识选择，我们不可能默认地把它作为一种可能的认识选择纳入我们的知识逻辑空间。简言之，世界-大脑关系是一种认识非选择，而不是一种不可能的认识选择（见上文）。然而，这混淆了本体特征和现象特征。我们可以认识世界-大脑关系，并且在康德意义上，它是现象的而不是本体的（见上文）。因此，世界-大脑关系是一个不可能的认识选择，而不是认识非选择。它取决于我们如何配置知识的逻辑空间，即将世界-大脑关系包含在其中，而视其为一个可能的认识选择，还是将其排除在外，视其为一

360

个不可能的认识选择。

从这个意义上讲，世界－大脑关系必须区别于麦金（McGinn，1991）用心理属性来描述大脑时所假定的本体属性，即P属性。根据麦金的观点，P属性在原则上对我们来说是不可知的，所以它是本体的（在康德的意义上）。因此，P属性是一个认识的非选择而不是一个认识的选择，正因如此，它永远不能被包含在任何一种知识的逻辑空间中，无论我们如何改变和配置它的边界。

知识的逻辑空间Ⅲa：观察视角——透明vs.不透明

我们如何界定和限制知识的逻辑空间，使心灵作为一种不可能的认识选择被排除，而将世界－大脑关系包括为一种可能的认识选择？知识是以某种观点、视角或观察视角为前提的。通过预设和采取某种观察视角，我们可以知道某些事情。这就引出了观察视角（vantage point）概念的定义。

究竟什么是观察视角？牛津词典对其的定义是“观察或考虑的位置或视角”。从这个意义上说，观察视角的概念接近于观察位置。所选择的观察视角可以提供一个具体的观察位置。例如，在城市边缘的山顶上，它为我们提供了一个“从城市之外观察的视角”。我们可以感知并最终了解整个城市，而城市也因此对我们变得透明。这样的观察视角使我们能够将整个城市作为一种可能的认识选择，纳入我们知识的逻辑空间。

当采取不同的观察视角时，同样的认识选择可能会被排除在外。例如，如果站在城市内观察，我们只能从城市本身之中选取观察视角。这让我们能够感知一些细节，比如大教堂门上的马赛克，而当我们从城市之外的观察视角观看时，我们无法感知到这些细节。然而，这是有代价的，城市作为整体，包括它的边界，对我们来说仍然是不透明的。从城市内部的观察视角进行观察，城市作为整体，是不透明的，进而作为一个不可能的认识选择被排除在知识的逻辑空间之外。 361

因此，观察视角或位置（我同义地使用这两个术语）意味着，我们可以通过将某个事物纳入视野，让它变得透明。然而，同时，同样的观察视角也使一些事物无法进入我们的视野，因此它们对我们来说仍然是不透明的。因此，我们假设的观察视角可能会影响什么是透明的并被包括为可能的认识选择，以及什么是不透明的，因而作为不可能的认识选择从我们的知识中被排除。观察视角限定并决定我们可能和不可能的认识选择的逻辑空间即知识的逻辑空间的边界。

知识的逻辑空间Ⅲb：观察视角——知识的逻辑空间边界的可塑性

关于城市不同的观察视角的例子，告诉关于我们知识的逻辑空间的什么？那就是，知识的逻辑空间是可塑的，我们对它有影响，因此可以在某种程度上，决定我们想要包括哪些可能的认识选择，以及我们更愿意排除哪些不可能的认识选择。

通过改变观察视角，我们也改变了知识的逻辑空间的边界，这转而可能使一些以前不透明的东西变得透明。站在城市内部的观察视角来看，教堂大门的细节是透明的（这是一个可能的认识选择），而整个城市是不透明的（因此作为不可能的认识选择被排除在外）。如果站在城市之外的观察视角，情况是相反的。城市作为一个整体变得透明（现在作为一个可能的认识选择被包括在内），而大教堂的细节变得不透明（因此作为不可能的认识选择被排除在外）。

为何这与我们当前所讨论的有关？在下一章中我将论证，我们需要将我们的观察视角从大脑内部（或大脑）转移到大脑之外，以使世界－大脑关系作为一种可能的认识选择而透明化，从而能够作为心理特征的本体论预置。然而同时，这使得心灵作为我们可能知识的不可能的认识选择而变得不透明。

362

因此，我将论证，我们的观察视角决定了在我们的知识逻辑空间中，世界－大脑关系是作为一种可能的认识选择被包括在内，还是作为一种不可能的认识选择被排除在外。如我所推测的，如果将世界－大脑关系作为一种可能的认识选择，视世界－大脑关系为心理特征的本体论起源的假设将是直觉的。相反，如果将世界－大脑关系作为不可能的认识选择排在知识的逻辑空间之外，视心灵为心理特征的本体论起源的假设将是相当反直觉的。

知识的逻辑空间Ⅳa：观察视角与上帝视角的区别

观察视角的概念需要与“上帝视角”（God’s-eye view）、第一人称、第二人称和第三人称视角的概念区分开来。让我们从最前面一个开始，上帝视角或阿基米德观察点（Archimedean point）。

观察视角可以通过透明和不透明之间的特定平衡来体现。站在城市内部的观察视角来观察，大教堂及其大门变得透明，而整个城市包括其边界变得不透明。相反，站在城市之外的观察视角来观察，整个城市及其边界变得透明，而大教堂及其大门反而变得不透明。因此，在透明和不透明之间有一个平衡，它决定了包含和排除在存在的逻辑空间中的认识选择。

在上帝视角或阿基米德观察点中是不同的。在这种情况下，所有东西都可以在同一时间被观察到，没有什么东西是不透明的。例如，上帝视角使整个城市和大教堂及其大门同时透明，因为上帝视角或阿基米德点所暗示的是全视角。因此，与观察视角不同的是，任何类型的全视角，如上帝视角或阿基米德观察点，都不再假定透明和不透明之间的平衡，进而在各自的知识逻辑空间中都没有认识的选择被排除在外。

全视角如何能同时包含知识逻辑空间中所有可能的认识选择？这是可能的，因为它没有特定的立场。而观察视角概念采取了一种特定的立场，例如“从城市内部”或“从城市之外”。这种立场意味着透明和不透明之间的平衡，以及随后包含或排除在知识的逻辑空间中的认识选择。与此相反，全视角不再预设这种立场——全视角预设类似于内格尔所说的“无源之见”（Nagel，1986）。 *363*

知识的逻辑空间Ⅳb：观察视角与视角的区别

我们还需要区分观察视角（vantage point）与视角（perspective）概念，就如第一人称、第二人称和/或第三人称视角。观察视角的概念涉及作为整体的世界，即作为整体的世界的哪些部分是透明的，哪些是不透明的。它独立于我们感知和认识世界的具体方式。相反，这与视角是相关的。我们可以通过意识（第一人称视角）、社会语境（第二人称视角）和观察（第三人称视角）来感知世界。因此，视角的概念就是感知世界的一种特殊模式，如第一、第二或第三人称的视角。观察视角的概念则是指通过某种视野（view）来接近世界的一种更基本的方式，例如透视与非透视的视野。

最后，我在纯粹的方法论或操作意义上来理解观察视角：它提供了一种方法论或操作工具，允许我们塑造我们的认识选择，从而形成各自预设的知识逻辑空间。类似于将知识的逻辑空间描述为可操作背景空间（见上文），我们可以将观察视角描述为"可操作背景工具"，以帮助并使我们能够塑造前者。用康德的话来说就是，人们可能想在方法论意义上把知识的逻辑空间和观察视角都描述为先验特征（而不是以康德的方式理解的经验特征；另见 Sullivan，2000）。

364 需注意，观察视角的纯粹方法论或操作决定并不具有任何本体论含义。当我们从城市内部或外部选择一个观察视角时，观察视角本身完全独立于城市的存在和实在，城市是一个可能（或不可能）的认识选择，但是一定不是本体论的必然选择。因此，观察视角本身对任何本体论假设都是漠不关心的，它只是一种可操作背景工具，为我们提供了描述存在和实在的认识选择，但我们不应将其与独立于我们的认识选择的本体论假设混淆。

第二部分：物理学和宇宙学中的哥白尼革命——地球之外的观察视角

我首先讨论哥白尼在试图理解太阳/宇宙和地球之间的关系时提出的观察视角或位置的转变。然而，我并不打算重建哥白尼革命的全部历史细节，也不打算指出它对科学哲学的影响（参见 Kuhn，1957）。取而代之，我的目标只是示意性地勾勒出哥白尼革命的轮廓，以说明观察视角的转变，如何能使一些以前一直不透明的东西变得透明。换句话说，哥白尼革命改变了我们的认识选择，从而改变了我们的知识逻辑空间。正如我们将在下一章中看到的，这可以作为一个蓝图来转变我们关于心灵和大脑的观察视角。

古希腊和中世纪的人们认为地球是宇宙的中心，太阳和宇宙的剩余部分围绕地球旋转。这是古希腊宇宙学家托勒密所说的。他认为，天空和宇宙都是球形的，围绕地球旋转做圆周运动（详见下文）：要解释我们观察到的宇宙中的运动，比如太阳从东到西运动，唯一的办法是假设地球位于宇宙中心，而地球本身并不运动。托勒密以地球为中心，即地球是太阳围绕其旋转的宇宙中心，我们称他的观点为地心说（参见图 12. 1）。 365

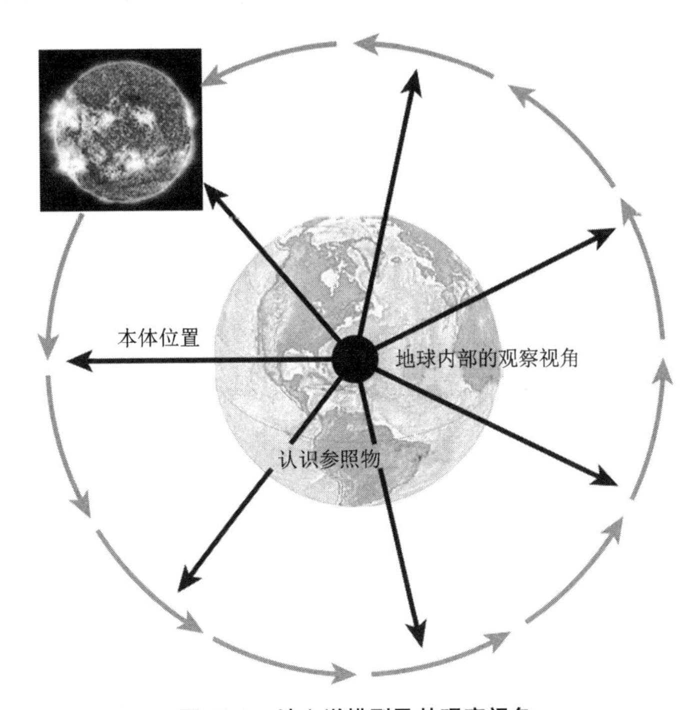

图 12. 1　地心说模型及其观察视角

地心说模型从地球内部观察视角来观察（黑色箭头表示观测到的运动及其归因于太阳）

然而，哥白尼对地心说持怀疑态度。在他的代表作《天球运行论》（*On the Revolution of the Celestial Spheres*，1543/1952）中，他提出了太阳和地球的相反关系，即太阳（而不是地球）是宇宙（和太阳系）的中心，地球绕太阳转（而不是太阳绕地球转）。地球不再被认为是宇宙（或太阳系）的中心，相反，太阳现在是地球绕其旋转的中心，地心说由此被日心说所取代（见图 12. 2）。

哥白尼的这种转变标志着地心说是前哥白尼学说，而日心说是后哥白尼学说。开普勒、布鲁诺、伽利略和牛顿随后的经验观测和数学形式化从经验和数学上进一步支持了日心说。因此，我们目前对宇宙和地球之间关系的既定看法，即宇宙－地球关系，是由前哥白尼地心说转变为后哥白尼日心说而成为可能的。从地心说到日心说的转变改变了我们知识的逻辑空间的认识选择：将日心说作为一种认识选择，而排除了地心说。在下文中我将论证，我们知识的逻辑空间中的认识选择的这种改变，是通过改变观察视角而实现的。

366

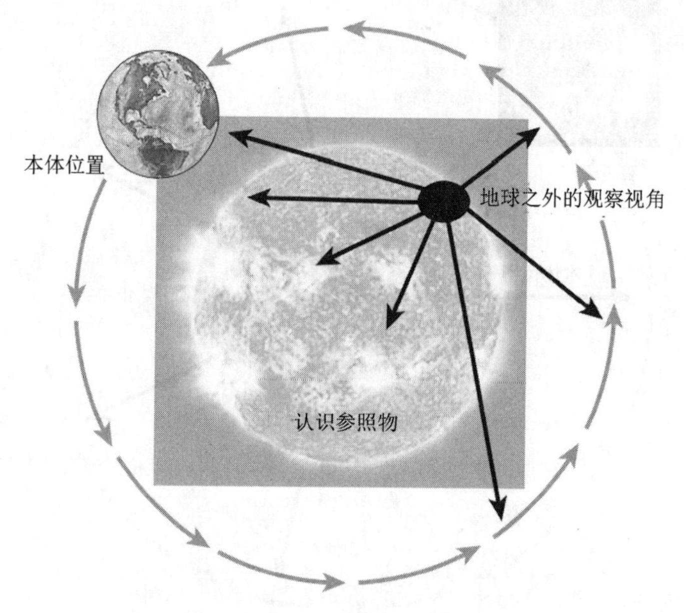

图 12.2　日心说模型从地球之外观察视角来观察
（黑色箭头表示观测到的运动及其归因于地球）

367

地球之外的观察视角Ⅰb：地心说——时空混淆与部分学混淆

我们如何区分地心说和日心说？让我们从地心说开始。地心说把地球自身作为一个观察视角或位置，从中构想宇宙的其他部分，包括太阳。这就是地球内部观察视角。下面，我们来详细解释这种地球内部的观察视角。

从地球内部的视角来观察，我们可以看到包括太阳在内的宇宙，宇宙和太阳是透明的，是我们的知识逻辑空间中的一种认识选择。然而，当采取一个地球内部的观察视角或位置时，地球本身并没有进入视野，地球本身仍然是不透明的，因此不是我们知识的逻辑空间中的认识选择。

站在地球内部的视角来观察，也排除了我们考虑地球本身如何与其各自的背景或环境（包括太阳在内的宇宙）相关的观点，即我所说的宇宙－地球关系。宇宙－地球关系，更具体地说，地球如何与宇宙相联系，仍然是不透明的，因此它在我们预设的知识逻辑空间中不是一种认识选择。

当我们无法考虑宇宙－地球关系时，我们可以认为宇宙与地球之间的联系充其量是偶然的，而我们仍然无法看到它们之间的必然联系。因此，这一观察视角强烈地影响着我们如何以及以何种方式来设想宇宙和地球之间的关系。具体地说，宇宙－地球关系缺乏透明性，它仅仅是偶然的联系，这可能与我们预设的地球内部的观察视角有关。

地心说是如何构想宇宙－地球关系的？在地心说中，地球是包括太阳在内的宇宙的中心。然而，这是自相矛盾的，它意味着两个不同时空尺度之间的混淆，即时空混淆：地心说意味着时空较小的东西（即地球）嵌套或包含时空较大的东西（即太阳/宇宙）。然而，较小的东西（即地球）是不能容纳或嵌套较大的东西（即宇宙）的，否则就是时空混淆。 *368*

这样的时空混淆伴随着部分与整体的混淆：当假设前者嵌套或包含后者而不是后者嵌套或包含前者时，作为部分的地球与作为整体的宇宙就混淆了。因此，我称之为部分学混淆（mereological confusion）（Bennet & Hacker 2003，第6页；心灵与大脑的部分学谬误）

地球之外的观察视角Ⅰc：日心说——没有时空混淆和部分学混淆

在日心说中，是否存在时空混淆和部分学混淆？我认为，日心说既没有时空混淆，也没有部分学混淆，它比地心说更可信（在概念－逻辑意义上）。

与地心说不同，日心说不假定地球内部的观察视角或位置，而是以地球之外的位置来观察地球，相当于我所说的地球之外的观察视角。因为采取地球之外的观察视角，我们现在能够以一种更透明的方式来设想地球如何与宇宙相联系即宇宙－地球关系，而不存在时空和部分学混淆。让我在下面详细说明一下。

具体地说，地球作为中心包含时空上更大的世界，这相当于一个部分和整体之间的部分学混淆。地球（作为部分）不应该嵌套或包含宇宙（这个整体），时空上较小的地球（即部分）应该被嵌套或包含于时空上较大的宇宙（即整体）之中。

反过来说，整体及其较大的时空尺度（即宇宙）包含或嵌套其拥有较小时空尺度的部分（即地球），这排除了时空混淆。由于地心说不能同时避免时空混淆和部分学混淆，地球之外的观察视角就比地球内部的观察视角在观察意义上更可信。

369

地球之外的观察视角Ⅱa：本体位置与本体中心

究竟是什么让哥白尼在从地心说转向日心说时，假设了地球和太阳的相反关系？按照哥白尼的说法，有三种运动需要解释：(1) 昼夜循环，它意味着从西向东的运动，这不是天空围绕地球的运动，而是地球自身的运动；(2) 地球围绕太阳的周年运动，这是从黄道运动推断出来的；(3) 根据全年昼夜长度的变化必须假设赤纬。

哥白尼认为，这三种运动都必须归因于地球，而不是太阳。如果认识到这些，我们就需要从地心说到日心说。从地心说到日心说的转变将太阳而不是地球置于中心。中心的概念到底是什么？我认为可以用两种不同的方式来理解，即本体的和认识论的。让我们从本体意义开始。

首先，中心的概念可以从本体意义上理解，因为它表示我们在宇宙中的位置：我们的存在和实在都位于宇宙中，而地球提供了这一位置——因此我称之为本体位置（参考第十一章区分简单定位和复杂定位）。

当假设地球是宇宙的中心时，我们就站在地球内部的观察视角，我们在地球上的本体位置将我们置于宇宙的本体中心。我们的本体位置与宇宙的本体中心是相同的。相反，如果否认地球处于宇宙的本体中心，比如说从地球之外的观察视角看，这就会把我们从假定的宇宙本体中心的位置驱逐出去。在这种情况下，我们在地球上的本体位置就不再是宇宙的本体中心，宇宙的本体中心位于太阳而不是地球。

然而，脱离宇宙本体中心，或者说，我们在地球上的本体位置不再是宇宙的本体中心，并不意味着我们“位于”宇宙之外。相反，这只意味着我们在地球上的本体位置是宇宙的一部分而非它的本体中心。我们的本体 370 位置存在于宇宙 - 地球关系中，这种关系体现和反映于地球在宇宙中的运动。哥白尼将观察视角从地球内部转移到了地球之外，这就使得我们在宇宙中的本体位置（即与宇宙相关的地球）和宇宙本身的本体中心（即太阳）之间的分离成为可能。

重要的是，我们的本体位置和宇宙的本体中心之间的这种分离，让哥白尼认识到宇宙和地球之间的必然联系：地球围绕作为宇宙中心的太阳运动和旋转，地球与宇宙有了必然而不是偶然的联系。从地球内部到地球之外的观察视角的转变，使得宇宙和地球之间的必然联系，即宇宙 - 地球关系变得透明，而在之前，从地球内部的观察视角来观察时，而这种关系一直是不透明的。

地球之外的观察视角Ⅱb：认识参照物——地球与宇宙

中心的概念除了具有本体论意义外，还可以理解为一种认识参照物。中心的概念表示一个基线或标准，我们根据它来设定、比较并最终校准我们可能的知识（另见第十四章校准的概念）。中心的概念在认识论意义上被理解为我们知识的参考物，即认识参照物（epistemic reference）。

哥白尼改变了认识参照物。地球不再是我们认识宇宙的一个认识参照物，而是宇宙提供了我们的知识（即对运动的观察）的设定和比较（校准）所依据的基线或标准。这种认识参照物的转变，即从地球到宇宙的转变，使他能够认识到所观察到的运动起源于地球，而不是宇宙和太阳。

新的认识参照物使哥白尼能够以更延展的方式，将新的认识选择纳入我们的知识的逻辑空间中。当假定地球是一个认识参照物时，知识的逻辑空间就局限于地球，从而局限于我们自己，也就是宇宙和地球之间任何可能的关系，即必然的宇宙 - 地球关系以及地球运动的起源变得不透明，它 371 们作为不可能的认识选择因此被排除在知识的逻辑空间之外。

然而，一旦人们将认识参照物从地球转移到宇宙，知识逻辑空间就被重新配置了。现在，我们可以将观察到的运动和地球相对宇宙而非地球本身进行设置和比较（即校准）。宇宙－地球关系和观察到的运动的起源就从不透明转为透明。这转而让人们认识到宇宙和地球之间的必然联系，它可以作为我们的知识逻辑空间中的一种认识选择。

地球之外的观察视角Ⅲa：本体位置和认识参照物——完全依赖

批评者现在可能想说，本体位置和认识参照物必须是相同的。我们只能将符合我们本体位置的事物作为认识参照物：只有本体论上我们所能触及的东西即本体位置，才能作为认识参照物。由于我们在本体论上位于地球，只有地球本身（即独立于太阳和宇宙的地球）才可以作为认识参照物。相反，太阳或宇宙不能作为一个认识参照物，因为，它们并不符合而是超越作为我们本体位置的地球。

让我们用更正式的方式重新表述这个论证。我们的本体位置必须作为认识参照物的必要和充分条件，因此，作为本体位置的地球本身就是认识参照物的必要和充分条件。这相当于本体位置和认识参照物之间的完全依赖关系。我们可以设想本体位置和认识参照物之间的其他可能关系，其中包括完全独立和部分依赖，这两种关系我将在下面更详细地讨论。因为它是关于本体位置和认识参照物之间可能的依赖关系，我称之为依赖论。

372 依赖论主要是关于本体位置和认识参照物之间关系的概念逻辑论证。因此，依赖论可以被视为提出了物理学和宇宙学中哥白尼革命的概念含义，这一概念含义也适用于我在神经科学和哲学中所假设的哥白尼革命（第十四章）。

更具体地说，依赖论指出了本体位置和认识参照物之间的完全依赖关系。因此，完全独立和部分依赖之间的任何可能分叉都被依赖论排除在外，这将在下文中讨论。

地球之外的观察视角Ⅲb：本体位置和认识参照物——完全独立

我们可以选择相反端，即本体位置既不是认识参照物的必要条件，也不是充分条件。这相当于本体位置和认识参照物之间的完全独立。然后，我们需要选择一个认识参照物，它完全独立于地球。即使是宇宙包括太阳，也不能再作为认识参照物，因为二者仍然与我们在地球上的位置有关。为了让本体位置和认识参照物之间完全独立，我们必须寻找一个位于宇宙之外的认识参照物，从而保持与我们在地球上的本体位置完全独立。

这样的认识参照物会是什么样子的？它必须位于我们地球所在的宇宙之外。这也意味着它必须不同于我们生活的世界，即哲学家所说的自然的逻辑空间。这排除了自然的逻辑空间作为可能的认识参照物。相反，理性的逻辑空间可以作为关于地球和我们生活的世界的知识的认识参照物。

然而，理性的逻辑空间在我们生活的世界（自然的逻辑空间）之外。因此，假定理性的逻辑空间为认识参照物，就会产生形而上学（而不仅仅是本体论；请参见第九章）。但这样的形而上学超越了我们的经验、认识论和本体论证据的界限。让我更详细地解释这一点。

经验、认识论和本体论证据与我们生活的世界（即自然的逻辑空间）息息相关。如果现在我们把理性的逻辑空间作为一种超越自然逻辑空间的认识参照物，那么，基于世界本身而作为自然的逻辑空间的各种证据，就会变得徒劳和无效。缺乏适用的经验、认识论和本体论证据意味着形而上学变得过于开放，像康德所说的“过度的理性和猜测”，或者像萨克斯所说的“虚构力”（Sacks 2000，p. 312）。如前所述，当我选择明确区分形而上学和本体论时，我会拒绝任何这样的形而上学（第九章）。

373

这种完全独立的设想与哥白尼革命有何关系？我认为，本体位置和认识参照物之间的完全独立既不是前哥白尼的，也不是后哥白尼的，而是非哥白尼立场。它不是前哥白尼的，因为它假设了本体位置和认识参照物之间的完全独立，而不是完全依赖。与此同时，完全独立的设想也不是后哥白尼的。哥白尼并没有将认识参照物转移到宇宙的边界之外；相反，他只是把它们转移到地球的边界之外，而保持在宇宙的边界之内。因此，我认为完全独立的设想是非哥白尼（而不是前或后哥白尼）的。非哥白尼方法和后哥白尼方法之间的区分，在涉及心灵以及我们在研究心理特征的存在和实在时所预设的观察视角的时候，将变得非常重要（第十三章和第十四章）。

地球之外的观察视角Ⅲc：本体位置和认识参照物——部分独立

我们如何反驳依赖论？哥白尼学说的革命性在于考虑到或看到，我们的认识参照物不需要与我们的本体位置相同。他区分了认识参照物和本体位置：尽管事实上我们在本体论上位于地球（完全依赖于地球），但他仍然建议采用作为宇宙本体中心的太阳充当认识参照物，这与在同一宇宙中作为我们的本体位置的地球不同。

374 因此，我们可以说，哥白尼革命中的本体位置和认识参照物之间存在分离。但这种分离不是完全的，而是部分的。太阳作为一个认识参照物仍然与地球相关，因为两者都是宇宙的一部分。因此，在认识参照物和本体位置之间仍然存在部分（而非完全）依赖。让我们以更正式的方式来考虑这一点。

宇宙是我们认识参照物的必要条件。不过，它本身是不充分的，因为，作为一个认识参照物，它需要与地球相关。相反地，地球本身也不足以（尽管是必要的）作为认识参照物，它必须与宇宙相关才能作为认识参照物。因此，宇宙和地球本身都不足以作为认识参照物，取而代之，宇宙-地球关系足以作为认识参照物。由于宇宙和地球本身都不够作为认识参照物，我们可以将这种情况描述为部分依赖，以区别于完全依赖和完全独立。

地球之外的观察视角Ⅲd：本体位置与认识参照物——拒斥形而上学

在部分依赖的情况下，知识的逻辑空间是什么样子的？因为认识参照物不再与我们的本体位置相同，知识的逻辑空间不再局限于关于我们自己（地球）的知识。取而代之的是，知识的逻辑空间现在可以包括超越地球本身的认识选择，从地球延伸到宇宙，更具体地说，延伸到宇宙-地球关系。认识选择以及知识的逻辑空间在部分依赖的情况下得到了扩展：它们比完全依赖时更宽广，而比完全独立时更受限制。

375 为什么认识选择和知识的逻辑空间的扩展和延伸是相关的？例如，知识的逻辑空间的扩展使人们有可能将观察到的运动的起源归因于地球而不是太阳。这转而使我们能够考虑到宇宙与地球之间的必然联系，即宇宙－地球关系，以及随后地球与运动之间的必然联系。因此，当假定本体位置和认识参照物之间存在部分依赖时，这两种必然联系，即宇宙和地球之间以及地球和运动之间的联系都变得透明。

这就区分了部分依赖和完全依赖的情况，在完全依赖的情况下，两种联系都是不透明的，因此没有作为认识选择包含在知识的逻辑空间中。此外，与完全独立的情况不同，部分依赖的情况允许认识参照物保持在同一个宇宙中，而地球作为我们的本体位置位于并且是这个宇宙中的一部分。这为经验、认识论和本体论证据打开了大门，同时也为形而上学过度的猜测和“虚构力”关闭了大门。然而，哥白尼并没有走上这条路。取而代之，他选择了部分依赖，因此他的革命与超越本体论的任何形而上学形式都不相容。正如我们将在下两章中看到的，这对我们的心灵直觉问题以及我的目标（用世界－大脑问题取代身心问题）具有重大意义。

结论

为什么我们如此执着于心灵？尽管有相反的经验、认识论和本体论证据，但在我们的哲学讨论中，我们仍然坚持心灵存在的假设。内格尔（Nagel，1974）、帕皮尼奥（Papineau，2000）或丹尼特（Dennett，2013）等哲学家谈到想象力或直觉时，把我们拉向心灵假设的方向。因此，要用世界－大脑问题完全取代身心问题，我们就需要消除我所说的心灵直觉。

我认为，心灵直觉，包括它强大的拉力，最终可以追溯到这样一个事实，即我们将心灵作为知识逻辑空间内一种可能的认识选择。类似于“理性与自然的逻辑空间”（McDowell，1994；Sellars，1963），知识的逻辑空间是一个可操作的背景空间，通常是内隐的或默示的，它界定或描绘了我们将哪些认识选择包括在我们可能的知识中（即可能的认识选择）以及我们从可能的知识中排除哪些选择（即不可能的认识选择）。

为什么知识的逻辑空间与心灵相关？假设在知识的逻辑空间中包含心灵作为一种可能的认识选择，这使得我们能够从心灵和心身问题入手直观地解决心理特征的存在和实在问题。相反，我们将世界－大脑关系排除在　*376*

知识的逻辑空间之外，将之作为一种不可能的认识选择。这使得世界－大脑关系和世界－大脑问题都违反直觉。因此，我认为我们需要将世界－大脑关系作为一种可能的认识选择纳入我们的知识逻辑空间，同时，我们需要将心灵和心身问题视为不可能的认识选择排除在知识逻辑空间之外。

我们如何修改和改变我们的知识逻辑空间，使其包含世界－大脑关系，并将心灵排除在可能的认识选择之外？我认为，只要选择“正确”的观察视角，这就是可能的。物理学和宇宙学中的哥白尼革命正是如此。哥白尼将地球内部的地心观察视角转移到了地球之外的日心观察视角：这使得日心说成为知识逻辑空间中的一种可能的认识选择，而地心说则是一种不可能的认识选择。

从物理学和宇宙学中的哥白尼革命的例子里，我们可以学到什么可以用来理解心灵直觉？这个例子表明，通过改变我们的观察视角，就可以改变我们可能的和不可能的认识选择，从而改变我们的知识逻辑空间。这转而使某些在之前的观察视角看来不透明并且没有作为一种可能的认识选择被纳入知识的逻辑空间的东西变得透明。

因此，我提出，我们可以利用物理学和宇宙学中的哥白尼革命作为模板来改变我们的观察视角，从而让我们能够将世界－大脑关系作为一种可能的认识选择，同时将心灵作为一种不可能的认识选择从我们的知识逻辑空间中排除。我将论证，这需要一场神经科学和哲学的哥白尼革命，这将是下两章的重点。

第十三章　神经科学和哲学的前哥白尼立场：心灵或大脑内部的观察视角

导言

目标与论证——心灵直觉的起源

我们如何才能将我们从心灵直觉的枷锁中解放出来？现在，我试图来论证我们心灵直觉的起源（详见第十二章）。这是本章的重点。我的目标在于论证心灵直觉与特定的观察视角有关，也就是心灵内部的观察视角，这仍然是前哥白尼的观察视角（第一部分）。此外，其他的观察视角，例如，理性或大脑或身体内部的观察视角，也并不能真正产生后哥白尼的观察视角。 377

我的主要论点是，我们需要将前哥白尼的观察视角从心灵内部（或从大脑或身体内部）转移到大脑之外的后哥白尼观察视角，以使我们自己摆脱心灵直觉和心身问题。这转而为我们在解决心理特征的存在和实在问题时，将世界－大脑关系和世界－大脑问题纳入考虑，打开了大门。这无异于一场神经科学和哲学的哥白尼革命，这将在下一章详细阐述。

哥白尼革命概念

哥白尼革命是什么？我提出将物理学/宇宙学的哥白尼革命与神经科学/哲学的哥白尼革命进行类比。然而，我们需要在“弱”和“强”的类比之间做区分。

378 在强类比中，物理学/宇宙学的哥白尼革命和神经科学/哲学的哥白尼革命几乎一一对应。相较之下，弱类比意味着两场哥白尼革命有相似的特征，但它们之间并没有一一对应。由于它们各自的框架存在本质差异（例如，地球－宇宙关系问题与心身关系问题并不一一对应），我在这里选择后者，即在物理学/宇宙学的哥白尼革命和这理提出的神经科学/哲学的哥白尼革命之间进行弱类比。由于做这种弱类比，我将以比喻而非（像在强类比情况下的）字面的方式使用哥白尼革命的概念。

康德是第一个声称哲学需要哥白尼革命的人（Kant，1781/1998）。然而，康德所谓的哥白尼革命并没有质疑心灵和大脑之间的关系，而是关注主体和客体之间的关系。用我的话来说，他把客体内部的休谟式观察视角转移到了主体内部的观察视角。然而，评论者认为，康德的哥白尼革命是矛盾的，或者是失败的（Allison，1973；Bencivenga，1987；Blumenberg，1987；Broad，1978；Cleve，1999；Cohen，1985；Cross，1937；Engel，1963；Gerhardt，1987；Gibson，2011；Guyer，1987；Hahn，1988；Hanson，1959；Langton，1998；Lemanski，2012；Miles，2006；Palmer，2004；Patson，1937；Robinson，1990；Russel，1948，2004）。因此，我在这里不会更详细地讨论康德的哥白尼革命。

另一位与哲学哥白尼革命有关的哲学家是阿尔弗雷德·诺斯·怀特海（见 Sherbourne，1983，p. 368；Wiehl，1990）。这些评论者认为，怀特海对康德主体的倒置，将主体放回自然即放回世界（Whitehead，1929/1978，p. 88；另见 Northoff，2016a and b）。用我的话来说，他可能已经用主体之外的真正的后哥白尼观察视角取代了主体内部的康德式矛盾的观察视角。与康德一样，对怀特海的哥白尼革命的研究仍然超出了本书的范围。因此，我们之后需要专门将本书提出的哥白尼革命及其大脑之外的观察视角与基于康德和怀特海的主体之外的观察视角进行比较。

第一部分：前哥白尼立场——心灵内部的观察视角

心灵内部的观察视角Ia：心灵——本体起源和本体位置

我们在意识中体验自己和世界。除了意识，还有其他心理特征的体验，如自我、情感、自由意志、拥有感、施动感等（Searle，2004）。这些不同的心理特征通常被认为是我们存在的标志性特征。我们不仅仅是物理机器，而且是精神生物。这些心理特征来自哪里？它们的本体论起源是什么？我们通常想当然地认为，它们可以追溯到心灵，将心灵作为它们潜在的本体论起源。心灵是心理特征的“本体论起源”。

由于心理特征是我们在世界中存在的特征，我们也假设心灵在本体论上将我们“定位”在世界中，即心灵是我们在世界中的本体位置。心灵作为心理特征的本体起源和我们在世界上的本体位置，为我所描述的心灵内部的观察视角提供了基础。心灵为我们提供了观察视角或观察位置的基础：我们从心灵的角度来看待自己和世界，这就是一种心灵内部的观察视角。我们将其与山顶的观察视角相比较。我们站在山顶，从这个角度来看山峰和山谷的一切。心灵作为本体中心和本体位置类似于我们所站在的顶峰，从那里我们可以看到身体和世界（参考图13.1）。

心灵内部的观察视角或多或少类似于地球内部的观察视角。与前者关于心灵的观点一样，后者认为地球是我们的本体起源，同时也提供了我们在宇宙中的本体位置。由于我们立足于地球并在地球上发现自己，因此我们假设地球将我们定位在宇宙中。与此类似，我们的心灵也应该在本体上将我们定位在世界中，这为我们提供了一个观察视角，通过这个视角我们可以观察世界。正如地球在本体上将我们定位在宇宙中一样，心灵也是我们在世界中的本体位置。

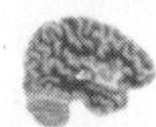

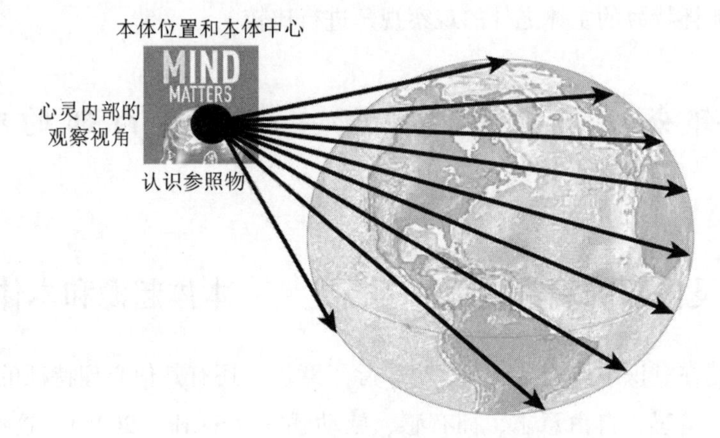

380

图 13.1 心灵内部的观察视角及其心灵中心观

考虑到我们通常认为世界仅仅是物理的，因此将心灵视为本体位置的假设尤其引人注目。作为纯粹精神性的东西，因此在原则上与纯粹物理世界的其他事物不同的心灵，如何将我们本体地定位在这个世界中？为了让心灵在世界中本体地定位我们，人们会认为它至少应该与定义世界的物理特征共享一些基本特征。然而，情况似乎并非如此，因为心灵是精神的，身体是物理的。

如果心灵及其心理特征与物理世界没有共享某些基本特征，那么心灵就不能成为物理世界的一部分。因此，心灵内部的观察视角似乎将我们定位在物理世界之外。心灵及其心理特征在物理世界之外的这种本体位置为心身问题提供了基础：心灵及其心理特征如何与世界的物理特征相关联？

心灵内部的观察视角Ⅰb：心灵与世界——部分学与时空排斥

从心灵内部的观察视角来看，我们面临着重大的时空问题。心灵内部的观察视角只允许我们假设心理特征是非空间和非时间的：因为它与心灵相连（区别于物理世界），所以，心灵内部的观察视角不允许我们考虑物理世界的时间和空间特征。这使得心理特征与物理特征发生冲突，而物理特征是时空的而不是非空间和非时间的。

381

不同的互斥特征的归属消解了心灵和世界之间任何的部分－整体关系。心灵这样非时间和空间的东西不能是具有时空特征的物理世界的一部分。只有当我们把世界本身描述为心理的或者心理和物理的，我们才能调和心灵和世界的冲突。这导致了泛心论或二元论，但这两种观点都没有经验或本体论的依据。此外，这两种立场都消解了心灵和世界之间的部分－整体关系：泛心论将部分（心灵）同化为整体（世界），而二元论将心灵（部分）和世界（整体）一分为二。

部分－整体关系的解体伴随着时空基础上心灵和世界的相互排斥。以心灵内部的观察视角为前提，心灵只能被描述为非空间和非时间的，而世界是时空的。由于非空间/非时间和时空特征蕴涵不同的框架，心灵和世界不是包含在一个共同的时空框架中，而是相互排斥。心灵和世界存在时空排斥，而不是时空包含。综上所述，从心灵内部的观察视角来看，心灵在部分学和时空上与世界相排斥。

这种心灵和世界的部分学和时空排斥如何与部分学和时空的混淆相联系（第十二章）？部分学和时空排斥预设心灵和世界不共享一个共同的框架。这使得我们甚至不可能提出或设想心灵和世界之间的部分－整体关系的问题，因为这需要预设某种共同框架即部分学包含。转而，这使得任何可能的答案都变得不可能，包括部分学混淆：如果不再有问题，任何答案都会随之变得不可能。部分学混淆甚至不是知识逻辑空间中的认识选择。

382

在时空层面上也是如此。因为心灵被认为是非空间和非时间的，任何与时空世界的关系从一开始就被认为是不可能的，这种时空排斥排除了时空混淆作为知识的逻辑空间中一种可能的认识选择。综上所述，我认为心灵和世界的时空排斥使得它们的时空和部分学混淆变得不可能，因为后者甚至没有作为认识选择包含在由心灵内部的观察视角所产生的知识逻辑空间中。

总之，我通过以下三点来描述心灵内部的观察视角：（1）将心灵假设为本体位置；（2）部分学排斥，这使得任何部分学混淆都不可能作为一种认识选择；以及（3）时空排斥，这使得任何时空混淆都不可能是一种认识选择。

从这个意义上讲，心灵内部的观察视角可以在某种程度上与地球内部的观察视角作比较，类似地，地球内部的观察视角也存在着部分学和时空问题，即部分学和时空混淆（第十二章）。然而，由于部分学和时空排斥比部分学和时空混淆强得多（这只有在部分学和时空包含基础上才是可能的），心灵的观察视角甚至比其前哥白尼兄弟即地球内部的观察视角还要强。

心灵内部的观察视角Ic：心灵作为世界的本体中心——心灵中心观、自我中心观和人类中心观

我们如何描述这样的心灵内部观察视角？前哥白尼观点和地球内部的观察视角的主要问题在于，地球作为我们在宇宙中的本体位置，也被认为是宇宙的本体中心。因此，我们的本体位置和宇宙的本体中心是相同的，这标志着前哥白尼的观点是地心说（第十二章）。现在，当我们预设一个心灵内部观察视角时，我主张一种类似的心灵中心观（mento-centric view）。

再想象一下山顶的情形。你站在山顶上，这就是你在世界中的“立场”，那就是你的本体位置。你的本体位置即山顶也提供了一个观察视角或观察位置，从这里你可以看到山谷、各个村庄，以及世界的其他地方。这相当于山顶内部的观察视角。当你看到山谷和山谷中的村庄时，你假定自己站在世界其他部分的中心，山顶就是世界的本体中心。

383

心灵内部的观察视角同理。心灵不仅提供了你在世界中的本体位置，也提供了你感知和构想世界的观察视角或观察位置。此外，心灵也被认为是世界的本体中心。因此，心灵对我们来说扮演着三重角色，即本体位置、观察视角和本体中心。

由于我们认为心灵是世界的本体中心，因此我们的世界观发展到极致就变成了心灵中心观。这与前哥白尼时期的地心说相当：正如前哥白尼的宇宙学家将地球视为宇宙的本体中心一样，我们也将自己视为世界的本体中心。因此，我们以自己为本体中心的世界观是心灵中心观，这与前哥白尼时期以地球为本体中心的宇宙观是“地心说”一样。

此外，这种以心灵为中心的世界观同时是以自我为中心或以人类为中心的，而不是异我中心（allocentric）或生态中心的（eco-centric）。由于我

们假设心灵是世界的本体中心，提供了我们自己的本体位置。因此，心灵中心观只能是自我中心或人类中心的，即我们根据自己的心理特征也就是我们的心灵来构思这个世界。心灵既是本体中心又是本体位置，排除了任何可能的异我中心或生态中心的世界观。异我中心观与生态中心观根本不作为认识选择包含在由心灵内部的观察视角所产生的知识的逻辑空间中。

心灵内部的观察视角Ⅱa：心灵作为认识参照物——排除必然本体论联系

哥白尼的主要目的是确定我们在宇宙中观察到的各种运动的起源。前哥白尼时期的宇宙学家，将这些运动归因于宇宙本身以地球为本体中心的运行。如第十五章所述，假设地球本身作为基线、标准，即认识参照物，用于校准我们的知识，即对运动的观察。 384

为什么认识参照物的选择如此重要？前哥白尼时期的宇宙学家以地球为观察即观察到的运动的参照物，正是这样的参照物使得我们不可能将观察到的运动归因于地球本身。作为其他事物（观察到的运动）参照物的事物（地球）无法与其他事物（观察到的运动）连接，两者无法以必然的方式关联。因此，地球和观察到的运动之间的必然本体论联系，不是地球内部观察视角所蕴涵的知识的逻辑空间内的可能认识选择。地球内部的观察视角使我们不可能考虑将地球和运动之间必然的本体论联系视为可能的认识选择。

请注意，我的论证并不关心地球和运动之间的联系是否确实必然（和后验）。它只涉及我们可能的知识，即我们的关于世界的可能知识是否包括地球和运动之间的必然联系，作为知识逻辑空间内可能的认识选择。我认为，地球内部的观察视角使得这种认识选择变得不可能：由地球内部的观察视角所预设的知识的逻辑空间不允许我们将地球和运动之间必然的本体论联系视为一种可能的认识选择。

同样的道理，以或多或少类似的方式，适用于心灵内部的观察视角的情况。就像从地球内部的观察视角来看，地球被视为认识参照物，心灵也可以作为我们从心灵内部的观察视角获得关于世界的可能知识的认识参照物。我们设定、匹配、比较并校准我们对世界（包括我们自己）的知识，以心灵作为这种校准的基准、参照物或标准（即认识参照物）。然而，这排除了将心灵和身体/世界之间必然的本体论联系作为一种可能的认识选择：385 作为参照物的心灵不能被视为与世界存在必然联系，因为它是我们对其他本体论关系的认识参照物。

因此，选择心灵作为认识参照物，与前哥白尼的宇宙学家以地球作为认识参照物来设定和校准他们的知识（即观察到的运动）的情况相当。然而，这种认识参照物的选择使前哥白尼宇宙学家与当前哲学家面临一个问题，即认识参照物和本体论必然性之间冲突，或者说，认识论－本体论冲突，这将在下文中加以解释。

心灵内部的观察视角Ⅱb：心灵作为认识参照物——认识论－本体论冲突

我所说的认识论－本体论冲突是什么？我认为，像心灵或地球这样的认识参照物，它们不能在本体论上与以它们为参照物的身体或世界相关。心灵或地球作为认识参照物的作用与它们的本体论特征不相容，即认识论－本体论冲突。这种冲突只有通过保持认识参照物在本体论上的独立性才能避免。认识参照物的独立性使得我们不可能在相应知识逻辑空间中包含它的必然本体论联系，作为一种可能的认识选择。

它是如何应用于作为一个认识参照物的心灵的？具体地说，当心灵作为一个认识参照物时，心灵与以它为参照物或标准的身体和世界就没有必然的本体论联系。当假定心灵是一个认识参照物时，心灵和身体/世界之间必然的本体论联系作为不可能的认识选择，被简单地排除在知识的逻辑空间之外。

总而言之，我们面临着这样一个冲突：一方面，选择心灵作为认识参照物使心灵和身体/世界之间的必然本体论联系成为不可能；而另一方面，我们正是在寻找这种联系，即心灵和身体/世界之间必然的本体论联系。由于这种冲突发生在认识参照物和本体论必然性之间，因此我称之为认识论－本体论冲突。

认识论－本体论冲突的概念是指认识论假设和本体论假设两者不相容。它描述了认识论需求（即使心灵和身体/世界之间的必然本体论联系成为不可能）和本体论需求（即对心灵和身体/世界之间必然本体论联系的需求）之间的矛盾和互斥。我认为，我们目前对心灵和身心问题的讨论深受认识论－本体论冲突的影响。 386

认识论－本体论冲突使得我们无法考虑心灵和身体之间可能的必然（后验）联系，因为它被排除在我们知识的逻辑空间之外，成为不可能的认识选择。这类似于早期的宇宙学家不可能考虑地球和运动之间的必然联系，因为它作为一种不可能的认识选择，被排除在他们的知识逻辑空间之外。

心灵内部的观察视角Ⅱc：心灵作为认识参照物——观察视角的转移

关于认识参照物的选择，认识论－本体论冲突告诉了我们什么？只要我们把心灵本身作为认识参照物，我们就不能考虑心灵和身体之间必然的本体论联系。要把心灵与身体之间必然的（后验的）本体论联系视为一种可能的认识选择，我们需要一个不同于至少部分独立于心灵（以及身体）的认识参照物。一旦我们以心灵（或身体）作为认识参照物，我们就无法考虑心灵和身体之间任何必然的本体论联系，因为在各自预设的知识逻辑空间内，这根本不是一种可能的认识选择。

哥白尼是如何解决这个问题的？我们看到，通过将观察视角从地球内部转移到地球之外，哥白尼可以将他的认识参照物从地球转移到宇宙（第十五章）。如此，哥白尼就能够将地球和运动之间的必然本体论联系，作为他现在修改过的知识逻辑空间中的一种可能的认识选择，这使 387 他有可能将运动的起源归因于地球而不是宇宙（第十五章）。因此，通过观察视角的转变，哥白尼就能够将地球和运动之间的必然本体论联系，作为一种可能的认识选择纳入他现在修改过的知识逻辑空间内。

我们的例子也是如此。在下一章中，我们将看到，从心灵内部到大脑外部的观察视角的转变正好实现了从心灵到世界的认识参照物的转变（第十四章）。这使我们能够通过世界－大脑关系（第十章），将大脑和意识之间的必然本体论联系视为一种可能的认识选择。因此，预设一个大脑之外的观察视角，可以让我们将大脑和意识之间的必然的本体论联系，视为知识逻辑空间中一种可能的认识选择。

心灵内部的观察视角Ⅲa：心灵和心理特征之间必然的本体论联系——包含但多余？

心灵的支持者现在可能想争辩说，在观察视角和我们的知识逻辑空间方面的这种彻底改变是没有必要的。心灵内部的观察视角所蕴涵的知识逻辑空间包括心灵与心理特征之间必然的本体论联系。我们想解释心理特征，比如我们在世界中观察到的意识。通过将它们归因于对于心灵，我们在心灵和心理特征之间建立了必然的本体论联系。心理特征必然（先验）与心灵在本体论上相联系，这就解释了它们的起源，即本体起源（见上文）。

因此，心灵为心理特征的本体论起源问题提供了答案。由于心灵和心理特征之间的必然联系，从心灵内部的观察视角来看，是知识逻辑空间中的一种认识选择。我们不需要改变我们的观察视角或知识的逻辑空间。更一般地说，与地球内部的观察视角不同，我们不需要对我们心灵内部的观察视角进行哥白尼革命。

诚然，心灵确实必然与心理特征有着本体论上的联系。心灵和心理特征之间必然的本体论联系，确实是心灵内部的观察视角所蕴涵的知识逻辑空间中的一种认识选择。然而，心灵和身体之间（以及心灵和世界之间）必然的本体论联系，并没有作为认识选择包含在同一知识逻辑空间中。

388

这具有重要的意义。由于心灵和身体之间必然的本体论联系被排除在知识逻辑空间的认识选择之外，因此心身问题仍然完全无法解决：它的可能解决方案，即心灵和身体之间必然的本体论联系，并没有作为认识选择包含在由心灵内部的观察视角所导致的知识的逻辑空间中。因此，我们可以为心身问题提出各种可能的答案，但没有一种答案会包含心身之间必然的本体论联系，因为这并不是我们预设的知识逻辑空间中的认识选择。

综上所述，心身问题确实涉及心理特征与其本体起源的必然本体论联系，作为其知识逻辑空间中的认识选择。然而，这种必然的本体论联系是错误的：没有将心灵和身体之间必然的本体论联系作为一种认识选择，它只包括了心灵和心理特征之间的必然本体论联系。由于心灵和心理特征之间的必然本体论联系，不能解释心灵和身体之间的必然本体论联系，将前者作为认识选择纳入知识的逻辑空间中即便不是多余的，也是无用的。

心灵内部的观察视角Ⅲb：心灵直觉——四种不同的直觉

心灵的支持者可能会争辩说，我并没有真正解释心灵直觉。充其量，我只论证了心灵内部的观察视角和地球内部的观察视角之间的类比，这两者都标志着前哥白尼的时期。相比之下，我没有说明心灵直觉为什么、在哪里以及如何发挥作用。我反对这种说法，因为它忽略了心灵的四种直觉，即本体起源、本体位置、本体中心和认识参照物。

389 我们第一次凭直觉感知心灵时，是当我们假设心灵是我们心理特征如意识、自我等的本体起源（见上文）——我们假设心灵提供了本体起源，即存在和实在，这是我们心理特征的基础。这是基于从我们对心理特征的观察到纯粹直观地推断出心灵的存在和实在——这是第一种心灵直觉。它是最基本的心灵直觉，因为它为所有其他心灵直觉提供了基础。

我们常常甚至没有意识到这种第一心灵直觉——我们理所当然地认为，我们需要从心灵的角度来解决心理特征的存在和实在。虽然看起来好像心灵的假设是给定的，但事实并非如此。相反，将心灵假设为心理特征的本体起源与我们有关，更具体地说，与我们对观察视角及其知识的逻辑空间的选择有关。

第二种心灵直觉发生在当我们假设心灵也提供了我们在世界中的本体位置时（见上文）。当我们假设作为我们在世界中的本体位置的心灵也提供了世界的本体中心时，就会产生第三种心灵直觉。最后，当我们将心灵作为我们认识世界的认识参照物时，第四种心灵直觉就会出现——心灵因此塑造了我们的知识逻辑空间。

尽管各不相同，但心灵的这四种直觉都基于同一个观察视角，也就是心灵内部的观察视角。由于心灵内部的观察视角，我们在直觉上将心灵视为本体起源和位置，转而，它又把我们拉向从直觉上认为心灵既是世界的本体中心，也是我们获得该世界的知识的认识参照物。因此，在所有这四种情况下，正是这个心灵内部的观察视角本身，产生一种拉力让我们直观到心灵。

为什么心灵内部的观察视角会对心灵直觉施加如此大的拉力？由于它来自心灵内部，并假定心灵是认识参照物，所以心灵内部的观察视角不允许我们独立于心灵来看待任何事情。这使我们仅能从心灵的角度来看待身体和世界以及心理特征，以心灵为认识参照物对它们进行比较和设置。因此，我们被拉向将心灵直觉为本体起源、本体位置、本体中心和认识参照物。

390

什么能把我们从心灵的枷锁中解放出来？要摆脱心灵直觉的枷锁，唯一的办法就是，将我们从心灵内部的观察视角中挣脱出来，用一种不再对心灵直觉施加拉力的观察视角取而代之。这正是哥白尼所做的，他将观察视角从地球内部转移到地球之外，这使他从以地球为中心的直觉中解放出来，并允许他将地球和运动之间的必然本体论联系，视为修改过的知识逻辑空间中的认识选择。因此，我们需要做同样的事情，改变我们的观察视角。这就要求我们预设一个不同于心灵的认识参照物。然而，首先，我们需要讨论一些其他的逃避策略。

第二部分：逃离策略——上帝、理性、意识或大脑内部的观察视角

大脑内部的观察视角Ⅰa：逃离策略——上帝视角

从心灵内部的观察视角来看，一个主要的问题在于，心灵本身被同时视为认识参照物和本体位置，这相当于二者的完全依赖关系（见上文和第十二章）：心灵不仅是我们认识参照物的必要条件（与其作为本体位置的角色有关），同时也是我们认识参照物的充分条件。这种完全依赖使得我们不可能在我们的知识逻辑空间中，将心身之间的必然联系作为一种可能的认

识选择。

为什么不主张一种相反的观点，即本体位置和认识参照物之间的完全独立（第十二章）？在这种情况下，我们会选择一个完全独立于我们的本体位置（即心灵）的认识参照物。这就开启了两个不同的选择：我们可以把上帝作为认识参照物，或者，我们可以把理性作为认识参照物。让我们从第一个选择开始，即上帝作为认识参照物。

把上帝作为认识参照物预设了一个来自上帝内部的观察视角。不过，我们必须小心。因为上帝是"全能的"，他的视角再也不能用一个观察视角来描述了，他同时"站在任何地方"，并"观看一切"；观察视角不再合适或需要。因此，我说的是上帝视角，而不是上帝内部的观察视角（详见第十二章）。 391

我们如何更详细地刻画上帝视角？上帝视角使心灵和身体之间的必然联系，以及大脑和意识之间的必然联系变得对我们不透明。任何事物，包括心灵、身体和意识，在与作为认识参照物的上帝进行比较和校准时，仍然只是偶然地联系在一起。对我们来说，与上帝相比，心灵和身体之间以及大脑和意识之间的必然联系（必定）是不透明的，因此它不是一种包含在我们的知识逻辑空间中可能的认识选择。只有上帝自己才能看到心灵和身体之间以及大脑和意识之间的必然联系，这是他知识逻辑空间中可能的认识选择。然而，对我们来说它仍然是不可能的认识选择，被排除在我们的知识逻辑空间之外。

此外，假定上帝作为认识参照物超越了宇宙和我们的世界（包括世界－大脑关系），从而超越了我们的本体位置和世界本身的边界。上帝视角的预设相当于本体位置和认识参照物之间的完全独立：作为本体位置的心灵完全独立于作为认识参照物的上帝。然而，这种完全独立使得上帝视角是非哥白尼的，既不是前哥白尼的也不是后哥白尼的（第十二章）。

因此，来自上帝内部的观察视角（即上帝视角）并不能解决我们的问题，也就是说，不能在我们的知识逻辑空间中，将心灵和身体之间（以及大脑和意识之间）的必然联系视为一种可能的认识选择。它非但没有解决问题，反而强调了问题，因为它指引我们超越世界，这为形而上学打开了大门，它的"虚构力"把我们拉向了猜测（Sacks，2000）。因此，我们需要寻找另一个观察视角，它可能存在于理性中，相当于我所说的理性内部的观察视角。

大脑内部的观察视角Ⅰb：逃离策略——理性内部的观察视角Ⅰ

392

我所说的“理性内部的观察视角”是什么？理性内部的观察视角将理性预设为我们认识同一个世界的认识参照物。这种从理性内部的观察视角，将心灵作为本体位置和理性作为认识参照物相结合，这使得本体位置和认识参照物完全独立。

例如，麦克道尔（McDowell 1994，2009）就预设了这种理性内部的观察视角。他假定心灵是我们在世界上的本体位置，同时将理性（和概念）作为认识参照物，对心灵进行设定和比较，从而对心灵进行参照。然而，当前心身讨论中的其他方法（如大卫·查尔莫斯和其他人的）和过去的哲学（包括康德），他们的许多方法也预设了理性内部的观察视角。许多哲学家认为理性作为认识参照物几乎是显而易见的或自然的。

理性内部的观察视角能够解释心灵和身体之间以及大脑和意识之间的必然联系吗？不能。当我们把理性作为认识参照物时，心灵位于理性的逻辑空间内，而身体与自然的逻辑空间相联系（两种逻辑空间的区别参见McDowell，1994，2009；Sellars，1963）。由于心灵和身体在根本上是不同的，因此理性内部的观察视角仍然无法将心灵和身体之间必然本体论联系纳入我们的知识逻辑空间中，作为可能的认识选择（第十二章）。

大脑内部的观察视角Ⅰc：逃离策略——理性内部的观察视角Ⅱ

从理性内部的观察视角来看，世界在其中扮演着什么角色？理性作为一种认识参照物，它完全处于作为我们的本体位置的心灵和我们所处的世界的边界之外。由于认识参照物的“位置”（location）在作为本体位置的心灵和世界的边界之外，心灵和身体的必然本体论联系，就不能作为一种可能的认识选择包含在我们各自的知识逻辑空间中。

大脑和意识之间的关系根据完全位于大脑和意识所在的世界之外的认识参照物进行设定和比较。这使得大脑和意识之间不可能存在必然的本体论联系，因此，在我们各自的知识逻辑空间中，这不再是一种可能的认识选择。简言之，理性内部的观察视角必然会失败，因此也无法解决我们的问题。 393

为什么从理性内部观察的视角来看，我们不能将心身之间必然的本体论联系作为一种可能的认识选择纳入其知识的逻辑空间？这是因为，在这里，如同上帝视角的情况一样，认识参照物完全独立于我们的本体位置：理性作为认识参照物仍然独立于我们假定的在世界中的本体位置（第十二章）。

这使得理性内部的观察视角点从某种程度上来说，与上帝视角相同，也同样是完全独立的，位于我们的本体位置和我们所在的世界之外（见上文）。因此，正如上帝内部的观察视角一样，我们必须将理性内部的观察视角描述为非哥白尼的，而不是前哥白尼或后哥白尼的。我们现在可以推测，康德进行哥白尼革命的尝试之所以失败，正是因为这个原因：他可能预设了一个错误的观察视角，也就是一个非哥白尼的、理性内部的观察视角，而不是后哥白尼的观察视角。这一点留待未来我们将再进一步讨论。

大脑内部的观察视角Ⅱa：逃离策略——意识内部的观察视角Ⅰ

我们现在可以拒绝理性内部的观察视角，并将观察视角转移到意识上。然后，我们可以从体验中，也就是从意识内部来看。这样的意识内部观察视角是现象学所预设的。通过想象世界透过意识呈现的样子，现象学预设了一个意识内部观察视角。例如，身体是以被体验的方式构想出来的，也就是作为活的身体，而不是被观察到的、客观的身体（第八章和第十章）。此外，在我们的意识中体验和显现的一切可以被视为真实和存在的，而这不适用于意识不可通达的事物。 394

意识内部的观察视角将意识置于哲学研究的中心。一旦我们理解了意识，我们就会知道世界，体验和意识被预先假定为我们认识世界的认识参照物。我们在世界中的本体位置与意识密切相关，因此在某种程度上与选择意识作为认识参照物是一致的。这种意识内部的观察视角最终形成了一种以意识为中心的世界观，因而也是以自我和人类为中心的世界观。这标志着意识内部的观察视角是一个独特的前哥白尼而非后哥白尼的观察视角。

本体论假设呢？预设意识内部的观察视角，让我们别无选择，只能从心理角度来构建这些本体论假设。身体就是一个例子，因为意识内部的观察视角只允许我们观察心理或意识特征，我们只能将身体视为我们体验到的身体，活的身体。身体作为活的身体被认为是心理特征的现象学（最终是本体论）基础。这意味着在现象学和本体论上，世界－身体问题优先于世界－大脑问题（第十章和第十一章）。

我反对这种说法。这一主张的前提是，从我们将身体体验为活的身体的现象领域推论出身体作为意识和心理特征的本体论基础的本体论领域。然而，在我们的体验中，没有任何东西可以排除更为基本和基础的东西，例如不能被体验的世界－大脑关系，但它仍然可以作为体验的本体论预置（即作为意识的本体论预置，OPC）。因此，从体验的现象特征到其本体论基础的推论是有问题和存在谬误的，这就是我所说的现象－本体论谬误（见第十章）。

意识内部的观察视角很容易出现现象－本体论谬误，因为本质上，意识内部的观察视角仍然无法超越意识及其现象领域，到达其潜在的神经元和神经生态条件，并最终到达其潜在的本体论基础（意识可能无法通达该基础）。因此，从意识内部的观察视角来看，我们不能将世界－大脑关系视为 OPC（第十章）。这使得意识内部的观察视角成问题并且不充分。

395

大脑内部的观察视角Ⅱb：逃离策略——意识内部的观察视角Ⅱ

现象学家现在可能想为他/她的意识内部的观察视角辩护。因为我们只能从体验的角度接近和认识世界包括我们自己，我们仍然无法超越意识的界限。我们被封闭在自己的意识中，无处可逃。因此，当我们不能超越我们自己意识的边界时，我们只能预设一个意识内部的观察视角。由于这一论证基于我们在意识中的封闭，我称之为封闭论证（Dietrich & Gray-Hardcastle, 2010）。

我们怎样才能摆脱封闭论证？当我们只考虑现象领域时，封闭论证的支持者当然是正确的。现象领域包括意识内部的观察视角，因其现象本性，默认情况下是封闭的，我们被它所包围。当我们预设一个意识内部的观察视角时，我们确实被封闭在意识中，无法超越意识的边界。

然而，封闭论证是一种现象或现象逻辑论证（为了简单起见，我在这里将这两个术语作为同义词使用），它只适用于意识的现象领域。相反，它不适用于超越意识本身的潜在本体论领域。例如，一般的意识，更具体地说，活的身体的体验，可以追溯到它们的潜在本体论条件，即 OPC，其本身可能无法被意识通达（第十章）。

让我们考虑一下我们在前几章（第九章至第十一章）中做出的现象和本体论领域的概念区分。第一，现象领域和本体论领域之间存在着区别，这一点很重要，因为我们不能直接从前者推论出后者，否则我们就会犯下现象-本体论谬误（第十章）。第二，在前现象和现象层面之间存在区别（第十一章）。世界-大脑关系很可能是前现象的（第十一章），因为即使它本身无法进入体验因而无法进入现象领域，但它却充当了 OPC 的角色。第三，我们需要区分 OPC 和意识的本体论关联物（OCC；第十章和第十一章）。OCC 对于体验即意识是开放的，但 OPC 不是在意识中可以直接通达的。

396

总之，从意识内部的观察视角看，我们只能看到现象特征，而对其潜在的本体论特征（包括前现象特征和 OPC）保持一定的盲目。要考虑这些本体论特征，我们需要另一个观察视角，它不同于并超越意识内部的观察视角。正如我所说，只有从前哥白尼观察视角转变过来，即从意识内部到大脑之外真正的后哥白尼观察视角（第十四章）这才有可能。

大脑内部的观察视角Ⅲa：逃离策略——大脑内部的观察视角和大脑直觉

现在有人可能提出，我们只需抵制我们心灵直觉的拉力，不再凭直觉将心灵视为我们的心理特征和在世界中存在的本体起源和位置。相反，我们可以用大脑代替心灵：大脑提供了我们心理特征的本体起源和我们在世界中的本体位置。更极端的是，有人可能会假设大脑是世界的本体中心，也是我们认识世界的认识参照物。简言之，大脑接管了心灵的角色（见图 13.2）。

397

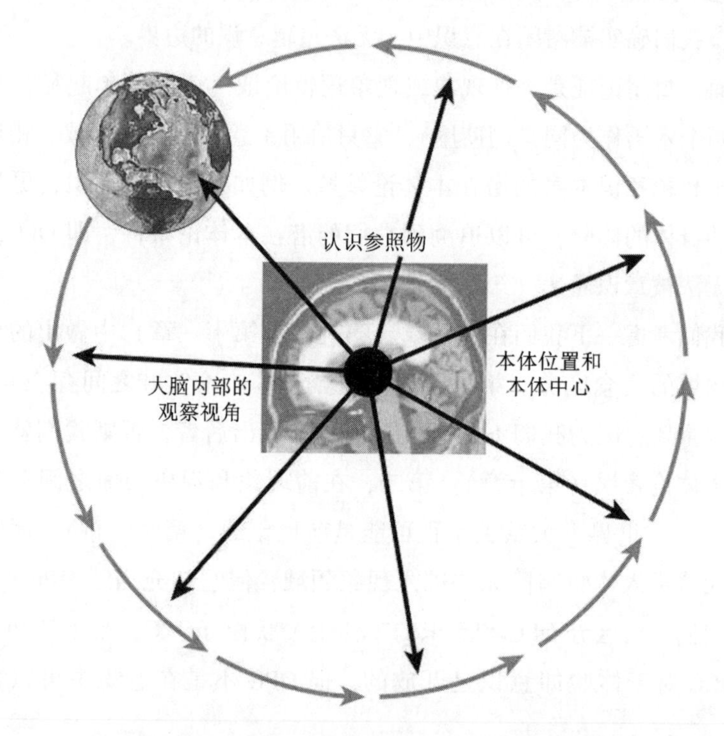

图 13.2　前哥白尼的大脑内部观察视角及其神经中心观
（黑色箭头表示世界应该以大脑为中心围绕其“运动”）

大脑内部的观察视角真的废除了心灵直觉吗？诚然，大脑内的观察视角抵制了心灵直觉。然而，这并不意味着它也抵制直觉本身。我认为心灵直觉只是被另一种直觉即大脑直觉所取代。只有我们直觉的内容在心灵和大脑之间发生变化，而独立于任何内容的直觉本身仍然存在。具体来说，我认为，在上述四种直觉中大脑接管了心灵的角色，让我在下面解释一下。

让我们假设，大脑作为心理特征的本体起源纯粹是直觉的，因为两者之间没有必然的联系，作为认识选择包含在大脑内部的观察视角所蕴涵的各自的知识逻辑空间中。这在本体论上导致了所谓的唯物主义和/或物理主义。此外，将大脑作为我们在世界中的本体位置也是纯粹直觉的，因为世界和大脑之间也没有必然的联系（作为一种可能的认识选择，包括在我们的知识逻辑空间中）。

当假设大脑提供了世界的本体中心和我们认识世界的认识参照物时，直觉成分变得更强。因此，综上所述，大脑内部的观察视角只是用另一种大脑直觉取代了心灵直觉。因此，大脑内部的观察视角，以及随之形成的物理主义/唯物主义，与它们试图逃避的心灵内部观察视角的方法其实大致相同。

大脑内部的观察视角Ⅲb：逃离策略——大脑内部的观察视角及其神经中心观

398

心灵和身体之间的必然本体论联系如何可能？一旦我们预设了大脑内部的观察视角，心灵就不再是知识逻辑空间中可能的认识选择。这就导致不可能在心灵和身体之间建立必然的本体论联系。然而，心理特征与其潜在本体论起源的必然本体论联系问题仍然存在。这个问题现在又表现为大脑和意识（以及一般心理特征）之间的必然本体论联系问题：大脑内部的观察视角是否允许将大脑和意识之间的必然本体论联系纳入其知识的逻辑空间中作为一种可能的认识选择？

这个问题的答案是明确的：不。大脑内部的观察视角使得大脑和意识之间的必然本体论联系变得不可能，进而也不透明。在知识的逻辑空间中，它不作为一种可能的认识选择被包括在内（另见第十二章）。大脑及其物理特征中没有任何东西可以与心理特征（如意识）建立必然的本体论联系，大脑和意识之间的必然本体论联系不作为一种可能的认识选择被包括在知识逻辑空间中，因此它仍然是不透明的。

我们如何看待大脑和心理特征之间的必然本体论联系？只有像麦金（McGinn，1991）那样假设大脑本身具有心理特征时，我们才可能考虑大脑和意识之间必然的本体论联系，从而将它视为一种可能的认识选择纳入知识的逻辑空间。然而，在这种情况下，大脑本身是从心理角度设想的，这种大脑内部的观察视角不再能够与心灵内部的观察视角相区分。我们面临的问题或多或少与预设心灵内部的观察视角时相同。所以，用心理属性来刻画大脑的思路只不过是一种“伪解决方案”。

大脑作为世界的本体中心是怎样的？由于大脑现在被认为是心理特征的本体起源以及我们在世界中存在的本体位置，大脑内部的观察视角也使我们倾向于假设大脑是世界的本体中心。这就是一种神经中心观（neuro-centric view），它取代了心灵中心观（mento-centric view）。用大脑取代心灵作为世界的本体中心，使得神经中心观与心灵中心观一样，都是自我中心和人类中心的。

399

这就使得大脑内部的观察视角与前哥白尼时期宇宙学家的地心说处于同等地位。大脑内部的观察视角及其以神经为中心的世界观是前哥白尼的，因为它与以地球为中心的地心说宇宙观相似。就如地心说一样，神经中心观让我们无法认识到大脑与超越大脑本身的事物（即意识等心理特征）的必然本体论联系。

大脑内部的观察视角Ⅲc：逃离策略——身体内部的观察视角和身体直觉

我们如何摆脱这种神经中心观？具身性的支持者可能会认为，我们需要从身体内部而不是从大脑内部预设观察视角。在具身性看来，是身体而不是大脑提供了心理特征的本体论起源，是身体（而不是大脑）将我们固定在这个世界上，作为我们的本体位置。此外，身体可能是世界的本体中心，因此也为我们认识世界提供了认识参照物。

然而，身体作为本体起源、本体位置、本体中心和认识参照物的假设仍然像直觉心灵或大脑一样直观。就像大脑内部的观察视角一样，身体内部的观察视角只是用身体直觉取代了大脑直觉。神经中心观被身体中心观所取代。这就把身体内部的观察视角与它想要逃避的大脑内部的观察视角放在同一平面上。

此外，在不深入细节的情况下，身体内部的观察视角仍然不允许我们将大脑和意识之间必然的本体论联系，作为一种可能的认识选择纳入我们的知识逻辑空间中。这是为什么？因为，就像大脑一样，身体的物理特征和意识等心理特征之间根本没有必然的概念联系。因此，身体和意识之间必然的本体论联系仍然没有作为一种可能的认识选择包含在由身体内部的观察视角所导致的知识的逻辑空间中。 400

我们如何将大脑或身体与意识之间的必然本体论联系，作为一种可能的认识选择纳入我们的知识逻辑空间中？托马斯·内格尔已经指出，既非心灵内部的观察视角（即心理角度）也非大脑或身体内部的观察视角（即身体角度），能使大脑/身体和意识之间的必然本体论联系变得透明：

> 无论是从心理角度以还是身体角度都不能达到这个目的。心理角度不行，因为它根本不考虑生理学，也没有空间容纳生理学。身体角度也不行，因为虽然它包括心理的行为和功能表现，但鉴于概念还原论的虚假性，这并不能使它触及心理概念本身。（Nagel，2000，p. 45）

关于观察视角，内格尔告诉了我们什么？我们需要一个观察视角，使我们能够认识到超出心理和身体范围的事物，即“超出其应用范围的事物”（Nagel，2000，p. 46）。这是如何可能的？我们可以回到哥白尼，从他的物理学和宇宙学革命中学习，他把观察视角从地球内部转移到了地球之外。这使哥白尼能够把宇宙作为认识参照物，超越作为我们本体位置的地球，使地球和运动之间必然的本体论联系变得透明。

类似地，我们可以将我们的观察视角从心灵（或大脑，或身体）内部转移到大脑之外的观察视角。正如我所希望的，这使我们能够超越作为我们在世界中的本体位置的大脑，并随之将世界本身作为我们的认识参照物。转而，这将使大脑和意识之间必然的本体论联系变得透明。这将是下一章重点讨论的内容。

结论

401

我已证明，我们的心灵直觉和它对将心灵作为心理特征本体起源的假设的拉力与我们的观察视角有关。具体地说，通过预设一个心灵内部的观察视角，我们将心灵作为认识选择纳入我们的知识逻辑空间中。这相当于前哥白尼哲学和神经科学中的立场，因为它与前哥白尼的物理学和宇宙学中地球内部的观察视角相当。

我们如何才能逃离心灵直觉和它将心灵假设为心理特征的本体起源的拉力？为此，我们首先需要逃离心灵内部的观察视角。我演示了各种逃离策略，包括理性内部和大脑（或身体）内部的观察视角。然而，它们都未能克服心灵直觉，就像大脑内部的观察视角只是用另一种直觉即大脑直觉取代心灵直觉。

我假设，我们需要对我们的观察视角进行更彻底的转变，以使心灵直觉无法持续。与哥白尼在物理学和宇宙学中的做法类似，我们需要一个完全不同的观察视角，一个大脑之外的观察视角，这类似于哥白尼提倡的地球之外的观察视角（第十五章）。这样一个大脑之外的观察视角将使我们不可能维持心灵概念。反过来，这将打开一扇以世界－大脑关系和世界－大脑问题取代心灵和心身问题的大门。这无异于神经科学和哲学领域中的哥白尼革命。

第十四章　神经科学和哲学的哥白尼革命：大脑之外的观察视角

导言

心理特征——超越自我，走向世界

为什么心理特征如此特殊？心理特征将我们与世界联系在一起。例如，意识能够让我们体验自己是世界的一部分。如果我们失去意识（第四章和第五章），我们就无法体验自己是世界的一部分，而是与世界隔绝。这使得我们无法与他人交流，因为我们无法再参与和与他人共享世界。这同样适用于其他心理特征，如自我、情感、施动感和拥有感、自由意志等，它们也允许我们通过成为世界的一部分而参与世界。简言之，意识和心理特征是关于世界的，更具体地说，是关于我们与世界的关系的。心理特征将我们与世界联系起来，通过这种联系，我们可以成为世界的一部分。 403

心理特征如何建立我们与世界的关系？它们必须让我们有可能“超越”大脑和身体，走向世界，正如我在下面所说，它们超越了我们自身。我已指出我们心理特征的“超越自我”，可以追溯到我们的大脑在世界中的经验（第七章和第八章）和本体（第九到十一章）整合，即世界－大脑关系，它是意识的本体论预置（OPC；第十章）。不过，我们如何看待“超越自我”即世界-大脑关系作为OPC，是我还没有解决的问题。这也是本章的重点。

404

主要目标与论证

本章的主要目标是补充“超越自我”的经验（第七章和第八章）和本体论（第九到十一章）解释，进而在方法论和认识论层面上补充世界-大脑关系作为OPC的解释。我认为，我们需要从方法论上彻底改变我们的观察视角，从心灵或大脑内部转变为“大脑之外”的观察视角，以便将世界-大脑关系作为OPC纳入考虑。这种大脑之外的观察视角将使我们能够把世界-大脑关系作为一种可能的认识选择纳入我们的知识逻辑空间（第十二章），同时，它将心灵作为一种不可能的认识选择排除在我们的知识逻辑空间之外。

我的结论是，排除心灵使心身问题变得不可能，因此可以完全被世界-大脑问题所取代。世界-大脑问题取代心身问题这样的本体论取代，它在方法论上基于我们观察视角的根本转变，无异于神经科学和哲学中的哥白尼革命（参见第十二章和第十三章的导言部分，以了解哥白尼革命概念）。

第一部分：后哥白尼的立场——大脑之外的观察视角

大脑之外的观察视角：本体起源和本体位置——超越自我到达世界的心理特征

如何看待我们与世界的关系？我们讨论了不同的观察视角，例如，心灵、大脑和身体内部的观察视角。然而，没有一个视角让我们考虑我们与世界的关系。所有这三个观察视角都假设，心灵、大脑或身体提供了心理特征的本体起源以及我们在世界中的本体位置（第十三章）。但这只允许我们考虑心灵、身体或大脑，而排除了世界本身，包括它与我们的身体和大脑的关系。因此，我们需要一个不同的观察视角。它应该让我们考虑世界本身以及我们与世界的关系，由此超越我们的大脑和身体，即超越自我。

哥白尼也遇到了类似的挑战。他寻找一个观察视角，使他能够考虑到，我们作为被束缚于地球的人，如何能够超越地球并延伸到地球之外的宇宙，也就是超越自我。具体来说，前哥白尼的地球内部观察视角，不允许我们考虑我们与宇宙的关系，这使得我们无法解释延伸到地球之外的东西，即超越我们自身的东西（第十二章）。因此，像我们在心灵、身体和大脑方面遇到的困难一样，哥白尼面临着建立一个观察视角的挑战，这个视角需要使他能够观察到超越我们自身的宇宙，也就是超越我们在地球上的本体位置的宇宙。

405

在哥白尼的例子中，究竟是什么超越了我们自己，或说超越了地球？哥白尼寻找的是可以观察到的运动的本体起源。当运动发生在宇宙中时，这些运动延伸到地球之外，它们具有我所说的“超越自我”的特征。哥白尼是如何看待这种“超越自我”的呢？通过将观察视角从地球内部转移到地球之外，哥白尼能够看到这种“超越自我”，也就是观察到的运动如何延伸并到达我们自身之外，以及如何在以地球为部分的宇宙整体中发生（第十二章）。

我现在要论证的是，我们需要在心理特征方面进行类似的观察视角转换。就像哥白尼例子中的运动一样，心理特征也使我们面临着一个问题，那就是如何看待超越我们自身，即超越我们的身体和大脑而面向世界的事物。因此，我建议向哥白尼学习，将我们的观察视角从心灵、身体或大脑内部转移到大脑之外（我将观察视角语境中的“超越”一词的提出归功于瑞典乌普萨拉大学的 Kathinka Evers，参见图 14. 1）。

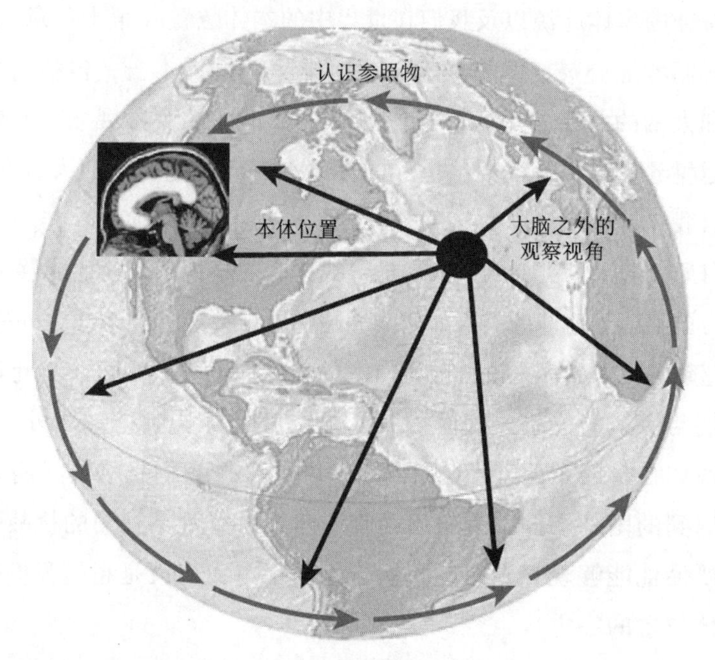

图 14.1　后哥白尼的大脑之外的观察视角及其异我中心和生态中心观
（黑线表示大脑"围绕"世界运动）

大脑之外的观察视角Ⅰb：本体起源和本体位置——超越自我的世界－大脑关系

我所说的大脑之外的观察视角是什么意思？大脑之外的观察视角使我们能够看到超越我们大脑和身体的东西，也就是说，超越自我的东西。具体地说，它让我们认识到，我们的大脑将我们与世界联系起来（即世界－大脑关系），通过这种关系，我们成为世界的一部分，这可以与地球之外的观察视角相提并论。类似地，地球之外的观察视角使我们能够看到，我们如何立足于地球从而成为宇宙的一部分。我们现在能够看到，地球如何在其运动的基础上将我们与宇宙联系起来（即宇宙－地球关系；第十二章）。

大脑之外的观察视角如何解释心理特征的本体起源和我们在世界中的本体位置？从心灵、大脑或身体内部的观察视角来看，我们只能将心灵、大脑或身体视为心理特征的本体起源特征和我们在世界中的本体位置。这与大脑之外的观察视角不同。大脑之外的观察视角无法让我们确定心灵、大脑或身体作为心理特征唯一的本体起源和我们在世界中的本体位置。

当把我们的视野从我们自己延伸到世界，也就是超越大脑和身体，采取大脑之外的观察视角，这让我们无法仅仅依靠独立于世界的心灵、身体或大脑来确定本体起源和本体位置。相反，由于大脑之外的观察视角使我们能够看到超越自我的世界，我们现在可以将世界纳入我们对本体起源和本体位置的决定中。 407

从大脑内部的观察视角到大脑之外的观察视角的转变，使我们能够看到大脑之外的东西，也就是超越自我的东西。而超越自我（即超越大脑和身体）的是世界，以及它与我们大脑的关系（即世界－大脑关系）。这反过来让我们有可能确定世界－大脑关系（而不是大脑本身，或者身体或心灵），作为心理特征的本体起源和我们在世界中的本体位置。

综上所述，大脑之外的观察视角使我们可以更广泛地观察心理特征的本体起源和我们在世界中的本体位置。我们现在可以认识世界本身及其与大脑的关系（例如，世界－大脑关系）而不是将本体论起源和本体论位置仅仅局限于独立于世界的心灵、身体或大脑。因此，大脑之外的观察视角使我们有可能看到我们自身之外的东西，即世界和世界－大脑关系。

简言之，大脑之外的观察视角为我们提供了一个更广阔的视野，让我们超越自我，走向世界。这反过来使我们有可能认识到，我们是如何通过大脑（即世界－大脑关系）整合于世界中，从而成为世界整体的一部分。

大脑之外的观察视角Ⅱa：心灵之外的观察视角——超越世界

心灵或身体的支持者现在可能想争辩说，他们完全认同有必要超越自我，也就是在确定心理特征的本体起源和我们在世界中的本体位置时，超越大脑或身体。然而，他们认为最好的办法是采取心灵之外或身体之外的观察视角，而不是大脑之外的观察视角。这就是说，我们可以不考虑世界－大脑关系，而是考虑心灵－世界关系或身体－世界关系，以及它们如何作为心理特征的本体起源和我们在世界中的本体位置。简言之，心灵－ 408

世界关系或身体－世界关系取代了世界－大脑关系。

但我反对这两个主张。让我们从心灵之外的观察视角开始。从心灵之外的观察视角来看，确实可以让我们考虑到超越心灵的事物。然而，这样的"超越心灵"是以一个与我们的生活世界不同的世界为目标的。从自然和理性的逻辑空间角度来看（第十五章），有人可能会说，心灵之外的观察视角指向理性的逻辑空间，这与自然的逻辑空间不同。这对我们确定本体起源和本体位置具有重要意义。

心理特征的本体起源可以在概念关系中找到，它们是理性逻辑空间的特征（McDowell，1994；Sellars，1963），而我们的本体位置，即使是在自然的逻辑空间中的，也可以通过理性逻辑空间的概念－逻辑术语确定（第十五章）。由于它主要依赖于理性，心灵之外的观察视角与我在第十三章中所描述的理性内部的观察视角趋同（或相一致）。

然而，我们必须拒绝在理性的概念逻辑术语中确定心理特征的本体起源和我们在世界中的本体位置，因为它将"超越自我"延伸得太远：它不仅超越了我们自己，即超越了大脑和身体，也超越了大脑和身体所在的世界，即"超越世界"。然后，我们将面临两种"超越"之间的关系问题，即"超越自我"和"超越世界"的关系问题。

大脑之外的观察视角Ⅱb：超越心灵的观察视角——超越自我 vs. 超越世界

"超越自我"和"超越世界"这两种"超越"是如何相互联系的？批评者可能会争辩说，超越自我和超越世界在延伸范围上是相同的。但事实并非如此。超越世界的概念意味着一种超越自我和世界的延伸。相反，超越自我的概念只包括"超越身体和大脑"的延伸。因此，我们可以很容易地反驳支持超越自我和超越世界的延伸范围相同的论证。

409 让我用自然和理性的逻辑空间来重新表述超越自我和超越世界之间的区别（McDowell，1994；Sellars，1963）。因为仍然在世界的边界之内，超越自我与时空扩展的自然逻辑空间的预设是完全兼容的。相反，由于超越了世界本身而依赖于概念关系和理性，超越世界要求我们预设理性的逻辑空间（而不是自然的逻辑空间）。这为形而上学猜测及其“虚构力”（Sacks，2000，p. 312）包括心灵直觉打开了大门。

最重要的是，“超越世界”预设了理性的逻辑空间（而非自然的逻辑空间），这使得它明显是非哥白尼而不是后哥白尼的（第十二章和第十三章）。因此，由于它蕴含了超越世界（而非超越自我）的观点，超越心灵的观察视角的假设完全没有达到它的目的，即没能提供一个真正的后哥白尼观察视角来取代前哥白尼心灵内部的观察视角。

大脑之外的观察视角Ⅲa：身体之外的观察视角——超越观察 vs. 超越世界

身体之外的观察视角又如何？身体之外的观察视角允许我们将视野扩展到身体之外，从而超越我们自己。相反，它不允许我们将视野扩展到我们的生活世界之外，也就是不允许超越世界。因此，当我们预设身体之外的观察视角时，我们采取的视角仍然是在世界的范围内，而不是超越世界的。因此，与心灵之外的观察视角不同，身体之外的观察视角不会面临超越自我与超越世界之间的差异问题。

这对我们确定心理特征的本体起源和我们在世界中的本体位置来说意味着什么？由于身体之外的观察视角并不能将我们的视野延伸到世界之外，我们就可以从世界的角度确定本体起源和本体位置。这就提出了这样一个问题：从方法论的角度来看，这种确定是什么样的？

身体之外的观察视角使我们能够看到世界上超越自我的东西。由于超越自我也包括超越我们自己的方法论工具（如观察），超越身体的观察视角允许我们超越我们自己的观察。更具体地说，我们现在可以考虑我们无法观察到（即“超越观察”）但仍然是世界的一部分的东西，它们区分于超越世界本身的东西。 *410*

用自然逻辑空间的概念（McDowell，1994；Sellars，1963）来说，从身体之外的观察视角，我们可以考虑一个超越观察的自然逻辑空间概念。这使得我们有可能在时空扩展的自然逻辑空间（如本体的结构实在论中的）与传统的观察受限的自然逻辑空间（如科学中的）（Sellars，1963）之间做出区分。最重要的是，因为超越观察只意味着超越自我，而不意味着超越世界。因此，我们可以在不超越自然的逻辑空间本身，因而不超越世界进入理性的逻辑空间的情况下做出区分。

总而言之，身体之外的观察视角允许我们考虑超越自我的东西，而不会延伸太远，也就是不会超越我们的生活世界。这使得后哥白尼的身体之外的观察视角区别于前哥白尼的身体内部的观察视角和非哥白尼的心灵之外观察视角。由于是真正的后哥白尼（而不是前哥白尼或非哥白尼）的观察视角，我认为身体之外的观察视角优于心灵之外的观察视角以及身体内部的观察视角。

大脑之外的观察视角Ⅲb：身体之外的观察视角——视野范围

身体之外的观察视角与大脑之外的观察视角关系是怎样的？作为真正的后哥白尼立场，身体之外的观察视角可以与大脑之外的观察视角放置于同一位置。两者都允许我们的视野超越自我和观察，而没有超越世界本身。这将身体和大脑之外的观察视角与心灵之外的观察视角区分开来，心灵之外的观察视角使得我们的视野不仅超越了我们自己，超越了观察，也超越了世界。

411

然而，这又提出了另一个问题，即身体之外的观察视角和大脑之外的观察视角之间的区别，我们如何区分这两个观察视角？这一点尤其重要，因为我选择了大脑之外的观察视角（而不是身体之外的观察视角）。在纯粹的概念－逻辑层面上，这两个观察视角确实无法相互区分，因为它们都看到同一个世界，即具有时空特征的我们的生活世界，以及同一个逻辑空间概念，即时空扩展的自然逻辑空间。

与概念－逻辑领域不同，在确定本体起源和本体位置时，这两个观察视角会导致本体论层面的差异。身体之外的观察视角将决定世界－身体关系是心理特征的本体起源和我们在世界中的本体位置，而大脑之外的观察视角允许我们将大脑，包括它与世界的关系（即世界－大脑关系），视为心理特征的本体起源和我们在世界中的本体位置。

为什么这两个观察视角会导致不同的本体论决定？我认为是由它们各自的视野范围不同所导致的。身体之外的观察视角只能看到超越身体的一切，这包括身体与世界的关系（即世界－身体关系）。相较之下，大脑之外的观察视角可以囊括超越大脑的一切，包括大脑与世界的关系（即世界－大脑关系），以及它如何影响身体和身体与世界的关系。我将在下一节中详细说明它们视野范围的差异。

大脑之外的观察视角Ⅲc：身体之外的观察视角——超越身体 vs. 超越大脑

身体之外的观察视角的支持者现在可能争辩说，在视野范围上确实存在差异，但这对身体之外的观察视角是有利的。身体之外的观察视角可以很好地观察大脑，因为大脑作为整体的身体的一部分，超越身体也意味着超越大脑。由于身体之外的观察视角既包括超越大脑，也包括超越身体，412 所以它显示出比大脑之外的观察视角更大的视野范围，大脑之外的观察视角只包括超越大脑，而不包括超越身体。然而，我反对这个论证，相反，我认为超越大脑包括超越身体。因此，大脑之外的观察视角的范围比身体之外的观察视角的范围更广。

的确，身体之外的观察视角可以让我们观察大脑。然而，大脑只能被视为身体的一部分，依赖于身体及其与世界的关系（即世界－身体关系）。然而，大脑本身及其与世界的关系（即世界－大脑关系）没有在视野范围内。简言之，身体之外的观察视角将世界－大脑关系排除在外。

这与大脑之外的观察视角明显不同。大脑之外的观察视角可以把超越大脑的一切纳入视野中。然而，“超越大脑”的确切含义仍然不清楚，因为我们需要定义“超越”所指称的范围。这将在下文中讨论。超越大脑包括大脑与世界的关系（即世界－大脑关系），以及身体与世界的关系（即世界－身体关系）。因此，我认为超越大脑包括超越身体。由于超越大脑包括超越身体的部分，所以，当与局限于身体而排除大脑的超越身体相比时，超越大脑显示出更大的范围和延伸。

超越大脑如何包括超越身体？用经验的术语来说，我证明了大脑的自发活动同时接受来自身体（即内感受刺激）和世界（即外感受刺激）的输入。最重要的是，这两种输入都整合在大脑的自发活动及其时空结构中，从而使大脑和身体能够与世界对齐（第八章）。类似地，在本体论层面上也是如此：大脑构成了关系的时间和空间，通过这种关系的时间和空间，大脑本身和身体可以整合到世界中，从而与世界相关联（第十章）。因此，世界－身体关系可以追溯到世界－大脑关系（第十章）。

这对超越大脑和超越身体之间的关系意味着什么？超越身体，即身体向世界的延伸，在经验上和本体论上依赖于超越大脑。因此，超越大脑意味着并蕴涵超越身体。相反，超越身体只关注身体与世界的关系（即世界－身体关系），而忽略了大脑自身与世界的关系（即世界－大脑关系）。由于超越身体不考虑大脑与世界的关系，因此，世界－身体关系的范围仍然是更受限的。例如，它仍然无法解释为何以及如何将客观身体转化为活的身体。为此，世界－大脑关系至关重要，因为它使大脑与世界的时空对齐成为可能，从而使客观身体得以转化为活的身体（第八章）。

413

总而言之，与身体之外的观察视角相比，我认为大脑之外的观察视角为我们提供了一个更广阔的视野。因此，大脑之外的观察视角使我们可以看到超越大脑和身体的事物。而通过身体之外的观察视角，我们只能看到超越身体的事物。

大脑之外的观察视角Ⅳa：世界的本体中心——三个标准

到目前为止，我们主要关注心理特征的本体起源和我们在世界上的本体位置。这就抛开了观察视角的另一个特点，即它允许我们对“本体中心”做出假设（第十二章和第十三章）。为此，我再次简要回顾哥白尼。

哥白尼将观察视角从地球内部转移到了地球之外。这使他能够确定太阳而非地球是宇宙的本体中心，从而用日心说取代地心说（第十二章）。这极大地影响了人们一直以来假定的宇宙本体中心。地心说是以自我和人类为中心的，它将我们（即人类）置于宇宙的本体中心（第十二章）。但随着从地心说到日心说的转变，情况发生了变化。建立一个“异我中心观”而非自我中心观有了可能性，它认为太阳是宇宙的本体中心（第十二章）。

我认为，大脑之外的观察视角的情况也是如此。回顾上一章（第十三章），与地心说类似，心灵、身体或大脑内部的观察视角，将作为人类的我们置于宇宙的本体中心，这相当于一种自我中心和人类中心的世界观。而当从心灵、身体或大脑内部的观察视角转移到大脑之外的观察视角时，情况就会发生变化。 414

由于大脑之外的观察视角超越了大脑和身体，因此它使我们能够观察世界本身，也就是超越我们自己。我们不再需要将自己在世界中的本体位置与世界的本体中心等同起来。具体来说，我们现在可以用一种不同的方式确定世界的本体中心，这种方式在一定程度上独立于我们自身即独立于我们的身体和大脑。因此，我们可以考虑超越我们自身的东西，它可以自己定义世界的本体中心（因为它独立于我们）。

世界的本体中心是什么？让我们来考虑决定世界的本体中心必须满足的一些标准。第一，世界的本体中心必须能够独立于我们来决定世界：它应该独立于身体、大脑、世界-大脑关系，最重要的是独立于我们的心理特征（如意识）。第二，世界的本体中心必须能够包括它与大脑和身体的关系（即世界-大脑关系和世界-身体关系），因为它们提供了心理特征的本体起源和我们在世界中的本体位置。第三，本体中心必须是世界如其所是的存在和实在的必要条件：没有本体中心，世界就不可能存在，就像没有太阳作为本体中心，宇宙就不可能存在一样。

大脑之外的观察视角Ⅳb：世界的本体中心——时间和空间

现在世界的本体中心是什么？我认为空间和时间构成了世界的本体中心，因为它们满足了所有三个标准。让我们从第三个条件开始。时间和空间是世界的本体中心，没有它们世界就不再存在。因此，时间和空间是世界存在和实在的必要条件。这符合第三个标准。

此外，这种意义上的时间和空间可以包括世界与我们自己的关系，就像世界-大脑关系，我们可以假设时间和空间是以我所描述的关系时间和空间的形式存在的（第九章和第十一章）。更具体地说，世界-大脑关系本

质上是一种时空关系，因为它将世界和大脑不同的时空尺度联系在一起
415 (第九到十一章)。因此，时间和空间作为世界本体中心，使得我们与世界的关系（即世界－大脑关系）有可能作为我们在世界中的本体位置。这与哥白尼的宇宙学假设非常类似：太阳作为宇宙的本体中心使我们在宇宙中的本体位置（即宇宙－地球关系）成为可能。因此，这就满足了第二个标准的要求，即本体中心和我们之间的关系。

最后，时间和空间本身完全独立于我们以及我们的存在和实在。作为人类的我们包括我们的大脑和身体是否存在，并不影响时间和空间，因为时间和空间的存在和实在更加包罗万象，因而超越了我们自身。这符合第一个标准，即时间和空间独立于我们。总而言之，由于时间和空间满足所有三个标准，我认为它们是世界的本体中心的最佳候选者。

大脑之外的观察视角Ⅳc：世界的本体中心——自我和人类中心观 vs. 异我和生态中心观

假设时间和空间是世界的本体中心，这对我们的世界观和自我观来说意味着什么？我们回顾一下，大脑内部的观察视角导致了一种以自我和人类为中心的观点，因为它将我们在世界中的本体位置与世界的本体中心等同起来。这种以自我和人类为中心的观点表现为一种神经中心观（它取代了心灵内部的观察视角的心灵中心观；第十三章）。

大脑之外的观察视角又如何？与心灵、大脑或身体内部的观察视角不同，大脑之外的观察视角允许本体位置和本体中心的不一致：世界－大脑
416 关系是我们在世界中的本体位置，而时间和空间构成了世界的本体中心。这使得大脑之外的观察视角可以逃离任何以自我和人类为中心的世界观，包括神经中心观和心灵中心观。具体地说，通过将超越我们自己的世界纳入视野中，大脑之外的观察视角使我们能够将自己构想为更广阔世界的一部分，异我中心观（allocentric view）由此取代了自我中心观。此外，大脑之外的观察视角让我们自己能够从人类是世界中心的观点中分离出来。生态中心观（eco-centric view）由此取代了人类中心观。

让我总结一下。大脑之外的观察视角让我们可以分开决定我们在世

界中的本体位置和世界的本体中心。世界的本体中心独立于我们以及我们在世界中的本体位置。这也使我们有可能放弃以自我和人类为中心的世界观，取而代之的是异我中心观和生态中心观。我们不再从我们自己在世界中的本体位置推断世界的本体中心，而是可以从本体中心到本体位置进行反向推断：我们可以依赖于世界的本体中心来确定我们在世界中的本体位置。如此一来，我们能够用一种新颖的世界观取代神经和心灵中心观。

这种新颖的世界观是什么样的？我们回顾一下，时间和空间被确定为世界的本体中心。因此，我们的世界观是时空的，正如我说，世界观必然是一种时空观。因此，我认为，我们应该用时空观取代当前的神经和心灵中心观。具体地说，时空观根据关系的时间和空间决定世界：后者作为世界的本体中心构成时空关系和结构，其中包括作为我们在世界中的本体位置的世界－大脑关系。

大脑之外的观察视角Ⅴa：世界的本体中心——时空混淆和部分学混淆

批评者现在可能想争辩说，用空间和时间刻画本体中心和本体位置导致了部分学混淆和时空混淆。让我们简要地回到哥白尼身上。地球内部的观察视角可以通过部分学和时空混淆来描述，因为，它将作为时空上更大的整体的宇宙定位在作为其时空上较小的部分的地球内部（第十三章）。

有人可能会提出一个类似的论证，来反对大脑之外的观察视角：它将时空上更为广阔作为整体的世界定位在大脑中，即定位在其时空上较小的部分中。因此，大脑之外的观察视角存在部分学和时空混淆，因此，我们必须将其视为概念上不融贯而予以反对。然而，这个观点混淆了大脑之外的观察视角和大脑内部的观察视角。大脑内部的观察视角确实将时空上更广阔作为整体的世界定位在作为其时空上更受限制的部分的大脑之中。这就是时空和部分学混淆（详见第十三章）。

417

但这并不适用于大脑之外的观察视角。通过将视野延伸到大脑本身之外，大脑之外的观察视角可以考虑到，大脑作为时空上较小的部分如何整合到时空上较大的作为整体的世界之内。大脑之外的观察视角让我们能够反向思考，即考虑大脑作为时空扩展较小的部分如何整合在更广时空扩展的世界内，而不是将时空较大的世界整体置于作为时空较小部分的大脑之中。

大脑之外的观察视角Ⅴb：世界的本体中心——时空装箱vs. 时空嵌套

让我们以一种稍微不同的方式来思考大脑与世界的关系。不是在大脑中定位或把世界“装箱”（即“时空装箱”［spatiotemporal boxing］），而是将大脑整合或嵌套于世界中，因此我们就可以解释我在本体论上所说的时空嵌套（第十一章）。重要的是，时空装箱和时空嵌套意味着世界和大脑之间的不同关系。在时空装箱的情况下，大脑及其较小的时空尺度必须与世界上较大的时空尺度相关联，以便包括后者。这就是我所说的大脑－世界关系。这确实意味着时空和部分学混淆，因为时空上更大的世界被装在时空上更小的大脑中。

在时空嵌套的情况下，情况正好相反。在这种情况下，世界及其更大的时空尺度必须与较小的大脑相关联，以容纳和嵌套后者。这就是我所说的世界－大脑关系。在这种情况下，没有时空和部分学混淆，因为较大的世界可以很好地容纳和嵌套较小的大脑。

我们现在已经准备好驳斥大脑之外的观察视角会导致部分学和时空混淆的论证。我认为，这个论证混淆了通过大脑－世界关系的时空装箱（世界在大脑中）与通过世界－大脑关系的时空嵌套（大脑在世界中）。只有大脑－世界关系的时空装箱才会遭受部分学和时空混淆的困扰，而世界－大脑关系的时空嵌套则不存在这样的问题。

418

综上所述，必须驳斥关于部分学和时空混淆的论证。我认为，这个论证的支持者本身混淆了不同的时空关系，即时空装箱与时空嵌套，以及世界与大脑之间不同的关系（即大脑－世界关系与世界－大脑关系）。

第二部分：后哥白尼立场——心灵的排除

后哥白尼立场Ⅰa：认识参照物——心灵/身体/大脑 vs. 世界

哥白尼面临着如何确定宇宙中可以观察到的各种运动的本体起源的问题（第十二章）。更具体地说，前哥白尼时期的宇宙学家无法认识运动与地球之间必然的本体论联系。因此，他们将这些运动归因于宇宙，将宇宙作为它们的本体起源，因为他们认为宇宙应该围绕地球这个宇宙的本体中心运转。但哥白尼改变了这一点。与前哥白尼时期的宇宙学家不同，哥白尼通过改变观察视角，他能够看到运动和地球之间必然的本体论联系。为什么观察视角的转变能让哥白尼认识到运动和地球之间必然的本体论联系？

我认为，这是因为“认识参照物”的改变，即他比较或设定知识的标准或基线的改变（详见第十二章）。我们现在将宇宙本身视为认识参照物对观察到的运动进行设定和比较而不是将地球作为认识参照物。这使我们有可能在地球和运动之间建立必然的本体论联系，从而将运动的本体起源归因于地球而不是宇宙（第十二章）。

419

关于心理特征，我们现在面临着与前哥白尼时期宇宙学家同类型的问题。就像哥白尼的前辈们在寻找运动的本体起源时一样，我们面临着心理特征的本体起源问题。此外，正如地球和运动之间关系的例子一样，我们仍然无法认识到大脑和意识之间必然的本体论联系。

如何改变这一点？我们可以像哥白尼在运动例子中所做的那样，对心理特征进行研究。我们可以改变我们的认识参照物。类似于哥白尼的认识参照物从地球转移到宇宙，我们可以将我们的认识参照物从心灵/身体/大脑转移到世界：我们可以将世界本身视为认识参照物，根据世界设定和比较我们的知识，而不是将心灵、身体或大脑作为认识参照物。这转而应该使我们能够考虑大脑和心理特征之间的必然本体论联系。

后哥白尼立场Ⅰb：认识参照物——本体位置和认识参照物之间的部分依赖

然而，我们如何才能将我们的认识参照物从心灵、身体或大脑转变为世界本身呢？为此，我们需要一个能让我们看到世界的观察视角。让我更详细地解释一下。世界是超越自我的（见上文）。这样的“超越自我”关心的是超越我们自身身体和大脑的东西，这就是独立于我们包括我们的身体和大脑的世界本身。因此，通过设想“超越大脑和身体”的观察视角，我们可以看到世界本身，这又使我们能够把世界（而非大脑或身体）作为认识参照物，将我们的知识与世界（而不是大脑或身体）进行比较和设定。

作为认识参照物的世界如何与我们在世界中的本体位置相联系？前哥白尼时期的宇宙学家将地球视为本体位置和认识参照物，这就是我所说的完全依赖（第十二章）。而哥白尼对观察视角的转变使他能够采用另一种认识参照物——宇宙，它部分地独立于我们在宇宙中、地球上的本体位置，即部分独立（第十二章）。

420 我们大脑之外的观察视角的例子同理。作为认识参照物的世界，它仍然部分独立于我们在世界中的本体位置的世界－大脑关系（见上文）。让我来解释一下世界和世界－大脑关系的这种部分独立。在没有大脑的情况下我们可以构想世界，而在没有关系和结构的情况下，世界不可能被构想出来。从关系和结构的角度看，大脑本身对于世界的存在和实在来说不是必要的（第十一章）。因此，世界独立于大脑，而大脑依赖于世界－大脑关系中的关系和结构。

综上，这就是作为本体位置的世界－大脑关系和作为认识参照物的世界之间的部分独立，它必须区别于完全依赖和完全独立（第十二和十三章）。此外，这种部分独立可以被描述为后哥白尼的，而不是前哥白尼或非哥白尼的（第十二章和第十三章）。从心灵、身体或大脑到世界的认识参照物的变化，正是大脑之外的观察视角的转变所造成的，这让我们能够采取真正的后哥白尼立场。更激进地说，改变我们对世界的认识参照物，无异于在神经科学和哲学领域内在对心理特征的研究中进行一场哥白尼革命。

后哥白尼立场Ⅰc：认识参照物——大脑和心理特征的必然本体论联系

作为认识参照物的世界，它是如何让我们考虑到心理特征与其本体起源的必然本体论联系的？假定世界是认识参照物，我们就有可能根据世界及其更大的时空范围来设定、比较和匹配心理特征，包括它们的时空范围。然后，我们可以认为，刻画心理特征的“超越自我”正是由这一点组成的，即世界的时空范围在多大程度上超越我们自己，包括我们的大脑和身体（参见上文）。

由于时空差异，即“超越大脑和身体”，可以从本体论上追溯到世界－大脑关系（第十章），我们现在可以将心理特征与世界－大脑关系进行匹配、设定和比较，并最终将世界及其更大的时空范围作为认识参照物。这转而使我们能够认识到世界－大脑关系和心理特征之间必然的本体论联系，因为它由时空关系和结构组成（第十章）。更具体地说，我们现在可以确定世界－大脑关系是心理特征的本体起源，即OPC（第十章）。这样，我们就能够认识到大脑和意识之间必然的本体论联系（第十章）。 421

批评者现在可能想争辩说，所有这些都可以通过大脑内部的观察视角来实现。大脑内部的观察视角使我们能够将大脑作为一个认识参照物（第十章）。这转而使我们认识到大脑和意识之间必然的本体论联系。因此，我们既不需要改变我们的观察视角即大脑内部的观察视角，也不需要改变我们的认识参照物即大脑，来解释心理特征与作为其本体起源的大脑的必然本体论联系。

我拒绝这个论证，因为它混淆了经验起源和本体起源。的确，从大脑内部的观察视角来看，我们可以在大脑和心理特征之间建立联系。这是可能的，因为我们可以将大脑作为经验观察的认识参照物。因此，我们可以将大脑确定为心理特征的经验来源。然而，由于我们完全停留在大脑的经验领域，而忽略了世界的本体论领域，我们就无法考虑大脑和心理特征之间的任何本体论联系，更不用说它们的必然本体论联系了。但是，要确定大脑是心理特征的本体起源而不仅仅是经验起源，这似乎是必需的。

后哥白尼立场Ⅰd：认识参照物——本体起源 vs. 经验起源

我们现在已准备好反对批评者的论证。他们混淆了心理特征的经验起源（大脑）和本体起源（世界－大脑关系）：他们错误地认为我们可以仅仅根据心理特征的经验起源（如大脑）来确定心理特征的本体起源（如世界－大脑关系）。我认为这种混淆是由以下原因导致的，即预设大脑内部的观察视角只允许我们考虑前者（即经验起源），而不允许我们考虑后者（即本体起源）。因此，摆脱这种混淆的唯一方法就是，将观察视角从大脑内部转移到大脑之外。这即使不是与批评者的预设相矛盾，也是对其预设的破坏，我们必须拒绝他们的论点。

422

总之，我认为我们需要改变我们的认识参照物，从心灵、身体或大脑到世界，以认识大脑和心理特征之间必然的本体论联系。这种认识参照物的转变可以通过将我们的观察视角从心灵、大脑或身体内部转移到大脑之外来实现，从而让我们能够看到超越我们自身的事物即世界。

一旦我们能够把世界视为认识参照物，我们就可以将"超越自我"的心理特征与更大时空范围的世界包括它与大脑的关系（世界－大脑关系）进行设置和比较。我们随后可以确定世界－大脑关系是心理特征的本体起源即 OPC，这转而使我们可能认识到大脑和意识之间必然的本体论联系。

后哥白尼立场Ⅱa：心灵直觉——心灵排除在我们的视野之外

我们最初的出发点是心灵直觉（第十二章）。为了避免心灵直觉的拉力，我们需要一个特定的知识逻辑空间，它不再把心灵作为一种可能的认识选择。由于知识的逻辑空间，包括其可能的和不可能的认识选择，依赖于我们的观察视角（第十五章），我们需要提出一个不再允许我们将心灵纳入考虑的观察视角。

我认为，大脑之外的观察视角就是这样的。具体地说，我认为大脑之外的观察视角，它允许我们将心灵视为一种不可能的认识选择排除在我们知识的逻辑空间之外。这使心灵概念无法维持，包括让我们假设心灵是心理特征的本体起源的拉力也无法维持。然而，我们还没有证明这一点。我只展示了大脑之外的观察视角如何让我们将我们的认识参照物改变为世界，这转而使我们有可能看到大脑和意识之间必然的本体论联系。相反，我还没有展示我们如何能够排除心灵直觉，这将是本章的重点。

423 大脑之外的观察视角是否可以将心灵直觉排除在我们知识的逻辑空间中可能的认识选择之外？不妨让我们回顾心灵的四种直觉（第十三章）。心灵被直观为心理特征的本体起源以及我们在世界中的本体位置。此外，我们凭直觉将心灵视为世界的本体中心，并作为我们认识世界的认识参照物。正如我说的，心灵的所有四种直觉都是基于心灵内部的观察视角，这一观察视角使心灵作为一种可能的认识选择被包含在各自的知识逻辑空间中。

大脑之外的观察视角所蕴涵的知识的逻辑空间是否仍然包括作为可能的认识选择的心灵直觉？我认为情况并非如此，从大脑之外的观察视角来看，心灵直觉不再作为一种可能的认识选择被包括在知识逻辑空间之中。让我在下面具体说明这一点。

首先，心灵的可能存在和实在，根本不是从大脑之外的观察视角进入视野的：我们所能看到的超越自我的所有东西就是世界本身及其与我们的关系，包括与我们的大脑和身体的关系（即世界－大脑关系）。此外，我们可以思考这种世界－大脑关系是如何提供心理特征的本体起源的。

心灵的支持者现在可能想争辩说，超越我们自己的不仅仅是世界本身，还包括心灵。这是在混淆超越自我和超越世界。大脑之外的观察视角使我们能够看到超越我们自己但在世界之中的东西，即我们可以看到世界中大脑和身体之外的其他东西。

然而，这个世界并不包括心灵：要考虑心灵，我们就需要考虑超越世界的事物，而不仅仅是超越我们自己包括我们的大脑和身体的事物。简言之，超越自我并不意味着超越世界。因此，大脑之外的观察视角并不包括心灵作为其知识逻辑空间中的可能认识选择。

后哥白尼立场Ⅱb：心灵直觉——心灵的时空排除 424

不过，批判者可能还不想松口。他们可能认为，我们无法知道心灵是否真的被排除在超越我们自己的视野之外，从而被排除在我们的世界之外。因此，大脑之外的观察视角仍然无法将心灵作为不可能的认识选择，排除在知识的逻辑空间之外。我再次拒绝这个论点。世界中超越我们自己的事物也就是世界本身，因此必须和我们一样具有空间和时间性，否则我们就不会是这个世界的一部分。所以，世界本身，包括我们之外的世界，必须是时空的。

而心灵而是不同的。心灵本质上是非空间的和非时间的（第十章和第十三章）。因此，心灵只能通过一个超越时空世界的观察视角，也就是超越时间和空间的观察视角来认识的世界。由于它仍然与大脑（及其时空特征）相关，而大脑之外的观察视角只能停留在时空世界的时间和空间边界内。因此，大脑之外的观察视角只允许我们考虑时空的和超越我们自己的事物，而不能考虑无空间和无时间即超越时间和空间的事物，超越时间和空间使心灵是超越世界的。

总而言之，大脑之外的观察视角必然将心灵排除在知识的逻辑空间之外，认为它是一种不可能的认识选择。由于心灵在时空意义上作为一种不可能的认识选择被排除了，所以我说心灵在时空上被“排除 ”在与大脑之外的观察视角相关的知识逻辑空间之外。

后哥白尼立场Ⅱc：心灵直觉——排除作为不可能的认识选择的心灵

将心灵作为一种不可能的认识选择排除在我们的知识逻辑空间之外，这与心灵直觉有什么关系？不再作为可能的认识选择而被包含在知识的逻辑空间中的东西完全不能被假定——心灵直觉不再是一种可能的认识选择。这产生了深远的影响，因为它使所有四种心灵直觉都变得不可能。主要论证是，超越时间和空间从而超越世界的非时间和非空间的心灵，与本体起源、本体位置、本体中心和认识参照物的时空本性相冲突，因为它们都处于世界的时空界限之内。让我更清楚地解释这一点。

425

我们再也不能把心灵想象成心理特征的本体起源。假设心理特征的本体起源以时空为特征，我们就需要在时空的事物上进行构思，否则它就不能作为它们的本体起源。此外，这也使得我们不可能直觉地将心灵视为我们自身在世界中的本体位置：如果超越我们自身的东西仍在世界的时空边界之内（见上文），我们就不能再将心灵视为我们在时空世界中的非空间和非时间本体位置。

此外，大脑之外的观察视角不再允许将心灵视为世界的本体中心。一个非空间和非时间的东西怎么可能是世界的本体中心？而世界本身就是时空的。大脑之外的观察视角只能从空间和时间的角度来看待世界，即把世界看作时空世界，因此我们只能考虑一个与世界共享时间和空间的本体中心，而时间和空间本身就是世界的本体中心，这就排除了非时间和非空间的心灵作为一种可能的认识选择的假设。

最后，心灵的第四种直觉也是如此，即心灵作为认识参照物。诚然，大脑之外的观察视角把我们的视野延伸到大脑和身体之外。然而，这并不意味着大脑之外的观察视角也延伸到世界之外，包括延伸到它的时间和空间之外（即超越时间和空间）。这两种延伸之间的区分是很重要的，即超越大脑/身体和超越世界。一旦某人声称要触及并延伸到世界之外，他就放弃了大脑之外的观察视角，取而代之的是一个完全不同的观察视角，比如心灵内部或心灵之外的观察视角。然而，这让我们再次面临心灵直觉和心身问题。因此，我们需要仔细区分超越大脑/身体（与大脑之外的观察视角相关）与超越世界（与心灵之外的观察视角相关）。总而言之，大脑之外的观察视角所蕴涵的知识逻辑空间排除了心灵在以下几个方面作为可能的认识选择，包括所有四种心灵直觉，心理特征的本体起源、我们在世界中的本体位置、世界本体中心和我们认识世界的认识参照物。由于心灵不再是我们知识的逻辑空间中可能的认识选择，任何心灵直觉从一开始就不可能。在我们的知识逻辑空间中，心灵不再被视为可能的认识选择，它既不能再被构想，也不能在我们的本体论假设中对我们产生任何拉力。

426

后哥白尼立场Ⅲa：关系直觉——时空差异 vs. 时空关系

批评者现在可能想这样进行论辩。诚然，大脑之外的观察视角确实无法让心灵直觉作为本体起源、本体位置、本体中心和认识参照物。如此，大脑之外的观察视角与心灵内部的观察视角相比处于优势地位。

然而，大脑之外的观察视角似乎同样依赖于直觉，当它决定（1）世界－大脑关系作为心理特征的本体起源；（2）世界－大脑关系作为我们在世界中的本体位置；（3）时间和空间与时空关系作为本体中心；（4）世界及其时空关系作为我们认识世界的认识参照物。

虽然时空特征本身，更一般地说，时间和空间本身并不需要直觉，但关系概念本身似乎是建立在直觉基础上的，因为它是在没有概念和图式以及没有经验支持的情况下对世界的理解。我们不能不设想各种关系，包括世界－大脑关系。因此，虽然我们已经不再假设心灵，但我们仍然假设一些东西，也就是关系，心灵直觉因此被"关系直觉"（intuition of relation）所取代。让我更详细地解释这种关系直觉。

当我们预设大脑之外的观察视角时，我们可以很好地观察身体和世界的时空特征。例如，我们可以看到，世界的时空尺度或范围远大于身体和大脑，以及身体的时空尺度或范围比大脑大。因此，我们可以认识到我所说的时空差异，例如世界和大脑之间的时空差异（第十章）。

427 然而，时空差异并不意味着时空关系。当考虑世界、身体和大脑之间的时空差异时，我们并不考虑它们之间的任何关系，即时空关系。我们所能看到的只有超越我们自身也就是超越大脑和身体的时空差异。相反，我们没有看到世界、身体和大脑之间的时空关系，比如世界－大脑关系。因此，当我们预设大脑之外的观察视角时，世界－大脑关系仍然超出了我们可以认识的范围。

因此，我们必须区分时空差异和时空关系，因为只有前者而不是后者能被大脑之外的观察视角纳入我们的视野。批评者可能会认为我把两者混淆了。他们认为，我错误地认为从大脑之外的观察视角可以看到时空关系，而事实上，它只允许时空差异。这将带来重要的影响，下文将对此进行详细说明。

批评者的观点相当于这样一种假设，即大脑之外的观察视角只允许观察时空差异，而不允许观察时空关系。因此，任何能够认识时空关系的主张都超越了与大脑之外的观察视角相关的认识选择。因此，时空关系的主张最终取决于直觉，即关系直觉。由于大脑之外的观察视角只允许在关系直觉基础上看待时空关系，批评者因此可能会放弃和拒绝这个不充分的观察视角。

后哥白尼立场Ⅲb：关系直觉——观察视角是否重要？

批评者现在可能想通过以下论证来进一步强化自己的观点，即论证世界－大脑关系和时空关系不在我们的世界范围内，而是超越我们的世界，即超越世界。由于它们超越世界，它们不能被大脑之外的观察视角看到，因为大脑之外的视角仍然在世界的时空范围内。那么，我们如何解释世界－大脑关系中的关系呢？由于我们不能从大脑之外的观察视角看到世界－大脑关系和时空关系，我们只能直觉它们，这就是关系直觉。 428

然而，批评者可能会进一步扩展他们的论证。大脑之外的观察视角只能通过直觉（即关系直觉）来解释关系，这最终使它与同样受到直觉影响的心灵和大脑内部的观察视角处于相同的位置（即受到心灵直觉和大脑直觉影响；第十二章）。由于大脑之外的视角仍然依赖于直觉，因此，我们没有理由放弃心灵内部的观察视角，转而支持大脑之外的观察视角。

我们似乎根本无法摆脱直觉。无论我们从哪个观察视角出发，我们似乎总是面对一些直觉，包括心灵直觉、大脑直觉和关系直觉（或其他可能的直觉形式）。因此，哪个观察视角并不重要，因为没有一个观察视角可以摆脱直觉。

后哥白尼立场Ⅲc：关系直觉——不同的自然逻辑空间概念

我反对关系直觉。我认为这个论证的支持者混淆了不同的自然逻辑空间概念，即观察受限与时空扩展的自然逻辑空间。

的确，我们不能像观察眼前的苹果那样直接观察世界和大脑之间的时空关系。时空关系不受观察。因此，世界－大脑关系中的时空关系，并没有作为一种可能的认识选择，包含在大脑（身体）内部观察视角的知识逻辑空间中，因为该视角没有超越观察（第十三章）。

大脑内部的观察视角预设了一个相当有限的自然逻辑空间，也就是一个观察受限的自然逻辑空间（见上文和第十三章）。由于受到观察的限制，我们无法看到时空关系，我们只能直觉地理解世界-大脑关系和时空关系。因此，当预设大脑（或身体）内部的观察视角及其观察受限的自然逻辑空间时，对关系直觉的指控是合理的。

429 不过我们需要小心。事实上，我们不能直接观察关系，即世界-大脑关系，这并不意味着我们原则上不能在预设不同的自然逻辑空间时考虑包括世界-大脑关系在内的时空关系。例如，大脑之外的观察视角预设了一个时空扩展的自然逻辑空间，而不是观察受限的自然逻辑空间（见上文）。

由于时空扩展的自然逻辑空间本身具有时空关系的特征（见上文），我们现在可以将世界-大脑关系和时空关系作为我们知识的逻辑空间内可能的认识选择。这转而使我们有可能将时空关系，比如世界-大脑关系纳入视野。我们可以看到，时空尺度较大的世界通过包含和嵌套时空尺度较小的大脑从而相互联系（即时空嵌套；见上文和第十一章）。

最重要的是，我们不需要任何直觉来解释这种时空嵌套，因为我们可以像看待各种具有时空嵌套特征的俄罗斯套娃一样，将其纳入视野。因此，我们只需要预设“正确”的观察视角，用“正确”的自然逻辑空间，即时空扩展的自然逻辑空间，来看待世界-大脑关系和时空关系。

我们反对批评者的论证。批评者所描述的关系直觉可能仅仅与“错误”的自然逻辑空间有关，即观察受限的逻辑空间，这区别于“正确”的逻辑空间，即时空扩展的自然逻辑空间。因此，当批评者用关系直觉指控大脑之外的观察视角时，他们就混淆了不同的自然逻辑空间概念。此外，这也表明，观察视角非常重要，与批评者的主张相反，它不是无关紧要的。

后哥白尼立场Ⅳa：关系直觉——现象的 vs. 本体的？

批评者现在可能想争辩说，即使我们声称我们可以把时空关系如世界-大脑关系中的时空关系纳入视察，但它仍然相当抽象，它可能接近不可知的领域。按康德式的说法，批评者可能会认为，时空关系就像在世界-大脑关系中的，对我们来说仍然是不可知的，因此是本体的（noumenal）。在下文中，我将把这种本体意义上的关系命名为“关系”（relation）。

430

因此，任何能够考虑关系的主张都必须被拒绝，因为本体仍然超出我们的认识范围。解释世界－大脑关系中关系的唯一方法就是直觉到关系，关系直觉由此形成。我拒绝这个论证主要有两个原因。首先，批评者从时空关系的抽象本性推出其本体特征论证是错误的。其次，批评者混淆了抽象和直觉。

没错，世界－大脑关系中的关系是相当抽象的，因为它不像苹果那样可以被直接观察到。世界－大脑关系中的关系充其量只能是假设的，因此只能在经验（第八章）和认识论（第十章）两个领域中以间接方式加以解释，而不是直接可观察的。具体来说，我们只能通过直接观察大脑与世界的时空对齐中的夹带（entrainment）和相移（phase shifting），来间接观察经验领域中的世界－大脑关系。在认识论领域也是如此。我们需要一条相当抽象的先验推理线来考虑世界－大脑关系，从而为其本体论性质而不仅仅是认识论性质辩护（第十一章）。

然而，时空关系包括世界－大脑关系的抽象本性，并不能成为我们推断其本体特征的理由。抽象和具体之间的区别是一种方法论上的区别，因为它告诉我们如何能或不能获得时空关系等特征。与此相反，现象与本体之间的区别涉及本体论与认识论领域之间的关系，也就是说，时空关系（如世界－大脑关系）究竟只涉及我们的知识（认识论的），还是涉及存在和实在（本体论的），因为时空关系（包括世界－大脑关系）独立于我们和我们对其的知识。

因此，从时空关系（如世界－大脑关系）的抽象本性中推断出关系的本体特征，混淆了方法论和认识论－本体论领域的两种区别。事实上，就我们的方法论而言，某些东西是抽象的，这并不意味着任何我们对它的认识与它的存在和实在有关，也就是说，不意味着它是心灵依赖的还是心灵独立的，因此，也不意味着它是现象的还是本体的。 431

批评者由此将时空关系（如世界－大脑关系）的方法论问题与其现象性或本体性问题相混淆。批评者错误地从第一个方法论通达问题推断出第二个现象－本体区分问题。由于这种推论是错误的，我们就必须拒绝他们的关系直觉论证，因为它正是基于同样的推论之上。

后哥白尼立场Ⅳb：关系直觉——存在 vs. 直觉

我们如何才能确保时空关系等抽象特征反映并因此与世界上的存在和实在相对应？让我们将这种情况与哥白尼的进行比较。哥白尼通过将观察视角从地球内部转移到地球之外，扩展了知识的逻辑空间，将日心说作为一种认识选择。然而，在哥白尼那个时代，哥白尼不知道日心说是真是假，也就是说不知道它的存在和实在。他只能依靠抽象的数学证据，但缺少具体的经验证据。哥白尼的后继者如开普勒、布鲁诺、伽利略和牛顿等，他们基于经验证据，最终证明日心说与宇宙的存在和实在相符。

时空关系（包括世界－大脑关系）面临类似的情况。我们目前不知道世界－大脑关系是否存在和实在，最重要的是，我们不知道它是否真的是意识的本体论预置（OPC）。然而，基于不同的经验证据（第四到八章）和本体论论证（第九到十一章），我认为世界－大脑关系（包括其心理特征的本体论预置）是存在和实在的，它本身独立于我们和我们的大脑。

总之，前几部分讨论的经验和本体论证据表明，时空关系（包括世界－大脑关系）超越了我们自己，但没有超越世界。此外，正如上面所指出的，后哥白尼时代的大脑之外的观察视角，可以很好地把这样的“超越自我”的东西，包括世界－大脑的关系纳入视野。这使得我对时空关系（包括世界－大脑关系）的假设不太可能与存在和实在不相符，因为它本身独立于我和我的大脑。最重要的是，我对世界－大脑关系的假设（包括其作为 OPC 的角色）不太可能仅仅基于直觉，即关系直觉。因此，各种证据支持世界－大脑关系的存在和实在而不仅仅是直觉。简言之，我认为世界－大脑关系是“存在”而不是“直觉”。

432

后哥白尼立场Ⅳc：关系直觉——数学形式化的需要

然而，就像哥白尼一样，我将不得不等待最终的证明，但它可能相当抽象。我们不能预期直接可观察和具体的事物提供了像心理特征这样复杂事物的本体起源。科学史表明，在我们的观察中无法直接通达的现象的本体论起源（如基因以及空间和时间）通常是高度抽象的（如 DNA 和相对论），而不是具体的，因此通常我们只能通过数学形式化来捕捉。

在我看来，世界－大脑关系也同样如此。要证明世界－大脑关系的抽象本性，特别是它在心理特征中作为本体论预置的核心作用，我们就需要数学形式化。例如，这在范畴理论（category theory）的数学术语中是可能的，范畴理论强调并形式化了关系特征。

托马斯·内格尔恰当地表达了心理特征本体起源的这种抽象性，包括数学形式化的需要：

> 在某种意义上，科学的进步取决于共同观点的发展。然而，这一发展需要逐步摆脱人类感知的自然观点，转向对一个越来越不可感知，甚至不可感知地想象的世界进行数学描述。在任何情况下，这种观点与特定有机体对事物的看法或感受没有特殊联系。（Nagel，1993，p.4）

433

结论

哥白尼将观察视角从地球内部转移到了地球之外，这使我们有可能摆脱并放弃地球作为宇宙本体中心的直觉。类似地，我提出将我们前哥白尼的心灵内部（或大脑内部）的观察视角转移到大脑之外的后哥白尼的观察视角。这将我们从心灵概念的直觉假设的拉力中解脱出来，因为它将心灵作为一种不可能的认识选择从我们的知识逻辑空间中排除。

重要的是，观察视角的转变使我们能够用一种新的理论（世界－大脑关系）取代心灵和心身关系的旧理论。与旧理论不同的是，新理论使我们认识到通过与世界的关系（即世界－大脑关系）在本体论上决定的大脑，如何显示出与意识等心理特征的必然本体论联系。这使得我们有可能用世界－大脑关系来取代心灵，并作为潜在的本体起源，以解释其与心理特征的必然本体论联系。这反过来又将我们的关注焦点从心灵和心身问题转移到世界－大脑关系和世界－大脑问题上。

世界－大脑问题对于解决心理特征的存在和实在问题来说是一个合理的问题吗？我认为，世界－大脑问题比心身问题在以下几个方面都更合理，如经验（第一章至第八章）、现象（第七章和第八章；另见 Northoff，2014b）、认识论和本体论（第九章至第十一章）。心身问题的旧理论由此变的多余，它可以被更合理的新理论（世界－大脑问题）所取代。因此，就如本书的副标题，我提出从心身问题转变为世界－大脑问题（见图 14.2）。

434

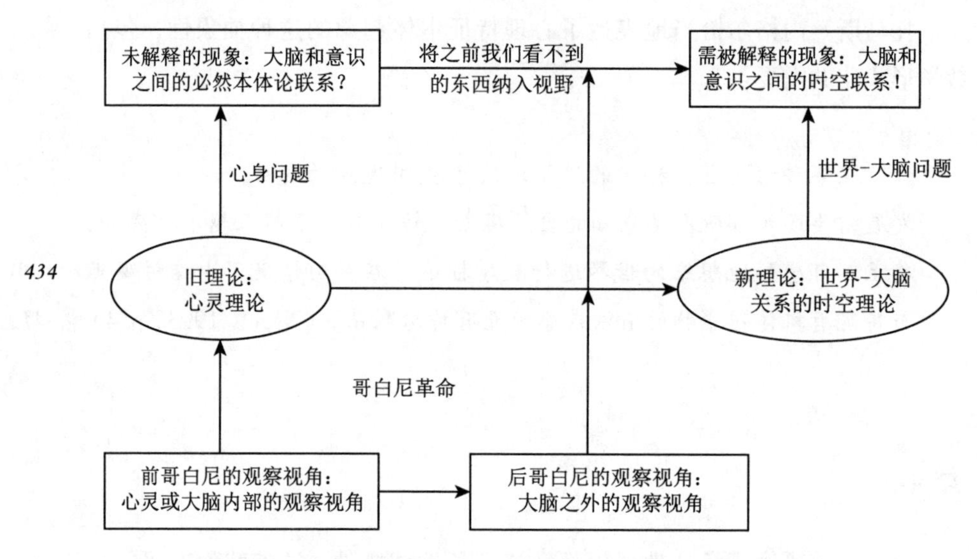

图 14.2　观察视角的转变——神经科学和哲学中的哥白尼革命

我们如何才能从心身问题转变为世界－大脑问题？我认为，只有将我们的观察视角从心灵内部（或大脑和身体内部）转移到大脑之外，才能最终实现从心身问题到世界－大脑问题的转变。这无异于神经科学和哲学领域的哥白尼革命。然而，就像哥白尼在他的时代一样，我需要等待和耐心一点。我关于世界－大脑关系作为心理特征的本体论起源的时空理论，需要等待未来的经验和数学证据来充分揭示世界－大脑关系如何使心理特征成为可能。展望未来，我预期这些证据将支持世界－大脑问题而不是心身问题。

结论：哥白尼革命——大脑自发活动是神经科学和哲学内经验的、认识论的和本体论的规则改变者吗？

435

在我们探讨心理特征的存在和实在问题时，大脑及其自发活动是否“规则改变者”？规则改变者允许人们看到迄今为止一直看不见、尚未被发现的事物。这使得我们提出一个新的问题取代以前的问题。我认为，从这个意义上说，大脑的自发活动确实是一个规则改变者，一个“经验和本体论的规则改变者”，因为，它允许我们用世界－大脑问题取代心身问题。

让我们从经验领域开始。大脑自发活动的发现，让我们在神经科学中对大脑有不同的观点或模型（第一到三章以及 Norhoff，2014a）。更重要的是，由于大脑具有时空结构特征，它也为意识等心理特征提供了一种新的经验方法。尽管尚未完全得出结论，但经验数据确实表明，大脑的自发活动及其时空结构是产生意识等心理特征的核心（甚至是不可或缺的）（第四到八章以及 Northoff，2014b）。

这使得意识的时空模型成为可能，该模型基于大脑与世界的关系，即世界－大脑关系（第七到八章；Northoff & Huang，2017；Northoff，2014b）。综上所述，我们可以将大脑及其自发活动视为神经科学中的规则改变者，即经验的规则改变者：它允许大脑和意识的时空（而非认知）模型以世界－大脑关系为核心（而非以独立于世界的大脑，或者大脑－世界关系的大脑为核心）。

大脑和心理特征的本体论特征是什么？我认为，通过复杂的时空结构

436 对自发活动进行刻画，与关系和结构的本体论定义最为兼容。这预设了结构实在论（structural realism，SR）而不是基于属性的本体论（第九到十一章）。重要的是，SR不再以内在属性比如物理或心理属性来定义大脑，这些属性被认为“位于”大脑本身之中。相反，正如我所说，SR通过大脑与世界的关系即世界－大脑关系来定义大脑。

世界－大脑关系是可能的心理特征的必要条件，例如，意识的本体论预置（第十章和第十一章）。综上所述，大脑的自发活动是大脑和心理特征的本体论规则改变者：它允许我们通过关系和结构来确定大脑和意识的存在和实在，也就是通过世界－大脑关系（而不是物理或心理属性）。

更引人注目的是，从心身问题到世界－大脑问题的转变，需要神经科学和哲学领域的新方法论或认识论。预设一个心灵或大脑内部的观察视角，我们不得不以自我和心灵或神经中心的方式来理解我们自己，我们的心灵或大脑定义了心理特征、我们自己以及我们在世界中的位置。我将这一观点称为“前哥白尼的”，因为它类似于前哥白尼的地心说——它认为地球是宇宙的中心（第十二章和第十三章）。

如今，这种前哥白尼的心灵或神经中心观可以被废除了，因为我们将观察视角从大脑内部转移到大脑之外（第十四章）。如此，我们能够通过大脑与世界的联系（即世界－大脑关系）来理解大脑是如何成为世界的一部分的，从而认识到我们是如何成为世界的一部分而不是世界的中心。更重要的是，这种新颖的视角使这样的关系（即世界－大脑关系）如何解释心理特征的存在和实在变得透明。因此，我们传统的自我和心灵中心观或神经中心观，可以被一种关于心理特征、我们自己以及我们在世界中的位置的异我中心和生态中心观所取代（第十四章）。因此，大脑的自发活动不仅是一种经验和本体论的规则改变者，而且在我们对自己、心理特征和世界的观点中，是一种认识论意义的规则改变者。

综上，从心身问题到世界－大脑问题的转变不仅是从一个问题到另一个问题的转变。正如哥白尼在很大程度上改变了我们对地球和宇宙的看法

437 一样，从心身问题到世界－大脑问题的转变，改变了我们看待自己、我们的心理特征和世界的框架。因此，我的结论是，从心身问题到世界－大脑问题的转变，无异于神经科学和哲学领域的哥白尼革命（第十四章）。

不过，我们需要小心。哥白尼在物理学和宇宙学领域发起的革命，必须等待随后伽利略、开普勒、布鲁诺和牛顿的经验发现来确认为真正的革命。这在神经科学和哲学中也是类似的。这里提出的哥白尼革命，包括世界－大脑问题，同样需要得到随后神经科学家和哲学家的确认。他们会知道，我所说的大脑自发活动是一种经验、认识论、方法论和本体论的规则改变者是对还是错。因此，他们将能够判断世界－大脑问题（而不是心身问题）是否是解决心理特征的存在和实在问题的最合理和“正确”的问题。

译后记一

与诺瑟夫教授最初的相识是在 2016 年 6 月浙江大学“西湖学术论坛”的学术会议上，诺瑟夫教授在这次会议上所作的主题报告是：意识—— 一种时空观。听过报告后，其实当时我也没怎么听懂，只是觉得很新奇，心中充满疑问：依赖于人脑神经活动的意识怎么和时空有关系？于是，带着这个疑问，在会议休息期间，我鼓起勇气向诺瑟夫教授请教问题。诺瑟夫教授也很高兴我和他讨论意识的时空观，并热情地解答了我的疑惑。在会议之后，我又通过邮件和诺瑟夫教授取得了联系，进一步向其请教有关心灵哲学、神经哲学的问题。之后，在各种学术会议上也时不时地与他相遇。不知不觉到今天，我已经成为诺瑟夫教授在渥太华大学的博士后。本书《自发的大脑：从心身问题到世界 - 大脑问题》是继《病脑启示》（台湾大学出版中心，2019）之后，我所翻译诺瑟夫教授的第二本著作。从开始的试译到最后的定稿，全书一共花了三年多时间，感谢在翻译过程中给予帮助的所有人，包括作者、出版社的编辑老师以及学术同行。我深知，翻译工作并不是一件容易的事情，尤其是对学术著作的翻译。要翻译得准确，除了要准确理解书中的专业术语，关键是要对作者本人的学术思想有足够的了解。因此，在翻译过程中，我和作者诺瑟夫教授就其中一些拿捏不准的问题进行了多次沟通和交流，确保了最后的翻译质量。本书的翻译工作是由我和徐嘉玮博士共同完成的，她也是诺瑟夫教授的学生，徐嘉玮博士完成了其中的第九至十一章，其余章节由我翻译完成。在翻译完成第一稿后，又对译稿作了多次修改和校对。虽然如此，但就如科学哲学的不可通约理论一样，中英文之间的词语意义很难做到完全等同，希望读者予以批评指教。

陈向群

加拿大，渥太华

2022 年 3 月 13 日

译后记二

诺瑟夫教授是我公派访学时的导师，他是我见过对学术最富有热情的学者之一。工作日，诺瑟夫教授总是早早来到实验室，兴致勃勃地了解实验室每位成员的最新研究进展，毫不吝惜地给予我们有关理论构思和方法论的指导。每当我们有新想法或新发现时，诺瑟夫教授的兴奋之情溢于言表，马上与我们讨论如何开展下一步研究。他对学术的这份热爱感染了我们每个人。本书英文原版出版之际，正是我在诺瑟夫教授实验室访学之时，因而我有幸较早读到了它。本书是诺瑟夫教授多年来进行经验研究和哲学思考的集大成之作，它启发我开始从自我－他人/环境关系入手研究和理解自我，这使我得以完成博士论文的选题与写作。我期望更多关注心灵哲学尤其是意识之谜的学者和大众能够受到本书的启发。很感谢陈向群博士让我加入本书的翻译工作，最初也是在他的引荐下我认识了诺瑟夫教授。本书的翻译很困难，不少专业术语难以在中文里找到与之对应的准确表达。我与陈向群博士共同商量，并与诺瑟夫教授反复确认，才最终完成了本书的翻译。尽管仍有许多不尽如人意的地方，但我们衷心希望它能为读者理解诺瑟夫教授的智慧结晶提供一点帮助。

徐嘉玮

中国，厦门

2022 年 3 月 16 日

参考文献

Acquadro, M. A., Congedo, M., & De Riddeer. D. (2016). Music performance as an experimental approach to hyperscanning studies. *Frontiers in Human Neuroscience*, 10, 242. doi: 10.3389/fnhum.2016.00242.

Adams, R. A., Stephan, K. E., Brown, H. R., Frith, C. D., & Friston, K. J. (2013). The computational anatomy of psychosis. *Frontiers in Psychiatry*, 4, 47. doi: 10.3389/ fpsyt.2013.00047.

Alderson-Day, B., Diederen, K., Fernyhough, C., Ford, J. M., Horga, G., Margulies, D. S., et al. (2016). Auditory hallucinations and the brain's resting-state networks: Find-ings and methodological observations. *Schizophrenia Bulletin*, 42 (5), 1110 – 1123. doi: 10.1093/schbul/sbw078.

Alink, A., Schwiedrzik, C. M., Kohler, A., Singer, W., & Muckli, L. (2010). Stimulus predictability reduces responses in primary visual cortex. *Journal of Neuroscience*, 30 (8), 2960 – 2966. doi: 10.1523/JNEUROSCI.3730 – 10.2010.

Allison, H. (1973). Kant's critique of Berkeley. *Journal of the History of Philosophy*, 11, 51.

Alter, T. (2016). The structure and dynamics argument against materialism. *Noûs*, 50 (4), 794 – 815.

Ameriks, K. (1982). *Kant's theory of mind: An analysis of the paralogisms of pure reason*. Oxford: Oxford University Press.

Andersen, L., Pedersen, M., & Sandberg, K. (2016). Occipital MEG activity in the early time range (<300ms) predicts graded changes in perceptual consciousness. *Cerebral Cortex*, 26, 2677 – 2688. doi: 10. 1093/cercor/bhv108.

Andreasen, N. C., O'Leary, D. S., Cizadlo, T., Arndt, S., Rezai, K., Watkins, G. L., et al. (1995). Remembering the past: Two facets of episodic memory explored with posi-tron emission tomography. *American Journal of Psychiatry*, 152 (11), 1576 – 1585.

Andrews-Hanna, J. R., Irving, Z., Fox, K., Spreng, N., & Christoff, C. (Forthcoming). The neuroscience of spontaneous thought: An evolving interdisciplinary field. In K. C. R. Fox & K. Christoff (Eds.), *The Oxford handbook of spontaneous thought: Mind-wandering, creativity, dreaming, and clinical conditions.* New York: Oxford University Press.

Andrews-Hanna, J. R., Kaiser, R. H., Turner, A. E., Reineberg, A. E., Godinez, D., Dimidjian, S., et al. (2013). A penny for your thoughts: Dimensions of self-generated thought content and relationships with individual differences in emotional wellbe-ing. *Frontiers in Psychology*, 4.

Andrews-Hanna, J. R., Smallwood, J., & Spreng, R. N. (2014). The default network and self-generated thought: Component processes, dynamic control, and clinical relevance. *Annals of the New York Academy of Sciences*, 1316 (1), 29 – 52.

Apps, M. A., & Tsakiris, M. (2013). Predictive codes of familiarity and context during the perceptual learning of facial identities. *Nature Communications*, 4, 2698. doi: 10. 1038/ncomms3698.

Apps, M. A., & Tsakiris, M. (2014). The free-energy self: A predictive coding account of self-recognition. *Neuroscience and Biobehavioral Reviews*, 41, 85 – 97. doi: 10. 1016/ j. neubiorev. 2013. 01. 029.

Arieli, A., Sterkin, A., Grinvald, A., & Aertsen, A. (1996). Dynamics of ongoing activity: Explanation of the large variability in evoked cortical responses. *Science*, 273 (5283), 1868 – 1871.

Aru, J., Bachmann, T., Singer, W., & Melloni, L. (2012). Distilling the neural corre-lates of consciousness. *Neuroscience and Biobehavioral Reviews*, 36 (2), 737 – 746.

Aru, J., Aru, J., Priesemann, V., Wibral, M., Lana, L., Pipa, G., et al. (2015). Untan-gling cross-frequency coupling in neuroscience. *Current Opinion in Neurobiology*, 31, 51 – 61. doi: 10.1016/j.conb.2014.08.002.

Azouz, R., & Gray, C. M. (1999). Cellular mechanisms contributing to response variability of cortical neurons in vivo. *Journal of Neuroscience*, 19 (6), 2209 – 2223.

Baars, B. J. (2005). Global workspace theory of consciousness: Toward a cognitive neuroscience of human experience. *Progress in Brain Research*, 150, 45 – 53. doi: 10.1016/S0079 – 6123 (05) 50004 – 9.

Baars, B. J., & Franklin, S. (2007). An architectural model of conscious and unconscious brain functions: Global Workspace Theory and IDA. *Neural Networks*, 20 (9), 955 – 961.

Babiloni F. (2014). Astolfi L2. Social neuroscience and hyperscanning techniques: Past, present and future. *Neuroscience and Biobehavioral Reviews*, 44, 76 – 93. doi: 10 . 1016/j. neubiorev. 2012. 07. 006.

Babiloni, F., & Astolfi, L. (2014). Social neuroscience and hyperscanning techniques: Past, present and future. *Neuroscience and Biobehavioral Reviews*, 44, 76 – 93. doi: 10.1016/j. neubiorev. 2012.07.006.

Babo-Rebelo, M., Richter, C. G., & Tallon-Baudry, C. (2016). Neural responses to heartbeats in the default network encode the self in spontaneous thoughts. *Journal of Neuroscience*, 36 (30), 7829 – 7840. doi: 10.1523/JNEUROSCI.0262 – 16.2016.

Babo-Rebelo M, Wolpert N, Adam C, Hasboun D, & Tallon-Baudry C. (2016). Is the cardiac monitoring function related to the self in both the default network and right anterior insula? *Philosophical Transactions of the Royal Society of London B: Biological Sciences*, 371 (1708). doi: 10.1098/rstb.2016.0004.

Bachmann, T., & Hudetz, A. G. (2014). It is time to combine the two main traditions in the research on the neural correlates of consciousness: C = L × D. *Frontiers in Psychology*, 5, 940. doi: 10.3389/fpsyg.2014.00940.

Baird, B., Smallwood, J., Lutz, A., & Schooler, J. W. (2014). The decoupled mind: Mind-wandering disrupts cortical phase-locking to perceptual events. Journal of *Cognitive Neuroscience*, 26 (11), 2596 – 2607.

Barlow, H. B. (1972). Single units and sensation: A neuron doctrine for perceptual psychology? *Perception*, 1 (4), 371 – 394. http://www.ncbi.nlm.nih.gov/pubmed/4377168.

Barlow, H. (2001). The exploitation of regularities in the environment by the brain. *Behavioral and Brain Sciences*, 24 (4), 602 – 607.

Barlow, H. B. (2009). Single units and sensation: A neuron doctrine for perceptual psychology? *Perception*, 38 (6), 795 – 798. http://www.ncbi.nlm.nih.gov/pubmed/ 19806956.

Barry, R. J., Clarke, A. R., Johnstone, S. J., Magee, C. A., & Rushby, J. A. (2007). EEG differences between eyes-closed and eyes-open resting conditions. *Clinical Neuro-physiology*, 118 (12), 2765 – 2773.

Barttfeld, P., Uhrig, L., Sitt, J. D., Sigman, M., Jarraya, B., & Dehaene, S. (2015). Signature of consciousness in the dynamics of resting-state brain activity. *Proceedings of the National Academy of Sciences of the United States of America*, 112, 887 – 892. doi: 10.1073/pnas.1418031112.

Bassett, D., & Sporns, O. (2017). Network neuroscience. *Nature Neuroscience*, 20, 353 – 364. doi: 10.1038/nn.4502.

Bayne, T. (2010). *The unity of consciousness.* Oxford: Oxford University Press.

Bayne, T., & Chalmers, D. (2003). What is the unity of consciousness? In A. Cleeremans (Ed.), *The unity of consciousness* (pp. 23 – 58). Oxford: Oxford University Press.

Bayne, T., Hohwy, J., & Owen, A. M. (2016). Are there levels of consciousness? *Trends in Cognitive Sciences*, 20 (6), 405 – 413. doi: 10.1016/j.tics.2016.03.009.

Becker, R., Reinacher, M., Freyer, F., Villringer, A., & Ritter, P. (2011). How ongoing neuronal oscillations account for evoked fMRI variability. *Journal of Neuroscience*, 31 (30), 11016 – 11027.

Bencivenga, E. (1987). *Kant's Copernican revolution.* New York: Oxford University Press.

Beni, M. (2016). Structural realist account of the self. *Synthese*, 193 (12), 3727 – 3740.

Beni, M. (in press). Epistemic informational structural realism. *Minds and Machines.*

Bennett, M. R., & Hacker, P. M. S. (2003). *Philosophical foundations of neuroscience.* Oxford: Blackwell.

Berger, H. (1929). About the electroencephalogram of humans/Über das Elektren-kephalogramm des Menschen. *Archiv für Psychiatrie und Nervenkrankheiten*, 87, 527 – 570.

Bergson, H. (1904). Le paralogisme psycho-physique. Paper presented at the inter-national congress of philosophy, Genova, Italy.

Berto, F., & Tagliabue, J. (2014). The world is either digital or analogue. *Synthese*, 191 (3), 481 – 497. doi: 10.1007/s11229 – 013 – 0285 – 1.

Bickle, J. (2003). *Philosophy and neuroscience: A ruthlessly reductive account.* Norwell, MA: Kluwer Academic Press.

Bickle, J. (Ed.). (2009). *The Oxford handbook of philosophy and neuroscience.* New York: Oxford University Press.

Bickle, J., Mandik, P., & Landreth, A. (2012). The philosophy of neuroscience. In Edward N. Zalta (Ed.), *The Stanford Encyclopedia of Philosophy* (*Summer* 2012 *Edition*), https://plato.stanford.edu/archives/sum2012/entries/neuroscience/.

Bishop, G. (1933). Cyclic changes in excitability of the optic pathway of the rabbit. *American Journal of Physiology*, 103, 213 – 224.

Biswal, B., Yetkin, F. Z., Haughton, V. M., & Hyde, J. S. (1995). Functional connectivity in the motor cortex of resting human brain using echo-planar MRI. *Magnetic Resonance in Medicine*, 34 (4), 537 – 541.

Block, N. (1996). How can we find the neural correlate of consciousness? *Trends in Neurosciences*, 19 (11), 456 – 459.

Blumenberg, H. (1987). *The genesis of the Copernican world.* Cambridge, MA: MIT Press. Originally appeared in German as Die Genesis der Kopernikanischen Welt (Frank-furt: Suhrkamp, 1975).

Boden, M. A. (2006). *Mind as machine: A history of cognitive science.* Oxford: Clarendon.

Boly, M., Balteau, E., Schnakers, C., Degueldre, C., Moonen, G., Luxen, A., et al. (2007). Baseline brain activity fluctuations predict somatosensory perception in humans. *Proceedings of the National Academy of Sciences of the United States of America*, 104, 12187 – 12192. doi: 10.1073/pnas.0611404104.

Bonnefond, M., Kastner, S., & Jensen, O., (2017). Communication between brain areas based on nested oscillations. *eNeuro*, 4.

Britz, J., Landis, T., & Michel, C. M. (2009). Right parietal brain activity precedes perceptual alternation of bistable stimuli. *Cerebral Cortex*, 19 (1), 55 – 65. doi: 10.1093/cercor/bhn056.

Broad, C. D. (1978). *Kant: An introduction.* Cambridge: Cambridge University Press, 1978.

Brown, J. (2012). What is consciousness. *Process Studies*, 41 (1), 21 – 41.

Buckner, R. L., Andrews-Hanna, J. R., & Schacter, D. L. (2008). The brain's default network: Anatomy, function, and relevance to disease. *Annals of the New York Academy of Sciences*, 1124, 1 – 38.

Bueno, O., French, S., & Ladyman, J. (2002). On representing the relationship between the mathematical and the empirical. *Philosophy of Science*, 69, 497 – 518.

Bullmore, E., Long, C., Suckling, J., Fadili, J., Calvert, G., Zelaya, F., et al. (2001). Colored noise and computational inference in neurophysiological (fMRI) time series analysis: Resampling methods in time and wavelet domains. *Human Brain Mapping*, 12, 61 –78.

Buzsáki, G. (2006). *Rhythms of the brain.* Oxford: Oxford University Press.

Buzsáki, G., & Draguhn, A. (2004). Neuronal oscillations in cortical networks. *Science*, 80 (304), 1926 –1929. doi: 10.1126/science.1099745.

Buzsáki, G., Logothetis, N., & Singer, W. (2013). Scaling brain size, keeping timing: Evolutionary preservation of brain rhythms. *Neuron*, 80 (3), 751 – 764. doi: 10.1016/j.neuron.2013.10.002.

Cabral, J., Kringelbach, M. L., & Deco, G. (2013). Exploring the network dynamics underlying brain activity during rest. *Progress in Neurobiology*, 114, 102 –131.

Canolty, R. T., Cadieu, C. F., Koepsell, K., Ganguly, K., Knight, R. T., & Carmena, J. M. (2012). Detecting event-related changes of multivariate phase coupling in dynamic brain networks. *Journal of Neurophysiology*, 107 (7), 2020 –2031. doi: 10.1152/jn.00610.2011.

Canolty, R. T., & Knight, R. T. (2010). The functional role of cross-frequency coupling. *Trends in Cognitive Sciences*, 14 (11), 506 –515.

Carhart-Harris, R. L., Leech, R., Erritzoe, D., Williams, T. M., Stone, J. M., Evans, J., et al. (2013). Functional connectivity measures after psilocybin inform a novel hypothesis of early psychosis. *Schizophrenia Bulletin*, 39 (6), 1343 –1351.

Carruthers, P. (2009). How we know our own minds: The relationship between mindreading and metacognition. *Behavioral and Brain Sciences*, 32 (2), 121 –138, discussion 138 –182. doi: 10.1017/S0140525X09000545.

Cartwright, N. (1989). *Nature's capacities and their measurement.* Oxford: Clarendon Press.

Cartwright, N. (1997). Where do laws of nature come from? *Dialectica*, 51 (1), 65 –78.

Cartwright, N. (2007). *Hunting causes and using them: Approaches in philosophy and economics.* Cambridge: Cambridge University Press.

Cartwright, N. (2009). If no capacities, then no credible worlds, but can models reveal capacities? *Erkenntnis*, 70 (1), 45－58.

Cartwright, N., & Hardie, J. (2012). *Evidence-based policy: A practical guide to doing it better.* New York: Oxford University Press.

Casali, A. G., Gosseries, O., Rosanova, M., Boly, M., Sarasso, S., Casali, K. R., et al. (2013). A theoretically based index of consciousness independent of sensory processing and behavior. *Science Translational Medicine*, 5, 198ra105. doi: 10.1126/scitranslmed.3006294.

Cassirer, E. (1944). The concept of group and the theory of perception. *Philosophy and Phenomenological Research*, V (1), 1－36.

Cerullo, M. A., Metzinger, T., & Mangun, G. (2015). The problem with phi: A critique of integrated information theory. *PLoS Computational Biology*, 11 (9), doi: 10.1371/journal.pcbi.1004286.

Chalmers, D. J. (1995). Facing up to the problem of consciousness. *Journal of Consciousness Studies*, 2, 200－219.

Chalmers, D. J. (1996). *The conscious mind.* Oxford: Oxford University Press.

Chalmers, D. J. (2003). Consciousness and its place in nature. In S. Stich & T. Warfield (Eds.), *Guide to the philosophy of mind.* Cambridge: Blackwell. Reprinted in D. J. Chalmers (Ed.), *Philosophy of mind: Classical and contemporary readings*, 247－272 (New York: Oxford University Press, 2002).

Chalmers, D. (2012). *Reconstructing the world.* New York: Oxford University Press.

Chang, C., Metzger, C. D., Glover, G. H., Duyn, J. H., Heinze, H. J., & Walter, M. (2013). Association between heart rate variability and fluctuations in resting-state functional connectivity. *NeuroImage*, 68, 93－104. doi: 10.1016/j.neuroimage.2012.11.038.

Changeux, J. P. (2017). Climbing brain levels of organisation from genes to consciousness. *Trends in Cognitive Sciences*, 21 (3), 168－181. doi: 10.1016/j.tics.2017.01.004.

Chemero, A. (2009). *Radical embodied cognitive science.* Cambridge, MA: MIT Press.

Chen, J., Hasson, U., & Honey, C. J. (2015). Processing timescales as an organizing principle for primate cortex. *Neuron*, 88, 244 – 246. doi: 10.1016/j.neuron.2015.10.010.

Christoff, K. (2012). Undirected thought: Neural determinants and correlates. *Brain Research*, 1428, 51 – 59.

Christoff, K., Gordon, A. M., Smallwood, J., Smith, R., & Schooler, J. W. (2009). Experience sampling during fMRI reveals default network and executive system contributions to mind wandering. *Proceedings of the National Academy of Sciences of the United States of America*, 106 (21), 8719 – 8724. doi: 10.1073/pnas.0900234106.

Christoff, K., Irving, Z. C., Fox, K. C. R., Spreng, R. N., & Andrews-hanna, J. R. (2016). Mind-wandering as spontaneous thought: A dynamic framework. *Nature Reviews: Neuroscience*, 17, 718 – 731. doi: 10.1038/nrn.2016.113.

Churchland, M. M., Yu, B. M., Cunningham, J. P., Sugrue, L. P., Cohen, M. R., Corrado, G. S., et al. (2010). Stimulus onset quenches neural variability: A widespread cortical phenomenon. *Nature Neuroscience*, 13 (3), 369 – 378. doi: 10.1038/nn.2501.

Churchland, P. M. (1988). *Matter and consciousness.* Cambridge, MA: MIT Press.

Churchland, P. M. (1989). *A neurocomputational perspective: The nature of mind and the structure of science.* Cambridge, MA: MIT Press.

Churchland, P. M. (2012). *Plato's camera: How the physical brain captures a landscape of abstract universals.* Cambridge, MA: MIT Press.

Churchland, P. S. (1986). *Neurophilosophy.* Cambridge, MA: MIT Press.

Churchland, P. S. (2002). *Brain-wise. Cambridge*, MA: MIT Press.

Clark, A. (1997). *Being there: Putting brain, body, and world together again.* Cambridge, MA: MIT Press.

Clark, A. (2008). *Supersizing the mind: Embodiment, action, and cognitive extension.* Cambridge: Cambridge University Press.

Clark, A. (2012). Embodied, embedded, and extended cognition. In K. Frankish & W. Ramsey (Eds.), *The Cambridge handbook of cognitive science.* Cambridge: Cambridge University Press.

Clark, A. (2013). Whatever next? Predictive brains, situated agents, and the future of cognitive science. *Behavioral and Brain Sciences*, 36 (3), 181 – 204.

Clark, A., & Chalmers, D. J. (2010). The extended mind. In Richard Menary (Ed.), *The extended mind.* Cambridge, MA: MIT Press.

Cleve, J. Van. (1999). *Problems from Kant.* Oxford: Oxford University Press.

Cohen, I. B. (1985). *Revolution in science.* Cambridge: Cambridge University Press.

Copernicus, N. (1543/1952). On the revolution of the heavenly spheres. C. G. Wallis (Trans.). In R. M. Hutchins (Ed.), *Great Books of the Western World*, Vol. 16, *Ptolemy*, *Copernicus*, *Kepler.* Chicago: Encylcopedia Britannica.

Corlett, P. R., Honey, G. D., Krystal, J. H., & Fletcher, P. C. (2011). Glutamatergic model psychoses: Prediction error, learning, and inference. *Neuropsychopharmacology*, 36 (1), 294 – 315. doi: 10. 1038/npp. 2010. 163.

Corlett, P. R., Taylor, J. R., Wang, X. J., Fletcher, P. C., & Krystal, J. H. (2010). Toward a neurobiology of delusions. *Progress in Neurobiology*, 92 (3), 345 – 369. doi: 10. 1016/ j. pneurobio. 2010. 06. 007.

Coste, C. P., Sadaghiani, S., Friston, K. J., & Kleinschmidt, A. (2011). Ongoing brain activity fluctuations directly account for intertrial and indirectly for intersubject variability in Stroop task performance. *Cerebral Cortex*, 21 (11), 2612 – 2619.

Craig, A. D. (2003). Interoception: The sense of the physiological condition of the body. *Current Opinion in Neurobiology*, 13 (4), 500 – 505.

Craig, A. D. (2009). How do you feel—now? The anterior insula and human awareness. *Nature Reviews. Neuroscience*, 10 (1), 59 – 70. doi: 10. 1038/ nrn2555.

Craig, A. D. (2011). Significance of the insula for the evolution of human awareness of feelings from the body. *Annals of the New York Academy of Sciences*, 1225, 72 – 82. doi: 10. 1111/j. 1749 – 6632. 2011. 05990. x.

Craver, C. (2007). *Explaining the brain mechanisms and the mosaic unity of neuroscience.* Oxford: Oxford University Press.

Crick, F., & Koch, C. (2003). A framework for consciousness. *Nature Neuroscience*, 6 (2), 119 – 126. doi: 10. 1038/nn0203 – 119.

Cross, F. L. (1937). Kant's so-called Copernican revolution. *Mind*, 46 (182), 214 – 217.

Dainton, B. (2010). *Time and space.* 2nd ed. Durham: Acumen.

Damiano, S., Zhang, J., Huang, Z., Wolff, A., & Northoff, G. (submitted). Increased scale-free activity in salience network in autism.

D'Argembeau, A., Stawarczyk, D., Majerus, S., Collette, F., Van der Linden, M., Feyers, D., et al. (2010a). The neural basis of personal goal processing when envisioning future events. *Journal of Cognitive Neuroscience*, 22 (8), 1701 – 1713. doi: 10. 1162/jocn. 2009. 21314

D'Argembeau, A., Stawarczyk, D., Majerus, S., Collette, F., Van der Linden, M., & Salmon, E. (2010b). Modulation of medial prefrontal and inferior parietal cortices when thinking about past, present, and future selves. *Social Neuroscience*, 5 (2), 187 – 200.

David, S. V., Vinje, W. E., & Gallant, J. L. (2004). Natural stimulus statistics alter the receptive field structure of V1 neurons. *Journal of Neuroscience*, 24 (31). doi: 10. 1523/JNEUROSCI. 1422 – 04. 2004.

DeCharms, R. C., & Zador, A. (2000). Neural representation and the cortical code. *Annual Review of Neuroscience*, 23, 613 – 647.

Deco, G., Jirsa, V. K., & McIntosh, A. R. (2013). Resting brains never rest: Computational insights into potential cognitive architectures. *Trends in Neurosciences*, 36 (5), 268 – 274.

Deco, G., Tononi, G., Boly, M., & Kringelbach, M. L. (2015). Rethinking segregation and integration: Contributions of whole-brain modelling. *Nature Reviews. Neuroscience*, 16, 430 – 439. doi: 10.1038/nrn3963.

de Graaf, T. A., Hsieh, P. J., & Sack, A. T. (2012). The "correlates" in neural correlates of consciousness. *Neuroscience and Biobehavioral Reviews*, 36 (1), 191 – 197. doi: 10.1016/j.neubiorev.2011.05.012.

de Greck, M., Enzi, B., Prosch, U., Gantman, A., Tempelmann, C., & Northoff, G. (2010). Decreased neuronal activity in reward circuitry of pathological gamblers during processing of personal relevant stimuli. *Human Brain Mapping*, 31 (11), 1802 – 1812.

Dehaene, S., & Changeux, J. P. (2005). Ongoing spontaneous activity controls access to consciousness: *A neuronal model for inattentional blindness.* PLoS Biology, 3 (5), e141.

Dehaene, S., & Changeux, J. P. (2011). Experimental and theoretical approaches to conscious processing. *Neuron*, 70 (2), 200 – 227. doi: 10.1016/j.neuron.2011.03.018.

Dehaene, S., Changeux, J. P., Naccache, L., Sackur, J., & Sergent, C. (2006). Conscious, preconscious, and subliminal processing: A testable taxonomy. *Trends in Cognitive Sciences*, 10 (5), 204 – 211. doi: 10.1016/j.tics.2006.03.007.

Dehaene, S., Charles, L., King, J. R., & Marti, S. (2014). Toward a computational theory of conscious processing. *Current Opinion in Neurobiology*, 25, 76 – 84. doi: 10.1016/j.conb.2013.12.005.

Deleuze, G. (1994). *Difference and repetition* (Paul Patton, Trans.). New York: Columbia University.

Dennett, D. C. (1981). *Brainstorms. Cambridge*, MA: MIT Press.

Dennett, D. C. (2013). *Intuition pumps and other tools for thinking.* New York: W. W. Norton.

den Ouden, H. E., Friston, K. J., Daw, N. D., McIntosh, A. R., & Stephan, K. E. (2009). A dual role for prediction error in associative learn-

ing. Cereb Cortex, 19 (5), 1175 – 1185. doi: 10.1093/cercor/bhn161.

den Ouden, H. E., Kok, P., & de Lange, F. P. (2012). How prediction errors shape perception, attention, and motivation. *Frontiers in Psychology*, 3 (548). doi: 10.3389/fpsyg.2012.00548.

de Pasquale, F., Della Penna, S., Snyder, A. Z., Lewis, C., Mantini, D., Marzetti, L., et al. (2010). Temporal dynamics of spontaneous MEG activity in brain networks. *Proceedings of the National Academy of Sciences*, 107 (13), 6040 – 6045.

de Pasquale, F., Della Penna, S., Snyder, A. Z., Marzetti, L., Pizzella, V., Romani, G. L., et al. (2012). A cortical core for dynamic integration of functional networks in the resting human brain. *Neuron*, 74 (4), 753 – 764.

Derrida, J. (1978). *Writing and difference* (A. Bass, Trans.). Chicago: University of Chicago Press.

Dietrich, E., & Hardcastle, V. G. (2004). Sisyphus's boulder: *Consciousness and the limits of the knowable.* Amsterdam: John Benjamins.

Ding, N., Melloni, L., Zhang, H., Tian, X., & Poeppel, D. (2016). Cortical tracking of hierarchical linguistic structures in connected speech. *Nature Neuroscience*, 19 (1), 158 – 164. doi: 10.1038/nn.4186.

Dixon, M. L., Fox, K. C. R., & Christoff, K. (2014). A framework for understanding the relationship between externally and internally directed cognition. *Neuropsychologia*, 62, 321 – 330. doi: 10.1016/j.neuropsychologia.2014.05.024.

Dominguez Duque, J. F., Turner, R., Lewis, E. D., & Egan, G. (2010). Neuroenthropology: A humanistic science for the study of culture-brain nexus. *Social Cognitive and Affective Neuroscience*, 5, 138 – 147.

Doucet, G., Naveau, M., Petit, L., Zago, L., Crivello, F., Jobard, G., et al. (2012). Patterns of hemodynamic low-frequency oscillations in the brain are modulated by the nature of free thought during rest. *NeuroImage*, 59 (4), 3194 – 3200.

Doya, K., Ishii, S., Pouget, A., & Rao, R. P. N. (Eds.). (2011).

Bayesian brain: Probabilis-tic approaches to neural coding. Cambridge, MA: MIT Press.

Dretske, F. (1988). Explaining behavior: Reasons in a world of causes. Cambridge, MA: MIT Press.

Dretske, F. (1995). *Naturalizing the mind.* Cambridge, MA: MIT Press.

Drevets, W. C., Burton, H., Videen, T. O., Snyder, A. Z., Simpson, J. R., & Raichle, M. E. (1995). Blood flow changes in human somatosensory cortex during anticipated stimulation.

Duncan, N. W., Hayes, D. J., Wiebking, C., Tiret, B., Pietruska, K., Chen, D. Q., et al. (2015). Negative childhood experiences alter a prefrontal-insular-motor cortical network in healthy adults: A preliminary multimodal rsfMRI-fMRI-MRS-dMRI study. *Human Brain Mapping*, 36 (11), 4622–4637. doi: 10.1002/hbm.22941.

Edelman, G. M. (2003). Naturalizing consciousness: A theoretical framework. *Proceedings of the National Academy of Sciences of the United States of America*, 100 (9), 5520–5524. doi: 10.1073/pnas.0931349100.

Edelman, G. M. (2004). *Wider than the sky.* New Haven, CT: Yale University Press.

Edelman, G. M., & Tononi, G. (2000). *A universe of consciousness: How matter becomes imagination.* New York: Basic Books.

Egner, T., Monti, J. M., & Summerfield, C. (2010). Expectation and surprise deter-mine neural population responses in the ventral visual stream. *Journal of Neuroscience*, 30 (49), 16601–16608. doi: 10.1523/JNEUROSCI.2770-10.2010.

Eliasmith, C. (2012). *How to build a brain.* Oxford: Oxford University Press.

Ellamil, M., Fox, K. C. R., Dixon, M. L., Pritchard, S., Todd, R. M., Thompson, E., et al. (2016). Dynamics of neural recruitment surrounding the spontaneous arising of thoughts in experienced mindfulness practitioners. *NeuroImage*, 136, 186–196.

Engel, A. K. , & Singer, W. (2001). Temporal binding and the neural correlates of sensory awareness. *Trends in Cognitive Sciences*, 5 (1), 16 –25.

Engel, A. K. , Gerloff, C. , Hilgetag, C. C. , & Nolte, G. (2013). Intrinsic coupling modes: Multiscale interactions in ongoing brain activity. *Neuron*, 80 (4), 867 –886.

Engel, M. S. (1963). Kant's Copernican analogy: A re-examination. *Kant-Studien*, 54, 243 –251.

Esfeld, M. (2004). Quantum entanglement and a metaphysics of relations. *Studies in History and Philosophy of Modern Physics*, 35, 601 –617.

Esfeld, M. (2009). The modal nature of structures in ontic structural realism. *International Studies in the Philosophy of Science*, 23 (2), 179 –194.

Esfeld, M. (2011). Structures and powers. In A. and P. Bokulich (Eds.), *Scientific structuralism.* Dordrecht: Springer.

Esfeld, M. (2013). Ontic structural realism and the interpretation of quantum mechanics. *European Journal for Philosophy of Science*, 3 (1), 19 –32.

Esfeld, M. , & Lam, V. (2008). Moderate structural realism about space-time. *Synthese*, 160, 27 –46.

Esfeld, M. , & Lam, V. (2010). Holism and structural realism. In R. Vanderbeeken & B. D'Hooghe (Eds.), *Worldviews, science and us: Studies of analytical metaphysics. A selection of topics from a methodological perspective* (pp. 10 –31). Singapore: World Scientific.

Esfeld, M. , & Lam, V. (2011). Ontic structural realism as a metaphysics of objects. In A. and P. Bokulich (Eds.), *Scientific structuralism.* Dordrecht: Springer.

Esfeld, M. , & Lam, V. (2012). The structural metaphysics of quantum theory and general relativity. *Journal for General Philosophy of Science*, 43 (2), 243 –258.

Faber, R. , & Henning, B. G. (2010). Whitehead's other Copernican turn. In R. Faber, B. G. Henning, & C. Combo (Eds.), *Beyond metaphysics? Explorations in Alfred North Whitehead's late thought* (pp. 1 – 10). Amsterdam:

Rodopi.

Faivre, N. , & Koch, C. (2014). Temporal structure coding with and without awareness. *Cognition*, 131 (3), 404 – 414. doi: 10.1016/j.cognition.2014.02.008.

Faivre, N. , Mudrik, L. , Schwartz, N. , & Koch, C. (2014). Multisensory integration in complete unawareness: Evidence from audiovisual congruency priming. *Psychological Science*, 25 (11), 2006 – 2016. doi: 10.1177/0956797614547916.

Fazelpour, S. , & Thompson, E. (2015). The Kantian brain: Brain dynamics from a neurophenomenological perspective. *Current Opinion in Neurobiology*, 31, 223 – 229. doi: 10.1016/j.conb.2014.12.006.

Fell, J. (2004). Identifying neural correlates of consciousness: The state space approach. *Consciousness and Cognition*, 13 (4), 709 – 729.

Fell, J. , & Axmacher, N. (2011). The role of phase synchronization in memory processes. *Nature Reviews: Neuroscience*, 12 (2), 105 – 118.

Fell, J. , Elger, C. E. , & Kurthen, M. (2004). Do neural correlates of consciousness cause conscious states? *Medical Hypotheses*, 63 (2), 367 – 369.

Ferrarelli, F. , Massimini, M. , Sarasso, S. , Casali, A. , Riedner, B. A. , Angelini, G. , et al. (2010). Breakdown in cortical effective connectivity during midazolam-induced loss of consciousness. *Proceedings of the National Academy of Sciences of the United States of America*, 107 (6), 2681 – 2686. doi: 10.1073/pnas.0913008107.

Ferri, F. , Costantini, M. , Huang, Z. , Perrucci, M. G. , Ferretti, A. , Romani, G. L. , et al. (2015). Intertrial variability in the premotor cortex accounts for individual differences in peripersonal space. *Journal of Neuroscience*, 35, 345 – 359.

Fingelkurts, A. A. , Fingelkurts, A. A. , Kivisaari, R. , Pekkonen, E. , Ilmoniemi, R. J. , & Kähkönen, S. (2004a). Enhancement of GABA-related signalling is associated with increase of functional connectivity in human cortex. *Human Brain Mapping*, 22 (1), 27 – 39. doi: 10.1002/hbm.20014.

Fingelkurts, A. A., Fingelkurts, A. A., Kivisaari, R., Pekkonen, E., Ilmoniemi, R. J., & Kähkönen, S. (2004b). The interplay of lorazepam-induced brain oscillations: Micro-structural electromagnetic study. *Clinical Neurophysiology*, 115 (3), 674-690.

Fingelkurts, A. A., Fingelkurts, A. A., Kivisaari, R., Pekkonen, E., Ilmoniemi, R. J., & Kähkönen, S. (2004c). Local and remote functional connectivity of neocortex under the inhibition influence. *NeuroImage*, 22 (3), 1390-1406. doi: 10.1016/j.neuroimage.2004.03.013.

Fingelkurts, A. A., Fingelkurts, A. A., & Neves, C. F. H. (2013). Consciousness as a phenomenon in the operational architectonics of brain organization: Criticality and self-organization considerations. *Chaos, Solitons, and Fractals*, 55, 13-31. doi: 10.1016/j.chaos.2013.02.007.

Fletcher, P. C., & Frith, C. D. (2009). Perceiving is believing: A Bayesian approach to explaining the positive symptoms of schizophrenia. *Nature Reviews: Neuroscience*, 10 (1), 48-58. doi: 10.1038/nrn2536.

Fliessbach, K., Weber, B., Trautner, P., Dohmen, T., Sunde, U., et al. (2007). Social comparison affects reward-related brain activity in the human ventral striatum. *Science*, 318 (5854), 1305-1308.

Floridi, L. (2008). A defence of informational structural realism. *Synthese*, 161 (2), 219-253.

Floridi, L. (2009). Against digital ontology. *Synthese*, 168 (1), 151-178. doi: 10.1007/s11229-008-9334-6.

Floridi, L. (2011a). A defence of constructionism: Philosophy as conceptual engineering. *Metaphilosophy*, 42 (3), 282-304. doi: 10.1111/j.1467-9973.2011.01693.x.

Floridi, L. (2011b). *The philosophy of information.* Oxford: Oxford University Press. 10.1093/acprof: oso/9780199232383.001.0001.

Floridi, L. (2013). What is a philosophical question? *Metaphilosophy*, 44 (3), 195-221. doi: 10.1111/meta.12035.

Florin, E., & Baillet, S. (2015). The brain's resting-state activity is shaped by synchro-nized cross-frequency coupling of neural oscillations. *NeuroImage*, 111, 26 –35. doi: 10. 1016/j. neuroimage. 2015. 01. 054.

Fogelson, N., Litvak, V., Peled, A., Fernandez-del-Olmo, M., & Friston, K. (2014). The functional anatomy of schizophrenia: A dynamic causal modeling study of predictive coding. *Schizophrenia Research*, 158 (1 –3), 204 –212. doi: 10. 1016/j. schres. 2014. 06. 011.

Ford, J. M., Palzes, V. A., Roach, B. J., & Mathalon, D. H. (2014). Did I do that? Abnormal predictive processes in schizophrenia when button pressing to deliver a tone. *Schizophrenia Bulletin*, 40 (4), 804 –812. doi: 10. 1093/schbul/sbt072.

Fox, K. C. R., Spreng, R. N., Ellamil, M., Andrews-Hanna, J. R., & Christoff, K. (2015). The wandering brain: Meta-analysis of functional neuroimaging studies of mind-wandering and related spontaneous thought processes. *NeuroImage*, 111, 611 –621. doi: 10. 1016/j. neuroimage. 2015. 02. 039.

Fox, M. D., Snyder, A. Z., Zacks, J. M., & Raichle, M. E. (2005). Coherent spontaneous activity accounts for trial-to-trial variability in human evoked brain responses. *Nature Neuroscience*, 9 (1), 23 –25.

Freeman, W. J. (2003). The wave packet: An action potential for the 21st century. *Journal of Integrative Neuroscience*, 2 (01), 3 –30.

Freeman, W. J. (2007). Indirect biological measures of consciousness from field studies of brains as dynamical systems. *Neural Networks: The Official Journal of the International Neural Network Society*, 20 (9), 1021 – 1031. doi: 10. 1016/j. neunet. 2007. 09. 004.

Freeman, W. J. (2011). Understanding perception through neural "codes." *IEEE Transactions on Biomedical Engineering*, 58 (7), 1884 – 1890. doi: 10. 1109/TBME. 2010. 2095854.

French, S. (2010). Keeping quiet on the ontology of models. *Synthese*, 172 (2), 231 –249. doi: 10. 1007/s11229 –009 –9504 –1.

French, S. (2014). The structure of the world metaphysics and representation. *Journal of Chemical Information and Modeling*, 53. http: //doi. org/10.

1017/CBO9781107415324. 004

French, S. (2015). (Structural) realism and its representational vehicles. *Synthese*, 194, 3311 –3326. doi: 10. 1007/s11229 –015 –0879 –x.

French, S. , & Ladyman, J. (2003). Remodelling structural realism: Quantum physics and the metaphysics of structure. Synthese, 136 (1), 31 – 56. doi: 10. 1023/A: 1024156116636.

French, S. , & Ladyman, J. (2011). *Defence of ontic structural realism. In Scientific structuralism* (Vol. 281, pp. 25 –42). New York: Springer. 10. 1007/ 978 –90 –481 –9597 –8_ 2.

Fresco, N. , & Staines, P. J. (2014). A revised attack on computational ontology. *Minds and Machines*, 24 (1), 101 –122. doi: 10. 1007/s11023 –013 – 9327 –1.

Fries, P. (2009). Neuronal gamma-band synchronization as a fundamental process in cortical computation. *Annual Review of Neuroscience*, 32, 209 –224.

Friston, K. J. (1995). Neuronal transients. *Proceedings of the Royal Society of London B: Biological Sciences*, 261 (1362), 401 –405.

Friston, K. J. (2008). Hierarchical models in the brain. *PLoS Computational Biology*, 4 (11), e1000211. doi: 10. 1371/journal. pcbi. 1000211.

Friston, K. J. (2010). The free-energy principle: A unified brain theory? *Nature Reviews: Neuroscience*, 11, 127 –138.

Friston, K. J. , & Frith, C. D. (2015). Active inference, communication and hermeneutics. *Cortex*, 68, 129 –143. doi: 10. 1016/j. cortex. 2015. 03. 025.

Frith, C. D. , & Frith, U. (1999). Interacting minds—a biological basis. *Science*, 286 (5445), 1692 –1695.

Gallagher, S. (2005). *How the body shapes the mind.* Oxford: Oxford University Press.

Ganzetti, M. , & Mantini, D. (2013). Functional connectivity and oscillatory neuronal activity in the resting human brain. *Neuroscience*, 240, 297 –309.

Garfinkel, S. N. , Minati, L. , Gray, M. A. , Seth, A. K. , Dolan, R. J. , & Critchley, H. D. (2014). Fear from the heart: Sensitivity to fear stimuli depends on individual heartbeats. *Journal of Neuroscience*, 34 (19), 6573 –6582. doi: 10.1523/JNEUROSCI.3507 –13.2014.

Garfinkel, S. N., Seth, A. K., Barrett, A. B., Suzuki, K., & Critchley, H. D. (2015). Knowing your own heart: Distinguishing interoceptive accuracy from interoceptive awareness. *Biological Psychology*, 104, 65 – 74. doi: 10.1016/j.biopsycho.2014.11.004.

Gerhardt, V. (1987). Kants kopernikanische Wende. Friedrich Kaulbach zum 75. Geburtstag. *Kant-Studien*, 78, 133 –153.

Gibson, M. I. (2011). A revolution in method, Kant's "Copernican hypothesis," and the necessity of natural laws. *Kant-Studien*, 102, 1 –21.

Giere, R. N. (1999). *Science without laws.* Chicago: University of Chicago Press.

Giere, R. N. (2004). How models are used to represent reality. *Philosophy of Science*, 71 (5), 742 –752.

Giere, R. N. (2008). *Explaining science: A cognitive approach.* Chicago: University of Chicago Press.

Globus, G. (1992). Toward a noncomputational cognitive neuroscience. *Journal of Cognitive Neuroscience*, 4 (4), 299 –310.

Goldstein, K. (1934/2000). *The organism: A holistic approach to biology derived from pathological data in man.* New York: Zone Books.

Gorgolewski, K. J., Lurie, D., Urchs, S., Kipping, J. A., Craddock, R. C., Milham, M. P., et al. (2014). A correspondence between individual differences in the brain's intrinsic functional architecture and the content and form of self-generated thoughts. *PLoS One*, 9 (5), e97176.

Gotts, S. J., Saad, Z. S., Jo, H. J., Wallace, G. L., Cox, R. W., & Martin, A. (2013). The perils of global signal regression for group comparisons: A case study of autism spectrum disorders. *Frontiers in Human Neuroscience*, 7.

Graziano, M. S. A. (2013). *Consciousness and the social brain.* Oxford: Oxford University Press.

Graziano, M. S. A., & Kastner, S. (2011). Human consciousness and its relationship to social neuroscience: A novel hypothesis. *Cognitive Neuroscience*, 2 (2), 98 - 113.

Graziano, M. S. A., & Webb, T. W. (2015). The attention schema theory: A mechanistic account of subjective awareness. *Frontiers in Psychology*, 6, 500. doi: 10. 3389/fpsyg. 2015. 00500.

Greicius, M. D., Krasnow, B., Reiss, A. L., & Menon, V. (2003). Functional connectivity in the resting brain: A network analysis of the default mode hypothesis. *Proceedings of the National Academy of Sciences of the United States of America*, 100 (1), 253 - 258.

Griffin, D. R. (1863/1998). *Unsnarling the world-knot: Consciousness, freedom, and the mind-body problem.* Eugene, OR: Wipf and Stock.

Grimm, S., Boesiger, P., Beck, J., Schuepbach, D., Bermpohl, F., Walter, M., et al. (2009). Altered negative BOLD responses in the default-mode network during emotion processing in depressed subjects. *Neuropsychopharmacology*, 34 (4), 932 - 943. doi: 10. 1038/npp. 2008. 81.

Grimm, S., Ernst, J., Boesiger, P., Schuepbach, D., Hell, D., Boeker, H., et al. (2009). Increased self-focus in major depressive disorder is related to neural abnormalities in subcortical-cortical midline structures. *Human Brain Mapping*, 30 (8), 2617 - 2627.

Gusnard, D. A., & Raichle, M. E. (2001). Searching for a baseline: Functional imaging and the resting human brain. *Nature Reviews. Neuroscience*, 2 (10), 685 - 694.

Guyer, P. (1987). *Kant and the claims of knowledge.* Cambridge: Cambridge University Press.

Hagmann, P., Cammoun, L., Gigandet, X., Meuli, R., Honey, C. J., Wedeen, V. J., et al. (2008). Mapping the structural core of human cerebral cortex. *PLoS Biology*, 6 (7), e159. doi: 10. 1371/journal. pbio. 0060159.

Hahn, R. (1988). *Kant's Newtonian revolution in philosophy.* Journal of the History of Philosophy Monograph Series. Chicago: Southern Illinois University Press.

Hamilton, J. P., Farmer, M., Fogelman, P., & Gotlib, I. H. (2015). Depressive rumination, the default-mode network, and the dark matter of clinical neuroscience. *Biological Psychiatry*, 78 (4), 224 - 230. doi: 10.1016/j.biopsych.2015.02.020.

Hanson, R. N. (1959). Copernicus' role in Kant's revolution. *Journal of the History of Ideas*, 20, 274 - 281.

Hasselman, F., Seevinck, M. P., & Cox, R. F. A. (submitted). Caught in the undertow: There is structure beneath the ontic stream. http://fredhasselman.com/pubs/MAN_CaugthintheUndertow.pdf.

Hasson, U., Chen, J., & Honey, C. J. (2015). Hierarchical process memory: Memory as an integral component of information processing. *Trends in Cognitive Sciences*, 19 (6), 304 - 313.

Hasson, U., & Frith, C. D. (2016). Mirroring and beyond: Coupled dynamics as a generalized framework for modelling social interactions. *Philosophical Transactions of the Royal Society of London B: Biological Sciences*, 371 (1693), pii: 20150366. doi: 10.1098/rstb.2015.0366.

Hasson, U., Ghazanfar, A. A., Galantucci, B., Garrod, S., & Keysers, C. (2012). Brain-to-brain coupling: A mechanism for creating and sharing a social world. *Trends in Cognitive Sciences*, 16 (2), 114 - 121. doi: 10.1016/j.tics.2011.12.007.

Haynes, J.-D. (2009). Decoding visual consciousness from human brain signals. *Trends in Cognitive Sciences*, 13 (5), 194 - 202. doi: 10.1016/j.tics.2009.02.004.

Haynes, J.-D. (2011). Decoding and predicting intentions. *Annals of the New York Academy of Sciences*, 1224, 9 - 21. doi: 10.1111/j.1749 - 6632.2011.05994.x.

He, B. J. (2011). Scale-free properties of the functional magnetic resonance imaging signal during rest and task. *Journal of Neuroscience*, 31 (39), 13786 - 13795. doi: 10.1523/JNEUROSCI.2111 - 11.2011.

He, B. J. (2013). Spontaneous and task-evoked brain activity negatively interact. *Journal of Neuroscience*, 33 (11), 4672 – 4682.

He, B. J. (2014). Scale-free brain activity: Past, present, and future. *Trends in Cognitive Sciences*, 18 (9), 480 – 487. doi: 10.1016/j.tics.2014.04.003.

He, B. J., & Raichle, M. E. (2009). The fMRI signal, slow cortical potential and consciousness. *Trends in Cognitive Sciences*, 13 (7), 302 – 309.

He, B. J., Zempel, J. M., Snyder, A. Z., & Raichle, M. E. (2010). The temporal structures and functional significance of scale-free brain activity. *Neuron*, 66 (3), 353 – 369. doi: 10.1016/j.neuron.2010.04.020.

Heidegger, M. (1927/1962). *Being and time* (J. Macquarrie & E. Robinson, Trans.). Oxford: Blackwell.

Hesselmann, G., Kell, C. A., Eger, E., & Kleinschmidt, A. (2008). Spontaneous local variations in ongoing neural activity bias perceptual decisions. *Proceedings of the National Academy of Sciences of the United States of America*, 105 (31), 10984 – 10989. doi: 10.1073/pnas.0712043105.

Hesselmann, G., Kell, C. A., & Kleinschmidt, A. (2008). Ongoing activity fluctuations in hMT + bias the perception of coherent visual motion. *Journal of Neuroscience*, 28 (53), 14481 – 14485. doi: 10.1523/JNEUROSCI.4398 – 08.2008.

Hipp, J. F., Hawellek, D. J., Corbetta, M., Siegel, M., & Engel, A. K. (2012). Large-scale cortical correlation structure of spontaneous oscillatory activity. *Nature Neuroscience*, 15 (6), 884 – 890. doi: 10.1038/nn.3101.

Hobson, J. A., & Friston, K. J. (2012). Waking and dreaming consciousness: Neurobiological and functional considerations. *Progress in Neurobiology*, 98 (1), 82 – 98. doi: 10.1016/j.pneurobio.2012.05.003.

Hobson, J. A., Hong, C. C., & Friston, K. J. (2014). Virtual reality and consciousness inference in dreaming. *Frontiers in Psycholology*, 5 (1133). doi: 10.3389/fpsyg.2014.01133.

Hohwy, J. (2007). Functional integration and the mind. *Synthese*, 159 (3), 315 – 328.

Hohwy, J. (2013). *The predictive mind.* Oxford: Oxford University Press.

Hohwy, J. (2014). The self-evidencing brain. *Noûs*, 50 (2), 259 – 285.

Hohwy, J. (2017). Priors in perception: Top-down modulation, Bayesian perceptual learning rate, and prediction error minimization. *Consciousness and Cognition*, 47, 75 – 85. doi: 10. 1016/j. concog. 2016. 09. 004.

Honey, C., Sporns, O., Cammoun, L., Gigandet, X., Thiran, J.-P., Meuli, R., et al. (2009). Predicting human resting-state functional connectivity from structural connectivity. *Proceedings of the National Academy of Sciences of the United States of America*, 106 (6), 2035 – 2040.

Honey, C. J., Thesen, T., Donner, T. H., Silbert, L. J., Carlson, C. E., Devinsky, O., et al. (2012). Slow cortical dynamics and the accumulation of information over long timescales. *Neuron*, 76, 423 – 434. doi: 10. 1016/j. neuron. 2012. 08. 011.

Horga, G., Schatz, K. C., Abi-Dargham, A., & Peterson, B. S. (2014). Deficits in predictive coding underlie hallucinations in schizophrenia. *Journal of Neuroscience*, 34 (24), 8072 – 8082. doi: 10. 1523/JNEUROSCI. 0200 – 14. 2014.

Huang, Z., Dai, R., Wu, X., Yang, Z., Liu, D., Hu, J., et al. (2014). The self and its resting state in consciousness: An investigation of the vegetative state. *Human Brain Mapping*, 35 (5), 1997 – 2008. doi: 10. 1002/hbm. 22308.

Huang, Z., Wang, Z., Zhang, J., Dai, R., Wu, J., Li, Y., et al. (2014). Altered temporal variance and neural synchronization of spontaneous brain activity in anesthesia. *Human Brain Mapping*, 35 (11), 5368 – 5378.

Huang, Z., Zhang, J., Duncan, N. W., & Northoff, G. (submitted). Is neural variability a neural signature of consciousness? Trial-to-trial variability and scale-free fluctuations during stimulus-induced activity in different stages of anesthesia.

Huang, Z., Zhang, J., Longtin, A., Dumont, G., Duncan, N. W., Pokorny, J., et al. (2017). Is there a nonadditive interaction between spontaneous and evoked activity? Phase-dependence and its relation to the temporal structure of scale-free brain activity. *Cerebral Cortex*, 27 (2), 1037 - 1059. doi: 10. 1093/cercor/bhv288.

Huang, Z. , Zhang, J. , Wu, J. , Qin, P. , Wu, X. , Wang, Z. , Dai, R. , Li, Y. , Liang, W. , Mao, Y. , Yang, Z. , Zhang, J. , Wolff, A. , & Northoff, G. (2015). Decoupled temporal variability and signal synchronization of spontaneous brain activity in loss of consciousness: An fMRI study in anesthesia. *Neuroimage*, 124 (Pt. A), 693 -703. doi: 10. 1016/j. neuroimage. 2015. 08. 062.

Hudetz, A. , Liu, X. , & Pillay, S. (2015). Dynamic repertoire of intrinsic brain states is reduced in propofol-induced unconsciousness. *Brain Connectivity*, 5, 10 -22. doi: 10. 1089/brain. 2014. 0230.

Hume, D. (1739/2000). *A treatise of human nature.* Oxford: Oxford University Press.

Hunter, M. , Eickhoff, S. , Miller, T. , Farrow, T. , Wilkinson, I. , & Woodruff, P. (2006). Neural activity in speech-sensitive auditory cortex during silence. *Proceedings of the National Academy of Sciences of the United States of America*, 103 (1), 189 -194.

Hyafil, A. , Giraud, A. , Fontolan, L. , & Gutkin, B. (2015). Neural cross-frequency coupling: Connecting architectures, mechanisms, and functions. *Trends in Neurosciences*, 38, 725 -740. doi: 10. 1016/j. tins. 2015. 09. 001.

Hyder, F. , Fulbright, R. K. , Shulman, R. G. , & Rothman, D. L. (2013). Glutamatergic function in the resting awake human brain is supported by uniformly high oxidative energy. *Journal of Cerebral Blood Flow and Metabolism*, 33 (3), 339 -347.

Hyder, F. , Patel, A. B. , Gjedde, A. , Rothman, D. L. , Behar, K. L. , & Shulman, R. G. (2006). Neuronal—glial glucose oxidation and glutamatergic—GABAergic function. *Journal of Cerebral Blood Flow and Metabolism*, 26 (7), 865 -877.

Hyder, F. , Rothman, D. L. , & Bennett, M. R. (2013). Cortical energy demands of signaling and nonsignaling components in brain are conserved across mammalian species and activity levels. *Proceedings of the National Academy of Sci-*

ences of the United States of America, 110 (9), 3549 – 3554.

Isaac, A. M. (2014). Structural realism for secondary qualities. *Erkenntnis*, 79 (3), 481 – 510.

Jacob, S. N., Vallentin, D., & Nieder, A. (2012). Relating magnitudes: The brain's code for proportions. *Trends in Cognitive Sciences*, 16 (3). doi: 10.1016/j.tics.2012.02.002.

Jardri, R., & Denève, S. (2013). *Circular inferences in schizophrenia. Brain*, 136 (Pt11), 3227 – 3241. doi: 10.1093/brain/awt257.

Jardri, R., & Denève, S. (2014). Erratum. *Brain*, 137 (Pt 5), e278.

Jennings, J. R., Sheu, L. K., Kuan, D. C., Manuck, S. B., & Gianaros, P. J. (2016). Resting state connectivity of the medial prefrontal cortex covaries with individual differences in high-frequency heart rate variability. *Psychphysiology*, 53, 444 – 454.

Jensen, O., Gips, B., Bergmann, T. O., & Bonnefond, M. (2014). Temporal coding organized by coupled alpha and gamma oscillations prioritize visual processing. *Trends in Neurosciences*, 37 (7), 357 – 369. doi: 10.1016/j.tins.2014.04.001.

Johnston, M. (2004). The obscure object of hallucination. *Philosophical Studies*, 120, 113 – 183.

Johnston, M. (2006). Better than mere knowledge? The function of sensory awareness. In J. Hawthorne & T. Gendler (Eds.), *Perceptual experience* (pp. 260 – 290). Oxford: Oxford University Press.

Johnston, M. (2007). Objective mind and the objectivity of our minds. *Philosophy and Phenomenological Research*, 75 (2), 233 – 268.

Johnston, M. (2009). *Saving god: Religion after idolatry.* Princeton, NJ: Princeton University Press.

Kant, I. (1781/1998). *Critique of pure reason.* P. Guyer & A. W. Wood (Eds.). Cambridge: Cambridge University Press.

Kay, K. N., Naselaris, T., Prenger, R. J., & Gallant, J. L. (2008). Identifying natural images from human brain activity. *Nature*, 452 (7185), 352 –

355. doi: 10. 1038/nature06713.

Khader, P. , Schicke, T. , Röder, B. , & Rösler, F. (2008). On the relationship between slow cortical potentials and BOLD signal changes in humans. *International Journal of Psychophysiology*, 67 (3), 252 – 261.

Kilner, J. M. , Friston, K. J. , & Frith, C. D. (2007). Predictive coding: An account of the mirror neuron system. *Cognitive Processing*, 8 (3), 159 – 166.

Kitcher, P. (1989). Explanatory unification and the causal structure of the world. In P. Kitcher & W. Salmon (Eds.), *Scientific explanation: Minnesota studies in philosophy of science* (Vol. 13, pp. 410 – 505). Minneapolis: University of Minnesota Press.

Klein, C. (2014). The brain at rest: What it's doing and why that matters. *Philosophy of Science*, 81 (5), 974 – 985.

Kleinschmidt, A. , Sterzer, P. , & Rees, G. (2012). Variability of perceptual multistability: From brain state to individual trait. *Philosophical Transactions of the Royal Society of London B: Biological Sciences*, 367 (1591), 988 – 1000.

Klimesch, W. , Freunberger, R. , & Sauseng, P. (2010). Oscillatory mechanisms of process binding in memory. *Neuroscience and Biobehavioral Reviews*, 34 (7), 1002 – 1014. doi: 10. 1016/j. neubiorev. 2009. 10. 004.

Koch, C. (2004). *The quest for consciousness: A neurobiological approach.* San Francisco: W. H. Freeman.

Koch, C. (2012). *Consciousness: Confessions of a romantic reductionist.* Cambridge, MA: MIT Press.

Koch, C. , Massimini, M. , Boly, M. , & Tononi, G. (2016). Neural correlates of consciousness: Progress and problems. *Nature Reviews: Neuroscience*, 17 (5), 307 – 321. doi: 10. 1038/nrn. 2016. 22.

Koch, C. , & Tsuchiya, N. (2012). Attention and consciousness: Related yet different. *Trends in Cognitive Sciences*, 16 (2), 103 – 105. doi: 10. 1016/j. tics. 2011. 11. 012.

Koivisto, M. , Mäntylä, T. , & Silvanto, J. (2010). The role of early visual cortex (V1/V2) in conscious and unconscious visual perception. *NeuroImage*, 51

(2), 828 – 834. doi: 10.1016/j.neuroimage.2010.02.042.

Koivisto, M., & Rientamo, E. (2016). Unconscious vision spots the animal but not the dog: Masked priming of natural scenes. *Consciousness and Cognition*, 41, 10 – 23. doi: 10.1016/j.concog.2016.01.008.

Koike, T., Tanabe, H. C., & Sadato, N. (2015). Hyperscanning neuroimaging technique to reveal the "two-in-one" system in social interactions. *Neuroscience Research*, 90, 25 – 32. doi: 10.1016/j.neures.2014.11.006.

Kok, P., Brouwer, G. J., van Gerven, M. A., & de Lange, F. P. (2013). Prior expectations bias sensory representations in visual cortex. *Journal of Neuroscience*, 33 (41), 16275 – 16284. doi: 10.1523/JNEUROSCI.0742 – 13.2013.

Kripke, S. (1972). *Naming and necessity. Cambridge*, MA: Harvard University Press.

Kuhn, T. (1957). *The Copernican revolution: Planetary astronomy in the development of western thought.* Cambridge, MA: Harvard University Press.

Kutas, M., & Hillyard, S. A. (1984). Brain potentials during reading reflect word expectancy and semantic association. *Nature*, 307, 161 – 163.

Ladyman, J. (1998). What is structural realism? *Studies in History and Philosophy of Science*, 29 (3), 409 – 424. doi: 10.1016/S0039 – 3681 (98) 80129 – 5.

Ladyman, J. (2014). Structural realism. In Edward N. Zalta (Ed.), *The Stanford encyclopedia of philosophy*, https://plato.stanford.edu/archives/win2014/entries/structural-realism

Lakatos, P., Karmos, G., Mehta, A. D., Ulbert, I., & Schroeder, C. E. (2008). Entrainment of neuronal oscillations as a mechanism of attentional selection. *Science*, 80, 320 – 325.

Lakatos, P., Schroeder, C. E., Leitman, D. I., & Javitt, D. C. (2013). Predictive suppression of cortical excitability and its deficit in schizophrenia. *Journal of Neuroscience*, 33 (28), 11692 – 11702. doi: 10.1523/JNEUROSCI.0010 – 13.2013.

Lakatos, P., Shah, A. S., Knuth, K. H., Ulbert, I., Karmos, G., &

Schroeder, C. E. (2005). An oscillatory hierarchy controlling neuronal excitability and stimulus processing in the auditory cortex. *Journal of Neurophysiology*, 94 (3), 1904 – 1911.

Lakoff, G., & Johnson, M. (1999). *Philosophy in the flesh: The embodied mind and its challenge to western thought.* New York: Basic Books.

Lamme, V. A. (2006). Towards a true neural stance on consciousness. *Trends in Cognitive Sciences*, 10 (11), 494 – 501.

Lamme, V. A. (2010a). How neuroscience will change our view on consciousness. *Cognitive Neuroscience*, 1 (3), 204 – 220. doi: 10. 1080/175889210 03731586.

Lamme, V. A. (2010b). What introspection has to offer, and where its limits lie. *Cognitive Neuroscience*, 1 (3), 232 – 240. doi: 10. 1080/17588928. 2010. 502224.

Lamme, V. A., & Roelfsema, P. R. (2000). The distinct modes of vision offered by feedforward and recurrent processing. *Trends in Neurosciences*, 23 (11), 571 – 579.

Langner, R., Kellermann, T., Boers, F., Sturm, W., Willmes, K., & Eickhoff, S. B. (2011). Modality-specific perceptual expectations selectively modulate baseline activity in auditory, somatosensory, and visual cortices. *Cerebral Cortex*, 21 (12), 2850 – 2862. doi: 10. 1093/cercor/bhr083.

Langton, R. (1998). *Kantian humility: Our ignorance of things in themselves.* Oxford: Oxford University Press.

Lashley, K. (1951). The problem of serial order in behavior. http: //faculty. samford. edu/ ~ sddonald/Courses/cosc470/Papers/The%20problem%20of %20serial%20order%20in%20behavior%20 (Lashley). pdf.

Lau, H., & Rosenthal, D. (2011). Empirical support for higher-order theories of conscious awareness. *Trends in Cognitive Sciences*, 15 (8), 365 – 373. doi: 10. 1016/j. tics. 2011. 05. 009.

Laureys, S. (2005). The neural correlate of (un) awareness: Lessons from the vegetative state. *Trends in Cognitive Sciences*, 9 (12), 556 – 559.

Laureys, S. , & Schiff, N. D. (2012). Coma and consciousness: Paradigms (re) framed by neuroimaging. *NeuroImage*, 61 (2), 478 - 491. doi: 10.1016/j.neuroimage.2011.12.041.

Lechinger, J. , Heib, D. P. , Gruber, W. , Schabus, M. , & Klimesch, W. (2015). Heartbeat related EEG amplitude and phase modulations from wakefulness to deep sleep: Interactions with sleep spindles and slow oscillations. *Psychophysiology*, 52 (11), 1441 - 1450. doi: 10.1111/psyp.12508.

Lee, T. W. , Northoff, G. , & Wu, Y. T. (2014). Resting network is composed of more than one neural pattern: An fMRI study. *Neuroscience*, 274, 198 - 208. doi: 10.1016/j.neuroscience.2014.05.035.

Leibniz, G. W. , & Clarke, S. (2000). *Correspondence* (R. Ariew, Ed.). Indianapolis: Hackett.

Lemanski, J. (2012). Die Königin der Revolution. Zur Rettung und Erhaltung der Kopernikanischen Wende. *Kant-Studien*, 103, 448 - 471.

Lewicki, M. S. (2002). Efficient coding of natural sounds. *Nature Neuroscience*, 5 (4), 356 - 363. doi: 10.1038/nn831.

Lewis, L. D. , Weiner, V. S. , Mukamel, E. A. , Donoghue, J. A. , Eskandar, E. N. , Madsen, J. R. , et al. (2012). Rapid fragmentation of neuronal networks at the onset of propofol-induced unconsciousness. *Proceedings of the National Academy of Sciences of the United States of America*, 109 (49), E3377 - E3386. doi: 10.1073/pnas.1210907109.

Li, Q. , Hill, Z. , & He, B. (2014). Spatiotemporal dissociation of brain activity underlying subjective awareness, objective performance and confidence. *Journal of Neuroscience*, 34, 4382 - 4395. doi: 10.1523/JNEUROSCI.1820-13.2014.

Limanowski, J. , & Blankenburg, F. (2013). Minimal self-models and the free energy principle. *Frontiers in Human Neuroscience*, 7, 547. doi: 10.3389/fnhum.2013.00547.

Lindenberger, U. , Li, S. C. , Gruber, W. , & Müller, V. (2009). Brains swinging in concert: Cortical phase synchronization while playing guitar. *BMC*

Neuroscience, 10, 22. doi: 10.1186/1471-2202-10-22.

Linkenkaer-Hansen, K., Nikouline, V. V., Palva, J. M., & Ilmoniemi, R. J. (2001). Long-range temporal correlations and scaling behavior in human brain oscillations. *Journal of Neuroscience*, 21, 1370-1377.

Liu, X., Ward, B. D., Binder, J. R., Li, S.-J., & Hudetz, A. G. (2014). Scale-free functional connectivity of the brain is maintained in anesthetized healthy participants but not in patients with unresponsive wakefulness syndrome. *PLoS One*, 9, e92182. doi: 10.1371/journal.pone.0092182.

Llinás, R. R. (1988). The intrinsic electrophysiological properties of mammalian neurons: Insights into central nervous system function. *Science*, 242 (4886), 1654-1664.

Llinás, R. (2001). *I of the vortex: From neurons to self.* Cambridge, MA: MIT Press.

Llinás, R. R., Leznik, E., & Urbano, F. J. (2002). Temporal binding via cortical coincidence detection of specific and nonspecific thalamocortical inputs: A voltage dependent dye-imaging study in mouse brain slices. *Proceedings of the National Academy of Sciences of the United States of America*, 99 (1), 449-454.

Llinás, R., Ribary, U., Contreras, D., & Pedroarena, C. (1998). The neuronal basis for consciousness. *Philosophical Transactions of the Royal Society of London B: Biological Sciences*, 353 (1377), 841-849.

Logothetis, N. K., Murayama, Y., Augath, M., Steffen, T., Werner, J., & Oeltermann, A. (2009). How not to study spontaneous activity. *NeuroImage*, 45 (4), 1080-1089. doi: 10.1016/j.neuroimage.2009.01.010.

Maandag, N. J., Coman, D., Sanganahalli, B. G., Herman, P., Smith, A. J., Blumenfeld, H., et al. (2007). Energetics of neuronal signaling and fMRI activity. *Proceedings of the National Academy of Sciences*, 104 (51), 20546-20551.

MacDonald, A. A., Naci, L., MacDonald, P. A., & Owen, A. M. (2015). Anesthesia and neuroimaging: Investigating the neural correlates of unconsciousness. *Trends in Cognitive Sciences*, 19 (2), 100-107. doi: 10.1016/j.tics.

2014.12.005.

MacDougall, D. M. D. (1907). Hypothesis concerning soul substance together with experimental evidence of the existence of such substance. *Journal of the American Society for Psychical Research*, 1 (5), 237－244.

Machamer, P., Darden, L., & Craver, C. (2000). Thinking about mechanisms. *Philosophy of Science*, 57, 1－25.

MacLaurin, J., & Dyke, H. (2012). What is analytic metaphysics? *Australasian Journal of Philosophy*, 90 (2), 291－306.

Magioncalda, P., Martino, M., Conio, B., Escelsior, A., Piaggio, N., Presta, A., et al. (2014). Functional connectivity and neuronal variability of resting state activity in bipolar disorder-reduction and decoupling in anterior cortical midline structures. *Human Brain Mapping*. doi: 10.1002/hbm.22655.

Malone-France, D. (2007). *Deep empiricism: Kant, Whitehead, and the necessity of philosophical theism.* Lanham, MD: Lexington Books.

Mandik, P. (2006). The neurophilosophy of consciousness. In M. Velmans & S. Schneider (Eds.), *The Blackwell companion to consciousness* (pp. 418－430). Oxford: Blackwell.

Mantini, D., Corbetta, M., Romani, G. L., Orban, G. A., & Vanduffel, W. (2013). Evolutionarily novel functional networks in the human brain? *Journal of Neuroscience*, 33 (8), 3259－3275.

Mantini, D., Perrucci, M. G., Del Gratta, C., Romani, G. L., & Corbetta, M. (2007). Electrophysio-logical signatures of resting state networks in the human brain. *Proceedings of the National Academy of Sciences of the United States of America*, 104 (32), 13170－13175. doi: 10.1073/pnas.0700668104.

Martino, M., Magioncalda, P., Huang, Z., Conio, B., Piaggio, N., Duncan, N. W., et al. (2016). Contrasting variability patterns in the default mode and sensorimotor networks balance in bipolar depression and mania. *Proceedings of the National Academy of Sciences of the United States of America*, 113 (17), 4824－4829. doi: 10.1073/pnas.1517558113.

Marx, E., Deutschländer, A., Stephan, T., Dieterich, M., Wiesmann,

M. , & Brandt, T. (2004). Eyes open and eyes closed as rest conditions: Impact on brain activation patterns. *NeuroImage*, 21 (4), 1818 – 1824.

Mason, M. F. , Norton, M. I. , Van Horn, J. D. , Wegner, D. M. , Grafton, S. T. , & Macrae, C. N. (2007). Wandering minds: The default network and stimulus-independent thought. *Science*, 315 (5810), 393 – 395. doi: 10. 1126/science. 1131295.

Massimini, M. , Ferrarelli, F. , Murphy, M. J. , Huber, R. , Riedner, B. A. , Casarotto, S. , et al. (2010). Cortical reactivity and effective connectivity during REM sleep in humans. *Cognitive Neuroscience*, 1, 176 – 183. doi: 10. 1080/17588921003731578.

Mathewson, K. E. , Gratton, G. , Fabiani, M. , Beck, D. M. , & Ro, T. (2009). To see or not to see: Prestimulus α phase predicts visual awareness. *Journal of Neuroscience*, 29, 234 – 245.

McDowell, J. (1994). *Mind and world.* Cambridge, MA: Harvard University Press.

McDowell, J. (2009). *The engaged intellect: Philosophical essays.* Cambridge, MA: Harvard University Press.

McGinn, C. (1991). *The problem of consciousness.* London: Blackwell.

Menon, V. (2011). Large-scale brain networks and psychopathology: A unifying triple network model. *Trends in Cognitive Sciences*, 15 (10), 483 – 506. doi: 10. 1016/j. tics. 2011. 08. 003.

Merleau-Ponty, M. (1945/2012). *Phenomenology of perception* (D. Landes, Trans.). London: Routledge.

Miles, M. (2006). Kant's "Copernican revolution": Toward rehabilitation of a concept and provision of a framework for the interpretation of the Critique of Pure Reason. *Kant-Studien*, 97, 1 – 32.

Millikan, R. G. (1984). *Language, thought, and other biological categories.* Cambridge, MA: MIT Press.

Mitra, A. , Snyder, A. Z. , Tagliazucchi, E. , Laufs, H. , & Raichle, M. E. (2015). Propagated infraslow intrinsic brain activity reorganizes across wake and slow wave sleep. *eLife*, 4, e10781. doi: 10.7554/eLife.10781.

Molotchnikoff, S., & Rouat, J. (2012). Brain at work: Time, sparseness and superposition principles. *Frontiers in Bioscience—Landmark*, 17. doi: 10.2741/3946

Montague, P. R., King-Casas, B., & Cohen, J. D. (2006). Imaging valuation models in human choice. *Annual Review of Neuroscience*, 29, 417-448.

Monti, M. M., Vanhaudenhuyse, A., Coleman, M. R., Boly, M., Pickard, J. D., Tshibanda, L., et al. (2010). Willful modulation of brain activity in disorders of consciousness. *New England Journal of Medicine*, 362 (7), 579-589. doi: 10.1056/NEJMoa0905370.

Monto, S. (2012). Nested synchrony—a novel cross-scale interaction among neuronal oscillations. *Frontiers in Physiology*, 3.

Monto, S., Palva, S., Voipio, J., & Palva, J. M. (2008). Very slow EEG fluctuations predict the dynamics of stimulus detection and oscillation amplitudes in humans. *Journal of Neuroscience*, 28 (33), 8268-8272. doi: 10.1523/JNEUROSCI.1910-08.2008.

Morcom, A. M., & Fletcher, P. C. (2007a). Cognitive neuroscience: The case for design rather than default. *NeuroImage*, 37 (4), 1097-1099.

Morcom, A. M., & Fletcher, P. C. (2007b). Does the brain have a baseline? Why we should be resisting a rest. *NeuroImage*, 37 (4), 1073-1082. doi: 10.1016/j.neuroimage.2007.06.019.

Morganti, M. (2011). Is there a compelling argument for ontic structural realism? *Philosophy of Science*, 78 (5), 1165-1176.

Mossbridge, J. A., Tressoldi, P., Utts, J., Ives, J. A., Radin, D., & Jonas, W. B. (2014). Predicting the unpredictable: Critical analysis and practical implications of predictive anticipatory activity. *Frontiers in Human Neuroscience*, 8 (146). doi: 10.3389/fnhum.2014.00146.

Moutard, C., Dehaene, S., & Malach, R. (2015). Spontaneous fluctuations and non-linear ignitions: Two dynamic faces of cortical recurrent loops. *Neuron*, 88 (1), 194-206. doi: 10.1016/j.neuron.2015.09.018.

Mudrik, L., Faivre, N., & Koch, C. (2014). Information integration without awareness. *Trends in Cognitive Sciences*, 18 (9), 488 - 496.

Mukamel, E. A., Pirondini, E., Babadi, B., Wong, K. F., Pierce, E. T., Harrell, P. G., et al. (2014). A transition in brain state during propofol-induced unconsciousness. *Journal of Neuroscience*, 34 (3), 839 - 845. doi: 10. 1523/JNEUROSCI. 5813 - 12. 2014.

Mukamel, E. A., Pirondini, E., Babadi, B., Wong, K. F., Pierce, E. T., Harrell, P. G., et al. (2015). Erratum. *Journal of Neuroscience*, 35 (22), 8684 - 8685.

Mukamel, E. A., Wong, K. F., Prerau, M. J., Brown, E. N., & Purdon, P. L. (2011). Phase-based measures of cross-frequency coupling in brain electrical dynamics under general anesthesia. In *Engineering in Medicine and Biology Society EMBC* 2011 *Annual International Conference of the IEEE*, 1981 - 1984. doi: 10. 1109/IEMBS. 2011. 6090558

Murray, J. D., Bernacchia, A., Freedman, D. J., Romo, R., Wallis, J. D., & Cai, X., Padoa-Schioppa, C., Pasternak, T., Seo, H., Lee, D., & Wang, X. -J. (2014). A hierarchy of intrinsic timescales across primate cortex. *Nature Neuroscience*, 17, 1661 - 1663. doi: 10. 1038/nn. 3862.

Nagel, T. (1974). What it is like to be a bat? *Philosophical Review*, 83 (4), 435 - 450.

Nagel, T. (1979). *Mortal questions.* Cambridge: Cambridge University Press.

Nagel, T. (1986). *The view from nowhere.* Oxford: Oxford University Press.

Nagel, T. (1987). *What does it all mean? A very short introduction to philosophy.* Oxford: Oxford University Press.

Nagel, T. (1993). What is the mind-body problem? and Summary. In *Experimental and Theoretical Studies of Consciousness*, *Ciba Foundation Symposium* 174 (pp. 1 - 13, 304 - 306). Chichester: John Wiley & Sons.

Nagel, T. (1997). *The last word.* Oxford: Oxford University Press.

Nagel, T. (1998). Conceiving the impossible and the mind-body problem. *Philosophy*, 73, 337 – 352.

Nagel, T. (2000). The psychophysical nexus. In P. Boghossian & C. Peacocke (Eds.), *New essays on the a priori* (pp. 432 – 471). Oxford: Clarendon Press.

Nagel, T. (2012). *Mind and cosmos: Why the materialist neo-Darwinian conception of nature is almost certainly false.* Oxford: Oxford University Press.

Nakao, T., Matsumoto, T., Morita, M., Shimizu, D., Yoshimura, S., Northoff, G., et al. (2013). The degree of early life stress predicts decreased medial prefrontal activations and the shift from internally to externally guided decision making: An exploratory NIRS study during resting state and self-oriented task. *Frontiers in Human Neuroscience*, 7, 339. doi: 10.3389/fnhum.2013.00339.

Naselaris, T., Prenger, R. J., Kay, K. N., Oliver, M., & Gallant, J. L. (2009). Bayesian reconstruction of natural images from human brain activity. *Neuron*, 63 (6), 902 – 915.

Noe, A. (2004). *Action in perception.* Cambridge, MA: MIT Press.

Northoff, G. (1999). *Das Gehirn: Eine neurophilosophische Bestandsaufnahme* [The brain: A neurophilosophical "state of the art"]. Paderborn: Schoeningh.

Northoff, G. (2004). *Philosophy of brain: The brain problem.* Amsterdam: John Benjamins.

Northoff, G. (2011). *Neuropsychoanalysis in practice: Self, objects, and brains.* Oxford: Oxford University Press.

Northoff, G. (2012a). Autoepistemic limitation and the brain's neural code: Comment on "Neuroontology, neurobiological naturalism, and consciousness: A challenge to scientific reduction and a solution" by Todd E. Feinberg. *Physics of Life Reviews*, 9 (1), 38 – 39. doi: 10.1016/j.plrev.2011.12.017.

Northoff, G. (2012b). Psychoanalysis and the brain—why did Freud abandon neuroscience? *Frontiers in Psychology*, 3, 71. doi: 10.3389/fpsyg.2012.00071.

Northoff, G. (2012c). Immanuel Kant's mind and the brain's resting state. *Trends in Cognitive Sciences*, 16 (7), 356 – 359. doi: 10.1016/j.tics.2012.06.001.

Northoff, G. (2013). What the brain's intrinsic activity can tell us about consciousness? A tri-dimensional view. *Neuroscience and Biobehavioral Reviews*, 37 (4), 726 – 738.

Northoff, G. (2014a). *Unlocking the brain (Vol. 1): Coding*. Oxford: Oxford University Press.

Northoff, G. (2014b). *Unlocking the brain (Vol. 2): Consciousness*. Oxford: Oxford University Press.

Northoff, G. (2014c). How is our self altered in psychiatric disorders? A neurophenomenal approach to psychopathological symptoms. *Psychopathology*. doi: 10.1159/000363351.

Northoff, G. (2014d). *Minding the brain: A guide to neuroscience and philosophy*. London: Palgrave Macmillan.

Northoff, G. (2015a). Do cortical midline variability and low frequency fluctuations mediate William James' "Stream of Consciousness"? "Neurophenomenal balance hypothesis" of "inner time consciousness." *Consciousness and Cognition*, 30, 184 – 200. doi: 10.1016/j.concog.2014.09.004.

Northoff, G. (2015b). Spatiotemporal psychopathology II: How does a psychopathology of the brain's resting state look like? *Journal of Affective Disorder* (in revision).

Northoff, G. (2015c). Is schizophrenia a spatiotemporal disorder of the brain's resting state? *World Psychiatry*, 14 (1), 34 – 35.

Northoff, G. (2015d). Resting state activity and the "stream of consciousness" in schizophrenia-neurophenomenal hypotheses. *Schizophrenia Bulletin*. doi: 10.1093/schbul/sbu116.

Northoff, G. (2015e). Spatiotemporal psychopathology I: Is depression a spatiotemporal disorder of the brain's resting state? *Journal of Affective Disorder* (in revision).

Northoff, G. (2016a). Neuroscience and Whitehead I: Neuro-ecological model of brain. *Axiomathes*. doi: 10.1007/s10516-016-9286-2.

Northoff, G. (2016b). Neuroscience and Whitehead II: Process-based ontology of brain. *Axiomathes*. doi: 10.1007/s10516-016-9287-1.

Northoff, G. (2016c). Spatiotemporal psychopathology I: No rest for the brain's resting state activity in depression? Spatiotemporal psychopathology of depressive symptoms. *Journal of Affective Disorders*, 190, 854-866. doi: 10.1016/j.jad.2015.05.007.

Northoff, G. (2016d). Spatiotemporal psychopathology II: How does a psychopathology of the brain's resting state look like? Spatiotemporal approach and the history of psychopathology. *Journal of Affective Disorders*, 190, 867-879. doi: 10.1016/j.jad.2015.05.008.

Northoff, G. (2016e). *Neurophilosophy of the healthy mind: Learning from the unwell brain*. New York: Norton.

Northoff, G. (2017a). "Paradox of slow frequencies": Are slow frequencies in upper cortical layers a neural predisposition of the level/state of consciousness (NPC)? *Consciousness and Cognition*, 54, 20-35. doi: 10.1016/j.concog.2017.03.006.

Northoff, G. (2017b). Personal identity and cortical midline structure (CMS): Do temporal features of CMS neural activity transform into "self-continuity"? Psychological Inquiry, 28 (2-3), 122-131.

Northoff, G., & Bermpohl, F. (2004). Cortical midline structures and the self. *Trends in Cognitive Sciences*, 8 (3), 102-107.

Northoff, G., & Duncan, N. W. (2016). How do abnormalities in the brain's spontaneous activity translate into symptoms in schizophrenia? From an overview of resting state activity findings to a proposed spatiotemporal psychopathology. *Progress in Neurobiology*, 145-146, 26-45. doi: 10.1016/j.pneurobio.2016.08.003.

Northoff, G., Duncan, N. W., & Hayes, D. J. (2010). The brain and its resting state activity—experimental and methodological implications. *Progress in*

Neurobiology, 92 (4), 593 –600. doi: 10. 1016/j. pneurobio. 2010. 09. 002.

Northoff, G. , Heinzel, A. , Bermpohl, F. , Niese, R. , Pfennig, A. , Pascual-Leone, A. , & Schlaug, G. (2004). Reciprocal modulation and attenuation in the prefrontal cortex: An fMRI study on emotional-cognitive interaction. *Human Brain Mapping*, 21 (3), 202 –212. doi: 10. 1002/hbm. 20002.

Northoff, G. , Heinzel, A. , de Greck, M. , Bermpohl, F. , Dobrowolny, H. , & Panksepp, J. (2006). Self-referential processing in our brain—a meta-analysis of imaging studies on the self. *NeuroImage*, 31 (1), 440 –457.

Northoff, G. , & Heiss, W. D. (2015). Why is the distinction between neural predispositions, prerequisites, and correlates of the level of consciousness clinically relevant? Functional brain imaging in coma and vegetative state. *Stroke*, 46 (4), 1147 –1151. doi: 10. 1161/STROKEAHA. 114. 007969.

Northoff, G. , & Huang, Z. (2017). How do the brain's time and space mediate consciousness and its different dimensions? Temporo-spatial theory of consciousness (TTC). *Neuroscience and Biobehavioral Reviews*, 80, 630 –645. doi: 10. 1016/j. neubiorev. 2017. 07. 013.

Northoff, G. , Magioncalda, P. , Martino, M. , Lee, H. C. , Tseng, Y. C. , & Lane, T. (2017). Too fast or too slow? Time and neuronal variability in bipolar disorder—a combined theoretical and empirical investigation. *Schizophrenia Bulletin*, May 19. doi: 10. 1093/schbul/sbx050.

Northoff, G. , & Qin, P. (2011). How can the brain's resting state activity generate hallucinations? A "resting state hypothesis" of auditory verbal hallucinations. *Schizophrenia Research*, 127 (1 –3), 202 –214.

Northoff, G. , Qin, P. , & Nakao, T. (2010). Rest-stimulus interaction in the brain: A review. *Trends in Neurosciences*, 33 (6), 277 –284.

Northoff, G. , & Sibille, E. (2014a). Cortical GABA neurons and self-focus in depression: A model linking cellular, biochemical and neural network findings. *Molecular Psychiatry*, 19 (9), 959.

Northoff, G. , & Sibille, E. (2014b). Why are cortical GABA neurons relevant to internal focus in depression? A cross-level model linking cellular, biochemical and neural network findings. *Molecular Psychiatry*, 19 (9), 966 - 977. doi: 10. 1038/mp. 2014. 68.

Northoff, G. , & Sibille, E. (2014c). Why are cortical GABA neurons relevant to internal focus in depression? A cross-level model linking cellular, biochemical and neural network findings. *Molecular Psychiatry*, 19 (9), 966 - 977. doi: 10. 1038/mp. 2014. 68.

Northoff, G. , & Sibille, E. (2014d). Why are cortical GABA neurons relevant to internal focus in depression? A cross-level model linking cellular, biochemical and neural network findings. *Molecular Psychiatry*, 19 (9), 966 - 977. doi: 10. 1038/mp. 2014. 68.

Northoff, G. , Wiebking, C. , Feinberg, T. , & Panksepp, J. (2011). The "resting-state hypothesis" of major depressive disorder-a translational subcortical-cortical frame-work for a system disorder. *Neuroscience and Biobehavioral Reviews*, 35 (9), 1929 - 1945.

Notredame, C. E. , Pins, D. , Deneve, S. , & Jardri, R. (2014). What visual illusions teach us about schizophrenia. *Frontiers in Integrative Neuroscience*, 8, 63. doi: 10. 3389/fnint. 2014. 00063.

Olshausen, B. A. , & Field, D. J. (1996). Emergence of simple-cell receptive field properties by learning a sparse code for natural images. *Nature*, 381 (6583), 607 - 609.

Olshausen, B. A. , & Field, D. J. (1997). Sparse coding with an overcomplete basis set: A strategy employed by V1? *Vision Research*, 37 (23), 3311 - 3325. http: //www. ncbi. nlm. nih. gov/pubmed/9425546.

Olshausen, B. A. , & Field, D. J. (2004). Sparse coding of sensory inputs. *Current Opinion in Neurobiology*, 14 (4), 481 - 487. doi: 10. 1016/j. conb. 2004. 07. 007.

Olshausen, B. A. , & O'Connor, K. N. (2002). A new window on sound. *Nature Neuroscience*, 5 (4), 292 - 294. doi: 10. 1038/nn0402 - 292.

Overgaard, M. , & Fazekas, P. (2016). Can no-report paradigms extract true correlates of consciousness? *Trends in Cognitive Sciences*, 20 (4), 241 -

242. doi: 10. 1016/j. tics . 2016. 01. 004.

Owen, A. M. , Coleman, M. R. , Boly, M. , Davis, M. H. , Laureys, S. , & Pickard, J. D. (2006). Detecting awareness in the vegetative state. *Science*, 313 (5792), 1402.

Palmer, L. M. (2004). The systematic constitution of the universe. The constitution of the mind and Kant's Copernican analogy. *Kant-Studien*, 95, 171 - 182.

Palmer, C. J. , Seth, A. K. , & Hohwy, J. (2015). The felt presence of other minds: Predictive processing, counterfactual predictions, and mentalising in autism. *Consciousness and Cognition*, 36, 376 - 389. doi: 10. 1016/j. concog. 2015. 04. 007.

Palva, S. , Linkenkaer-Hansen, K. , Näätänen, R. , & Palva, J. M. (2005). Early neural correlates of conscious somatosensory perception. *Journal of Neuroscience*, 25 (21), 5248 -5258.

Palva, J. M. , & Palva, S. (2012). Infra-slow fluctuations in electrophysiological recordings, blood-oxygenation-level-dependent signals, and psychophysical time series. *NeuroImage*, 62, 2201 - 2211. doi: 10. 1016/j. neuroimage. 2012. 02. 060.

Palva, J. M. , Zhigalov, A. , Hirvonen, J. , Korhonen, O. , Linkenkaer-Hansen, K. , & Palva, S. (2013). Neuronal long-range temporal correlations and avalanche dynamics are correlated with behavioral scaling laws. *Proceedings of the National Academy of Sciences of the United States of America*, 110, 3585 - 3590. doi: 10. 1073/pnas. 1216855110.

Papineau, D. (2002). *Thinking about consciousness.* Oxford: Oxford University Press.

Park, H. D. , Bernasconi, F. , Salomon, R. , Tallon-Baudry, C. , Spinelli, L. , Seeck, M. , et al. (2017). Neural sources and underlying mechanisms of neural responses to heartbeats, and their role in bodily self-consciousness: An intracranial EEG study. [Epub ahead of print] . *Cereb Cortex*, 1 - 14. doi: 10. 1093/cercor/bhx136.

Park, H. D. , Correia, S. , Ducorps, A. , & Tallon-Baudry, C. (2014). Spontaneous fluctuations in neural responses to heartbeats predict visual detection. *Nature Neuroscience*, 17 (4), 612 –618. doi: 10.1038/nn.3671.

Park, H. D, & Tallon-Baudry, C. (2014). The neural subjective frame: from bodily signals to perceptual consciousness. *Philosophical Transactions of the Royal Society of London B: Biological Sciences*, 369 (1641), 20130208. doi: 10.1098/rstb.2013.0208.

Patson, H. J. (1937). Discussion of "Kant's so-called Copernican revolution." *Mind*, 46 (182), 365 –371.

Pennartz, Cyriel M. A. (2015). *The brain's representational power: On consciousness and the integration of modalities.* Cambridge, MA: MIT Press.

Pereboom, D. (2011). *Consciousness and the prospects of physicalism.* New York: Oxford University Press.

Pitts, M. A. , Metzler, S. , & Hillyard, S. A. (2014a). Isolating neural correlates of conscious perception from neural correlates of reporting one's perception. *Frontiers in Psychology*, 5, 1078. doi: 10.3389/fpsyg.2014.01078.

Pitts, M. A. , Padwal, J. , Fennelly, D. , Martínez, A. , & Hillyard, S. A. (2014b). Gamma band activity and the P3 reflect post-perceptual processes, not visual awareness. *NeuroImage*, 101, 337 – 350. doi: 10.1016/j.neuroimage.2014.07.024.

Ploner, M. , Lee, M. C. , Wiech, K. , Bingel, U. , & Tracey, I. (2010). Prestimulus functional connectivity determines pain perception in humans. *Proceedings of the National Academy of Sciences of the United States of America*, 107, 355 – 360. doi: 10.1073/pnas.0906186106.

Poincaré, H. (1905). *Science and hypotheses* (W. J. Greenstreet, Trans.). New York: Walter Scott.

Poldrack, R. A. , & Yarkoni, T. (2016). From brain maps to cognitive ontologies: Informatics and the search for mental structure. *Annual Review of Psychology*, 67, 587 –612. doi: 10.1146/annurev-psych-122414 –033729.

Ponce-Alvarez, A. , He, B. J. , Hagmann, P. , & Deco, G. (2015). Taskdriven activity reduces the cortical activity space of the brain: Experiment and whole-brain modeling. *PLoS Computational Biology*, 11 (8), e1004445. doi: 10.1371/journal. pcbi. 1004445.

Prinz, J. (2012). *The conscious brain.* Oxford: Oxford University Press.

Purdon, P. L., Pierce, E. T., Mukamel, E. A., Prerau, M. J., Walsh, J. L., Wong, K. F., et al. (2013). Electroencephalogram signatures of loss and recovery of consciousness from propofol. *Proceedings of the National Academy of Sciences of the United States of America*, 110 (12), E1142 – E1151. doi: 10. 1073/pnas. 1221180110.

Putnam, H. (2012). *Philosophy in an age of science: Physics, mathematics, and skepticism.* M. DeCaro & D. Macarthur (Eds.). Cambridge, MA: Harvard University Press.

Qin, P., Di, H., Liu, Y., Yu, S., Gong, Q., Duncan, N., et al. (2010). Anterior cingulate activity and the self in disorders of consciousness. *Human Brain Mapping*, 31 (12), 1993 –2002. doi: 10. 1002/hbm. 20989.

Qin, P., Duncan, N. W., Wiebking, C., Gravel, P., Lyttelton, O., Hayes, D. J., et al. (2012). GABA (A) receptors in visual and auditory cortex and neural activity changes during basic visual stimulation. *Frontiers in Human Neuroscience*, 6, 337. doi: 10. 3389/fnhum. 2012. 00337.

Qin, P., Grimm, S., Duncan, N. W., Fan, Y., Huang, Z., Lane, T., Weng, X., Bajbouj, M., & Northoff, G. (2016). Spontaneous activity in default-mode network predicts ascription of self-relatedness to stimuli. *Social Cognitive and Affective Neuroscience*, 11, 693 –702. doi: org/10. 1093/scan/nsw008

Qin, P., Grimm, S., Duncan, N. W., Holland, G., Shen Guo, J., Fan, Y., et al. (2013). Self-specific stimuli interact differently than non-self-specific stimuli with eyes open versus eyes-closed spontaneous activity in auditory cortex. *Frontiers in Human Neuroscience*, 7.

Qin, P., & Northoff, G. (2011). How is our self related to midline regions and the default-mode network? *NeuroImage*, 57 (3), 1221 – 1233. doi: 10. 1016/j. neuroimage . 2011. 05. 028.

Qin, P. , Wu, X. , Duncan, N. , Bao, W. , Tang, W. , Zhang, Z. , et al. (submitted). GABA (A) receptor deficits predict recovery in vegetative state—an exploratory flumazenil PET and fMRI investigations.

Qin, P. , Wu, X, Wu, C. , Zhang, J. , Huang, Z. , Duncan, N. W. , Weng, X. , Tang, W. , Zhao, Y. , Lane, T. , Mao, Y. , Hudetz, A. G. , & Northoff, G. (in revision). Thalamus-SACC-Insula Functional connectivity is a central neuronal signature of consciousness—fMRI in sleep, anaesthesia and unresponsive wakefulness syndrome.

Quine, W. V. O. (1969). *Ontological relativity and other essays.* New York: Columbia University Press.

Raichle, M. E. (2009). A brief history of human brain mapping. *Trends in Neurosciences*, 32 (2), 118 -126.

Raichle, M. E. (2010). Two views of brain function. *Trends in Cognitive Sciences*, 14 (4), 180 -190. doi: 10. 1016/j. tics. 2010. 01. 008.

Raichle, M. E. (2015a). The restless brain: how intrinsic activity organizes brain function. Philosophical Transactions of the Royal Society of London B: Biological Sciences, 370 (1668), 20140172.

Raichle, M. E. (2015b). The brain's default mode network. *Annual Review of Neuroscience*, 38, 433 -447. doi: 10. 1146/annurev-neuro-071013 -014030.

Raichle, M. E., MacLeod, A. M. , Snyder, A. Z. , Powers, W. J. , Gusnard, D. A. , & Shulman, G. L. (2001). A default mode of brain function. *Proceedings of the National Academy of Sciences of the United States of America*, 98 (2), 676 -682.

Rao, R. P. , & Ballard, D. H. (1999). Predictive coding in the visual cortex: A functional interpretation of some extra-classical receptive-field effects. *Nature Neuroscience*, 2 (1), 79 -87.

Rauss, K. , Schwartz, S. , & Pourtois, G. (2011). Top-down effects on early visual processing in humans: A predictive coding framework. *Neuroscience and Biobehavioral Reviews*, 35 (5), 1237 - 1253. doi: 10. 1016/j. neubiorev. 2010. 12. 011.

Rescher, N. (2000). *Process philosophy: A survey of basic issues.* Pittsburgh: University of Pittsburgh Press.

Revonsuo, A. (2006). *Inner presence: Consciousness as a biological phenomenon.* Cambridge, MA: MIT Press.

Rhodes, P. (2006). The properties and implications of NMDA spikes in neocortical pyramidal cells. *Journal of Neuroscience*, 26, 6704 – 6715.

Richter, C. G., Babo-Rebelo, M., Schwartz, D., & Tallon-Baudry, C. (2017). Phase-amplitude coupling at the organism level: The amplitude of spontaneous alpha rhythm fluctuations varies with the phase of the infra-slow gastric basal rhythm. *NeuroImage*, 146, 951 – 958. doi: 10.1016/j.neuroimage.2016.08.043.

Robinson, H. (1990). Kant's Copernican revolution. *Journal of the History of Philosophy*, 28 (3), 458 – 460.

Rodriguez, E., George, N., Lachaux, J. P., Martinerie, J., Renault, B., & Varela, F. J. (1999). Perception's shadow: Long-distance synchronization of human brain activity. *Nature*, 397 (6718), 430 – 433.

Rolls, E. T., & Treves, A. (2011). The neuronal encoding of information in the brain. *Progress in Neurobiology*, 95 (3). doi: 10.1016/j.pneurobio.2011.08.002.

Rosanova, M., Gosseries, O., Casarotto, S., Boly, M., Casali, A. G., Bruno, M. A., et al. (2012). Recovery of cortical effective connectivity and recovery of consciousness in vegetative patients. *Brain*, 135 (Pt 4), 1308 – 1320. doi: 10.1093/brain/awr340.

Rosch, E., Thompson, E., & Varela, F. J. (1991). *The embodied mind: Cognitive science and human experience.* Cambridge, MA: MIT Press.

Rothman, D. L., De Feyter, H. M., Graaf, R. A., Mason, G. F., & Behar, K. L. (2011). 13C MRS studies of neuroenergetics and neurotransmitter cycling in humans. *NMR in Biomedicine*, 24 (8), 943 – 957.

Rowlands, M. (2010). The new science of the mind: From extended mind to embodied phenomenology. Cambridge, MA: MIT Press.

Rozell, C. J. , Johnson, D. H. , Baraniuk, R. G. , & Olshausen, B. A. (2008). Sparse coding via thresholding and local competition in neural circuits. *Neural Computation*, 20 (10), 2526 - 2563. doi: 10. 1162/neco. 2008. 03 - 07 - 486.

Ruby, F. J. , Smallwood, J. , Engen, H. , & Singer, T. (2013). How self-generated thought shapes mood—the relation between mind-wandering and mood depends on the socio-temporal content of thoughts. *PLoS One*, 8 (10), e77554.

Ruby, F. J. , Smallwood, J. , Sackur, J. , & Singer, T. (2013). Is self-generated thought a means of social problem solving? *Frontiers in Psychology*, 4.

Russell, B. (1948). Human knowledge: Its scope and limits. New York: Simon and Schuster.

Rutiku, R. , Aru, J. , & Bachmann, T. (2016). General markers of conscious visual perception and their timing. *Frontiers in Human Neuroscience*, 10, 23. doi: 10. 3389/fnhum. 2016. 00023.

Saad, Z. S. , Gotts, S. J. , Murphy, K. , Chen, G. , Jo, H. J. , Martin, A. , et al. (2012). Trouble at rest: How correlation patterns and group differences become distorted after global signal regression. *Brain Connectivity*, 2 (1), 25 - 32.

Sacks, M. (2000). *Objectivity and insight.* Oxford: Oxford University Press.

Sadaghiani, S. , Hesselmann, G. , Friston, K. J. , & Kleinschmidt, A. (2010). The relation of ongoing brain activity, evoked neural responses, and cognition. *Frontiers in Systems Neuroscience*, 4, 20. doi: 10. 3389/fnsys. 2010. 00020.

Sadaghiani, S. , Hesselmann, G. , & Kleinschmidt, A. (2009). Distributed and antagonistic contributions of ongoing activity fluctuations to auditory stimulus detection. *Journal of Neuroscience*, 29 (42), 13410 - 13417. doi: 10. 1523/JNEUROSCI. 2592 - 09. 2009.

Sadaghiani, S. , & Kleinschmidt, A. (2013). Functional interactions between intrinsic brain activity and behavior. *NeuroImage*, 80, 379 - 386. doi: 10. 1016/j. neuroimage. 2013. 04. 100.

Sadaghiani, S. , Poline, J. B. , Kleinschmidt, A. , & D'Esposito, M. (2015). Ongoing dynamics in large-scale functional connectivity predict perception. *Proceedings of the National Academy of Sciences of the United States of America*, 112 (27), 8463 – 8468. doi: 10. 1073/pnas. 1420687112.

Sadaghiani, S., Scheeringa, R., Lehongre, K., Morillon, B., Giraud, A. L., & Kleinschmidt, A. (2010). Intrinsic connectivity networks, alpha oscillations, and tonic alertness: A simultaneous electroencephalography/functional magnetic resonance imaging study. *Journal of Neuroscience*, 30 (30), 10243 – 10250. doi: 10. 1523/JNEUROSCI. 1004 – 10. 2010.

Sänger, J., Müller, V., & Lindenberger, U. (2012). Intra-and interbrain synchronization and network properties when playing guitar in duets. *Frontiers in Human Neuroscience*, 6, 312. doi: 10. 3389/fnhum. 2012. 00312.

Sarà, M., Pistoia, F., Pasqualetti, P., Sebastiano, F., Onorati, P., & Rossini, P. M. (2011). Functional isolation within the cerebral cortex in the vegetative state. *Neurorehabilitation and Neural Repair*, 25, 35 – 42. doi: 10. 1177/1545968310378508.

Sauseng, P., & Klimesch, W. (2008). What does phase information of oscillatory brain activity tell us about cognitive processes? *Neuroscience and Biobehavioral Reviews*, 32 (5), 1001 – 1013.

Saxe, R. (2006). Uniquely human social cognition. *Current Opinion in Neurobiology*, 16 (2), 235 – 239.

Saxe, R., & Kanwisher, N. (2003). People thinking about thinking people: The role of the temporo-parietal junction in "theory of mind." *NeuroImage*, 19 (4), 1835 – 1842.

Saxe, R., & Wexler, A. (2005). Making sense of another mind: The role of the right temporo-parietal junction. *Neuropsychologia*, 43 (10), 1391 – 1399.

Schacter, D. L., Addis, D. R., Hassabis, D., Martin, V. C., Spreng, R. N., & Szpunar, K. K. (2012). The future of memory: Remembering, imagining, and the brain. *Neuron*, 76, 677 – 694. doi: 10. 1016/j. neuron. 2012. 11. 001.

Schechtman, M. (1997). The brain/body problem. *Philosophical Psychology*, 10 (2), 149 – 164.

Schneider, F. , Bermpohl, F. , Heinzel, A. , Rotte, M. , Walter, M. , Tempelmann, C. , et al. (2008). The resting brain and our self: Self-relatedness modulates resting state neural activity in cortical midline structures. *Neuroscience*, 157 (1), 120-131.

Schölvinck, M. L. , Friston, K. J. , & Rees, G. (2012). The influence of spontaneous activity on stimulus processing in primary visual cortex. *NeuroImage*, 59, 2700-2708. doi: 10. 1016/j. neuroimage. 2011. 10. 066.

Schölvinck, M. L. , Maier, A. , Ye, F. Q. , Duyn, J. H. , & Leopold, D. A. (2010). Neural basis of global resting-state fMRI activity. Proceedings of the National Academy of Sciences of the United States of America, 107, 10238-10243. doi: 10. 1073/pnas. 0913110107.

Schopenhauer, A. (1818-1819/1966). The world as will and idea. London: Dover. Schoot, L. , Hagoort, P. , & Segaert, K. (2016). What can we learn from a two-brain approach to verbal interaction? *Neuroscience and Biobehavioral Reviews*, 68, 454-459. doi: 10. 1016/j. neubiorev. 2016. 06. 009.

Schroeder, C. E. , & Lakatos, P. (2009a). Low-frequency neuronal oscillations as instruments of sensory selection. *Trends in Neurosciences*, 32 (1), 9-18. doi: 10. 1016/j. tins. 2008. 09. 012.

Schroeder, C. E. , & Lakatos, P. (2009b). The gamma oscillation: Master or slave? *Brain Topography*, 22 (1), 24-26. doi: 10. 1007/s10548-009-0080-y.

Schroeder, C. E. , Lakatos, P. , Kajikawa, Y. , Partan, S. , & Puce, A. (2008). Neuronal oscillations and visual amplification of speech. *Trends in Cognitive Sciences*, 12 (3), 106-113. doi: 10. 1016/j. tics. 2008. 01. 002.

Schroeder, C. E. , Wilson, D. A. , Radman, T. , Scharfman, H. , & Lakatos, P. (2010). Dynamics of active sensing and perceptual selection. *Current Opinion in Neurobiology*, 20 (2), 172-176. doi: 10. 1016/j. conb. 2010. 02. 010.

Schurger, A. , Sarigiannidis, I. , Naccache, L. , Sitt, J. D. , & Dehaene, S. (2015). Cortical activity is more stable when sensory stimuli are consciously perceived. *Proceedings of the National Academy of Sciences of the United States of America*, 112 (16), E2083 - E2092. doi: 10.1073/pnas.1418730112.

Sdrolia, C., & Bishop, J. M. (2014). Rethinking construction: On Luciano Floridi's "Against Digital Ontology." *Minds and Machines*, 24 (1), 89 - 99. doi: 10.1007/s11023 - 013 - 9329 - z.

Searle, J. (2004). *Mind: An introduction to philosophy of mind.* Oxford: Oxford University Press.

Sel, A., Harding, R., & Tsakiris, M. (2015). Electrophysiological correlates of self-specific prediction errors in the human brain. *NeuroImage*, 125, 13 - 24. doi: 10.1016/j.neuroimage.2015.09.064.

Sellars, W. (1963). Empiricism and philosophy of mind. In*Science, perception, and reality* (pp. 127 - 197). Atascadero, CA: Ridgeview.

Seth, A. K. (2013). Interoceptive inference, emotion, and the embodied self. *Trends in Cognitive Sciences*, 17 (11), 565 - 573. doi: 10.1016/j.tics.2013.09.007.

Seth, A. K. (2014). A predictive processing theory of sensorimotor contingencies: Explaining the puzzle of perceptual presence and its absence in synesthesia. *Cognitive Neuroscience*, 5 (2), 97 - 118. doi: 10.1080/17588928.2013.877880.

Seth, A. K. (2015). Neural coding: Rate and time codes work together. *Current Biology*, 25 (3), R110 - R113. doi: 10.1016/j.cub.2014.12.043.

Seth, A. K., Barrett, A. B., & Barnett, L. (2011). Causal density and integrated information as measures of conscious level. *Philosophical Transactions of the Royal Society A: Mathematical, Physical and Engineering Sciences*, 369 (1952), 3748 - 3767.

Seth, A. K., & Critchley, H. D. (2013). Extending predictive processing to the body: Emotion as interoceptive inference. *Behavioral and Brain Sciences*, 36 (3), 227 - 228. doi: 10.1017/S0140525X12002270.

Seth, A. K., Dienes, Z., Cleeremans, A., Overgaard, M., & Pessoa, L. (2008). Measuring consciousness: Relating behavioural and neurophysiological approaches. *Trends in Cognitive Sciences*, 12 (8), 314 - 321. doi: 10.1016/j.tics.2008.04.008.

Seth, A. K., & Friston, K. J. (2016). Active interoceptive inference and the emotional brain. *Philosophical Transactions of the Royal Society of London B: Biological Sciences*, 371. doi: 10.1098/rstb.2016.0007.

Seth, A. K., Izhikevich, E., Reeke, G. N., & Edelman, G. M. (2006). Theories and measures of consciousness: An extended framework. *Proceedings of the National Academy of Sciences of the United States of America*, 103 (28). doi: 10.1073/pnas.0604347103.

Seth, A. K., Suzuki, K., & Critchley, H. D. (2012). An interoceptive predictive coding model of conscious presence. *Frontiers in Psychology*, 2, 395. doi: 10.3389/fpsyg.2011.00395.

Shapiro, L. (Ed.). (2014). *The Routledge handbook of embodied cognition.* London: Routledge.

Sherburne, D. (1966). *Kant. In A key to Whitehead's "Process and reality."* Chicago: University of Chicago Press.

Sherburne, D. (1983). Whitehead, categories, and the completion of the Copernican revolution. *Monist*, 66 (3), 367 - 386.

Shulman, G. L., Astafiev, S. V., Franke, D., Pope, D. L., Snyder, A. Z., McAvoy, M. P., et al. (2009). Interaction of stimulus-driven reorienting and expectation in ventral and dorsal frontoparietal and basal ganglia-cortical networks. *Journal of Neuroscience*, 29 (14), 4392 - 4407.

Shulman, G. L., Corbetta, M., Buckner, R. L., Fiez, J. A., Miezin, F. M., Raichle, M. E., et al. (1997). Common blood flow changes across visual tasks: I. Increases in subcortical structures and cerebellum but not in nonvisual cortex. *Journal of Cognitive Neuroscience*, 9 (5), 624 - 647. doi: 10.1162/jocn.1997.9.5.624.

Shulman, G. L., Fiez, J. A., Corbetta, M., Buckner, R. L., Miezin, F. M., Raichle, M. E., et al. (1997). Common blood flow changes across visual tasks: II. Decreases in cerebral cortex. *Journal of Cognitive Neuroscience*, 9

(5), 648 -663. doi: 10.1162/jocn.1997.9.5.648.

Shulman, R. G. (2012). *Brain and consciousness.* Oxford: Oxford University Press.

Shulman, R. G., Hyder, F., & Rothman, D. L. (2009). Baseline brain energy supports the state of consciousness. *Proceedings of the National Academy of Sciences of the United States of America*, 106 (27), 11096 -11101.

Shulman, R. G., Hyder, F., & Rothman, D. L. (2014). Insights from neuroenergetics into the interpretation of functional neuroimaging: An alternative empirical model for studying the brain's support of behavior. *Journal of Cerebral Blood Flow and Metabolism*, 34 (11), 1721 -1735.

Shulman, R. G., Rothman, D. L., Behar, K. L., & Hyder, F. (2004). Energetic basis of brain activity: Implications for neuroimaging. *Trends in Neurosciences*, 27 (8), 489 -495.

Siegel, S. (2013). The contents of perception. In E. N. Zalta (Ed.), *The Stanford enyclopedia of philosophy* (Fall 2013). https://plato.stanford.edu/entries/perception-contents/.

Silverstein, B. H., Snodgrass, M., Shevrin, H., & Kushwaha, R. (2015). P3b, consciousness, and complex unconscious processing. *Cortex*, 73, 216 -227. doi: 10.1016/j.cortex.2015.09.004.

Simoncelli, E. P., & Olshausen, B. A. (2001). Natural image statistics and neural representation. *Annual Review of Neuroscience*, 24, 1193 -1216. doi: 10.1146/annurev.neuro.24.1.1193.

Simpson, J. R., Drevets, W. C., Snyder, A. Z., Gusnard, D. A., & Raichle, M. E. (2001). Emotion-induced changes in human medial prefrontal cortex: II. During anticipatory anxiety. *Proceedings of the National Academy of Sciences of the United States of America*, 98 (2), 688 -693.

Singer, W. (1999). Neuronal synchrony: A versatile code for the definition of relations? *Neuron*, 24 (1), 49 -65, 111 -125.

Singer, W. (2009). Distributed processing and temporal codes in neuronal networks. Cognitive *Neurodynamics*, 3 (3), 189 -196. doi: 10.1007/s11571 -

009－9087－z.

Sitt, J. D., King, J.-R., El Karoui, I., Rohaut, B., Faugeras, F., Gramfort, A., et al. (2014). Large scale screening of neural signatures of consciousness in patients in a vegetative or minimally conscious state. *Brain*, 137, 2258－2270. doi: 10.1093/brain/awu141.

Smallwood, J., & Schooler, J. W. (2015). The science of mind wandering: Empirically navigating the stream of consciousness. *Annual Review of Psychology*, 66, 487－518.

Smith, B. (1995). Formal ontology, common sense and cognitive science. International Journal of Human-Computer Studies, 43, 641－666.

Smith, S.M., Fox, P. T., Miller, K. L., Glahn, D. C., Fox, P. M., & Mackay, C. E., et al. (2009). Correspondence of the brain's functional architecture during activation and rest. *Proceedings of the National Academy of Sciences*, 106 (31), 13040－13045.

Snowdon, P. F. (2015). Philosophy and the mind/body problem. *Royal Institute of Philosophy*, (Suppl. 76), 21－37.

Sporns, O., & Betzel, R. F. (2016). Modular brain networks. *Annual Review of Psychology*, 67, 613－640. doi: 10.1146/annurev-psych-122414－033634.

Spratling, M. W. (2011). A single functional model accounts for the distinct properties of suppression in cortical area V1. *Vision Research*, 51 (6), 563－576. doi: 10.1016/j.visres.2011.01.017

Spratling, M. W. (2012a). Unsupervised learning of generative and discriminative weights encoding elementary image components in a predictive coding model of cortical function. *Neural Computation*, 24 (1), 60－103. doi: 10.1162/NECO_a_00222.

Spratling, M. W. (2012b). Predictive coding as a model of the V1 saliency map hypothesis. *Neural Networks*, 26, 7－28. doi: 10.1016/j.neunet.2011.10.002.

Spreng, R. N., Mar, R. A., & Kim, A. S. (2009). The common neural basis of autobio-graphical memory, prospection, navigation, theory of mind, and the default mode: A quantitative meta-analysis. *Journal of Cognitive Neuroscience*, 21 (3), 489 – 510. doi: 10.1162/jocn.2008.21029.

Stefanics, G., Hangya, B., Hernádi, I., Winkler, I., Lakatos, P., & Ulbert, I. (2010). Phase entrainment of human delta oscillations can mediate the effects of expectation on reaction speed. *Journal of Neuroscience*, 30 (41), 13578 – 13585. doi: 10.1523/JNEUROSCI.0703 – 10.2010.

Stein, B. E., Stanford, T. R., Ramachandran, R., Perrault, T. J., Jr., & Rowland, B. A. (2009). Challenges in quantifying multisensory integration: Alternative criteria, models, and inverse effectiveness. *Experimental Brain Research*, 198 (2 – 3), 113 – 126. doi: 10.1007/s00221 – 009 – 1880 – 8.

Stender, J., Gosseries, O., Bruno, M.-A., Charland-Verville, V., Vanhaudenhuyse, A., Demertzi, A., et al. (2014). Diagnostic precision of PET imaging and functional MRI in disorders of consciousness: A clinical validation study. *Lancet*, 384, 514 – 522. doi: 10.1016/S0140 – 6736 (14) 60042 – 8.

Sterzer, P., & Kleinschmidt, A. (2007). A neural basis for inference in perceptual ambiguity. *Proceedings of the National Academy of Sciences of the United States of America*, 104 (1), 323 – 328.

Sterzer, P., Kleinschmidt, A., & Rees, G. (2009). The neural bases of multistable perception. *Trends in Cognitive Sciences*, 13 (7), 310 – 318. doi: 10.1016/j.tics.2009.04.006.

Stoljar, D. (2006). *Ignorance and Imagination: The epistemic origin of the problem of consciousness.* Oxford: Oxford University Press.

Stoljar, D. (2009). Physicalism. In E. N. Zalta (Ed.), *Stanford encyclopedia of philosophy.* https://plato.stanford.edu/entries/physicalism/.

Strawson, G. (2006). Realistic monism: Why physicalism entails panpsychism. *Journal of Consciousness Studies*, 13 (10 – 11), 3 – 31.

Strawson, G. (2017). Mind and being: The primacy of panpsychism. In G. Brüntrup & L. Jaskolla (Eds.), *Panpsychism: Philosophical essays.* New York: Oxford University Press.

Sugden, R. (2009). Credible worlds, capacities and mechanisms. *Erkenntnis*, 70 (1), 3-27.

Sui, J., Chechlacz, M., Rotshtein, P., & Humphreys, G. W. (2015). Lesion-symptom mapping of self-prioritization in explicit face categorization: Distinguishing hypoand hyper-self-biases. *Cerebral Cortex*, 25 (2), 374-383.

Sullivan, R. J. (1989/2012). *Immanuel Kant's moral theory*. Cambridge: Cambridge University Press.

Summerfield, C., Egner, T., Greene, M., Koechlin, E., Mangels, J., & Hirsch, J. (2006). Predictive codes for forthcoming perception in the frontal cortex. *Science*, 314 (5803), 1311-1314.

Summerfield, C., Trittschuh, E. H., Monti, J. M., Mesulam, M. M., & Egner, T. (2008). Neural repetition suppression reflects fulfilled perceptual expectations. *Nature Neuroscience*, 11 (9), 1004-1006. doi: 10.1038/nn.2163.

Tagliazucchi, E., Chialvo, D. R., Siniatchkin, M., Amico, E., Brichant, J.-F., Bonhomme, V., et al. (2016). Large-scale signatures of unconsciousness are consistent with a departure from critical dynamics. *Philosophical Transactions of the Royal Society of London*, 13, 244-267.

Tagliazucchi, E., & Laufs, H. (2014). Decoding wakefulness levels from typical fMRI resting state data reveals reliable drifts between wakefulness and sleep. *Neuron*, 82, 695-708. doi: 10.1016/j.neuron.2014.03.020.

Tagliazucchi, E., von Wegner, F., Morzelewski, A., Brodbeck, V., Jahnke, K., & Laufs, H. (2013). Breakdown of long-range temporal dependence in default mode and attention networks during deep sleep. *Proceedings of the National Academy of Sciences of the United States of America*, 110 (38), 15419-15424.

Tahko, T. E. (2015). *An introduction to metametaphysics. Cambridge Introductions to Philosophy*. Cambridge: Cambridge University Press.

Tang, Y., Holzel, B. K., & Posner, M. I. (2015). The neuroscience of mindfulness meditation. *Nature Reviews. Neuroscience*, 16, 213-225.

Tang, Y., & Northoff, G. (2017). Meditation and its different stages: A neurobiological framework. In preparation.

ten Oever, S. , Schroeder, C. E. , Poeppel, D. , van Atteveldt, N. , & Zion-Golumbic, E. (2014). Rhythmicity and cross-modal temporal cues facilitate detection. *Neuropsychologia*, 63, 43 – 50. doi: 10.1016/j. neuropsychologia. 2014.08.008.

Thagard, P. (2005). *Mind: Introduction to cognitive science* (2nd Ed.). Cambridge, MA: MIT Press.

Thagard, P. (Ed.). (2007). *Philosophy of psychology and cognitive science.* Amsterdam: Elsevier.

Thagard, P. (2009). Why cognitive science needs philosophy and vice versa. *Topics in Cognitive Science*, 1, 237 –254.

Thagard, P. (2010). *The brain and the meaning of life.* Princeton, NJ: Princeton University Press.

Thagard, P. (2012a). Cognitive science. In Edward N. Zalta (Ed.), *The Stanford encyclopedia of philosophy* (Fall 2012), http: //plato. stanford. edu/archives/fall2012/entries/cognitive-science/.

Thagard, P. (2012b). *The cognitive science of science: Explanation, discovery, and conceptual change.* Cambridge, MA: MIT Press.

Thompson, E. (2007). *Mind in life: Biology, phenomenology, and the sciences of mind.* Cambridge, MA: Harvard University Press.

Thompson, E. (2010). *The enactive approach. Cambridge*, MA: Harvard University Press.

Tononi, G. (2004). An information integration theory of consciousness. *BMC Neuroscience*, 5, 42. doi: 10.1186/1471 –2202 –5 –42.

Tononi, G. (2008). Consciousness as integrated information: A provisional manifesto. *Biological Bulletin*, 215 (3), 216 –242.

Tononi, G. , Boly, M. , Massimini, M. , & Koch, C. (2016). Integrated information theory: From consciousness to its physical substrate. *Nature Reviews: Neuroscience*, 17 (7), 450 –461. doi: 10.1038/nrn. 2016.44.

Tononi, G. , & Koch, C. (2008). The neural correlates of consciousness:

An update. *Annals of the New York Academy of Sciences*, 1124, 239 – 261. doi: 10.1196/annals.1440.004.

Tononi, G., & Koch, C. (2015). Consciousness: here, there and everywhere? *Philosophical Transactions of the Royal Society of London B: Biological Sciences*, 370 (1668), 20140167.

Tsuchiya, N., Block, N., & Koch, C. (2012). Top-down attention and consciousness: Comment on Cohen et al. *Trends in Cognitive Sciences*, 16 (11), 527, author reply 528. doi: 10.1016/j.tics.2012.09.004.

Tsuchiya, N., Wilke, M., Frässle, S., & Lamme, V. A. (2015). No-report paradigms: Extracting the true neural correlates of consciousness. *Trends in Cognitive Sciences*, 19 (12), 757 – 770. doi: 10.1016/j.tics.2015.10.002.

Tye, M. (2009). *Consciousness revisited: Materialism without phenomenal concepts.* Cambridge, MA: MIT Press.

Uehara, T., Yamasaki, T., Okamoto, T., Koike, T., Kan, S., Miyauchi, S., et al. (2014). Efficiency of a "small-world" brain network depends on consciousness level: A resting-state fMRI study. *Cerebral Cortex*, 24, 1529 – 1539. doi: 10.1093/cercor/bht004.

van Atteveldt, N., Murray, M. M., Thut, G., & Schroeder, C. E. (2014). Multisensory integration: Flexible use of general operations. *Neuron*, 81 (6), 1240 – 1253. doi: 10.1016/j.neuron.2014.02.044.

van Atteveldt N, Musacchia G, Zion-Golumbic E, Sehatpour P, Javitt DC, Schroeder C. (2015). Complementary fMRI and EEG evidence for more efficient neural processing of rhythmic vs. unpredictably timed sounds. *Frontiers in Psychology*, 6 (1663). doi: 10.3389/fpsyg.2015.01663.

van Boxtel, J. J., Tsuchiya, N., & Koch, C. (2010a). Consciousness and attention: On sufficiency and necessity. *Frontiers in Psychology*, 1, 217. doi: 10.3389/fpsyg.2010.00217.

van Boxtel, J. J., Tsuchiya, N., & Koch, C. (2010b). Opposing effects of attention and consciousness on afterimages. *Proceedings of the National Academy of Sciences of the United States of America*, 107 (19), 8883 – 8888. doi:

10. 1073/pnas. 0913292107.

van Dijk, H. , Schoffelen, J. -M. , Oostenveld, R. , & Jensen, O. (2008). Prestimulus oscillatory activity in the alpha band predicts visual discrimination ability. *Journal of Neuroscience*, 28, 256 – 265.

van Eijsden, P. , Hyder, F. , Rothman, D. L. , & Shulman, R. G. (2009). Neurophysiology of functional imaging. *NeuroImage*, 45 (4), 1047 – 1054. doi: 10. 1016/j. neuroimage . 2008. 08. 026.

van Gaal, S. , & Lamme, V. A. (2012). Unconscious high-level information processing: Implication for neurobiological theories of consciousness. *Neuroscientist*, 18 (3), 287 – 301. doi: 10. 1177/1073858411404079.

Vanhatalo, S. , Palva, J. M. , Holmes, M. , Miller, J. , Voipio, J. , & Kaila, K. (2004). Infra-slow oscillations modulate excitability and interictal epileptic activity in the human cortex during sleep. *Proceedings of the National Academy of Sciences of the United States of America*, 101 (14), 5053 – 5057.

Vanhaudenhuyse, A. , Demertzi, A. , Schabus, M. , Noirhomme, Q. , Bredart, S. , Boly, M. , et al. (2011). Two distinct neuronal networks mediate the awareness of environment and of self. *Journal of Cognitive Neuroscience*, 23 (3), 570 – 578. doi: 10. 1162/jocn. 2010. 21488.

Vanhaudenhuyse, A. , Noirhomme, Q. , Tshibanda, L. J. , Bruno, M. A. , Boveroux, P. , Schnakers, C. , et al. (2010). Default network connectivity reflects the level of consciousness in non-communicative brain-damaged patients. *Brain*, 133 (Pt 1), 161 – 171. doi: 10. 1093/brain/awp313.

Van Inwagen, P. (2014). *Existence: Essays in ontology*. Cambridge: Cambridge University Press.

Varela, F. J. , Thompson, E. T. , & Rosch, E. (1991). *The embodied mind: Cognitive science and human experience*. Cambridge, MA: MIT Press.

Velmans, M. (2000). *Understanding consciousness*. London: Routledge.

Vetter, P. , Sanders, L. L. , & Muckli, L. (2014). Dissociation of prediction from conscious perception. *Perception*, 43 (10), 1107 – 1113.

Vinje, W. E. , & Gallant, J. L. (2000). Sparse coding and decorrelation in primary visual cortex during natural vision. *Science*, 287 (5456), 1273 - 1276.

Vinje, W., & Gallant, J. (2002). Natural stimulation of the nonclassical receptive field increases information transmission efficiency in V1. *Journal of Neuroscience*, 22 (7), 2904 - 2915.

Wacongne, C., Labyt, E., van Wassenhove, V., Bekinschtein, T., Naccache, L., & Dehaene, S. (2011). Evidence for a hierarchy of predictions and prediction errors in human cortex. *Proceedings of the National Academy of Sciences of the United States of America*, 108 (51), 20754 - 20759. doi: 10.1073/pnas.1117807108.

Wang, F., Duratti, L., Samur, E., Spaelter, U., & Bleuler, H. (2007). A computer-based real-time simulation of interventional radiology. *Annual International Conference of the IEEE Engineering in Medicine and Biology Society. IEEE Engineering in Medicine and Biology Society.* Conference, 1742 - 1745. doi: 10.1109/IEMBS.2007.4352647.

White, B., Abbott, L. F., & Fiser, J. (2012). Suppression of cortical neural variability is stimulus-and state-dependent. *Journal of Neurophysiology*, 108 (9), 2383 - 2392.

Whitehead, A. N. (1925). *Science and the modern world: Lowell Lectures.* New York: Macmillan.

Whitehead, A. N. (1929/1978). *Process and reality: An essay in cosmology.* D. R. Griffin & D. W. Sherburne (Eds.). New York: The Free Press.

Whitehead, A. N. (1927/1955). *Symbolism: Its meaning and effect.* New York: Fordham University Press.

Whitehead, A. N. (1933). *The adventures of ideas.* New York: The Free Press.

Whitehead, A. N. (1968). *Modes of thought.* New York: Simon & Schuster.

Wiebking, C., Duncan, N. W., Tiret, B., Hayes, D. J., Marjańska, M., Doyon, J., et al. (2014). GABA in the insula—a predictor of the neural response to interoceptive awareness. *NeuroImage*, 86, 10 - 18.

Wiehl, R. (1990). Whiteheads Kant-Kritik und Kants Kritik am Panpsychismus. In H. Holzhey, A. Rust, & R. Wiehl (Eds.), *Natur, Subjektivitaet, Gott: Zur Prozessphilosophie Alfred N. Whiteheads* (pp. 198 – 239). Frankfurt: Suhrkamp.

Willmore, B. D. B., Mazer, J. A., & Gallant, J. L. (2011). Sparse coding in striate and extrastriate visual cortex. *Journal of Neurophysiology*, 105 (6). doi: 10. 1152/jn. 00594 . 2010.

Yoshimi, J., & Vinson, D. W. (2015). Extending Gurwitsch's field theory of consciousness. *Consciousness and Cognition*, 34, 104 – 123. doi: 10. 1016/j. concog. 2015. 03. 017.

Yu, B., Nakao, T., Xu, J., Qin, P., Chaves, P., Heinzel, A., et al. (2015). Resting state glutamate predicts elevated pre-stimulus alpha during self-relatedness: A combined EEG-MRS study on rest-self overlap. *Social Neuroscience*, 11, 249 – 263. doi: 10. 1080/17470919. 2015. 1072582.

Yuste, R., MacLean, J. N., Smith, J., & Lansner, A. (2005). The cortex as a central pattern generator. *Nature Reviews: Neuroscience*, 6 (6), 477 – 483.

Zabelina, D. L., & Andrews-Hanna, J. R. (2016). Dynamic network interactions supporting internally-oriented cognition. *Current Opinion in Neurobiology*, 40, 86 – 93.

Zhang, J., Huang, Z., Wu, X., Wang, Z., Dai, R., Li, Y., et al. (Forthcoming). Breakdown in spatial and temporal organisation in spontaneous activity during general anesthesia. *Human Brain Mapping*.

Zhang, J., Zhanga, H., Huang, Z., Chenc, Y., Zhangc, J., Ghindaj, D., et al. (2018). Breakdown in temporal and spatial organization of spontaneous brain activity during general anesthesia. *Human Brain Mapping*, 39 (5), 2035 – 2046.

Zhigalov, A., Arnulfo, G., Nobili, L., Palva, S., & Palva, J. M. (2015). Relationship of fast-and slow-timescale neuronal dynamics in human MEG and SEEG. *Journal of Neuroscience*, 35, 344 – 356.

Zmigrod, S., & Hommel, B. (2011). The relationship between feature binding and consciousness: Evidence from asynchronous multi-modal stimuli. *Consciousness and Cognition*, 20 (3), 586-593.

Zuo, X.-N., Kelly, C., Adelstein, J. S., Klein, D. F., Castellanos, F.X., & Milham, M. P. (2010). Reliable intrinsic connectivity networks: Test-retest evaluation using ICA and dual regression approach. *NeuroImage*, 49 (3), 2163-2177.

词汇表

大脑（Brain）在不同领域（经验、认识论、本体论、方法论）的概念 大脑通常被认为是颅骨打开后可观察到的灰色物质。这种直接观察辅以各种技术的间接观察，包括功能性磁共振成像（fMRI）。直接和间接观察都产生了通过实验可检验（或证伪）的各种假设。以这种方式研究大脑是以经验方法为前提的。通过这种方式，我们可以将大脑的神经元活动描述为既包括自发活动也包括刺激诱发或任务诱发活动（第一章）。综上所述，各种经验数据表明了大脑神经活动的各种模型（第一至第三章，关于大脑的频谱模型、交互模型和预测模型）。

人们还可以在其他领域研究大脑，如本体论（关于存在和实在）、认识论（关于知识）和方法论（如我们的观察视角或观察位置）。这需要对大脑进行理论研究，而不是像科学中那样进行经验研究。在传统哲学中，大脑的理论进路常常被忽视，因为大脑被认为仅仅是经验的。然而，最近神经科学的经验进展表明，大脑也在理论上与本体论和认识论领域相关（第九章）。

在本体论上，大脑的存在和实在无法通过观察和可检验的经验证据来推断（并因此得以解释）（见第九章，经验－本体论谬误）。不同种类的本体论，包括基于属性的本体论或基于关系的本体论，都可以描述大脑的存在和实在（第九至第十一章）。大脑的本体论决定可能涉及其解剖特征即其灰质，或者，大脑的神经元活动及其时空结构（参见结构实在论）。最后，我们也可以从方法论的角度来认识大脑。例如，我们可以将大脑视为观察中心，就如大脑内部的观察视角（第十三章）。或者，你可以从大脑之外（而不是从大脑内部）寻找观察视角（第十四章）。

大脑－世界关系（Brain-world relation）　参见世界－大脑关系

校准（Calibration）　将某一事物根据另一事物进行测量或参照的行为，以便将第二个事物作为第一个事物的基线或默认值。校准与在经验和本体论基础上产生意识相关。从经验上讲，默认模式网络（DMN）作为大脑神经活动的基线或默认模式，大脑其他部分的任何神经活动变化都根据它进行设置、比较和匹配，这与产生意识高度相关（第一至第二章、第四至第八章）。因此，我称之为“神经元校准”（第十一章）。本体论上，世界及其较大时空尺度充当大脑神经活动及其较小时空尺度的基线参照物和默认值。因此，我称之为“时空校准”，这是意识的本体论关联物（OCC），因为它是产生意识等现象特征的核心（第十一章）。

能力驱动 vs. 定律驱动（Capacity vs. law-driven）　当前语境使用的能力概念是南希·卡特赖特（Nancy Cartwright，1989）所提出的，她认为这是科学模型的核心。能力驱动的模型具有因果力和因果结构的特征，它们是目标现象（我们的例子是意识；第五章）可能实现的必要条件。相较之下，定律驱动的模型侧重于目标现象的实际（而非可能）实现的原因。但是，没有能力作为目标现象的可能（而非实际）实现的必要条件，就无法理解该目标现象。基于经验证据，我认为意识需要一个能力而不是定律驱动的大脑模型。从经验来看，大脑的能力被指定为意识的神经预置（NPC）（第四章），它表示可能（而非实际）意识的必要条件，区别于实际（而非可能）意识的充分条件，即意识的神经关联物（NCC）（第五至八章）。需注意的是，在这里，能力的概念是经验和本体论的语境中的，也就是在大脑的神经元活动及其存在和实在的语境中。因此，我们需要将能力的概念与更形而上学的倾向概念（concept of disposition）区分开来，倾向概念是在更逻辑（而非自然主义）的语境中理解的。

意识（Consciousness）　一种普遍存在的现象，通常被认为是理所当然的，因此难以定义。长期以来，哲学界主要从本体论、形而上学、现象学和认识论的角度研究意识概念。在过去的三四十年中，这种情况发生了变化，心理学和神经科学也开始对意识进行经验和实验研究。在经验、本体论、现象学和认识论领域对意识的研究导致了不同的定义。从经验上讲，神经科学家从状态/水平（第四章）和内容（第六章）这两个维度刻画意识，我补充了第三个维度，即形式（第七章）。哲学家常用基于属性的本体论刻画意识，特别是物理或心理属性（第九至第十章）。然而，我通过关系和结构（第十至第十一章）确定意识的存在和实在，因此预设结构实在论（第九至第十一章）。基于结构实在论和经验数据，我在经验（第七至第八章）和本体论（第九至第十一章）语境或领域中提出了意识的时空和关系模型。从现象学的角度来看，意识被体验所刻画，它表现为各种特征，如感受性（“它是什么样的”）、意向性、自我视角组织、自我性（ipseity）等（第十一章）。最后，在认识论上，意识也可能与我们的知识相关。例如，意识可能界定我们可能知识的边界，即知识的逻辑空间（第十二章）。

哥白尼革命以及前后哥白尼立场（Copernican revolution and pre-and post-Copernican stance） 哥白尼革命的概念是描述物理学家、数学家和宇宙学家尼古拉斯·哥白尼提出的解释地球运动变化的观点：哥白尼建议用宇宙的日心说取代地心说（第十二章）。康德试图在哲学上进行一场类似的革命，根据评论者的说法，这场革命是不充分的，甚至是失败的（第十二章）。我提出我们需要在当前神经科学和哲学的观察视角上进行类似的改变。我的类比标准来自物理学和宇宙学中的哥白尼革命（第十二章），我将它们应用于神经科学和哲学中的哥白尼革命（第十四章）。运用这些标准，我可以区分前哥白尼的观察视角（例如，心灵内部或大脑内部的观察视角；第十三章）和后哥白尼的观察视角（例如，大脑之外的观察视角；第十四章）。最重要的是，从心灵内部或大脑内部的前哥白尼观察视角到大脑之外的后哥白尼观察视角的转变，将心灵直觉排除在相关知识逻辑空间中可能的认识选择之外（第十四章）。同时，大脑之外的后哥白尼观察视角使我们有可能考虑，世界－大脑关系可以作为意识的本体论预置（OPC；第十四章）。大脑之外的观察视角不应该与世界之外的观察视角相混淆，后者导致我们回到形而上学与心灵直觉，以及随后的心身问题，这种形而上学的立场显然是非哥白尼的而不是后哥白尼的。

默认模型网络（Default-mode network，DMN） 一种位于大脑中部的神经元网络。DMN 显示出与大脑中其他网络不同的特定特征。例如，DMN 显示出极强和极慢的频率以及与大脑几乎所有其他区域的广泛连接（第一章）。这可以解释 DMN 对大脑其他部分的默认模式功能（第一章和第十一章）。经验证据表明，DMN 对于意识（第四至第五章）有着核心但不明确的作用，我认为，DMN 对于其现象特征（第十一章）也有着重要作用。

基于差异的编码 vs. 基于刺激的编码（Difference-based coding vs. stimulus-based coding） 首先它们是经验概念，它们描述了生物界和自然界中的特定编码策略。我提出了一个关于大脑神经编码的问题，即大脑处理刺激和信息的方式问题。顾名思义，基于差异的编码描述了大脑如何利用差异的形式来编码和处理刺激和信息。更具体地说，大脑在其神经活动中编码和处理的不是相互独立的单一刺激（如基于刺激的编码中那样），而是不同刺激之间的相对（随机或基于概率的）差异（第二至第三章）。这样看来，我们可以将基于差异的编码视为大脑神经活动的基本原理。虽然主要是经验的，但基于差异的编码对我们应该如何以经验合理的方式描述大脑的存在和实在，具有重大的本体论意义。为了区分经验语境和本体论语境中的差异概念，我将它们分别称为经验语境中的差本身和本体论语境中的差异实在（第九章）。这使我能够通过差异，进而通过关系和结构（因为它们是基于差异的，并且与差异有内在联系）从本体论上描述大脑。因此，我称之为关系的大脑（第九章）。

具身性、嵌入性、延展性和生成性，"四 E"（Embodiment，embeddedness，extendedness，and enactment，Four E's） 具身性表明，心理特征不仅依赖于大脑，还依赖于身体（"意识是具身的"），而嵌入性指的是心理特征的环境相关性（"意识是嵌入的"）（第八章）。延展性声称意识和其他心理特征超越了我们自己，延伸到世界中（"意识是延展的"）（第八章）。最后，生成性是指我们依靠我们的运动功能和行动来构成意识，也就是说，我们生成了意识（第八章）（"意识是生成的"）。我认为，所有四个概念，即具身性、嵌入性、延展性和生成性，都必须放在一个更大、更基本的基础框架中，一个最终可以追溯到世界－大脑关系的时空特征的时空框架（第八章）。

全局神经元工作空间理论（Global neuronal workspace theory，GNWT）　一种神经科学的意识理论，它认为神经元活动向大脑特定区域（如前额叶和顶叶皮层）和事件相关电位（如P300）的扩展或全局化所获得的各种认知功能（如与前额叶皮层相关的功能）对意识起核心作用（第四至第五章）。基于经验证据，我认为我们必须在更广泛的时空框架内来认识GNWT（第七章）。

信息整合理论（Integrated information theory，IIT）　一种神经科学的意识理论，认为大脑的神经元活动的整合是意识的核心。整合本身被定义为“大于各部分相加的总和”。我讨论了IIT（第四章和第五章），但我认为需要将其置于更广阔的时空语境中，以解释意识的现象特征（第七章）。

大脑的交互模型（Interaction model of brain）　大脑内自发活动和刺激诱发活动之间经验关系的理论模型，这两种活动可在静息－刺激和刺激－静息交互中相互调节（第二章）。交互模型必须区别于自发活动和刺激诱发活动之间的分离和平行，在这种情况下，不存在静息－刺激或刺激－静息交互。自发活动和刺激诱发活动之间可能存在不同形式的交互，即加性和非加性。重要的是，经验证据表明，静息－刺激交互的非加性本质是意识的核心：意识丧失以非加性静息－刺激交互的丧失为特征，即当意识丧失时，静息－刺激交互仅仅是加性的（第五章）。

心灵直觉（Intuition of mind）　一种关于心灵存在的直觉，尽管有相反的经验证据表明只有大脑存在。这种直觉怎么可能？我认为我们从直觉感知心灵，也就是说，我们有一种“心灵直觉”（第十二章），而且直觉普遍存在于我们对心理特征的本体论决定的思考中。心灵直觉作为一种可能的选择被包含在知识的逻辑空间中，这个空间假定了一个前哥白尼的心灵内部的观察视角（第十三章）；大脑之外的后哥白尼观察视角取代了这样的视角，这使得我们有可能放弃心灵直觉，因为心灵的概念在我们的知识逻辑空间中不再被视为可能的认识选择（第十四章）。一旦我们放弃了心灵直觉，我们就不再需要以一种必要的方式将心理特征与作为潜在本体论基础的心灵联系起来，这转而又打开了抛弃心身问题的大门（第十四章）。

知识的逻辑空间（Logical space of knowledge） 一个可操作的背景空间,用于划分可能的认识选择。从这个意义上讲，知识的逻辑空间是一个认识论概念，在某种程度上类似于自然的逻辑空间概念（Sellars，1963）和理性的逻辑空间概念（McDowell，1994）。具体而言，知识的逻辑空间概念指称可能的认识选择，即在我们预设的方法论框架内，我们可能知道什么和我们不可能知道什么（第十二章）。根据方法论框架的不同，知识的逻辑空间可能包括不同的认识选择。这样的方法论预设涉及观察视角。我认为，不同的观察视角以不同的方式，用不同的可能认识选择来界定知识的逻辑空间（第十二至第十四章）。例如，心灵内部的观察视角包括心灵直觉作为一种可能的认识选择（第十三章），而大脑之外的观察视角不再包括心灵直觉作为一种可能的认识选择（第十四章）。

心理特征（Mental features） 意识、自我、自由意志、情感、喜好等现象。我把意识作为一般心理特征的范例。尽管有所差异，心理特征通常以第一人称视角为标志，区别于第三人称的观察。长期以来，心理特征都是哲学本体论和认识论所讨论的话题，但最近也在神经科学中被实证地研究。因此，我们可以根据各自的语境或领域，以不同的方式定义心理特征概念，即以经验、现象学和本体论的方式定义。

从经验上讲，心理特征指的是所有与物理特征不同的特征，这些特征在科学研究中无法通过第三人称视角观察到。相反，心理特征以第一人称视角的体验为特征（这并不意味着我们不能用第三人称视角对它们进行科学研究；第七至第八章）。在本体论上，心理特征通常与心灵相关联：心灵被认为提供了心理特征基础的存在和实在。因此，心理特征被认为必然与心灵有关（第十、十三至十四章）。我认为，心灵和心理特征之间存在必然联系的假设与特定的观察视角有关——心灵内部的观察视角（第十三章）。一旦我们采取了大脑之外的观察视角，我们就不能再将心理特征和心灵之间的必然联系纳入考虑（第十三章）。因此，我认为我们需要将心理特征从心灵中分离出来，以一种经验、本体论和认识论方法论上合理的方式来解释它们的存在和实在（第十四章）。大脑之外的观察视角使我们能够考虑世界 - 大脑关系，包括它与心理特征的必然联系。这反过来又使心灵的假设变得多余，因此，我建议用世界 - 大脑问题取代传统的心身问题（第十至第十四章）。

心灵（Mind） 通常在本体论或形而上学领域或语境中被考虑，涉及心理特征基础的存在和实在（本体论）和/或是（being，形而上学）。这在本体论和/或形而上学语境或领域中建立了心灵和心理特征之间的必然联系（第十章），但它又使心灵和身体之间的关系成为问题，即心身问题（第十章，引言部分）。我认为，考虑到经验（第七至第八章）、本体论（第九至第十章）、概念逻辑（第十章）和认识论方法论（第十三至第十四章）的证据，心灵和心理特征之间的必然联系是不合理的。因此，我认为，我们必须摒弃心理特征与心灵必然联系从而作为心理特征的潜在本体论基础的假设。由于心理特征现在已经从心灵中分离出来，因此，心身问题，包括它的各种解决方案（如二元论、一元论、泛心论）就变得毫无意义。

拒绝将心灵（以及心身问题）作为心理特征的本体论基础，打开了考虑另一种本体论基础的大门，这种基础得到了更强的经验、本体论和认识方法论证据的支持。基于经验（第四至第八章）、本体论（第九至第十一章）和认识方法论（第十二至第十四章）证据，我认为，世界 - 大脑关系提供了心理特征的本体论基础，因为两者必然相互关联（第十章）。因此，我们可以用另一个更合理的问题——世界 - 大脑问题来代替心身问题（第十至第十四章）。

心身问题（Mind-body problem） 包括大脑在内的身体的存在和实在如何与心灵的存在和实在相联系的问题。这样看来，心身问题是一个本体论（和形而上学）问题。然而，有些人认为这是一个认识论或经验问题。在这里，我认为心身问题是一个本体论问题，因为它涉及心灵和身体的存在和实在。重要的是，我把讨论的重点放在心身问题的前提上，而不是支持和反对心身问题本身的具体解决方案。心灵与身体的关系问题是建立在对心灵存在和实在的假设之上的，如果我们不预先假定这一点，人们甚至不能再提出心灵与身体可能存在关系的问题。本书的主要观点是，心灵可能的存在和实在的前提在经验（第四至第八章）、本体论（第十至十一章）和认识论方法论（第十三至第十四章）依据看来是不合理的。因此，我认为，我们可以抛弃关于心灵可能的存在和实在的假设，从而抛弃心身问题。这就是说，心身关系问题是毫无意义的，因为它建立在一个本身在各种依据上都是不合理的假设基础上（第十至十四章，导言和结论部分）。心身问题的所有可能答案或解决方案，如二元论、一元论、物理主义、随附性、泛心论等，也必须被视为荒谬而抛弃，因为它们是对一个荒谬问题的回答。

意识的神经关联物和预置/倾向（Neural correlate and predisposition of consciousness，NCC，NPC）　意识的神经关联物（NCC）的概念是指意识的实际实现和表现所依据的充分的神经条件（第四至第五章）。意识的神经预置/倾向（NPC）的概念描述了意识可能（而非实际）实现和表现的必要神经条件（第四至第八章）。NPC和NCC都是经验概念，因此属于神经科学。我将NCC和NPC视为严格经验性的。因此，它们必须区别于我所说的意识的本体论关联物和预置（第十至第十一章），因为后者是本体论而非经验的概念。神经和本体论关联物/预置的区分在当前关于意识的讨论中是新的。请注意，预置/倾向概念在这里是纯粹经验意义上的，即大脑神经元活动语境中的。因此，神经预置/倾向的概念需要区别于更形而上学（和本体论）的倾向概念。

神经－生态连续体（Neuro-ecological continuum）　一个描述大脑神经元活动如何与其各自的生态环境中的活动连续起来的经验概念（第八章）。神经－生态连续体基于空间和时间：大脑自发活动的时空结构与世界、生态环境的时空结构之间存在连续体（第八章）。世界和大脑之间基于时空的神经－生态连续体在经验上是以对意识起核心作用的时空对齐机制为基础的（第八章）。时空对齐和神经－生态连续体共同提供了经验基础，即必要的经验条件，在更概念和本体论的层面上可以描述为世界－大脑关系（第八至第九章）。

神经元－现象对应（Neuronal-phenomenal correspondence）　一种描述了大脑神经元状态和意识的现象特征之间相似性的经验概念（第七章）。

基于经验证据，我认为，这种相似性并不涉及大脑神经元活动中所表征的特定内容（第六章）。相反，我认为神经元状态和现象特征之间的相似性在于时空特征：神经元状态和现象特征在“内部广延和持续时间”中显示类似和对应的时空特征（见时间和空间；第七章）。“对应”的概念可以从弱或强的意义上理解。这就是说，神经元和现象状态中的时空特征可以在弱意义上对应，就像在某些形式的同构中那样，或者从强意义上讲，它可以与信息整合理论（IIT）中的假设等同。因此，未来的研究需要在经验和概念细节上进一步阐明神经元－现象对应概念。

神经哲学（狭义的/还原的 vs. 广义的/非还原的）（Neurophilosophy，narrow/reductive vs. wide/nonreductive） 对大脑的哲学研究，以大脑在解决传统哲学问题中的作用为焦点。神经哲学的概念可以从狭义和广义上理解。狭义的神经哲学具有强烈的还原（如果不是消去的话）倾向，它认为，起源于哲学的本体论和认识论概念应该被神经科学的经验概念所还原和取代（第十三章）。在方法论上，这种狭义和还原的神经哲学概念预设了一个特定的视角，即大脑内部的观察视角（第十三章）。在广义的神经哲学中，将哲学概念（即本体论和认识论概念）还原为神经科学的经验概念和/或消去，被检验这些概念的经验合理性所取代。我们检验哪个本体论概念，关系还是属性与经验数据更好地兼容，从而在经验上更合理，这就产生了我所说的经验本体论合理性（第九章和 Northoff，2014c，2016）。在方法论上，还原/消去概念在这里被哲学和神经科学概念之间的合理性/兼容性所取代（导言，第九、十三章）。这种非还原的方法论策略预设了一个不同的观察视角。在还原/消去方法（第十三章）中的大脑内部的观察视角，在此被大脑之外的观察视角所取代，这一新观察视角允许非还原的方法策略（第十四章）。本书的研究可以被理解为广义的神经哲学，即非还原的神经哲学。

意识的本体论关联物和预置/倾向（Ontological correlate and predisposition of consciousness，OCC，OPC） 意识的本体论关联物（OCC）概念是指意识的实际实现和表现的充分本体论条件（第十一章）。意识的本体论预置/倾向（OPC）的概念描述了意识可能（而非实际）实现和表现的必要本体条件（第十章）。OPC 和 OCC 都是本体论概念。因此，我们必须将其与意识的神经关联物和预置/倾向（NCC、NPC）区分开来（第四至第八章），NCC 和 NPC 是严格的经验概念，而不是本体论概念。需注意，这里的倾向概念是纯粹本体论语境中，也就是自然世界即自然的逻辑空间的意思。这将本体论倾向的概念与更形而上学的倾向概念区分开来，后者预设了逻辑世界即理性的逻辑空间，而不是自然世界即自然的逻辑空间。

本体论 vs. 形而上学（Ontology vs. metaphysics） 本体论是指哲学中涉及存在和实在问题的学科，通常被认为是形而上学中更广泛、更全面的关于“是/存在”（being）的问题的子问题。形而上学，如分析形而上学和元形而上学，其特点是理论方法而非经验方法，更具体地说是先验、分析和概念方法论策略（第九章）。在我看来，这与本体论不同，本体论可以包含并使用后验、综合和经验方法。当我比较本体论假设与经验数据的一致性（即经验合理性）时，这一点很明显。对本体论和形而上学的区分，使我能够提出一种“时空本体论”（第九章和第十一章），它以自然的逻辑空间为特征，它本质上是时空的。这与形而上学以逻辑世界和理性的逻辑空间为前提不同，形而上学本质上是非时空的（第九章）。

现象 vs. 本体（Phenomenal vs. noumenal） 我在认识论意义上使用了现象和本体这两个术语（康德意义上的），来划分我们可能知道的东西和我们原则上无法知道的东西之间的认识论边界。现象与本体的概念反映了在所预设的知识逻辑空间中包含和排除的认识选择。我认为现象与本体之间的界限与我们所处的观察视角密切相关（第十二章）。不同的观察视角预设了知识的逻辑空间的不同边界和不同认识选择，例如心灵直觉（第十三至第十四章）。

大脑的预测模型（Prediction model of brain） 一个关于大脑神经元活动的理论模型。具体而言，预测模型提出大脑的神经元活动预测其自身与刺激或认知内容相关的神经元活动。这就是预测编码理论（第三章）。预测编码的特点是预测输入和预测误差：预测输入和实际输入相互匹配的程度决定了实际刺激诱发活动的程度，即预测误差。若预测输入和实际输入不匹配，则预测误差较大，从而导致刺激诱发活动的高振幅。相反，如果预测输入和实际输入之间的匹配度较高，则预测误差较低，刺激诱发活动的振幅较低。经验数据充分支持了预测编码理论，它可以被认为是大脑神经元活动的成熟理论（第三、六章）。预测编码可以很好地解释意识的内容，但它仍然无法解释与意识内容相关的现象特征（第六章）。因此，我建议用意识的时空模型来补充预测编码，这使我们能够弥合神经元和现象特征之间的鸿沟（第七至第八章）。

关系与结构（Relation and structure） 我们可以在经验和本体论领域理解关系和结构概念。从经验上讲，关系是指可以测量的可观察关系；例如，我们可以测量大脑自发活动的持续相位及其与音乐节奏的对齐和关联（第三、八章）。经验语境中的结构指的是空间和时间特征如何以特定方式或形式组织。例如，大脑的自发活动显示了一种精细的、可观察的时空结构，具有跨频率耦合、无标度活动等特征（第一至第二章）。这种时空结构就是我在经验上所说的意识形式（第七至第八章）。

在本体论上，关系和结构可以用两种方式来理解。它们可以描述本体论属性之间的关系：例如，心身问题（第九章）中讨论的物理属性和心理属性之间可能存在的关系。在这种情况下，属性在本体上优先于关系和结构。或者，关系和结构本身被认为是存在和实在的最基本单元。然后，关系在本体论上优先于属性，这是结构实在论的核心主张（第九章）。在此，我在后一种意义上理解关系和结构。此外，我用时空术语指明关系和结构为时空关系和结构以扩展结构实在论（第九、十一章）。

时空对齐、时空嵌套和时空扩展（Spatiotemporal alignment, nestedness, and expansion） 描述神经元机制的经验概念，这些机制基于经验证据，它们都与产生意识有关（第四至第五章、第七至第八章）。时空对齐描述了一种神经元机制，它允许大脑及其自发活动的时空结构与各自环境背景中的时空结构对齐（第八章）。时空嵌套在这里被理解为经验意义上的神经元活动的无标度性质，即神经元活动在较低频率中比在较高频率中具有更强的功率（第四、七章）。此外，这种无标度意义上的时空嵌套包括以自相似性为特征的分形特征；也就是说，时空特征的结构在不同的时空尺度上是自相似的是明显的（第四、七章）。最后，时空扩展是指通过大脑的自发活动将有限的、小的时空尺度的刺激整合（即扩展）到更大的时空尺度。根据经验证据，这被认为是将意识与刺激相关联的核心（第四至第五章、第七至第八章）。将所有神经元机制结合在一起就是神经科学中的意识的时空理论（TTC），它扩展和补充了其他神经科学理论，如信息整合理论（IIT）和全局神经元工作空间理论（GNWT）。

时空嵌套和时空方向性（Spatiotemporal nestedness and directedness）
一种描述关于时间和空间的本体论关系的本体论概念(第十一章)。时空嵌套是指将较小的时空尺度包含在较大的时空尺度内：例如，大脑及其相对较小的时空尺度嵌套或包含在世界较大的时空尺度内。时空方向性是指不同时空尺度之间的关系，其中较大的时空尺度（例如世界的时空尺度）指向较小的时空尺度（例如大脑的时空尺度)。因此，我将世界－大脑关系与大脑－世界关系区分开来（后者意味着从较小的时空尺度指向较大的时空尺度）(第十一章)。

大脑的频谱模型（Spectrum model of brain） 一种大脑的理论模型，从经验上描述大脑的神经活动依赖于内部或外部产生的活动。外部产生的活动与特定的刺激相联系，如感觉刺激导致刺激诱发活动，我们可以用大脑的被动模型对其进行描述，它具有休谟式大脑模型的特征（第一章)。相对地，我们将大脑内部产生的活动描述为自发活动（或静息状态活动)，从哲学上讲，我们可以用大脑的主动模型对其进行刻画，它具有康德式大脑模型的特征（导言，第一章)。基于经验证据，大脑的频谱模型认为，大脑的神经活动既不是纯粹主动的即内部产生的，也不是纯粹被动的即外部产生的。取而代之，大脑的神经元活动可以通过被动和主动成分之间的神经元连续体，以及内部和外部产生的活动之间的神经元连续体来刻画（第一章)。具体来说，大脑的神经活动不是纯粹的被动活动或外部产生的，因为它受到内部产生的大脑自发活动的影响和调节，这在我所描述的静息－刺激交互（第一章）中得到了体现。相反，大脑内部产生的自发活动不是纯主动的，因为它被外部产生的刺激诱发活动所调节，这在我所描述的刺激－静息交互中是显而易见的（第一章)。在意识丧失期间，大脑神经元活动中不同的主动－被动组合的频谱极度减少（第四章)：神经元活动只是被动的即外部产生的，而不是主动的、内部产生的。

自发性与自发活动（Spontaneity and spontaneous activity） 自发性的概念可以在康德的意义上理解,康德将其描述为内在的，它独立于任何外在活动（例如，与感觉输入有关的）。在这种情况下，自发性的概念与区别于被动概念的主动概念有着密切的联系（第一章）。由于大脑也显现出独立于任何特定外部感觉输入或认知任务的神经元活动，因此我们将大脑的这种神经元活动描述为自发活动（或内在活动或静息状态活动）（导言，第一章）。基于经验证据，我认为，大脑的自发活动可以通过时空结构来刻画，其时空结构是产生意识等心理特征的核心。因此，在我看来，大脑自发活动的经验特征对一般本体论（第九章）和心理特征的本体论基础问题如世界－大脑关系还是心灵作为本体论基础的问题（第十至第十一章）以及方法论认识论问题（如观察视角）具有重要的本体论意义（第十三至第十四章）。

结构与时空结构（Structure and spatiotemporal structure） 参见**关系与结构**

结构实在论（Structural realism，SR） 一种强调关系和结构对特定现象的核心作用的理论。它要么将关系者包含在关系中（温和的 SR），要么将关系者完全消除以支持关系（消去的 SR）。SR 主要在物理学背景下讨论，但最近也被应用于信息、认知科学、大脑等领域。最后，SR 以认识论和本体论的形式出现。认识论的结构实在论（ESR）更为温和，它声称我们所能知道的只是结构和关系。重要的是，这种认识论的主张并没有伴随着本体论的假设。ESR 对于我们所知道的是否真的符合独立于我们的本体论存在和实在（即本体结构实在论；OSR）的问题持有不可知的态度。

我在这里使用本体论的 SR 来描述大脑的存在和实在。由于大脑的存在和实在是建立在结构和实在的基础上的，因此大脑在本体论上必须由世界－大脑关系来决定。大脑与世界及其结构的关系是大脑内在的本体论特征，没有这种关系，大脑就不可能存在。通过将大脑神经元活动通过一个特殊的时空结构我在这里定义了大脑的存在和实在。它必须与刻画为解剖结构大脑存在和实在的定义相区分，即大脑灰质或多或少地独立于大脑神经活动及其时空结构。因此，仅仅是大脑灰质的存在还不足以定义大脑的存在和实在。所以，任何根据大脑灰质及其解剖结构定义大脑的基于属性的本体论，无论是强调心理属性还是物理属性的，都不足以确定大脑的时空结构。

时间和空间（Time and Space） 在哲学中讨论较多但在包括神经科学在内的科学中通常被视为理所当然的概念。我在此强调，在神经科学中，人们不能把时间和空间视为理所当然，因为它强烈地影响着我们如何构思大脑及其与意识的关系。在经验和本体论的语境或领域中，时间和空间必须被认为是独立的和不同的。经验上，我们可以观察时间和空间中的离散点，由于这种时间和空间是基于观察的，我称之为观察的时间和空间（第九章）。观察的时间和空间与我们作为观察者以及我们如何感知和认知时间和空间有关。这种观察的时间和空间需要与大脑在其自身的神经元活动中构建的时间和空间加以区分，后者刻画了大脑的存在和实在（第七章）。因此，我们需要区分大脑中对时间和空间的感知/观察/认知与大脑自身对时间和空间的建构。我认为后者，即大脑对时间和空间的建构是意识的中心（第七章）。

由于我们不能直接从经验领域推断到本体论领域（第九章），时间和空间的存在和实在不必符合我们观察时间和空间的方式即观察时间和空间中的离散点。基于经验和本体论证据，我认为，时间和空间的存在和实在在于关系和结构。因此，我称之为关系的时间和空间（第九章）。例如，这种关系的时间和空间的存在和实在可以通过内在的持续时间和广延（第七章和第九章）来刻画，这既是世界的特征（第十一章），也是大脑的特征（第七章）。在本体论上，内在持续时间和广延可以通过时空嵌套和时空方向以及复杂定位来确定（第十一章）。

观察视角（Vantage point） 这里被理解为观察位置，需要与视角（perspective）概念区分，包括第一人称、第二人称和第三人称视角以及上帝视角（第十二章）。所选择的观察视角可以提供给我们一个包含广泛现象的特定视角。例如，站在城市边缘的山顶上提供给我们一个城市之外的观察视角。然后，我们可以感知并最终了解城市整体，这对我们来说是透明的。因此，观察视角允许我们将整个城市作为一种可能的认识选择纳入我们的知识逻辑空间中。相反，如果你站在城市的中央，你无法感知整个城市。因此，通过使某些认识选择透明，而其他认识选择不透明，观察视角确定了在我们的知识逻辑空间中可能的认识选择（第十二章；第十三至第十四章）。因此，我从认识论方法论的角度来理解观察视角的概念。这使我能够区分不同的观察视角，如大脑或心灵内部的前哥白尼观察视角（第十三章）与大脑之外的后哥白尼观察视角（第十四章），以及超越世界的形而上学非哥白尼观察视角（见哥白尼革命以及第十二至第十四章）。

世界（World） 一种通常被认为是理所当然的概念，通常没有被明确讨论和定义。然而，在我看来，我们需要详细地定义和确定世界的概念，以避免世界的概念在不同领域的混淆。因此，我在经验、现象学、本体论、形而上学和认识论方法论的背景或领域内来理解世界概念。经验上，世界的概念指的是我们在科学研究中可以观察到的东西。这种经验意义上的世界被时间和空间上的离散点所刻画（第九章）。从现象学的角度来看，世界的概念指的是我们作为有意识的存在者体验世界的方式。然后，这种现象学意义上的世界以时间连续性为特征，如胡塞尔的“内时间意识”和詹姆斯的“意识流”（第四至第七章）所述。在本体论上，世界的概念可以从属性或关系的角度以不同的方式理解（第九章）。例如，基于经验的合理性，我以时空的方式来描述世界的存在和实在，也就是说，通过关系的时间和空间，我称之为时空本体论（第九章）。本体论意义上的时空世界必须与形而上学意义上的世界区分开来，形而上学意义上的世界要求世界是非时空的（第九章）。最后，世界可以在认识论方法论的背景下理解，因为不同的世界概念与不同的观察视角有关（第十二至第十四章）。

世界–大脑问题（World-brain problem） 世界–大脑问题可以从经验、本体论和认识论方法论的角度来考虑，它取代了心身问题。从经验上看，有强力的证据表明，大脑及其自发活动对齐于它们各自的环境从而与环境联系（第三、八章），如数据所示，这与意识相关（第八章）。本体论上，世界–大脑问题提出了这个世界和大脑之间关系的存在和实在问题。例如，可以通过属性或者关系和结构来回答这一问题：世界和大脑的存在和实在包括它们之间的关系，是关系或结构为特征的，关系和结构是包括大脑在内的世界中存在和实在的最基本单元（第九章）。就其本身而言，世界－大脑问题是一个独立的本体论（也是经验）问题，因此，它不必然与意识等心理特征的存在和实在问题有关（第九章）。然而，我认为世界－大脑问题，提供了一种经验（第七至第八章）和本体论（第十至第十一章）上合理的方法，来解决心理特征的存在和实在问题。因此，我认为在我们探究意识等心理特征的存在和实在的过程中，世界－大脑问题可以取代心身问题（第十至第十一章、第十三至第十四章）。最后，我们还可以在的认识论方法论语境中从大脑之外的观察视角考虑世界－大脑问题（第十四章）。

世界－大脑关系 vs. 大脑－世界关系（World-brain relation vs. brain-world relation） 世界和大脑之间的关系，可以用一种双向的方式来理解，也可以用经验和本体论的方式来理解。从经验上讲，大脑可以基于任务或刺激诱发活动与世界关联（这些神经活动与认知、感觉、运动、社会和情感功能有关），我们将其称为大脑－世界关系（第八至第十一章）。然而，大脑也可以通过其自发活动与世界相联系，这种活动表现出与环境的强烈时空对齐（第八章）。由于大脑适应并对齐于世界是世界与大脑关系的主要起源，所以我称之为世界－大脑关系，而不是大脑－世界关系（第八至第十一章）。

在本体论上，大脑对世界的适应和对齐是通过时空嵌套和时空方向性概念来解释的：时空较小的大脑嵌套并包含在时空较大的世界中（第十一章）。我因此从本体论的角度描述了世界－大脑关系的概念，这必须区别于在经验语境中（第八章）刻画的大脑－世界关系（第九至第十一章）。最后，大脑－世界关系和世界－大脑关系也必须从方法论的角度加以区分：大脑－世界关系预设大脑内部的观察视角（第十三章），而世界－大脑关系只能通过预设大脑之外的观察视角才能被纳入视野中（第十四章）。

索 引

·关于作者·

格奥尔格·诺瑟夫（Georg Northoff）

加拿大心灵、脑影像与神经伦理学国家研究讲座教授（Canada Research Chair in Mind, Brain Imaging and Neuroethics），拥有哲学和神经科学博士学位。目前是加拿大渥太华大学心理卫生研究所（Institute of Mental Health Research）心灵、脑影像与神经伦理学研究室主任（Director of Mind, Brain Imaging and Neuroethics Research Unit），同时担任该校精神疾病学、哲学、心理学、社会科学等专任或兼任教授。此外，他还在杭州师范大学、浙江大学和南昌大学等数所中国高校担任讲座教授或客座教授，并于2012年入选我国第八批千人计划。他善于从神经哲学的综合视角来研究心灵问题，对心灵与大脑之间的关系，特别是大脑如何构建我们主观的现象特质（自我、意识和情感）有独特的见解。

·关于译者·

陈向群

江西武宁人，哲学博士。2017年6月毕业于东南大学哲学与科学系。获国家公派出国留学博士后项目资助，于2021年12月至2023年12月，在加拿大渥太华大学心理卫生研究所心灵、脑影像与神经伦理学研究室从事博士后研究。现为南昌大学人文学院哲学系副教授，主要研究领域为意识哲学、心灵哲学和认知科学哲学。在《哲学动态》《自然辩证法研究》和《科学技术哲学研究》等期刊发表十多篇论文。主持教育部人文社科项目（19YJCZH011），江西高校人文社科项目（JC18218），江西省社会科学项目（21ZX06D）。

徐嘉玮

广东广州人，哲学博士。2021年6月毕业于中山大学哲学系。2018年7月至2019年8月，作为国家公派联合培养博士生，到加拿大渥太华大学心理卫生研究所心灵、脑影像与神经伦理学研究室访学。现为厦门大学哲学系特任副研究员暨博士后，主要研究领域为认知科学哲学、文化与认知和心灵哲学。近年来在《自然辩证法通讯》、*Psychiatry and Clinical Neurosciences* 等国内外优秀期刊发表论文，并主持国家社科基金优秀博士论文出版项目（22FYB012）与中国博士后科学基金面上项目（2021M702745）。